FRANK UMBACH
GLOBALE ENERGIESICHERHEIT

SCHRIFTEN DES FORSCHUNGSINSTITUTS
DER DEUTSCHEN GESELLSCHAFT
FÜR AUSWÄRTIGE POLITIK E.V., BERLIN

Reihe: Internationale Politik und Wirtschaft
Band 70

Die Erstellung der Studie wurde durch
die Volkswagen-Stiftung gefördert

Globale Energiesicherheit

Strategische Herausforderungen für die europäische und deutsche Außenpolitik

Von
Frank Umbach

R. OLDENBOURG VERLAG MÜNCHEN 2003

DEUTSCHE GESELLSCHAFT FÜR AUSWÄRTIGE POLITIK E.V.
D – 10787 Berlin, Rauchstr. 18, Tel.: 030/ 25 42 31 – 0, Fax: - 16
E-mail: info@dgap.org, Internet: http://www.dgap.org

Die Deutsche Gesellschaft für Auswärtige Politik hat nach ihrer Satzung die Aufgabe, die Probleme der internationalen, besonders der europäischen Politik, Sicherheit und Wirtschaft zu erörtern und ihre wissenschaftliche Untersuchung zu fördern, die Dokumentation über diese Forschungsfragen zu sammeln und das Verständnis für internationale Fragen durch Vorträge, Studiengruppen und Veröffentlichungen anzuregen und zu vertiefen. Sie unterhält zu diesem Zweck ein Forschungsinstitut, eine Bibliothek und Dokumentationsstelle sowie die Zeitschrift »Internationale Politik«. Die Deutsche Gesellschaft für Auswärtige Politik bezieht als solche aufgrund ihrer Satzung keine eigene Stellung zu internationalen Problemen. Die in den Veröffentlichungen geäußerten Meinungen sind die der Autoren.

ISBN 3-486-56740-3

Gesamtherstellung: R. Oldenbourg Graphische Betriebe Druckerei GmbH, München

---

Die Deutsche Bibliothek verzeichnet diese Publikation in der Deutschen Nationalbibliografie; detaillierte bibliografische Daten sind im Internet über <http://dnb.ddb.de> abrufbar.

Inhaltsverzeichnis

Verzeichnis der Abbildungen und Übersichten

Abkürzungsverzeichnis

AG	Aktiengesellschaft
APuZ	Aus Politik und Zeitgeschichte (Beilage zur Wochenzeitschrift "Das Parlament")
ASEAN	Association of South-East Asian Nations
b/d	barrel per day
Bbbl	billion barrels
Bbl	barrels
bcm	billion cubic meters
BIOst	Bundesinstitut für ostwissenschaftliche und internationale Studien (Köln)
BP	British Petroleum
BIP	Bruttoinlandsprodukt
bm^3	billion cubic meter
bn	billion
BP	British Petroleum
bpd	barrels per day
Bpt	barells pro Tag
Btu	British thermal unit
Cf	cubic feet
CH_4	Methan
CIS	Commonwealth of Independent States
CNOOC	China National Offshore Corporation
CNPC	Chinese National Petroleum Corporation
CO_2	Kohlendioxid
COSCO	China Ocean Shipping Company
CPC	Chinese Petroleum Cooperation
CSIS	Center for Strategic and International Studies (Washington D.C.)
DGAP	Deutsche Gesellschaft für Auswärtige Politik (Berlin)
EIA	Energy Information Agency (Washington D.C.)
ESVP	Europäische Sicherheits- und Verteidigungsidentität
EU	Europäische Union
FAZ	Frankfurter Allgemeine Zeitung
FDI	Foreign Direct Investment
FEER	Far Eastern Economic Review
FSU	Former Soviet Union
FT	Financial Times
FTD	Financial Times Deutschland
GASP	Gemeinsame Außen- und Sicherheitspolitik
GCC	Gulf Co-operation Council

GUUAM	Georgien, Ukraine, Usbekistan, Aserbaidschan und Moldawien (Bündnis)
GUS	Gemeinschaft für Unabhängige Staaten
Gwe	Gigawatt electric
GWh	Gigawatthour(s)
IAEA	International Atomic Energy Agency (Wien)
IEA	International Energy Agency (Paris)
IGU	Internationale Gasunion
IHT	International Herald Tribune
IISS	International Institute for Strategic Studies (London)
IP	Internationale Politik (Zeitschrift)
IPCC	International Panel on Climate Change
IWF	Internationaler Währungsfond
JESU	Vereinigte Energiesysteme der Ukraine
JDW	Jane's Defence Weekly
JIR	Jane´s Intelligence Review
KWh	Kilowatt hours
Mbd	Million barrel per day
MMbbl/d	million barrells per day
MMt	million metric tons
Mt	million tons
MW	Megawatt
N_2O	Stickstoffmonoxid
NATO	North Atlantic Treaty Organisation
NEA	Nuclear Energy Agency
NG	Nezavisimaja gazeta
NGOs	Nichtregierungsorganisationen
NYT	New York Times
NZZ	Neue Züricher Zeitung
OAPEC	Organisation der arabischen Erdöl exportierenden Länder
OECD	Organization for Economic Cooperation and Development
ÖMZ	Österreichische Militärische Zeitschrift
OPEC	Organization of Petroleum Exporting Countries
PEG	Partnership for Equitable Growth (Partnerschaft für gerechtes Wachstum)
quad	quadrillion Btu
R/P	Resources versus Production
RAO EES	Rossijskoe Aktionernoe Obščestvo Edinye Energeticheskie Sistemy
RFE/RL	Radio Free Europe/Radio Liberty (Prag)
RIIA	Royal Institute for International Affairs (London)
RWI	Rheinisch-Westfälisches Institut für Wirtschaftsforschung
SIPRI	Stockholm International Peace Research Institute

SLOCs	Sea Lanes of Communication
SO_2	Schwefeldioxid
SPP	Slovensky Plynarsky Priemysel
SWP	Stiftung Wissenschaft und Politik
SZ	Süddeutsche Zeitung
t	(metric) tons
tm^3	trillion cubic meter
TWh	terawatt-hour
TMD	Theater Missile Defense
UAE	United Arab Emirates
UdSSR	Union der Sozialistischen Sowjetrepubliken
UES	United Energy System
UN	United Nations
UNSCOM	United Nations Special Commission on Iraq
USA	United States of America
VES	Vereinigte Energiesysteme
VEW	Vereinigung Deutscher Elektrizitätskraftwerke
VR	Volksrepublik
WEC	World Energy Council
WMD	Weapons of Mass Destruction
WSJE	Wall Street Journal Europe
WTO	World Trade Organization

1. Einleitung: Internationale Energiesicherheit im Wandel

1.1 Hintergrundanalyse und politische Praxisrelevanz des Forschungsprojektes vor dem Hintergrund des 11. September 2001 und seinen Folgen

„Für mich ist die entscheidende Frage die Energiefrage. Die Ressourcen sind begrenzt, aber auch die Aufnahmefähigkeit der Umwelt ist begrenzt. Die Energiefrage entscheidet über die Verteilung von Arm und Reich. 20 Prozent der Menschheit verbrauchen 80 Prozent der Energie und leben damit im Wohlstand. Wenn nur 40 Prozent der Menschheit an den Segnungen dieses Wohlstands teilhaben sollen, dann sind schon heute zwei Dinge absehbar: Es wird sehr ernste Umweltkrisen geben und ebenso ernste Verteilungskonflikte um die Energieressourcen, um das Wasser."[1]

„The question of energy unavoidable connects otherwise disparate issues — economics, national security, and increasingly, the environment. However, these concerns tend to be perceived and addressed quite separately and independently of each other in terms of both intellectual categories and in the shaping of public policies. There is rarely any dialogue, let alone cross-fertilization, between specialists working on these distinct topics. Indeed, those focused on issues to traditional security, geopolitics, and military affairs seldom has a good grasp of the workings of world energy markets or in global environmental issues. Similarly, energy economists seldom focus on how regional security questions may have a profound impact approaching on energy flows. Like the proverbial blind men and the elephant, it is as if different specialists approaching energy-related questions from different perspectives arrive at very different assessments of the problem."[2]

Der Terroranschlag vom 11. September 2001 auf das *World Trade Center* und das *Pentagon*, die Verwicklung zahlreicher saudi-arabischer Bürger in die Anschläge, die daraufhin folgende militärische Intervention in Afghanistan und der aktuelle Irak-Konflikt haben die zwei Weltregionen Zentral-/Südasien und den Mittleren Osten/Persischen Golf in den Mittelpunkt der Aufmerksamkeit der Weltöffentlichkeit gerückt. Beide Regionen werden zukünftig jedoch zugleich für die Stabilität der Weltenergieversorgung, einschließlich Europas, von entscheidender strategischer Bedeutung sein. Damit ist die Frage nach der zukünftigen internationalen Energiesicherheit (und insbesondere der *Energieversorgungssicherheit*) aufgeworfen.[3] Mit dem Ende des Kalten Krieges ist

---

1 So Außenminister Joschka Fischer im Interview in: Der Marathonlauf, in: Sächsische Zeitung, 20.8.2002.

2 So zu Recht Robert Manning, 'The Asian Energy Factor. Myths and Dilemmas of Energy, Security and the Pacific Future', A Council of Foreign Relations Book, New York 2000, S. VII.

3 Unter "*Energiesicherheit*" wird im Allgemeinen *„the availability of energy at all times in various forms, in sufficient quantitites, and at affordable prices"* verstanden - hier zit. n. Philip Andrews-Speed, Xuanli Liao/Roland Dannreuther, 'The Strategic Implications of China´s Energy

zwar die Gefahr eines weltweiten Nuklearwaffenkrieges zwischen dem Warschauer Pakt und der NATO gebannt. Zugleich aber nehmen die Gefahren lokaler und regionaler Konflikte zu, bei der auch die USA allein nicht immer über den ausreichenden diplomatischen, wirtschaftlichen und militärischen Einfluss verfügen, die Aggressoren rechtzeitig präventiv zu einer Konfliktvermeidung zu beeinflussen. Neben der Existenz neuer und sehr viel zahlreicherer (vor allem auch nicht-staatlicher) Kriegsakteure darf nicht übersehen werden, dass zwar die USA derzeit auf dem Höhepunkt ihrer militärischen, politischen und wirtschaftlichen Macht sind, gleichzeitig aber von einer *„zweieinhalb-Kriegsdoktrin"* auf eine *„eineinhalb Kriegsdoktrin"* übergegangen sind, d.h. auch die USA sind zukünftig nicht länger in der Lage, gleichzeitig für zwei größere militärische Konflikte (wie in Ostasien und dem Mittleren Osten) ausreichend militärische Fähigkeiten für eine erfolgversprechende Konfliktintervention zu mobilisieren.[4] Neben zahlreichen anderen Faktoren ist auch insofern die von vielen Kommentatoren und Analytikern vertretene These der *„Unipolarität"* des gegenwärtigen internationalen Systems mit zahlreichen Fragezeichen versehen.

Gleichzeitig nehmen die Gefahren des internationalen Terrorismus zu — vor allem in Verbindung mit Massenvernichtungswaffen.[5] Auch kleinere und schwächere Staaten könnten aus Prestige, außenpolitischen und regionalen Gründen in Zukunft versuchen (oder haben bereits versucht), derartige Waffen zu erwerben, zumal dies die einzigen sind, mit denen sich auch der Westen und vor allem die USA militärisch abschrecken lassen könnten.[6] In Verbindung mit den zahlreichen innenpolitischen, regionalen, ethnischen und demografischen Instabilitäten in vielen Regionen der Welt werden zukünftig daher größere Auswirkungen auf die Energieversorgungssicherheit der westlichen Staaten als

---

Needs', IISS-Adelphi Paper 346, Oxford-New York 2002, hier S. 13. Zur Einführung in die Thematik siehe auch Hanns W. Maull, 'Energy and Resources: the Strategic Dimensions', in: Survival, November-December 1989, S. 500-518; ders. 'Strategische Rohstoffe. Risiken für die wirtschaftliche Sicherheit des Westens' (Schriften des Forschungsinstituts der DGAP; Reihe: Internationale Politik und Wirtschaft, Band 53), München 1988 und Michael T. Klare, 'Resource Wars. The New Landscape of Global Conflict', New York 2001.

4 Vgl. Thomas E. Ricks/Walter Pincus, IHT, 8.5.2001, S. 1 und 4; Thom Shanker, IHT, 14.-15.7.2001, S. 1 und 5; ders., New York Times, 2.10.2001 (Online-Version); Michael O'Hanlon, 'Prudent or Paranoid? The Pentagon's Two-War Plans', in. Survival, Spring 2001, S. 37-52 und U.S. Department of Defense, 'Quadrennial Defense Review Report', Washington D.C., 30 September 2001.

5 Vgl. hierzu u.a. Nadine Gurr/Benjamin Cole, 'The New Face of Terrorism. Threats from Weapons of Mass Destruction', London-New York 2000 und F.Umbach, 'Nuclear Proliferation Challenges in East Asia and Prospects for Cooperation – A View from Europe', in: Kurt W. Radtke/Raymond Feddema (Eds.), 'Comprehensive Security in Asia. Views from Asia and the West on a Changing Security Environment and Their Implications for Europe', Leiden-Boston-Köln 2000, S. 66-133 (114 ff.).

6 Derzeit sammeln die USA in Kooperation mit Russland und der *Internationalen Atomenergiebehörde (IAEA)* ungeschütztes Nuklearmaterial ein, bevor es zu einem Sicherheitsrisiko wird und für die Entwicklung von Nuklearwaffen oder sogenannten *„dreckigen Bomben"* von internationalen terroristischen Verbindungen oder *„Schurkenstaaten"* missbraucht wird – vgl. Marc Hujer, SZ, 26.8.2002, S. 1 und Die Welt, 24.8.2002, S. 4.

in der Vergangenheit befürchtet.[7] Bereits im November 2000 hatte die *Europäische Kommission* ein *„Grünbuch"* zur zukünftigen europäischen Strategie für die *„Energieversorgungssicherheit"* verabschiedet, indem die zahlreichen strukturellen Energieversorgungsschwächen der Europäischen Union (EU) sowie die neuen Herausforderungen in den kommenden Jahrzehnten analysiert und aufgelistet wurden. Vor allem betrifft dies die Perspektive, dass die Union in 20-30 Jahren zu 70 Prozent (gegenwärtig 50%) vom Import der fossilen Energieträger Erdöl und Erdgas zur Deckung des EU-Energiebedarfs abhängig sein wird.[8] Im November 2001 präsentierte schließlich der deutsche Wirtschaftsminister einen Energiebericht seines Ministeriums und der Bundesregierung, der zum Ergebnis kommt, dass eine *„nachhaltige Energiepolitik"* dem Aspekt der *„Versorgungssicherheit"* gleichrangige Bedeutung gegenüber den politischen Zielvorgaben von Umweltverträglichkeit und Wirtschaftlichkeit einräumen muss. Diese drei Ziele stehen jedoch untereinander in Konkurrenz, wie der Energiebericht ausdrücklich einräumt. Der Bericht verweist dabei auf einen Zielkonflikt, da die ehrgeizigen Bemühungen des internationalen Klimaschutzes (*Kyoto-Protokoll*) und der beschlossene Ausstieg aus der Kernenergienutzung tendenziell zu Lasten der Wirtschaftlichkeit und der zukünftigen Versorgungssicherheit Deutschlands gehen können:

> „Hier stellt sich vor allem die Frage, wie viel Klimaschutz und wie viel Versorgungssicherheit soll die deutsche Energiepolitik für das Jahr 2020 langfristig konkret einplanen? ... Sehr ehrgeizige Klimaschutzziele für das Jahr 2020 stehen in erheblichem Widerspruch zu den Zielen der Versorgungssicherheit und Wirtschaftlichkeit."[9]

Es überrascht daher nicht, dass dieser Bericht zugleich auf Kritik des Koalitionspartners der SPD, den Grünen, stieß, obwohl der Bericht bereits im September 2001 vom Bundeskanzleramt zunächst nicht zur Veröffentlichung freigegeben und in zwei *„sachlichen Gründen"* geändert wurde.[10]

Im Gegensatz zu den energiepolitischen Diskussionen in den USA und auch einigen anderen europäischen Staaten (wie z.B. Frankreich und Großbritannien) ist für die deutschen Diskussionen während des letzten Jahrzehnts zu Fragen einer ökologisch ausgerichteten Energiepolitik für die Zukunft besonders auffallend, dass diese in hohem Maße dem Aspekt der *Versorgungssicherheit* nur geringe Aufmerksamkeit gewidmet haben. Dabei wurden auch zahlreiche europäische und internationale Dimensionen der westlichen Energiepo-

---

7 Vgl. 'The Geopolitics of Energy into the 21st Century. Volume 3: The Geopolitical Outlook, 2000-2020. An Overview and Policy Considerations'. A Report of the CSIS Strategic Energy Initiative', Washington D.C. (CSIS), November 2000, hier S. 30 ff.

8 Vgl. Europäische Kommission, 'Grünbuch. Hin zu einer europäischen Strategie für Energieversorgungssicherheit' (angenommen am 29. 11.2000 von der Kommission), Luxemburg 2001.

9 Bundesministerium für Wirtschaft und Technologie, 'Nachhaltige Energiepolitik für eine zukunftsfähige Energieversorgung. Energiebericht', Berlin, Oktober 2001, S. 6 f. (via Internet - http://www.bmwi.de/Homepage/download/energie/Energiebericht9MB.pdf).

10 Worin die Änderung der zwei *„sachlichen Gründe"* bestanden, wurde auf einer Pressekonferenz von Wirtschaftsminister *Werner Müller* nicht weiter präzisiert — vgl. Die Welt, 28.11.2001, S. 11.

litik – wie jene der wirtschaftlichen und außenpolitischen Auswirkungen der Liberalisierung der nationalen Energiemärkte innerhalb Europas – für eine zukünftige deutsche und europäische Energiepolitik kaum berücksichtigt. Insofern wurde dem Aspekt der Energieversorgungssicherheit keine wirklich gleichrangige Bedeutung – wie den erwähnten Zielvorgaben von Umweltverträglichkeit und Wirtschaftlichkeit – einräumt. So wird selbst in dem Bericht des Bundeswirtschaftsministers die Frage der Versorgungssicherheit unter Berücksichtigung außen- und sicherheitspolitischer Faktoren nicht weiter problematisiert und analysiert.

Spätestens die Ereignisse vom 11. September 2001 werfen jedoch die Frage der Abhängigkeiten und Verwundbarkeiten[11] der europäischen und globalen Energieversorgungssicherheit von den beiden potentiell instabilen Schlüsselregionen des Mittleren Ostens/Persischen Golfes und Zentralasiens/Kaspischer Raum (unter Berücksichtigung von Afghanistan) in aller Schärfe neu auf. Auch die *Internationale Energieagentur* (*International Energy Agency/IEA*) in Paris hat in ihrer neuesten Langzeitprognose des Jahres 2002 in bemerkenswerter Weise vor zahlreichen Herausforderungen und Gefährdungen der weltweiten *Energieversorgungssicherheit* ausdrücklich gewarnt:

> „The Earth's energy resources are undoubtedly adequate to meet rising demand for at least the next three decades. But the projections ... raise serious concerns about the security of energy supplies, investment in energy infrastructure, the threat of environmental damage caused by energy production and use and the unequal access of the world's population to modern energy. ... A key result of the *Outlook* is that energy trade will expand rapidly. In particular, the major oil- and gas-consuming regions will see their imports grow substantially. This trade will increase mutual dependence among nations. But it will also intensify concerns about the world's vulnerability to energy supply disruptions, as production is increasingly concentrated in a small number of producing countries. *Supply security has moved to the top of the energy policy agenda. The governments of oil- and gas-importing countries will need to take a more proactive role in dealing with the energy security risks inherent in fossil-fuel trade. They will need to pay more attention to maintaining the security of international sea-lanes and pipelines. An they will look anew at ways of diversifying their fuels, as well as the geographic sources of those fuels* [kursive Hervorhebung durch F.U.].“[12]

Energiesicherheit – im engeren Sinne auch der Versorgungssicherheit bzw. der Abwesenheit von Erpressbarkeit durch Energielieferanten – steht spätestens seit den 70er Jahren auf der internationalen Agenda und ist ein wichtiger Bestandteil des internationalen Systems. In der Zukunft dürften Fragen der weltweiten Energiesicherheit und die damit im Zusammenhang stehenden außen- und sicherheitspolitischen Herausforderungen als Folge von Globalisie-

---

11 Eine Importabhängigkeit impliziert keineswegs automatisch schon eine Verwundbarkeit, während eine Verwundbarkeit jedoch ohne direkte Einfuhrabhängigkeiten kaum vorstellbar ist. Zur Unterscheidung zwischen „*Abhängigkeiten*“ und „*Verwundbarkeiten*“ siehe Hanns W. Maull, 'Energy and Resources', hier S. 502 f. und ders., 'Strategische Rohstoffe', S. 26 ff.

12 IEA, 'Energy Outlook 2002', S. 25.

rung und Internationalisierung auch für die *Gemeinsame Außen- und Sicherheitspolitik (GASP)* der *Europäischen Union (EU)* einen wichtigen Stellenwert einnehmen. Diese Fragen sind bisher jedoch völlig ungenügend vor allem hinsichtlich ihrer globalen Dimensionen und Auswirkungen sowohl in der europäischen als auch deutschen Öffentlichkeit analysiert und diskutiert worden.[13]

Die erfolgreiche Meisterung der Herausforderung durch die Politik der *Organisation für Erdöl exportierende Staaten (OPEC)* Ende der 70er Jahre auf Seiten der westlichen Staaten infolge einer Kombination aus Vorsorgemaßnahmen, internationaler Kooperation, Energiesparmaßnahmen und dem Wirksamwerden von Marktkräften und Technologien haben gezeigt, dass Energiesicherheit auch unter krisenhaften Bedingungen prinzipiell leistbar ist. Erfolgreiche Energiesicherheitspolitik wurde dabei zugleich zu einer wesentlichen Komponente regionaler und globaler Sicherheit sowie der aktiven Friedenssicherung. Sie konnte die internationale Energiesicherheit bereits in jenen Jahren nur durch eine enge internationale Zusammenarbeit der Staaten, multilateraler Organisationen und der großen Energiekonzerne gewährleistet werden.

Derzeit scheint zwar auf den ersten Blick eine relativ komfortable Situation der Energiesicherheit bei Erdöl und Gas zu bestehen. Ursache dafür ist, dass es ein maßvolles Überangebot gibt sowie teilweise nicht voll ausgenutzte Förderungskapazitäten, die für Krisenfälle aktiviert werden können. Dieser Umstand hält derzeit die Erdöl- und Erdgaspreise relativ niedrig und trägt dazu bei, dass politisch bedingte Ausfälle keine negativen Auswirkungen auf die westliche und europäische Versorgungssicherheit haben. Zudem haben die seit Ende der 70er Jahre forcierten Maßnahmen staatlicher Vorsorgehaltung ihren Beitrag zur Stabilität der Energieversorgung geleistet. Mehrere Entwicklungen legen es jedoch nahe, in den kommenden Jahrzehnten die Möglichkeit eines Wandels der Energiesituation und internationalen Energiesicherheit zu vermuten:

- Die Nachfrage der Industriestaaten nach Erdgas und Erdöl wird in dem Maße zumindest bis zum Jahr 2020 weiter steigen, wie die Kernenergie von mehr und mehr Staaten in Europa sowie weltweit faktisch aufgegeben wird (Ausnahme Asien und Osteuropa) und die Rolle der Kohleenergie aus umweltpolitischen Überlegungen sowie Kostengründen zurückgeht.
- Die Nachfrage Chinas, Indiens, Indonesiens sowie anderer Staaten vornehmlich aus dem asiatisch-pazifischen Raum nach Erdgas und Erdöl wird gleichzeitig stark ansteigen. Nach Angaben der *Internationalen Energie Agentur (IEA)* und anderer internationaler Institutionen, die sich mit der zukünftigen weltweiten Energiepolitik beschäftigen, wird bis zum Jahre 2010 der Großteil des Anstiegs beim Erdölverbrauch auf diese Länder entfallen. Sollte sich dieser Trend fortsetzen, könnte der Erdölverbrauch der Staaten Ostasiens und Südasiens nach dem Jahre 2020 an

---

[13] Siehe hierzu auch die in diesem Kontext entwickelnden vier gegensätzlichen Denkmodelle einer Studie der EU - Die Energie in Europa bis zum Jahre 2020. Zusammenfassung, hrsg. von der Generaldirektion Energie (GD XVII)/Europäische Kommission, Luxemburg 1996.

die Größenordnung des gemeinsamen Verbrauchs der USA und Westeuropas anschließen oder diesen sogar übertreffen. Gleichzeitig könnte der Anteil des Rohölimports der ostasiatischen Staaten aus dem Mittleren Osten und dem Persischen Golf von 70 Prozent im Jahr 1993 auf 95 Prozent im Jahr 2010 ansteigen.

- Die Erdölproduktion wird – in gewissem Gegensatz zur Erdgasproduktion – in der Nordsee, die in den vergangenen 20 Jahren wesentlich dazu beigetragen hat, dass die europäische Versorgungslage gesichert ist, in absehbarer Zeit erheblich nachlassen (Zeitraum 2010-2025).
- Demgegenüber wird die Erdöl- und Erdgasproduktion in Zentralasien und dem Kaspischen Becken an geopolitischer Bedeutung erheblich zunehmen. Dies ist bereits seit Mitte der 90er Jahre durch die zunehmenden strategischen Rivalitäten zwischen Russland, USA und China als Großmächte und jenen der regionalen Anrainerstaaten (unter Einschluss der Türkei, Pakistans und Indiens) in einem (vermeintlich) erneuten *"Großen Spiel"* um Energieressourcen und Pipelinetrassen dokumentiert.[14]
- Von den sieben von den USA als *„Schurkenstaaten"* bezeichneten Ländern, die der Unterstützung des internationalen Terrorismus bezichtigt werden, gehören fünf Staaten zu den Energieproduzenten, drei davon gehören zu den wichtigsten Erdölexporteuren für den internationalen Weltmarkt (Libyen, Iran und Irak) und zwei (Iran und Irak) besitzen zusammen fast 20 Prozent der weltweit nachgewiesenen Rohölreserven.[15] Darüber hinaus muss nach dem 11. September 2001 auch noch Saudi Arabien als ein zukünftig politisch unsicherer Alliierter gezählt werden, da 15 der 19 Terroristen, die für die Anschläge in New York auf das *World Trade Center* und in Washington auf das *Pentagon* verantwortlich sind, aus dem größten Erdölexportland der Welt stammen, welches überdies zunehmend mit erheblichen innenpolitischen Problemen zu kämpfen hat.

Zwar kann vom Standpunkt einer Mengenbilanz angenommen werden, dass im weltweiten Maßstab die Gasproduktion und die Erdölproduktion mit der gestiegenen Nachfrage Schritt halten können. Hierfür sprechen neue technologische Entwicklungen (Informationstechnologien, Automatisierung etc.) sowie die Aussicht darauf, dass neue Reserven erschlossen werden.[16] Doch ob dies auch unbedingt für das tatsächliche Angebot auf den Märkten gilt, da dieses von der regionalen und internationalen politischen Stabilität abhängig ist, scheint zukünftig mehr denn je unsicher zu sein. Zudem könnte die gewaltige Nachfrage nach Energieressourcen und die relative Konzentration der Reserven in Russland, im Nahen und Mittleren Osten sowie in Zentralasien und dem Kaspischen Becken die Konkurrenz zwischen den Staaten intensivieren

14 Vgl. hierzu auch S.W. Garnett/A.Rahr/K.Watanabe, 'Der Kaspische Raum vor den Herausforderungen der Globalisierung', Opladen 2001.

15 Vgl. 'The Geopolitics of Energy into the 21st Century', Vol. 3, hier S. 15.

16 Siehe NZZ, 1.2.11.1997, S. 12 und Robert Esser, 'The Race to Supply Oil in the New Century: Expanding Horizons III', Cambridge, Mass. (Cambridge Energy Research Associates) 1997.

und zum Ansteigen der Energiepreise oder gar zu Preisschocks (insbesondere nach 2010) führen. Somit wird zugleich die Deckung der weltweit gestiegenen Nachfrage nach *Erdöl* verstärkt durch Förderung in Staaten erfolgen müssen, deren politische und sozial-ökonomische Stabilität als problematisch gelten oder die sogar in (aktuellen) Krisenregionen (Mittlerer Osten, Kaspische Region und Süd- sowie Nordostasien) liegen, in denen Förderung und Transport schwierig sind oder zumindest als potentiell unsicher gelten. Nach einer neueren amerikanischen Studie einer internationalen Expertengruppe werden derzeit 50 Prozent der Weltenergienachfrage von Erdöl produzierenden Staaten gedeckt werden, deren innenpolitische Instabilität ein hohes Risiko darstellt. Daher kann eine Krise in einem der größten Erdöl produzierenden Staaten im Zeitraum 2000-2020 nicht ausgeschlossen werden.[17] Nach den Ereignissen vom 11. September 2001 muss hierzu auch das wichtigste Erdöl produzierende Land der Welt, Saudi Arabien, gezählt werden.

Auch durch den verstärkten Ausbau des *Erdgas*sektors in Europa und anderen Weltregionen stehen die Staaten vor neuen großen Herausforderungen, die gegenwärtig zumeist noch weitgehend übersehen werden. Normalerweise sollte z.B. die in Europa angestrebte Liberalisierung und Deregulierung des europäischen Erdgasmarktes erwartungsgemäß zu mehr Wettbewerb, marktgerechten Preisen und einer größeren Diversifizierung des Importes führen. Doch aufgrund des Erfordernisses hoher Investitionen und entsprechender langfristiger Liefervereinbarungen könnte auch das Gegenteil Wirklichkeit werden: das Entstehen neuer transnationaler Kartelle. So spricht sich Russland im Zuge der Expansion seiner staatlichen und halbstaatlichen Gaskonzerne (insbesondere *Gazprom*) nach Zentralasien und Europa für die Schaffung einer faktischen *Gas-OPEC* aus.[18] Diese aber könnte die Lieferungen und Transportwege politisch weitgehend kontrollieren und unter Umständen sogar die Preise diktieren, wenn sich die russischen Vorstellungen von faktischen Monopolen und Kartellen durch die Schaffung einer *„Politik der (ökonomisch) vollendeten Tatsachen"* durchsetzen sollte. Vor allem in Krisen- und Konfliktzeiten wären hohe Abhängigkeiten von politisch instabilen Erdgasexportländern problematisch und könnten schnell zu konkreten Verwundbarkeiten der Importstaaten führen. So haben die Erdgasimportstaaten im Gegensatz zu Erdölimporten nicht die Möglichkeit, kurzfristig Erdgas über Pipelines oder Flüssiggastransporte in speziellen Schiffen aus anderen Staaten zu beziehen.[19] Aufgrund der hohen Investitionskosten und langfristiger Lieferverträge (in der Regel 15-25 Jahre) reduziert sich zudem die Möglichkeit ohnehin, Erdgas über viele Pipelines zu importieren. Allerdings stellt die Deregulierung und Liberalisierung

---

[17] Vgl. 'The Geopolitics of Energy into the 21st Century. Volume 1: An Overview and Policy Considerations', hier S. XVII.

[18] Vgl. u.a. auch Roland Götz, 'Rußlands Erdgas und die Energiesicherheit der EU', Stiftung Wissenschaft und Politik (SWP), S12, April 2002, hier S. 31.

[19] Vgl. David Buchan, 'The Threat Within: Deregulation and Energy Security', in: Survival, Autumn 2002, S. 105-116 (109 f.).

langfristige Liefervereinbarungen für Erdgas zunehmend in Frage. Dies aber könnte zum denkbar schlechtesten Szenario für die zukünftige Energiesicherheit führen:

> „'... disappearance of the certainties of the traditional market, combined with uncertainty as to how the emerging market players will be obliged to and equipped to cope with security problems'. In other words, long-term contracts would disappear, but it could be a long time before future markets and new security of supply arrangements arrived to take their place."[20]

Auch stellen die Deregulierungs- und Liberalisierungsanstrengungen für den europäischen und globalen Energiemarkt aufgrund ihres inhärenten Zwangs zu kurzfristigen Profiten sowohl die Zukunft der Kernenergie als auch der erneuerbaren Energien (wie Wind- und Sonnenkraft, die alle erhebliche staatliche Subventionen benötigen, um sich auf den Märkten gegenüber anderen kostengünstigeren Energieträgern durchzusetzen) in Frage, wenn der Staat allein den Marktkriterien folgen würde. Auch die strategische Bevorratung von Erdöl und Erdgas für Krisenzeiten als Folge der Lehre der Ölkrise von 1973 wird durch die Deregulierung weiter in Frage gestellt. So sind derartige Reserven im Zuge der bisherigen Liberalisierungspolitik in Europa stetig zurückgegangen.[21]

Gleichzeitig könnte die *OPEC* (und das heißt im wesentlichen die Staaten des Nahen und Mittleren Ostens) als Energielieferant im Erdölsektor zukünftig wieder an politischer und ökonomischer Bedeutung gewinnen, da vor allem die Golf-Staaten über mehr als 60 Prozent der gegenwärtig bekannten Erdölreserven verfügen. Vor allem die Abhängigkeit der ostasiatischen "*Wunderwirtschaftsstaaten*" vom Mittleren Osten könnte weiter erheblich zunehmen, auch wenn der derzeitige Anstieg aufgrund der Asienkrise 1998-2000 weniger drastisch ausfällt. Damit dürfte die Abhängigkeit der Weltpolitik von der Stabilität dieser beiden Regionen als neue Gravitationszentren globaler sicherheitspolitischer Bedeutung weiter zunehmen. Krisen und Konflikte können demnach in beiden Regionen an Dynamik gewinnen und direkt auf die Sicherheit westlicher Staaten wie auf die Grundstruktur des internationalen Systems durchschlagen. So ergeben sich zahlreiche neue innen- und außenpolitische Probleme sowie strategische Herausforderungen für die drei Primärenergieträger Erdöl, Gas und Kernenergie in den jeweiligen Schlüsselregionen Mittlerer Osten, Zentralasien/Kaspischer Raum und Ostasien.[22]

Des Weiteren wird erwartet, dass die zunehmende Rolle von Erdgas das Gebiet der früheren Sowjetunion als weltweit führenden Lieferanten aufwerten wird. Damit wird aber auch die politische und sozio-ökonomische Stabilität dieser Region (insbesondere Russlands, Turkmenistans, Kasachstans) erheblichen Einfluss auf die westliche und asiatische Versorgungssicherheit haben.

---

20 Zit. n. David Buchan ebda., S. 109.

21 Vgl. D. Buchan ebda.

22 Vgl. auch William F. Martin/Ryukichi Imai/Helga Steeg, 'Energiesicherheit im globalen Kontext. Ein Bericht an die Trilaterale Kommission'(Forschungsinstitut der DGAP, Arbeitspapiere zur Internationalen Politik, Band 97), Bonn, Februar 1997.

Zudem werden riesige Infrastrukturinvestitionen im Bereich des Transports von Erdgas notwendig werden. In den Beziehungen dieser Staaten zur Außenwelt werden somit Energiefragen (insbesondere Gasversorgung) in den kommenden Jahren und Jahrzehnten eine zentrale politische Bedeutung einnehmen.

Darüber hinaus bildet Ostasien (neben Russland) die einzige Region, die dem Ausbau der Kernenergie einen wichtigen Stellenwert in ihrer zukünftigen Energieversorgung einräumt, obwohl gerade dort aufgrund der instabilen Sicherheitslage (ungelöste Territorialkonflikte, massive Aufrüstung, Ambivalenz des bilateralen Beziehungsgeflechtes) die Nuklearwaffenproliferation (insbesondere in Taiwan, Südkorea und Japan) nicht völlig ausgeschlossen werden kann.[23] Andererseits muss das wirtschaftliche Wachstum bei knapper und teurer werdenden fossilen Brennstoffen nicht mehr in dem Ausmaß wie bisher in Nachfrage nach Erdöl umgesetzt werden, wenn die Kernenergie einen größeren Anteil der rasch zunehmenden Energieversorgung dieser Staaten zukünftig sicherstellen kann. Auch wenn die größere Nutzung von Kernenergie in dieser Region kaum vor 2005 oder gar 2010 möglich sein sollte, so wird in den ostasiatischen Staaten eine Verlagerung auf nichtfossile Energieträger als strategische Notwendigkeit betrachtet, da das prognostizierte hohe Wirtschaftswachstum die Treibhausgasemissionen (CO_2) in den nächsten 25 Jahren mit zunehmenden Risiken einer globalen Klimaänderung verdoppeln könnte.[24]

Vor diesem Hintergrund der zukünftigen globalen Energieversorgung könnte sich im bevorstehenden 21. Jahrhundert die Konfiguration der politischen, wirtschaftlichen, technologischen, klimatischen und demographischen Rahmenbedingungen für eine *"neue Weltordnung"* zunehmend verändern. Wie diese am Ende dieses neuen Jahrhunderts aussehen wird, ist angesichts der vielen unbekannten Variablen und politischen Unsicherheiten nur schwer zu prognostizieren, wie die jüngsten Ereignisse nach dem schrecklichen Terroranschlag vom 11. September 2001 sowie die militärische Intervention in Afghanistan oder der aktuelle Irak-Konflikt einmal mehr deutlich machen.

Vor dem oben beschriebenen Hintergrund stellen sich somit zahlreiche Probleme nicht nur für die unmittelbare zukünftige regionale und globale Energiepolitik, sondern auch für übergeordnete ordnungspolitische Ansätze unter Berücksichtigung sicherheitspolitischer Stabilitätserfordernisse in traditionell instabilen Regionen. Hierbei sind Fragen von Ökonomie, Außen- und Sicherheitspolitik eng miteinander verknüpft, die sich unter den neuen Bedingungen einer Globalisierung der Wirtschafts-, aber auch Sicherheitspolitik weiter gegenseitig verstärken dürften. Die sich vollziehenden Veränderungen der internationalen Rahmenbedingungen werden daher auch Rückwirkungen für die zukünftige deutsche und europäische Energieversorgung haben, zumal der

---

23 Vgl. hierzu F. Umbach, 'Konflikt oder Kooperation in Asien-Pazifik?' Chinas Einbindung in regionale Sicherheitsstrukturen und die Auswirkungen auf Europa', München 2002, S. 295 ff. und ders., 'Nuclear Proliferation Challenges in East Asia and Prospects for Cooperation – A View from Europe'.

24 Siehe die Zusammenfassung einer neuen OECD-Studie in: Die Welt, 27.2.1998, S.14.

Energieimport der EU in den nächsten Jahrzehnten – im Gegensatz zur Entwicklung der letzten 25 Jahre – wieder signifikant zunehmen dürfte.[25]

Als Folge der wirtschaftlichen und politischen Globalisierungsprozesse entstehen so zahlreiche neue Herausforderungen: Dies gilt sowohl im Sinne einer verstärkten regionalen und globalen Ressourcenkonkurrenz oder sogar -konflikten als auch hinsichtlich neuer Kooperationsmöglichkeiten durch eine verstärkte internationale Arbeitsteilung, die in größeren wirtschaftlichen und politischen Interdependenzen resultieren könnte. Diese ist durch eine weitere Marktöffnung und den zunehmenden Einfluss multinationaler, weltweit agierender Energiekonzerne geprägt, die sich von primär betriebswirtschaftlichen Gewinnerwartungen leiten lassen. Demgegenüber scheint jedoch die Energiepolitik Russlands als auch Chinas und Indiens als aufsteigende Großmächte des internationalen Systems und auch anderer asiatischer Staaten bis heute durch zahlreiche Interventionen des Staates geprägt, welche die Energiepolitik als öffentliches und strategisches Gut ansehen. Dementsprechend wird die Energiepolitik dieser Länder unter starker Berücksichtigung außen- und sicherheitspolitischer Gesichtspunkte definiert, bei der entweder die Energieexporte als ein außenpolitisches Instrument (Russland) verstanden werden oder aber vor dem Hintergrund der eigenen *„strategischen Sicherheitskultur"* und den historischen Erfahrungen zu einer Politik der Reduzierung von Abhängigkeiten von ausländischen Mächten und Märkten führen (VR China).

Die Berücksichtigung außen- und sicherheitspolitischer Erfordernisse ist tendenziell auch für die Energiepolitik der USA charakteristisch, auch wenn sich hier die Marktelemente der jeweiligen amerikanischen Energiekonzernpolitik im Zuge der Globalisierung der weltweiten Wirtschaftsbeziehungen im letzten Jahrzehnt weiter verstärkt haben. Gerade vor diesem Hintergrund können jedoch geopolitische Interessenkonflikte resultieren, welche in Zukunft aus Sicht zahlreicher westlicher Energie- und Sicherheitsexperten zu zunehmenden Ressourcenkonflikten mutieren können, bei der eine offene Gewaltanwendung zur Sicherung der Energieressourcen (einschließlich der Pipelines oder Seewege) oder ihres Zugangs keineswegs ausgeschlossen werden.[26] So schließen sicherheitspolitische Experten inzwischen immer weniger für die nahe Zukunft aus, dass zielgerichtete Anschläge terroristischer oder auch separatistischer Gruppierungen auf die Infrastruktur privater und staatlicher Energieunternehmen (als eine weitere Form *„asymmetrischer Kriegführung"*) erheblich zunehmen könnten.[27] Dies gilt sowohl für Angriffe auf Öl- und Gastanker als auch Pipelines, Raffinerien oder anderer Infrastruktur des Energiesektors. Aber auch Bürgerkriege zur Sicherung von Energieressourcen sind keineswegs

---

25 Europäische Kommission, 'Grünbuch'.

26 Vgl. hierzu Michael T. Klare, 'Ressource Wars' und Kent A. Calder, 'Asia's Deadly Triangle. How Arms, Energy and Growth Threaten to Destabilize Asia-Pacific', London-Sonoma 1997.

27 Vgl. hierzu auch FAZ, 4.5.2002, S. 14.

eine Konfliktform der Vergangenheit, wie die jüngsten Beispiele im Südsudan[28], Tschetschenien oder Südamerika[29] zeigen.

1.2 Fragestellungen und Analyseebenen

Das von der *Volkswagen-Stiftung* im Zeitraum November 1998-Dezember 2001 großzügig geförderte sowie breit und interdisziplinär angelegte Forschungsprojekt *„Regionalkonflikte und internationale Energiesicherheit zu Beginn des 21. Jahrhunderts: Strategische Herausforderungen einer Ordnungspolitik unter Bedingungen der Globalisierung"* am *Forschungsinstitut der Deutschen Gesellschaft für Auswärtige Politik* (*DGAP*) in Berlin sollte insbesondere die möglichen außen- und sicherheitspolitischen Auswirkungen der sich nachhaltig verändernden globalen Energieentwicklung als Resultat einer drastischen Zunahme der weltweiten Energienachfrage und -konsumption auf regionaler sowie globaler Ebene im 21. Jahrhundert analysieren. Dabei sollte insbesondere auch den neuen Bedingungsfaktoren der wirtschaftlichen und sicherheitspolitischen Globalisierung sowie der Verknüpfung von Energie-, Außen- und Sicherheitspolitik Rechnung getragen werden.

Die Ereignisse des 11. September 2001, der terroristische Anschlag auf das *World Trade Center* und die folgende militärische Intervention in Afghanistan zur Zerschlagung des *Al-Qaida-Netzwerkes* und der *Taliban*-Herrschaft hatten dem Forschungsprojekt wenige Monate vor seinem Abschluss eine ungeahnte Aktualität und Aufmerksamkeit gegeben. Zudem sind eine Reihe von bisherigen weltpolitischen Trends von Kooperation und Konflikt in Zentralasien und dem Nahen-Mittleren Osten zwischen den USA, Russland, China und den Regionalstaaten seitdem in Frage gestellt worden. Auch die von den europäischen und besonders deutschen Medien bis dahin kaum thematisierte Frage nach der innenpolitischen Regime- und Systemstabilität der Golfstaaten (insbesondere Saudi-Arabiens) und ihre Auswirkungen auf die zukünftige Stabilität der Weltenergieversorgung haben inzwischen eine neue weltpolitische Bedeutung erhalten, die ihrerseits in den kommenden Jahren wichtige Implikationen für die deutsche und europäische Energieversorgungssicherheit haben werden. Das vorliegende Buch gibt die Forschungsergebnisse nicht nur bis Ende des Forschungsprojektes (2001) wider, sondern reflektiert auch die neueren energie- und weltpolitischen Entwicklungen seit dem 11. September 2001 bis Mitte Dezember 2002.

---

28 Vgl. hierzu Arne Perras, SZ, 4.-5.5.2002, S. 10.

29 Vgl. Mark Wilson, 'Oil Fuels Border Disputes in Caribbean Conflict', in: Jane's Intelligence Review (JIR), October 2000, S. 47-49.

Gegenüber diesen neuen und älteren weltpolitischen Entwicklungen seit Mitte der 90er Jahre stellten sich zahlreiche Leitfragen für das Forschungsprojekt, die sich auch aus der vertieften Analyse der ausgewerteten Fachliteratur und vielen Fachgesprächen mit deutschen, europäischen, amerikanischen, russischen und asiatischen Energie-, Außen- und Sicherheitsexperten im Verlauf des Forschungsprojektes ergaben. Dabei wurde zwischen Fragen für die globale und regionale Ebene (Ostasien, Europa-Russland und *„Größerer Mittlerer Osten"*) unterschieden.

Bevor diese Fragen im Einzelnen aufgelistet werden, sollen zunächst noch einige Aspekte dieser Fragestellungen kurz skizziert und problematisiert werden. Hinsichtlich der zunehmenden weltpolitischen und globalen ökonomischen Bedeutung Chinas als dem voraussichtlich größten oder zweitgrößten Energieverbraucher in 15-20 Jahren darf z.B. die globale und regionale ökologische Dimension nicht übersehen werden. Sofern China seinen zukünftigen Energiebedarf für den weiteren wirtschaftlichen Aufschwung wie bislang zu über 80 Prozent durch den Verbrauch von Stein- und Braunkohle deckt, wird dies zu einer erheblichen Mehrbelastung der Atmosphäre mit Kohlendioxyd und anderen Treibhausgasen führen – mit unübersehbaren ökologischen Schäden im globalen Maßstab und möglichen negativen Folgen für seine zukünftige, in der Vergangenheit ohnehin problematische Nahrungsmittelversorgung. Hieraus ergeben sich zahlreiche Fragestellungen für den zukünftigen Energiemix und die ökologischen, wirtschaftlichen sowie außenpolitischen Auswirkungen.

Zudem konnte in den vergangenen Jahrzehnten die von der internationalen Staatengemeinschaft betriebene Energiesicherheitspolitik nur deshalb erfolgreich sein, weil sie unter Führung der USA von einer relativ homogenen Gruppe westlicher Staaten getragen wurde, die ein gemeinsames Interesse am weitgehenden Funktionieren von Marktkräften haben. Die Sowjetunion und China galten lange Zeit als Selbstversorger bzw. entlasteten die Energiemärkte durch zusätzliche Exporte, waren aber ansonsten relativ indifferent gegenüber dieser Politik. Sie traten bestenfalls in ihrer Funktion als Waffenexporteure in Krisengebieten als Störfaktor der Energiesicherungspolitik auf. Die Situation hat sich in den 90er Jahren aus geopolitischen und wirtschaftlichen Gründen vor dem Hintergrund der weltweiten Globalisierungstrends jedoch zunehmend verändert. So war Russland bis zum 11. September 2001 aus wirtschaftlichen und machtpolitischen Erwägungen heraus darum bemüht, in Zentralasien, im Kaukasus sowie im Mittleren Osten mit Mitteln traditioneller Machtpolitik seinen eigenständigen Einfluss geltend zu machen und insbesondere die Kontrolle über Energiequellen und Energietransportwege zu erhalten bzw. wieder zu gewinnen. Demgegenüber ist China heute Nettoimporteur von Erdöl und tritt aufgrund seines absehbar steigenden Energiebedarfs als eigenständiger Akteur in Zentralasien, Süd- sowie Nordostasien, im Mittleren Osten, Afrika und Lateinamerika auf. Die chinesische Politik scheint ebenfalls primär machtpolitisch bestimmt und stand lange Zeit einer marktorientierten, kooperativen Strategie mit Argwohn und Befremden gegenüber bzw. vermutete dahinter eine machtpolitische Eindämmungsstrategie des Westens. Erst in den letzten Jahren ist eine vorsichtige Veränderung in Richtung auf eine marktorientierte Politik erkennbar geworden, ohne dass diese sich bisher gegenüber der historisch tradierten "*strategischen Sicherheitskultur*" der Verringerung der Abhängigkeiten von ausländischen Märkten und Mächten eindeutiger durchzusetzen scheint.[30] Daher lautet die zentrale Ausgangsfragestellung des Forschungsprojekts wie folgt: *Wie kann angesichts der sich wandelnden geopolitischen Situation und der sich verändernden Relation von Angebot, Nachfrage und Transportwegen die derzeitige westliche Politik der Kombination aus regionaler Machtbalance und Stärkung der internationalen Marktkräfte fortgesetzt werden?*

Um dieser Frage im Einzelnen und detailliert nachgehen zu können, sind für die drei weltweit energiepolitisch wichtigsten Regionen die Probleme der Energiesicherheit aufzuzeigen und die zukünftigen Optionen zu analysieren. Diese Regionen sind:

- der Mittlere Osten, insbesondere die Golfregion mit den Schlüsselländern Saudi-Arabien, Iran, Irak, und Kuwait;
- das Kaspische Becken, einschließlich Kaukasus und Zentralasien,
- Ostasien (insbesondere China).

Dabei sollen die Möglichkeiten und Aussichten diskutiert werden, ob und wie zwischen USA, Westeuropa, Russland, China und Japan Einvernehmen über Grundlagen eines prinzipiell kooperativen Vorgehens in Fragen der Energieversorgung hergestellt werden kann. Ein erstes Beispiel für einen derartigen Versuch stellt z.B. die europäische *Energiecharta* von 1991 dar, die 1994 in einen Vertrag mündete. Dieser völkerrechtliche Vertrag, der inzwischen von 51 Staaten unterzeichnet, aber von vielen noch immer nicht ratifiziert wurde (darunter Russland), sieht eine Energiekooperation der europäischen Staaten (unter Einschluss der ehemals osteuropäischen Länder sowie der Nachfolgestaaten der UdSSR) und jenen der *OECD* (außer USA, Kanada, Mexiko und Neuseeland) auf marktwirtschaftlicher Grundlage und dem Grundsatz der Gleichbehandlung vor. Damit soll der Energiehandel ebenso wie der freie Transport von Energiegütern auf vertraglicher Grundlage gewährt werden und die Kooperation durch einen umfassenden und kontinuierlichen Informationsaustausch sowie durch die Vorgabe von stabilen rechtlichen Rahmenbedingungen erlauben.[31] Bei der Analyse der angestrebten europäisch-russischen Energie-

---

30 Vgl. F. Umbach, 'Konflikt oder Kooperation in Asien-Pazifik?', hier S. 330 ff.; ders., 'Geostrategische und geoökonomische Aspekte der chinesischen Sicherheits- und Rüstungspolitik im 21. Jahrhundert – Die Verknüpfung traditioneller Sicherheitspolitik mit Ressourcenfragen im geopolitischen Denken Chinas', in: Gunter Schubert (Hrsg.), 'China: Konturen einer Übergangsgesellschaft auf dem Weg in das 21. Jahrhundert'. Mitteilungen des Instituts für Asienkunde Nr. 344, Hamburg 2001, S. 341-404 und ders., 'Die Energiepolitik Chinas', in: Internationale Politik, Januar 2001, S. 43-48.

31 Zu Vertrag, Inhalt, Zielsetzungen der Europäischen Energiecharta siehe die Web-Seite – http://www.encharter.org/.

partnerschaft wird daher z.B. kritisch nach den Interessen von *Gazprom* und des russischen Staates gefragt werden müssen, inwieweit diese dem *Vertrag zur Europäischen Energiecharta* entsprechen oder aber eher dem Aufbau von faktischen Kartellen dienen und mit einer traditionellen geopolitischen Großmachtpolitik verknüpft sind.[32]

Bei der Ausgangsanalyse der Studie soll ein Ansatz an der Schnittstelle zwischen regionaler Konfliktanalyse und globalen sowie regionalen Energiemarktentwicklungen gewählt werden. Hier gilt es, verschiedene Denkschulen und Fachgebiete zusammenzuführen, insbesondere aber eine Brücke zu schlagen zwischen den Sicherheitsanalytikern und den Energieexperten. So besteht ein häufig anzutreffendes Defizit der klassischen strategischen Analyse von sicherheitspolitischen Experten darin, die machtpolitischen Auseinandersetzungen in den Mittelpunkt zu stellen und den Einflüssen globaler Marktkräfte zu wenig Aufmerksamkeit zu schenken. Demgegenüber ist bei den Energieexperten oft das Gegenteil zu beobachten: Sie stellen die marktwirtschaftlichen Faktoren in den Mittelpunkt ihrer Analyse, während sie politische und strategische Faktoren entweder völlig ignorieren oder diesen Faktoren nur eine völlig unbedeutsame Aufmerksamkeit widmen. Die daraus resultierende weitgehende Unberücksichtigung der außen-, sicherheitspolitischen und internationalen Rahmenbedingungen führt daher nicht selten zu *„apolitischen"* Analysen eines strategischen Gutes wie Erdöl oder Erdgas, obwohl auch in jüngster Geschichte immer wieder der Zugang zu diesen fossilen Energieträgern zu Kriegen und politischen Konflikten geführt hat.

Darüber hinaus sollen die Entwicklungen in verschiedenen Regionen parallel betrachtet werden. So können Fragen der Energiesicherheit und der Relation zwischen Nachfrage, Angebot und Transportwegen für die einzelnen Regionen Mittlerer Osten, die Kaspische Region und Ostasien immer weniger isoliert analysiert werden. Vielmehr entsteht eine enge strategische Interdependenz zwischen allen drei Regionen. So wird inzwischen vom Entstehen einer neuen geopolitischen Großregion, eines *"transkaukasischen Korridors"* oder von der Wiedergeburt der alten (eurasischen) Seidenstraße gesprochen. Internationale Geographen sprechen darüber hinaus von der Region des *"Greater Middle East"*[33], die nicht nur den Nahen und Mittleren Osten, sondern gleichzeitig auch die Region Zentralasien/Kaspischen Becken einschließt. Somit werden beide Regionen als eine strategische Großregion betrachtet, bei der dem Iran und der Türkei eine geographische Schlüsselrolle als Schnittstelle zwischen den

---

32 Vgl. Roland Götz, 'Russlands Erdgas und die Energiesicherheit der EU', S. 32 f. und Marius Vahl, 'Just Good Friends? The EU-Russian 'Strategic Partnership' and the Northern Dimension, März 2001 (CEPS Working Document, No. 166; via Internet – http://www.ceps.be/Pubs/2001/WD166.PDF), hier S. 25 ff.

33 Vgl. Geoffrey Kemp/Robert E. Harkavy, 'Strategic Geography and the Changing Middle East', Washington D.C. 1997.

beiden Einzelregionen zufällt.[34] Methodisch gesehen bedeutet dieses Vorgehen zugleich, dass höchst unterschiedliche Ansätze aus verschiedenen Disziplinen zur Anwendung gelangen müssen. Um einen unreflektierten Eklektizismus zu vermeiden, ist es daher unerlässlich, Formen der kritischen Auseinandersetzung zwischen den verschiedenen methodischen Ansätzen zu finden. Dabei gilt es zunächst, die Fragestellungen und einzelnen Analyseebenen für die globale und regionale Ebene zu konkretisieren.

Globaler Forschungsansatz, Fragestellungen und Analyseebenen:

- Darstellung der Szenarien der zukünftigen Entwicklung der globalen Energiesituation als Resultat von Energiekonsumption, -nachfrage und –produktion.
- Analyse der Bedeutung der einzelnen Energieträger von Erdöl, Erdgas, Kohle, Kernenergie, alternativen Energiequellen etc. in mittelfristiger (bis 2020-2030) und langfristiger Perspektive (bis zum Jahr 2050).
- Wie wirken sich die globalen Bemühen zur Reduzierung der Treibhausgase (*Kyoto-Protokoll*) auf die globale Energiepolitik aus?
- Inwieweit sind die bisherigen parallelen Strategien traditionell unilateraler Machtpolitik und marktorientierter Ansätze der Privatisierung, Liberalisierung und Deregulierung auch für die Zukunft ausreichend, um die regionale sowie globale Energiesicherheit und -stabilität zu gewährleisten, da dies entscheidende Bedeutung für die Grundstruktur der internationalen Beziehungen im Zeitalter des 21. Jahrhunderts haben dürfte?
- Inwieweit kann die derzeitige westliche Energiesicherheit aus einer Kombination von regionaler Machtbalance und Stärkung der internationalen Marktkräfte fortgesetzt werden?
- Muss diese nicht im Zeitalter verstärkter Globalisierungstendenzen modifiziert, d.h. ergänzt oder reformiert werden (größere Bedeutung multinationaler Konzerne und internationaler Finanzdienstleistungsinstitutionen als globale Akteure der Weltpolitik und ihre spezifischen Interessen), insbesondere unter einer stärkeren Berücksichtigung übergeordneter ordnungspolitischer Ansätze und sicherheitspolitischer Stabilitätserfordernisse?
- Frage nach der Bedeutung neuer Technologien und alternativer Energieressourcen für die zukünftige Lösung der globalen Energienachfrage.
- Frage nach der Bedeutung und den Auswirkungen neuer Wirtschaftsstrukturen (Informations- und Kommunikationswirtschaft), die vermutlich nicht mehr wie die traditionelle Stahl- und Schwerindustrie des 20. Jahrhunderts primär auf Erdöl und Erdgas als Hauptenergiequelle angewiesen sind.

---

[34] Vgl. hierzu auch Zbigniew Brzezinski, 'Die einzige Weltmacht. Amerikas Strategie der Vorherrschaft', Frankfurt/M. [2]1999, der in diesem Kontext von *„geopolitischen Dreh- und Angelpunkten"* spricht.

- Inwieweit wirken sich die Ereignisse vom 11. September 2001 und die Annäherung der außenpolitischen Positionen der USA, Russlands und zum Teil auch Chinas auf Möglichkeiten einer globalen Energiekooperation zwischen den Großmächten aus?

Regionalspezifische Analysen, Fragestellungen und Analyseebenen:

- Frage nach der Bedeutung der einzelnen Energieträger von Erdöl, Erdgas, Kernenergie, alternativen Energiequellen etc. in mittelfristiger (bis zum Jahr 2020) und langfristiger Perspektive (bis zum Jahr 2050) für Europa, Deutschland, den USA und Ost- sowie Südasiens.
- Inwieweit wird der drastische Anstieg der asiatischen und insbesondere chinesischen sowie indischen Energiekonsumption sich auf die globale Energieversorgung auswirken (Bedarf versus Verbrauch; Veränderung der Bedeutung der einzelnen Energieträger wie Erd-/Flüssiggas und Kernkraft)?
- Inwieweit spielt die traditionelle Mentalität der Sicherstellung der staatlichen Energieselbstversorgung der ostasiatischen Staaten (insbesondere Chinas) durch nationale Instrumente und Akteure im Sinne neorealistischer Machtpolitik auch für die Gegenwart und nahe Zukunft eine ausschlaggebende Rolle und inwieweit wird den Erfordernissen der Globalisierung und Einbindung in die Weltwirtschaft Rechnung getragen (Öffnung der eigenen Märkte, Einbindung in multinationale und internationale Energieprojekte etc.)?
- Inwieweit relativiert sich die Bedeutung der Golf-Region für die globale und regionale Energieversorgung gegenüber der Region Zentralasien/Kaspisches Becken?
- Wie wirken sich diese Instrumente und politische Präferenzen der nationalen Energiepolitik dieser Länder auf ihre jeweiligen außen- und sicherheitspolitischen Strategien aus (Beispiel: chinesische See- und Luftrüstung, UN-Politik Pekings und chinesische Absicherung des machtpolitischen Einflusses in Südostasien sowie Zugang zum Indischen Ozean via Myanmar)?
- Analyse der innen- und außenpolitischen Risiko- sowie Instabilitätsfaktoren in Zentralasien/Kaspische Region und der Golf-Region (einschließlich unter Berücksichtigung der Analyse der Effektivität multilateraler Sicherheitskooperationen in der Region und der militärischen Aufrüstung der konventionellen und nuklearen Streitkräfte).
- Herausarbeitung der Bedeutung globaler Sicherheitspolitik und ihrer regionalen sicherheitspolitischen Herausforderungen (Beispiel: geheime militär-technologische Zusammenarbeit zwischen Nordkorea, Pakistan und Iran mit Auswirkungen auf Europa).
- Rolle der Hauptakteure (USA, Russland, China, Regional- und Anrainerstaaten sowie der multinationalen Konzerne als typisch nichtstaatliche Akteure), ihre Interessen und Strategien im "*Great Game*" um

Energieressourcen und Versorgungsrouten in Zentralasien/Kaspische Region.

- Rolle, Möglichkeiten und Grenzen der Regionalorganisationen von *GUS, GUUAM, NATO, EU* und *OSZE* sowie ihrer Instrumente für eine stabilisierende Ordnungspolitik — Garantie für multilaterale Kooperationen und regionale Stabilität?
- Wie wirkt sich die gegenwärtig konstatierbare globale Krise des Multilateralismus und internationaler Regime vor allem im Bereich der Sicherheitspolitik auf die zukünftige Rolle und Bedeutung dieser Regionalorganisationen aus? Welche Reformen müssten für eine verbesserte Effektivität derartiger multilateraler Organisationen im Sinne langfristiger stabilitätsorientierter Ordnungsstrukturen forciert werden?
- Welche positiven und negativen Auswirkungen hat die Militärintervention der USA und Großbritanniens in Afghanistan als Folge des Terroranschlages vom 11. September 2001 auf die regionale Stabilität in Süd- und Zentralasien und die Pipelinepolitik der Regionalstaaten, der angrenzenden Großmächte Russland, China und Indien sowie der zukünftigen Energieversorgungspolitik der EU?

Hinsichtlich der Fragen der zukünftigen Energiepolitik Chinas und Ostasiens sowie ihren sicherheitspolitischen Auswirkungen konnte das Forschungsprojekt u.a. auch auf wesentliche Ergebnisse eines früheren vom Autor am Forschungsinstitut der DGAP durchgeführten und von der *Volkswagen-Stiftung* finanzierten Forschungsprojektes (*"Perspektiven regionaler Sicherheitskooperationen in Asien-Pazifik"*) und zahlreiche Analysen des Autors dieser Studie zu Fragen der Außen-, Sicherheits- und Energiepolitik im Raum Ostasiens und der früheren Sowjetunion aufbauen.[35]

1.3 Die Relevanz der drei politikwissenschaftlichen Ansätze für die Fragestellungen und Analyseebenen des Forschungsprojektes sowie die Konzeption der Studie

Die Ereignisse vom 11. September 2001 und die Fragen nach der regionalen politischen und sozio-ökonomischen Stabilität nicht nur Zentralasiens und des Kaspischen Beckens sowie Afghanistans, sondern vor allem auch des Nahen und Mittleren Ostens (wie insbesondere Saudi Arabiens) haben deutlich gemacht, dass die Frage einer Energieverknappung aus der Kombination regionaler Instabilitäten und globaler politischer Rivalitäten Anlass genug sein sollte, die Möglichkeit zumindest einer temporären Energieverknappung mit Auswirkungen auf die Weltwirtschaft keineswegs völlig auszuschließen. Es gibt allgemein drei verschiedene Szenarien der Energieverknappung, die zumindest zeitweise Lieferunterbrechungen zur Folge haben können:

---

[35] Vgl. u.a. F. Umbach, 'Konflikt oder Kooperation in Asien-Pazifik?'.

- die bewusste und beabsichtigte Verknappung der Förderung oder der Versorgung durch einzelne Akteure oder Gruppen zur Erreichung eines bestimmten politischen Ziels;
- die Energieverknappung als Folge regionaler Konflikte; und
- Energieverknappung (sei es potentiell oder tatsächlich) als Gegenstand oder als Folge internationaler machtpolitischer Rivalitäten unter Groß- oder Regionalmächten.

Die *OPEC*-Politik vom Herbst 1973 war ein Beispiel für das erste Szenario. Für das zweite Szenario gibt es nur *"Beinah-Fälle"*, wie der weitgehende gleichzeitige Ausfall der Ölförderung Irans und Iraks während des ersten Golf-Kriegs. Wie relevant das dritte Szenario ist, lässt sich am Beispiel der Kaspischen Region aufzeigen, wo die jüngste Entwicklung (zumindest bis zum 11.9.2001) erkennen lässt, dass Konflikte über die Erdölversorgung der Zukunft nicht ausgeschlossen werden können, bei der höchst unterschiedliche Interessen aufeinanderprallen und bei der am Ende das Potential der Region für die Versorgung der globalen Märkte nicht genutzt werden kann, weil sich alle relevanten Kräfte gegenseitig blockieren. In der *Südchinesischen See* deutet sich seit den 90er Jahren eine ähnliche Entwicklung an, wobei auch hier Szenarien zukünftiger militärischer Konflikte nicht undenkbar sind.[36] Zudem hatten bereits der Taiwankonflikt und die chinesischen Raketentests vor der Küste Taiwans 1995-1996 die mehrtägige Schließung internationaler Schifffahrtswege und zeitweilige Lieferunterbrechungen von Erdöl und Erdgas zur Folge. In Nordostasien könnten sich mit der zunehmenden Abhängigkeit der Energieversorgung ostasiatischer Staaten vor allem beim Rohölimport traditionelle Rivalitäten zwischen diesen Staaten (insbesondere zwischen Japan, China, Korea und Taiwan) neu beleben oder verschärfen.[37] Zugleich wird durch die zunehmende Abhängigkeit dieser Staaten vom Rohölimport aus dem Mittleren Osten die strategische Bedeutung sicherer und freier Seewege durch den Indischen Ozean und der engen Schifffahrtsstraßen in Südostasien (*Malakka-Straße*, *Südchinesische See* etc.) weiter zunehmen. Daher dürften vor allem das zweite und dritte Szenario in den kommenden Jahren als die wahrscheinlicheren gelten, wobei allerdings auch das erstgenannte Szenarium nicht völlig ausgeschlossen werden kann.

Der Umstand ist allerdings nicht neu, dass wichtige Energieträger in Regionen von hoher Instabilität gefördert werden, die im Prinzip jedes dieser Szenarien generieren können. Dies trifft ganz besonders für die Region des Nahen und Mittleren Osten zu, welcher als traditionell instabile Region gilt. Dort gab es bislang zwei Strategien zur Stärkung der internationalen Energiesicherheit:

- einerseits den Versuch, regionale Kräfterelationen mit traditionellen Methoden der Machtpolitik so auszubalancieren, dass keine Gründe für län-

---

36 Vgl. hierzu ebda., S. 46 ff.
37 Vgl. ebda., S. 330 ff.

gere Unterbrechungen entstehen können. Dies entspricht vor allem der *realistischen* bzw. *neorealistischen Denkschule* der Politikwissenschaft;

- zum zweiten die Diversifizierung, Liberalisierung und Umstrukturierung der internationalen Energiemärkte (einschließlich Maßnahmen zur Energieeinsparung, der Vorsorgehaltung bzw. des Wandels der Struktur der Energieträger) mit dem Ziel, die nationale und regionale westliche Energieversorgung weniger abhängig von Engpässen werden zu lassen. Diese Strategie der *liberalistischen Denkschule* geht von ökonomisch-politischen Interdependenzen sowie der Notwendigkeit und politischen Nützlichkeit multilateraler Regimeansätze aus.

Die erste Strategie baut vor allem darauf auf, dass unter einigermaßen gleichgewichtigen Akteuren mit verschiedenen strategischen und Ad-hoc-Maßnahmen regionale Konfliktkonstellationen ausbalanciert und gegebenenfalls *"freundliche"* Koalitionen zur Stabilisierung der Lage hergestellt werden können. Diese Strategie scheint im Nahen und Mittleren Osten jedoch immer schwieriger implementierbar zu sein, da der Iran und Irak mit ihren Ambitionen zum Erwerb von Massenvernichtungswaffen und weitreichenden ballistischen Raketen zukünftig die Fähigkeit haben könnten, die derzeitige regionale Kräftebalance nachhaltig zu ihren Gunsten einseitig zu verändern. Auch kann auf Dauer bei der derzeitigen scheinbar unaufhaltsamen Erosion des israelisch-palästinensischen Friedensprozesses immer weniger auf *"freundliche Koalitionen"* mit Partnern in der arabischen Welt gesetzt werden. Daher bedarf die zukünftige westliche und europäische Strategie zur Sicherung der zukünftigen Energieversorgungssicherheit angesichts eines sich grundsätzlich verändernden geopolitischen Umfelds der Energiesicherheit (d.h. der wachsenden Bedeutung der Kaspischen Region sowie Zentralasiens, Süd- und Nordostasiens) bestimmter Anpassungen, welche die Besonderheiten der jeweiligen Krisenregionen berücksichtigen. Der aktuelle Irak-Konflikt unterstreicht diese Annahmen, könnte jedoch die regionalen machtpolitischen Rahmenbedingungen im Mittleren Osten unter Umständen grundlegend neu strukturieren.

Auch die zweite Strategie – verstärkte Rolle der Marktkräfte – erfordert angesichts sich verändernder wirtschaftlicher und politischer Umstände eine Weiterentwicklung. Hier ist insbesondere zu klären, wie die materiellen Voraussetzungen dafür geschaffen werden können, dass die steigende Nachfrage ostasiatischer Staaten nach Energie durch den Weltmarkt auch tatsächlich sicher gestellt werden kann. Dies bedeutet im Kontext der globalen Bemühungen zum weltweiten Klimaschutz in erster Linie den Einsatz verbesserter Fördertechnologie für Erdöl und Gas, die Schaffung von Infrastruktur zum Transport von Erdöl und vor allem von Erdgas nach Ostasien sowie die Nutzung von Energiespartechnologien in den Ländern, die hier noch den größten Nachholbedarf haben (vor allem die GUS-Staaten, China und Indien).

Doch auch die *konstruktivistische Denkschule* spielt bei der Analyse der regionalen Energie- und Sicherheitspolitik eine wichtige Rolle, kann doch gerade die chinesische Energie- und Sicherheitspolitik im Rahmen des Ansatzes einer *„strategischen Sicherheitskultur“* (*„strategic culture“*) erklärt werden. Diese strategische Sicherheitskultur Chinas basiert wesentlich auf tradierten Normen sowie historischen Erfahrungen und ist bis heute von ausgeprägten Selbstversorgungsmerkmalen eines historischen Chinas geprägt, die eine wirtschaftliche und politische Integration des Landes im Zuge der wirtschaftlichen, politischen und kulturellen Globalisierung behindern oder zumindest erschweren[38], auch wenn eine wirkliche Autarkiepolitik seit Anfang der 90er Jahre in der Energiewirtschaft für die chinesische Führung unrealistisch geworden ist.

Darüber hinaus müssen die Auswirkungen der weltweiten Trends zu Deregulierung und Liberalisierung der nationalen Energiewirtschaften kritisch analysiert werden. Dies könnte insbesondere hinsichtlich einer stärkeren Berücksichtigung übergeordneter außen- und sicherheitspolitischer Ansätze der internationalen Energiesicherheit notwendig sein, da die EU-Staaten und Deutschland zukünftig stärker denn je von Energielieferungen aus politisch und sozioökonomisch hoch instabilen Weltregionen (wie den Mittleren Osten, Zentralasiens/Kaspisches Becken) abhängig und auch verwundbar sein werden.

Zur Konzeption der Studie: Vor dem oben ausführlich problematisierten Hintergrund soll zunächst eine Analyse der traditionellen Energiepolitik der 70er und 80er Jahre (unter Berücksichtigung der Energie- und Ölkrisen jener Jahre) der detaillierten Untersuchung der globalen Entwicklungen der internationalen Energiesicherheit vorangestellt werden. Im *Kapitel 3* der weltweiten Entwicklungen der Energiepolitik und Energiesicherheit sollen dann nicht nur die Rahmenbedingungen (Bevölkerungsentwicklung, internationale Klimaschutzbemühungen, struktureller Wandel der Industriegesellschaften, Zukunft der Kernenergie, Möglichkeiten und Grenzen von Technologieinnovationen sowie das Entwicklungspotential regenerativer Energieträger in mittelfristiger Perspektive) berücksichtigt werden, sondern auch die damit verbundenen außen- und sicherheitspolitischen Auswirkungen. Dies gilt insbesondere für die Energienachfrage aus China und Asien, die vielfältige geopolitische Folgen für die regionale und globale Stabilität des internationalen Systems haben dürfte und der daher besondere Aufmerksamkeit in dieser Studie gewidmet wird.

Vor diesem Hintergrund sollen dann in *Kapitel 4* die Perspektiven des deutschen und europäischen Energiebedarfes sowie die außenpolitischen Dimensionen (insbesondere hinsichtlich der europäisch-russischen Energiepartnerschaft) eingehend analysiert werden. Dabei spielt die in der deutschen und europäischen Öffentlichkeit bisher kaum diskutierte Frage nach der zukünftigen Energieversorgungssicherheit eine zentrale Rolle. Hierbei müssen auch die Motive und Rahmenbedingungen der russischen Energiepolitik der *Moskauer* Energiekonzerne (wie *Gazprom*) und des *Kreml* auf dem europäischen Kontinent kritisch hinterfragt werden. Dies gilt insbesondere hinsichtlich der Frage,

---

[38] Vgl. erneut F.Umbach, ‘Konflikt oder Kooperation in Asien-Pazifik?’, S. 68 ff. und 330 ff.

inwieweit diese mit dem *Vertrag zur Europäischen Energiecharta* von 1994 komplementär sind und sich von ausschließlich marktwirtschaftlichen Gesichtspunkten leiten lassen und welche Folgen dies für die europäische Energieversorgungssicherheit hat.

Danach soll im *Kapitel 5* die derzeitige und zukünftige Rolle der *OPEC* als politisch-strategischer Akteur hinterfragt werden, da Europa und Asien (im Gegensatz zu den USA) in den nächsten Jahrzehnten von den *OPEC*-Staaten und vor allem von den Erdölexportländern des Persischen Golfes noch erheblich abhängiger sein und damit auch die Risiken sowie Verwundbarkeiten der jeweiligen regionalen Energieversorgungssicherheit zunehmen könnten.

Schließlich sollen in *Kapitel 6* die innenpolitischen und regionalen Instabilitäten sowohl im Raum des Persischen Golfes (mit besonderer Berücksichtigung von Saudi Arabien) als auch in Zentralasien/Kaspisches Becken untersucht werden. Es erscheint dabei sinnvoll, beide Regionen in einem größeren systematischen und geopolitischen Zusammenhang des *„Größeren Mittleren Ostens“* (*„Greater Middle East“*) zu betrachten. Dabei soll auch die Frage beantwortet werden, inwieweit die Region Zentralasien und des Kaspischen Beckens mit seinen Erdöl- und Erdgasressourcen zur globalen sowie regionalen (insbesondere auch europäischen und asiatischen) Energieversorgungssicherheit durch neue Diversifizierungsmöglichkeiten des Energieimportes beitragen kann. Dies setzt einerseits die Analyse des Umfangs dieser beiden Energieträger in dieser Region im Vergleich zu jener des Persischen Golfes voraus, andererseits auch die Untersuchung der innen- und außenpolitischen sowie regionalen Rahmenbedingungen sowie Instabilitätsfaktoren. Auch hier überschneiden sich somit (wie in den vorangegangenen *Kapiteln 3-5*) die jeweiligen spezifischen Analyseebenen der globalen und regionalen Energiesicherheit sowie der energiewirtschaftlichen Dimensionen mit jenen der geopolitischen und damit auch innen-, außen- und sicherheitspolitischen Bedingungsfaktoren. Erst die Berücksichtigung all dieser Faktoren und Entwicklungen sowie ihren möglichen Auswirkungen lässt umfangreichere und detailliertere Schlussfolgerungen für die zukünftige deutsche und europäische Energiesicherheit im 21. Jahrhundert unter den verändernden Bedingungen einer zunehmenden Globalisierung von Wirtschafts- und Sicherheitspolitik zu.

Die Studie wurde inhaltlich und formell im Dezember 2002 fertiggestellt. Der Autor möchte bei dieser Gelegenheit *Svetlana Venevtseva*, *Daniela A. Petrova* und *Holger Berschel* für Ihre Unterstützung bei der formellen Fertigstellung der Studie danken. Vor allem aber gilt der Dank der *Volkswagen-Stiftung*, die das dreijährige Forschungsprojekt am Forschungsinstitut der DGAP großzügig finanziert hat, und allen deutschen sowie internationalen Freunden und Kollegen, ohne deren Expertisen, Einsichten und vielfältige Hilfestellungen das Forschungsprojekt und das vorliegende Buch nicht möglich gewesen wären.

2. Analyse der traditionellen Energiesicherheit, ihre Strategien und politische Relevanz zu Beginn des 21. Jahrhunderts

„But the question that is increasingly being asked is, whether the market forces alone will be the principal arbiters of the international oil scene. Many energy experts caution against an over-reliance on the market forces for stability. They point out the historically non-market forces such as internal political change, conflicts within and among oil-producing nations, and the traditional role of the Great Powers in protecting the sources of oil, providing security to the nations that own them and the supply routes that link the producers to the consumers. The concentration of the world reserves in a few areas like the Persian Gulf that have remained politically volatile have tended to make the non-market forces as important as ever in ensuring energy security."[1]

Das arabische Ölembargo 1973/74, die iranische Revolution von 1979, der irakisch-iranische Krieg 1980-1988 und der irakische Überfall auf Kuwait am 2. August 1990 hatten die Abhängigkeit und Verwundbarkeit der westlichen Industriestaaten von den Erdölimporten aus der Region des Nahen und Mittleren Ostens wiederholt offengelegt. Obwohl auch während des zweiten Golf-Krieges keine akute Gefährdung für die westliche Energiesicherheit existierte, ist die Frage der Energiesicherheit des Westens zu einem Dauerthema geworden. Dies war nicht zuletzt auf die Erkenntnis zurückzuführen, dass die Aufrechterhaltung der Energieversorgungssicherheit während des zweiten Golf-Krieges auch einer Reihe glücklicher Umstände zu verdanken war, die aber nicht automatisch in der Zukunft gegeben sein würden.[2]

Trotz der weltweiten Fortschritte zur Deregulierung und Liberalisierung der Energiemärkte, bei der staatliche Interventionen aus innen- und/oder außenpolitischen Gründen zurückgedrängt und letztendlich völlig verhindert werden sollen, ist vor allem der Ölmarkt nach wie vor von politischen Faktoren stark beeinflusst. Dieser stellt noch immer fast 39 Prozent der weltweiten Energieversorgung sicher. Jeder größere regionale Konflikt im Nahen und Mittleren Osten oder zukünftig auch in Zentralasien könnte unter bestimmten Umständen ernsthaft die weltweite Versorgung der westlichen Industriestaaten mit Rohöl und Erdgas in Frage stellen oder zumindest zu temporären Versorgungsengpässen bzw. Lieferausfällen oder rapiden Preisanstiegen führen, welche sich negativ auf die Weltwirtschaft auswirken können. Allein die Öltransporte durch die *Straße von Hormuz* betragen gegenwärtig täglich 15 Millionen

---

1 So der indische Experte C. Raja Mohan, 'Geo-Politics and Energy Security', in: Strategic Analysis, December 1996, S. 1269-1276 (1270).

2 Vgl. hierzu auch Bernhard May, 'Kuwait-Krise und Energiesicherheit. Wirtschaftliche Abhängigkeit der USA und des Westens vom Mittleren Osten', Arbeitspapiere zur Internationalen Politik (hrsg. vom Forschungsinstitut der DGAP), Nr. 63, Bonn, Juni 1991, S. 113 ff.

Fass pro Tag.[3] Diese politisch-strategische Bedeutung von Erdöl wird auch durch den Generalsekretär der *OPEC*, Dr. *Ali Rodriguez Araque*, bestätigt:

> „From the perspective of consuming countries, oil is also a strategic resource, given its decisive importance in industrial and military operations, equally in times of peace and war. Additionally, industrial countries provide both the capital and technology necessary for the oil's industry. ... All the problems of the energy world are closely intertwined with international relations. Oil matters have a scope much broader than that of mere economic and market affairs. The fact that oil is a vital commodity for both producers and consumers places it on top of the political and diplomatic agenda of our countries."[4]

Die wirtschaftliche Abhängigkeit der Industriestaaten von den Erdöl und Erdgas exportierenden Staaten kann sich jedoch auch negativ auf die politische Flexibilität und die Anzahl der politischen Optionen in der Außen- und Sicherheitspolitik eines Öl und Gas importierenden Staates auswirken und diese vor allem in Krisen und Konfliktzeiten begrenzen. Dies gilt auch hinsichtlich der in einer Krise zur Verfügung stehenden militärischen Fähigkeiten. Daher suchen die Energie importierenden Staaten nach Möglichkeiten und Lösungen, einerseits die Abhängigkeiten nicht zu groß werden zu lassen bzw. diese nach Möglichkeit zu reduzieren, andererseits im Rahmen ihrer Außen- und Sicherheitspolitik gute Beziehungen zu den Erdöl und Erdgas exportierenden Staaten aufzubauen. Sollte dies scheitern und die Energie importierenden Länder gar politisch erpresst werden, so wird für diesen Fall auch die Rückversicherung militärischer Optionen nicht ausgeschlossen. Diese Problematik zeigt somit, dass die Frage nach der Energiesicherheit der Industriestaaten in der Vergangenheit keineswegs lediglich eine außenwirtschaftliche Problematik allein war oder diese nach ausschließlich (markt-)wirtschaftlichen Gesichtspunkten im Rahmen der nationalen und internationalen Energiepolitik konzipiert wurde.

Im Zuge der Globalisierung verstärken sich zudem die wirtschaftlich-politischen Interdependenzen zwischen Erdöl und Erdgas exportierenden sowie importierenden Staaten einerseits und diesen Staaten sowie den staatlichen und nicht-staatlichen Energiekonzernen andererseits.[5] Die daraus resultierenden Abhängigkeiten zwischen beiden Seiten können einerseits die ökonomisch-politische Kooperation stärken, machen aber beide Seiten von innen- und außenpolitischen Entwicklungen auf regionaler und globaler Ebene zugleich verwundbarer. Wie *Abbildung 1* deutlich macht, kann auf der einen Seite zwischen globalen Herausforderungen sowie Auswirkungen und auf der anderen Seite zwischen regionalen sowie nationalen Gefährdungen unterschieden werden.[6]

---

3 Vgl. Clifford Singer/TS Gopi Rethinaraj, 'Energy Wars: Past, Present and Future', in: Jane's Intelligence Review (JIR), June 2001, S. 43-46 (44).

4 Ali Rodriguez Araque, 'OPEC and the Geopolitics of the International Oil and Gas Industry', in: OPEC Bulletin, May 2001, S. 5-7 (7).

5 Zum Hintergrund siehe Robert Keohane/Joseph S. Nye, 'Power and Interdependence', Third Edition, New York u.a., 2001.

6 Vgl. Philip Andrews-Speed, Xuanli Liao/Roland Dannreuther, 'The Strategic Implications of China's Energy Needs', IISS-Adelphi Paper 346, Oxford University Press 2002, S. 13 ff.

Abbildung 1: A Working Classification of "*Energy Security*" Events

Classification	Event
1. Global events a. Policy discontinuity	Reduction in output by producers, to raise prices
b. Fundamental discontinuity	Global shortage of production capacity
c. *Force majeure* disruption	Civil unrest, war, deliberate blockage of trade routes
d. Export disruption	Export cut-back by main exporters
e. Embargo disruption	Embargo by importers of a specific exporting state
2. Local events a. Embargo disruption	General embargo of specific importing state
b. Embargo disruption	Embargo of a specific importing state by a specific exporter or transit state
c. Logistical disruption	Accident, incident or terrorism, especially along transportation infrastructure
d. Local market disruption	By monopolist suppliers, by pressure groups, or through government mismanagement

Quelle: Philip Andrews-Speed/Xuanli Liao/Roland Dannreuther, 'The Strategic Implications of China's Energy Needs', IISS-Adelphi Paper 346, Oxford University Press, 2002, S. 14.

Vor dem Hintergrund einer rapide ansteigenden Energienachfrage in den nächsten Jahrzehnten gilt es die Frage zu beantworten, inwieweit die nach der Ölkrise in den 70er Jahren gezogenen politischen Lehren einer Reduzierung der Abhängigkeiten und Verwundbarkeiten vom Erdölimport aus der Golf-Region und dem Mittleren Osten auch im Zeitalter einer weiter voranschreitenden Globalisierung im 21. Jahrhundert noch gültig sind. Das traditionelle Konzept der Energieversorgungssicherheit zielt auf eine prinzipielle Vergrößerung des Energieangebots sowohl intern als auch extern ab. Hierzu zählen:

- Diversifizierung von Energieträgern (einschließlich des Ausbaus der Kernenergie[7]);

---

7 Durch den Ausbau der Kernenergie als Folge der Ölkrise 1973 konnte in der EU bis 1980 eine Kapazität von 45 Gwe installiert werden, welche nach 1980 bis heute auf 125 Gwe erweitert wurde. Dies verringerte die Einfuhrabhängigkeit von Erdöl. Die erzielten Einsparungen beliefen sich so im Jahr 2000 auf 200 Millionen Tonnen Rohöläquivalenten in einer Größenordnung von 30-45 Milliarden Euro – vgl. Europäische Kommission, 'Grünbuch. Hin zu einer europäischen Strategie für Energieversorgungssicherheit' (wurde am 29. November 2000 angenommen), Luxemburg 2001, hier S. 22 (Fn. 17).

- Diversifizierung des Energieimportes aus verschiedenen Lieferländern und Exportregionen;
- Maximale Ausnutzung heimischer Ressourcen;
- Maximierung von Energieeinsparmöglichkeiten in Industrie, im Transportsektor und den privaten Haushalten;
- Bildung strategischer Reserven (von mindestens 90 Tagen)[8];
- Flankierung derartiger Strategien der Versorgungssicherheit durch den Auf- und Ausbau guter politischer Beziehungen mit den Erdölproduzenten und Transitländern zur Schaffung stabiler außenpolitischer Beziehungen sowie eines freundlichen Investitionsklimas. Dies schließt auch die Stärkung des politischen Engagements und einer aktiven Friedenspolitik gegenüber dem Nahen und Mittleren Osten mit ein, wie sie seit den 70er Jahren besonders für die amerikanische Außen- und Sicherheitspolitik charakteristisch ist.[9]

Das *„Grünbuch"* der EU zur zukünftigen Energiesicherheit der EU-Staaten vom November 2000 bestätigte wesentliche Elemente dieses traditionellen Verständnisses der zukünftigen *„Energieversorgungssicherheit"* auch unter den veränderten Bedingungsfaktoren des Zeitalters der Globalisierung, ließ aber gleichzeitig auch ein partiell neues Verständnis erkennen:

> „Die Sicherung der Versorgung zielt keineswegs darauf ab, ein Höchstmaß an Energieautarkie zu erzielen oder die Abhängigkeit auf das geringst mögliche Niveau zu drosseln, sondern darauf, *die mit dieser Abhängigkeit verbundenen Risiken zu mildern* [Hervorhebung durch F.U.]. Anzustreben sind unter anderem die Ausgewogenheit und Diversifizierung der verschiedenen Energiequellen (nach Energieträgern und geographischen Zonen) sowie der Beitritt der Erzeugerländer zur WTO."[10]

Diese Lehren vor allem aus den Ölkrise der 70er und frühen 80er Jahre orientierten sich zunächst nur sehr bedingt an marktwirtschaftlichen Faktoren. Tatsächlich sahen die westlichen Regierungen die Märkte als zu ineffizient an, welche zudem zu schnell auf Preissprünge reagieren, um eine kontinuierliche Preisstabilität, Berechenbarkeit und Vorausschaubarkeit von Preisentwicklungen zu gewähren. Aus dieser Sicht fühlten sich die Regierungen gezwungen, in

---

8 Die Mitgliedschaft in der *International Energy Agency* (*IEA*) sieht vor, dass jedes Mitglied (zu der auch fast alle *OECD*-Staaten gehören) eine strategische Rohölreserve im Umfang von 90 Tagen des Nettoimportes von Erdöl anlegt und in Krisenzeiten durch zuvor getroffene Vereinbarungen regelt, wie diese untereinander genutzt werden können, wenn es notwendig sein sollte. Die Lagerung solcher Erdölvorräte als *Strategische Rohölreserve* ist jedoch sehr teuer. So soll ein Fass des in den USA gelagerten Rohöls der *Strategic Petroleum Reserve* 59 US-Dollar kosten, um dieses zu kaufen und zu lagern — vgl. 'The Geopolitics of Energy into the 21st Century. Vol. 1', hier S. 26. Insgesamt belaufen sich die strategischen Rohölreserven der *IEA*-Mitgliedsstaaten auf etwa 4 Milliarden Fass.

9 Vgl. Julian Lee, 'International Energy Security: Prospects and Problems', in: Joachim Krause/ Bernhard May/Ulrich Niemann (Eds.), 'Asia, Europe and the Challenges of Globalisation', Lectures from the First ASEF-Summer School 1998, Singapore, June 1999, S. 165-186 (165) und Bernhard May, 'Kuwait-Krise und Energiesicherheit', S. 133.

10 Vgl. Europäische Kommission, 'Grünbuch. Hin zu einer europäischen Strategie für Energieversorgungssicherheit', hier S. 2.

die Energiemärkte durch verschiedenste Formen (einschließlich der Steuerpolitik zur Förderung alternativer Energieträger oder Substitution von Frachtpreisen für bestimmte Importregionen) zu intervenieren, um den Verbraucher zu schützen. Dabei schufen die Staatsinterventionen jedoch gleichfalls viel neue Probleme wie sie jene aus den Ölkrisen eigentlich lösen sollten. So waren die staatsinterventionistischen Instrumente häufig viel zu langsam, um auf die sich immer schneller verändernden Energiemärkte im globalen Maßstab gleichfalls dynamisch und effizient reagieren zu können. Diese Probleme und die Notwendigkeit multinationaler Energieunternehmen, riesige kapitalintensive Projekte finanzieren zu müssen, welche durch die Staatsinterventionen häufig eher behindert als gefördert wurden, führten zu einem Umdenken der westlichen Staaten in Richtung einer verstärkten Ausrichtung der Energiepolitik auf marktwirtschaftlich orientierte Strategien. In den 90er Jahren wurden daher die Deregulierung und Liberalisierung der nationalen Energiemärkte forciert, die den Abbau marktbehindernder Regelungen und Subventionen sowie die Öffnung abgeschotteter Staaten zur Folge hatten.

Darüber hinaus wurden besonders in Europa und Japan die Forschung und Entwicklung alternativer sowie umweltverträglicherer Energiequellen gefördert. Bereits Mitte der 80er Jahre war der globale Anteil des im Nahen und Mittleren Ostens produzierten Erdöls somit von 36 Prozent im Jahr 1973 auf etwa 19 Prozent gefallen, da in anderen Weltregionen (insbesondere in Alaska und der Nordsee) große Erdölreserven gefunden und ausgebeutet wurden.[11] Somit hatte die politische Instrumentalisierung der Erdölabhängigkeit der westlichen Industriestaaten durch die arabischen *OPEC*-Staaten während der Ölkrise 1973/74 nicht nur zu einem Preisverfall in den folgenden Jahren geführt, sondern auch zu einem Verlust von Marktanteilen.

Auch die Steigerung der effizienteren Nutzung von Primärenergieträgern, die Förderung von Energieeinsparmöglichkeiten, die stärkere Abstützung auf andere Energieträger (insbesondere Kernkraft, Gas), der Zusammenbruch der UdSSR und die weitere politische sowie wirtschaftliche Öffnung nach Westen haben die Verwundbarkeit Europas und Amerikas von dieser sensiblen sicherheitspolitischen Weltregion seit den 70er Jahren verringert. Sieht man einmal von dem Szenario eines großen regionalen Konfliktes über einen längeren Zeitpunkt ab, scheinen die meisten globalen Herausforderungen durch entsprechende Gegenstrategien (wie z.B. die Erhöhung der Erdöl- und Erdgasproduktion in den Staaten außerhalb der Konfliktzone) prinzipiell bewältigt werden zu können (siehe auch *Abbildung* 2).

Demgegenüber könnten jedoch die lokalen Herausforderungen — wie verschiedene Formen von Embargos, physische Unterbrechungen oder massive Marktbeeinträchtigungen (wie die jüngste Energiekrise in Kalifornien) — der zukünftigen Energiesicherheit sehr viel größere Schäden auf Seiten der Erdöl

---

11 Vgl. Julian Lee, 'International Energy Security: Prospects and Problems', hier S. 177.

und Erdgas importierenden Staaten haben.[12] In jüngster Zeit haben z.B. vor allem die Gefahren durch Anschläge terroristischer Gruppierungen und Piraten auf Tanker, Pipelines, Raffinerien oder sonstige Infrastruktureinrichtungen des Energiesektors erheblich zugenommen.[13]

Mit dem politisch gewollten Ausstieg aus der Nutzung ziviler Kernkraft und der rapiden globalen Energienachfrage könnte jedoch die weltpolitische und weltwirtschaftliche Bedeutung der Krisenregion des Nahen und Mittleren Ostens insbesondere für Asien und die Weltwirtschaft wieder signifikant zunehmen. Während die *OPEC*-Staaten gegenwärtig etwa 35-40 Prozent des weltweiten Erdöls fördern, könnte dieser Prozentsatz in den kommenden Jahrzehnten auf zwei Drittel ansteigen und damit wieder eine stärkere geopolitische Bedeutung annehmen. Andererseits kann ebenso wenig übersehen werden, dass das Gewicht und die Rolle der *OPEC* bei der Preisbildung des internationalen Rohöls im letzten Jahrzehnt eher geschwächt, während der Einfluss der sich weltweit verflechtenden internationalen Erdöl- und Energiekonzerne signifikant gestärkt wurde. Auch dieses Faktum kann als ein Beleg für die zunehmende Bedeutung nicht-staatlicher Akteure im internationalen System gewertet werden.[14] Von den 100 größten Wirtschaftseinheiten der Welt stellen die Staaten inzwischen weniger als 50 Prozent dar.[15]

Sollten sich die eher skeptischen oder gar alarmistischen Prognosen der weltweiten Erdöllagerstätten ab 2010 bewahrheiten (siehe hierzu *Kapitel 3.9* dieser Studie), dann müssen die Erdöl importierenden Staaten und besonders der Westen sowie Asien über die globale internationale Energiesicherheit besorgt sein. Demgegenüber drohen bei ausreichenden Energieressourcen in den nächsten zwei Jahrzehnten vor allem Gefahren, die sich eher aus den innenpolitischen und regionalen politischen Instabilitäten der Erdöl und Erdgas exportierenden Staaten ergeben. Diese können sich zumindest negativ auf die *Versorgungssicherheit* der Erdöl und Erdgas importierenden Staaten auswirken. Dies gilt insbesondere für politische Krisen und regionale Konflikte wie im Nahen und Mittleren Osten, welche physisch abrupte Lieferunterbrechungen über Wochen oder Monate zur Folge haben können. Doch betrifft die politische und sozio-ökonomische Instabilität nicht nur diese Weltregion, sondern auch jene Zentralasiens und des Kaspischen Beckens, die sich in den letzten Jahren in vielerlei Hinsicht weiter verschlechtert hat. Die totale Verelendung großer Teile der Bevölkerung liefert gerade in den rohstoffreichsten Ländern — wie die Beispiele Angola und Nigeria lehren — zusätzlichen sozialen Spreng-

12 Vgl. Philip Andrews-Speed/Xuanli Liao/Roland Dannreuther, 'The Strategic Implications of China's Energy Needs', hier S. 14 f.

13 Das jüngste Beispiel bildet der maritime Terroranschlag auf den französischen Öltanker *„Limburg"* vor der jemenitischen Küste am 6. Oktober 2002, für den *Al-Qaeda* Terrorgruppierungen verantwortlich gemacht wurden – vgl. FAZ, 7.10.2002, S. 1-2 und ebda., 27.10.2002, S. 1-2. Siehe auch Rolf Tophoven, Die Welt, 9.10.2002, S. 9.

14 Vgl. Jessica T. Mathews, 'Power Shift', in: Foreign Affairs, January-February 1997, S. 50-66.

15 Vgl. Klaus Kinkel, 'Deutsche Außenpolitik vor der Herausforderung der Globalisierung', in: Karl Kaiser (Hrsg.), 'Zur Zukunft der Deutschen Außenpolitik. Reden zur Außenpolitik der Berliner Republik', Bonn 1998, S. 96-106 (97).

stoff, der den fundamentalistischen Kräften in diesen Ländern noch stärkeren politischen Auftrieb verleihen kann. Doch gilt dies auch für die Erdöl exportierenden Staaten des Persischen Golfes, wie z.B. der amerikanische Energieexperte *Fereidun Fesharaki* hervorhebt:

> „Yet many governments chose not only to subsidize fuel prices, but also to use their oil revenues to subsidize unprofitable investments and large social welfare projects — and sometimes to live beyond their means. Indeed, fundamental economic reform programs were often delayed because of the high oil income generated by the price movements."[16]

Abbildung 2: Ölversorgungsunterbrechungen 1956-1991

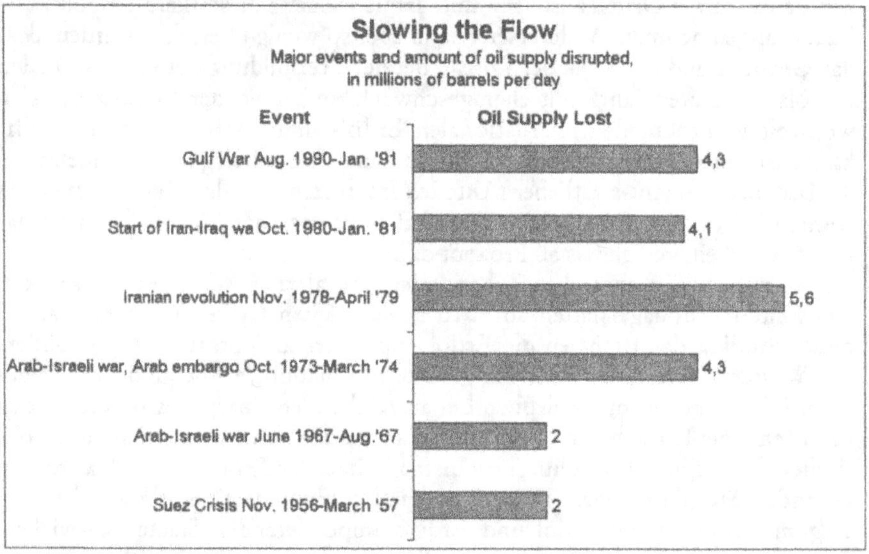

Quelle: IEA, hier nach Bhushan Bahree, WSJE, 25 November 2002, S. 1 and 9 (1).

Darüber hinaus darf nicht übersehen werden, dass die zusätzlichen Förder- und Produktionskapazitäten von Rohöl und Erdgas in Krisen- und Konfliktzeiten begrenzter denn je sind. Bereits während des zweiten Golf-Krieges 1990-1991 war nur Saudi Arabien in der Lage, kurzfristig seine Rohölproduktion signifikant um 2 Millionen Fass Rohöl pro Tag (mbd) zu erhöhen, um so den irakischen und kuwaitischen Ausfall der Rohölproduktion in Höhe von 4-5 mbd (beide Staaten stellten seinerzeit zusammen etwa 14,7% des Weltölexports sicher) auszugleichen und die Preise nach einer kurzfristigen Erhöhung weitgehend stabil zu halten.[17] Diese Reserve-Förderkapazitäten der *OPEC*-

---

16 Vgl. Feireidun Fesharaki, 'Energy and the Asian Security Nexus', in: Journal of International Affairs, Fall 1999, S. 85-99 (87).

17 Während des Umsturzes und der islamischen Revolution im Iran 1979 hatte Teheran allein einen 15-prozentigen Anteil am weltweiten Ölmarkt — siehe 'The Geopolitics of Energy into the 21st Century. Vol. 3: The Geopolitical Outlook, 2000-2020', hier S. 5 und 35.

Staaten sind jedoch schon von 5 Millionen Fass Rohöl pro Tag (22% der gesamten *OPEC*-Produktion oder 10% der weltweiten Rohölproduktion) Anfang der 90er Jahre auf lediglich 1,5 Millionen Barrel pro Tag (nur 9% der *OPEC*-Produktion oder 3% der globalen Förderung) zu Beginn des Jahres 1998 gefallen. Der britische Energieexperte *Julian Lee* warnte daher 1998:

> „Clearly, if there were to be another loss of oil output on a similar scale to that experienced in 1990, nobody would have the spare capacity to replace the lost oil.'"[18]

Auch vor diesem Hintergrund kann z.B. kritisch hinterfragt werden, ob es politisch klug ist, auf einen Energieträger wie die Kernkraft in mittelfristiger Perspektive völlig zu verzichten, welche den Diversifizierungsanforderungen und der Verringerung von politisch problematischen Abhängigkeitsverhältnissen der Energie- und Versorgungssicherheit zuwider laufen. Dies ist z.B. auch die warnende Schlussfolgerung der *EU-Kommission* in ihrem *„Grünbuch"* vom November 2000.[19] In diesem Kontext kritisierte z.B. auch *Michael Stürmer* bewusst provokant im Jahr 2000: "*Nichts ist so global wie der Energiemarkt und nichts ist so provinziell wie die neue deutsche Energiepolitik. Dass dies Zukunft habe, erfordert einen starken Glauben.*"[20]

Diese strategischen Trends einer zunehmenden Abhängigkeit der EU in der Zukunft von Erdöl- und Erdgasimporten aus dem Mittleren Osten und Persischen Golf stehen zudem in einem gewissen Gegensatz zur amerikanischen Energiepolitik. So nimmt zwar einerseits die Abhängigkeit der USA von ausländischen Energieimporten weiterhin zu; gleichzeitig aber haben die USA ihre Abhängigkeit von importierten Rohöl aus dem Mittleren Osten (vor allem Saudi Arabiens) von 35 Prozent ihres gesamten Rohölbedarfs und mehr als 25 Prozent ihres importierten Erdöls Ende der 70er Jahre auf lediglich 18 Prozent ihrer Rohölimporte aus jener politisch instabilen Weltregion im Jahr 1997 reduziert — mit der Tendenz, dass die Rohölimporte aus dem Persischen Golf weiter verringert werden sollen.[21] Allerdings war diese amerikanische Abhängigkeit ab dem Jahr 2000 wieder auf 22-24 Prozent angestiegen.

Vor diesem Hintergrund ist auch das Fehlen eines politischen Konsenses in der europäischen Energiepolitik zu bedauern, da dieses Manko zu Gunsten einer gemeinschaftlichen Energiepolitik der EU auch die Interventionsmöglichkeiten Brüssels für eine sichere und stabilere Versorgungssicherheit Europas begrenzt, während vor dem Hintergrund der Globalisierung und Liberalisierungsbestrebungen innerhalb Europas eine nationale Energiepolitik immer weniger möglich ist und zukünftig nur noch im EU-Rahmen sinnvoll erscheint. Wie immer eines der größeren EU-Länder in Zukunft seine nationale Energiepolitik konzipieren wird, sie wird zugleich erhebliche Auswirkungen auf die Nachbarstaaten haben und diese ebenso betreffen (siehe *Kapitel 4*).

---

18 Julian Lee, 'International Energy Security: Prospects and Problems', hier S. 182.
19 Vgl. Europäische Kommission, 'Grünbuch', S. 75 ff.
20 Michael Stürmer, Die Welt, 12.10.2000, S. 3.
21 Vgl. Julian Lee, 'International Energy Security: Prospects and Problems', S. 173 und 184.

Die Globalisierungstrends haben zudem für die Erdölwirtschaft und die Erdöl produzierenden sowie importierenden Staaten eines gemeinsam: in Zukunft wird die gegenseitige Abhängigkeit — einerseits ressourcenbedingt, andererseits wegen des *Know-hows* und des Finanzbedarfs der Produzentenländer — noch stärker werden. Auf der einen Seite kann dies politische Konflikte abbauen und die Kooperation zwischen diesen Staaten stärken, auf der anderen Seite jedoch auch politische Rivalitäten um den Zugang von begrenzteren Energieressourcen anheizen, damit Verwundbarkeiten der Erdöl importierenden Staaten vergrößern und ungewollt einem regionalen Rüstungsaufwuchs oder sogar Rüstungswettläufen Vorschub leisten. Zugleich darf nicht übersehen werden, dass das Gewicht und der Einfluss der Staatenwelt tendenziell abnimmt, während im Zuge der Globalisierung die Bedeutung nicht-staatlicher Akteure zunimmt. Dieser Einflussverlust der internationalen Staatenwelt kann zwar teilweise durch die aus der Globalisierung resultierenden zunehmenden Kooperationsmöglichkeiten kompensiert werden. Dies gilt aber nicht unbedingt für alle Szenarien und konkreten Krisenfälle. So kann die Gefahr einer zunehmenden Anarchie des internationalen Systems, die sich auch auf die regionale und globale Energiewirtschaft sowie Energiesicherheit negativ auswirkt, nicht ausgeschlossen werden. So konstatierte *Jessica T. Mathews* bereits 1997:

> „The End of the Cold War has brought no mere adjustment among states but a novel redistribution of power among the states, markets, and civil society. National governments are not simply losing autonomy in a globalizing economy. They are sharing powers —including political, social, and security roles at the core of sovereignty — with businesses, with international organizations, and with a multitude of citizens groups, known as nongovernmental organizations (NGOs). The steady concentration of power in the hands of states that began in 1648 with the Peace of Westphalia is over, at least for a while."[22]

Vor diesem Hintergrund erhalten die Fragen, inwieweit die traditionellen Konzepte der Energieersorgungssicherheit noch zu Beginn des 21. Jahrhunderts relevant sind und ob solche, die ausschließlich auf marktwirtschaftliche Bedingungsfaktoren setzen, für die Bewahrung der westlichen Energiesicherheit allein ausreichend sind, eine grundsätzliche Bedeutung für das Verständnis und die Definition einer zukünftigen Energiesicherheit auf nationaler und internationaler Ebene. Dies gilt um so mehr, als auch die Analyse der Politik und des Krisenmanagements der *Internationalen Energie-Agentur* (*IEA*) während des zweiten Golf-Krieges, die fast ausschließlich auf das Spiel der Marktkräfte setzte, bereits erhebliche Mängel aufwies — nicht zuletzt, *„weil in einer Krise politische Prioritäten ökonomische Argumente dominieren"*[23] oder gar determinieren können.

22 Jessica T. Mathews, 'Power Shift', hier S. 50.
23 Bernhard May, 'Kuwait-Krise und Energiesicherheit', S. 124.

Abbildung 3: Summary and Classification of Possible Measures to Enhance Security of Oil Energy Supply.

	\`Strategic Approach\`	China´s \`Strategic\` Measures	\`Market\` Approach	China´s \`Market\` Measures
Supply-side economic measures to reduce probability of disruption	• Control through state companies • Self reliance • Investment in domestic and overseas production and transportation	***	*Liberalise energy markets:* • Integrate with international markets • Encourage domestic and international investment in production and transportation	*
Demand-side economic measures to reduce probability of disruption	*Use administrative measures to:* • Increase energy efficiency • Adjust transport policy • Diversify transport fuels	*	*Use market measures to:* • Increase energy efficiency • Adjust transport policy • Diversify transport fuels	*
Political measures to reduce probability of disruption	• Enhance political links with energy exporters • Outward investment and aid to energy exporters	**	Promote the efficient functioning on international energy markets	*
Measures to reduce impact of disruption	• Strategic storage • Oil sharing • Emergency response procedures • Fuel switching • Surge capacity	*		

* Relatively low priority to data.; ** Substantial measures implemented.; *** Core component of current strategy.

Quelle: Philip Andrews-Speed, Xuanli Liao/Roland Dannreuther, 'The Strategic Implications of China´s Energy Needs', IISS-*Adelphi Paper* 346, Oxford University Press, 2002, hier S. 16-17.

Dieser Frage, inwieweit nicht möglicherweise neben der verstärkten Ausrichtung auf marktwirtschaftliche Gesichtspunkte vor dem Hintergrund der Globalisierungstrends auch weiterhin außen- und sicherheitspolitische Aspekte unter Berücksichtigung der Globalisierungserscheinungen bei der Analyse und Konzipierung einer zukünftigen Energiepolitik im Allgemeinen und der Energiesicherheit Deutschlands sowie Europas im Besonderen vor dem Hintergrund einer steigenden EU-Abhängigkeit von Erdöl- und Erdgasexporteuren außerhalb Europas berücksichtigt werden müssen, kommt vor allem auch wegen des enormen und rapide ansteigenden Energiebedarfes Chinas sowie Asiens besondere Aufmerksamkeit zu. Dies erklärt sich aber nicht nur aus dem Energiebedarf dieser aufstrebenden Weltregion an sich, sondern vor allem auch aus einer Energie-, Außen- und Sicherheitspolitik Chinas, die einerseits von einem langjährigen Autarkiestreben gekennzeichnet ist und andererseits trotz zahlreicher Neuansätze weiterhin auf unilaterale Strategien setzt. Diese aber erschweren die internationale und vor allem multilaterale Kooperation. Sie sind nicht selten von einem Nullsummendenken geprägt, welches Empathie für die Interessen der Nachbarsstaaten weitgehend ausschließt und so zu Spannungen, Konfrontation sowie Rüstungswettläufen führen kann.[24] So kommt eine neue Analyse der chinesischen Energiepolitik und seinen strategischen Auswirkungen für die Außen- sowie Sicherheitspolitik vom Sommer 2002 bezeichnenderweise zur Schlussfolgerung:

> „While the Chinese government has focused most of its attention on strategic measures, such as raising domestic production and in investing in overseas sources of energy, far less effort has been directed to liberalising the internal energy markets and to initiating demand-side measures, such as coherent transport policy. Strategic measures need to be balanced by market-oriented policies which integrate China into international energy markets and ensure a more complete and less expensive energy security policy. It is this need for a more balanced policy which is the main challenge facing Chinese policy makers which, in turn, *requires a shift in strategic culture where energy security is seen as much in terms of market mechanisms as state-sponsored geostrategy* [Hervorhebung durch F.U.]."[25]

Wie später in dieser Studie aufgezeigt werden soll, wird aber die gewaltige Energienachfrage aus China, Indien und Asien weitreichendste Auswirkungen auf die globale Energieversorgung, die internationale Energiesicherheit, die globale Klimapolitik und die weltweiten außen- sowie sicherheitspolitischen Beziehungen zwischen Europa, den USA und Asiens haben. Vor allem diese geopolitischen Auswirkungen der Veränderungen der globalen Rahmenbedingungen für die internationale Energiesicherheit sind aber bisher in Europa vergleichsweise kaum beachtet und diskutiert worden, obwohl sie für die angestrebte *Gemeinsame Außen- und Sicherheitspolitik* (*GASP*) der EU von strate-

24 Vgl. F.Umbach, 'Konflikt oder Kooperation in Asien-Pazifik? Chinas Einbindung in regionale Sicherheitsstrukturen und die Auswirkungen auf Europa', München 2002.

25 So Philip Andrews-Speed, Xuanli Liao/Roland Dannreuther, 'The Strategic Implications of China's Energy Needs', hier S. 100.

gischer Bedeutung sein werden und die europäischen Mitgliedsstaaten zwingen, gemeinschaftliche Antworten auf diese Herausforderungen des 21. Jahrhunderts zu finden. Dabei ist vor allem nicht sicher, inwieweit China, aber auch andere asiatische Staaten die westlichen Strategien der Energieversorgungssicherheit teilen und dabei vor allem auf eine prinzipielle Kooperationspolitik sowie marktwirtschaftliche Ausrichtung setzen und nicht auf unilaterale sowie bilaterale Strategien einer tradierten *„strategischen Sicherheitskultur"*, welche zu Nullsummendenken und einer verschärften Ressourcenkonkurrenz mit anderen Staaten führen kann.

Die EU hat mit ihrem *„Grünbuch"* vom November 2000 versucht, diese Fragen der europäischen Energieversorgungssicherheit aufzuwerfen und eine europäische Diskussion anzustoßen. Diese aber hat bisher in den Mitgliedsstaaten kaum begonnen. Insofern sollte niemand überrascht sein, dass Europe auch auf diese strategische Herausforderungen des 21. Jahrhunderts bisher weitgehend unvorbereitet vorbereitet ist, wenn die Mitgliedsstaaten weiterhin an nationalen Lösungen festhalten und eine kurzsichtige sowie gefährliche Nabelschau betreiben, die immer weniger Antworten bieten und langfristige Lösungen im Zeitalter der Globalisierung von Wirtschafts- und Sicherheitspolitik versprechen können.[26]

Auf der anderen Seite sollte nicht übersehen werden, dass die großen multinationalen Energiekonzerne heute zumeist nach dem *Shareholder-Prinzip* agieren und von der Politik in erster Linie die Schaffung stabiler Rahmenbedingungen (Rechtssicherheit, klare und verbindliche Steuerregelung einschließlich anderer Abgaben, Gleichbehandlung in- und ausländischer Firmen, Sicherheit der Produktionsstätten und Transportwege gegenüber terroristischen Handlungen, Bürgerkriegen oder sonstigen größeren Gewalthandlungen, Ausschluss von staatlichen Enteignungsmaßnahmen u.a.) erwarten, wie dies mit dem Inkrafttreten des *Vertrages zur Europäischen Energiecharta* im Jahr 1998 gelungen ist.[27] Danach soll sich die Politik jedoch aus den Geschäften heraushalten und dies allein oder weitgehend den Marktkräften überlassen. Im Zuge der Globalisierung bilden diese *„Multis"* zunehmend internationale Konsortien, bei denen keine der großen Gruppen (Amerikaner, Russen, Europäer) über eine klare Anteilsmehrheit verfügt, um somit direkte politische Interventionen einer Regierung zu verhindern und sich ausschließlich von profitablen Investitionsprojekten leiten zu lassen.

Wie wir später in dieser Studie noch sehen werden, resultieren aus den unterschiedlichen Interessenlagen zwischen Wirtschaft und Politik jedoch nicht

---

26 Zur allgemeinen Problematik der internationalen Energiesicherheit siehe auch Mamdouh G. Salameh, 'A Third Oil Crisis?', in: Survival, Autumn 2001, S. 129-144 (138); Gawdat Bahgat, 'Oil Security: Potential Threats', in: Contemporary Security Policy, August 1998, S. 71-90 und ders., 'Oil Security in the New Millennium: Geo-Economy vs. Geo-Strategy', in: Strategic Review, Fall 1998, S. 22-30.

27 Vgl. Friedemann Müller, 'Energiepolitische Interessen in Zentralasien', in: Aus Politik und Zeitgeschichte (APuZ) B 8/2002, S. 23-31 (27).

selten Konflikte zwischen multinationalen Energiekonzernen und den Außenministerien über die kapitalintensiven Investitionsprojekte bei der Erdöl- und Erdgasproduktion sowie den Transportwegen (Pipelinestrecken).

Abbildung 4:

Geopolitische Risikofaktoren der zukünftigen globalen Energieversorgungssicherheit:
• Während der Anteil des Persischen Golfes an der globalen Rohölproduktion in den nächsten Jahren und Jahrzehnten kontinuierlich weiter zunehmen wird, nimmt jener des *Atlantischen Beckens* (Nordamerika und Europa) ab — und damit auch der Anteil der Rohölproduktion in der politisch und sozio-ökonomisch stabilsten Weltregion. • 90 Prozent der derzeit nachweisbaren Erdölreserven befinden sich in der islamischen Welt und reichen von den zumeist noch unerschlossenen Feldern in Kasachstan und Zentralasien sowie des Kaspischen Beckens bis nach Saudi-Arabien. • 70 Prozent der Weltrohölreserven und 40 Prozent der Weltgasreserven befinden sich in der Region des *„Greater Middle East“* (Persischer Golf/Zentralasien/Kaspisches Becken). • Allein die sechs Mitgliedsstaaten des *Golf-Kooperationsrates* (*Gulf Cooperation Council/GCC*) — Bahrain, Kuwait, Oman, Qatar, Saudi Arabia und die Vereinigten Emirate — verfügen über 45 Prozent der weltweit nachweisbaren Ölreserven und 15 Prozent der globalen Gasressourcen. Unter Einschluss Iraks und Irans verfügt die gesamte Region des Persischen Golfes sogar über etwa 65 Prozent aller Weltölreserven und 34 Prozent aller globalen Erdgasreserven. • Der Ölexport macht zumeist 75-90 Prozent ihrer Staatseinnahmen ein, welches eine extrem hohe wirtschaftliche Abhängigkeit des Staatshaushaltes und der Innenpolitik von diesem Schlüsselsektor ihrer Wirtschaft zur Folge hat. • Zumindest 10 der 14 führenden rohölexportierenden Staaten müssen als innenpolitisch instabil gelten. • Die Abhängigkeiten Chinas, Indien und Asiens vom Persischen Golf nehmen prozentual und vor allem hinsichtlich des importierten Volumens von Erdöl und Erdgas rapide zu. Die daraus resultierenden politisch-ökonomischen Interdependenzen können sich durch die Förderung der politisch-ökonomischen Kooperation positiv auf die regionale und globale Grundstruktur des internationalen Systems auswirken, gleichzeitig aber auch die ohnehin bestehenden geopolitischen und geostrategischen Beziehungen zwischen China, Japan, Indien und den USA erheblich verschärfen (Rüstungswettläufe, Proliferation von Massenvernichtungswaffen, Bartergeschäfte wie *„Öl gegen Waffen“* etc.).

3. Rahmenbedingungen und Perspektiven der zukünftigen globalen Energiesicherheit und die geopolitischen Auswirkungen

3.1 Ein Überblick über die zentralen Problemfelder und Herausforderungen der globalen Energiepolitik im 21. Jahrhundert

> „The geopolitical risks attendant to energy availability are not expected to abate. Whether war, domestic turmoil, economic recession, or the normal ebb and flow of the political relations between competing nation states, geopolitics and energy will continue to be inextricably intertwined. In sum, there will be recurring geopolitical risk in the twenty-first century, and it will not be possible to isolate energy from this risk."[1]

Eine entscheidende Frage der globalen politischen Stabilität und nachhaltigen Entwicklung im 21. Jahrhundert betrifft die Sicherstellung der zukünftigen Energieversorgung und die Schaffung der hierfür notwendigen innenpolitischen, regionalen, ökonomischen, ökologischen und sicherheitspolitischen Rahmenbedingungen für eine *„nachhaltige Entwicklung"*.[2] Das derzeitige Gleichgewicht von Energieverbrauch und –produktion kann sich jedoch in den nächsten Jahrzehnten grundlegend wandeln. So wird sich der Energiebedarf auf der Erde in den nächsten Jahrzehnten des 21. Jahrhunderts voraussichtlich verdoppeln. Die Zunahme des weltweiten Energieverbrauchs ist dabei vor allem auf die industriellen Schwellenländern des asiatischen Kontinents und ihre dynamischen wirtschaftlichen Wachstumsraten sowie der damit verbundenen Erhöhung der Lebensstandards zurückzuführen. Zudem sind die Energievorkommen in Nordeuropa (Nordsee) und am Persischen Golf nicht unerschöpflich. Darüber hinaus verbieten es die CO_2- und Klimastrategien (*Kyoto-Protokoll*) der Industrieländer, Öl durch fossile Energieträger wie Kohle, Braunkohle und Ölsand zu ersetzen, welche das Klima weiter belasten würden. Dessen ungeachtet wird die Nutzung und der Ausbau ziviler Kernenergie in den westeuropäischen Industriestaaten (wie Deutschland, Schweden etc.) politisch eingeschränkt, welches den Druck auf die Abhängigkeiten von fossilen Energieträgern beträchtlich erhöht. Dabei stellt die allzu häufig antreffende Kurzatmigkeit der Politik in Zukunftsfragen gerade bei den globalen Klima- und

---

1 So die Schlussfolgerung einer amerikanischen Expertengruppe zur internationalen Energiesicherheit vom November 2000 – siehe 'The Geopolitics of Energy into the 21st Century. Volume 1: An Overview and Policy Considerations'. A Report of the CSIS Strategic Energy Initiative', Washington D.C. (CSIS), November 2000, hier S. 30.

2 Nach dem *Brundlandt-Bericht* aus dem Jahr 1987 "*Unsere gemeinsame Zukunft*" wird die "*nachhaltige*" oder auch "*dauerhafte Entwicklung*" wie folgt definiert: "*[als eine] Entwicklung, die die Bedürfnisse der Gegenwart befriedigt, ohne zu riskieren, dass künftige Generationen ihre eigenen Bedürfnisse nicht befriedigen können*" – Weltkommission für Umwelt und Entwicklung, Unsere gemeinsame Zukunft, Greven 1987, S. 46.

Energiefragen einen scharfen Kontrast zu den langfristigen Zukunftsstrategien und längerfristigen Zukunftsorientierungen großer Unternehmen über einen Planungshorizont von 30-50 Jahren dar. So könnte die Energiefrage (neben der vielleicht noch brisanteren Wasserfrage) zur großen umwelt-, wirtschafts- und sogar sicherheitspolitischen Frage des nächsten Jahrhunderts werden, wenn nicht bereits heute die richtigen Weichenstellungen in der internationalen und nationalen Energiepolitik erfolgen. Demnach könnten die gegenwärtigen strategischen Trends in der Zukunft auch die Konkurrenz über strategische Rohstoffe — wie die fossilen Energieträger Erdöl und Erdgas — verschärfen[3], wenn sich die globalen Liberalisierungs-, Deregulierungs- und Privatisierungsreformen nicht ausreichend oder schnell genug *weltweit* durchsetzen werden. Vor allem der globale Rohölmarkt ist noch immer von zahlreichen politischen Faktoren abhängig und stark beeinflusst. Daher könnten sich in Asien aufgrund des traditionellen Autarkiedenkens (insbesondere in China) die zukünftigen Beziehungen zwischen einigen Staaten (VR China, Indien, Japan, Korea u.a.) verschärfen und den ohnehin zu beobachtenden Rüstungsaufwuchs in einer von großer Unsicherheit und Wandel geprägten aufstrebenden Weltregion zu einem wirklichen regionalen Rüstungswettlauf eskalieren lassen.[4] Dies unterstreicht, dass jede ausreichend gesicherte, wirtschafts- und sozialverträgliche Energieversorgung unter zunehmender Berücksichtigung ökologischer Faktoren auch in Zukunft von regionaler politischer Stabilität abhängig ist und ordnungs- sowie sicherheitspolitische Rahmenbedingungen auch unter Kriterien der Nachhaltigkeit für künftige Generationen stets beachtet werden müssen.

Unter strategischen Gesichtspunkten könnte dies mittelfristig auch bedeuten, dass der Einfluss der islamischen Ölstaaten und auch der *OPEC* wieder zunehmen könnte, zumal der Importbedarf nicht nur Asiens, sondern auch Europas und der USA in den kommenden Jahrzehnten wieder stärker ansteigen wird (siehe auch *Kapitel 3.8* und *5*). Darüber hinaus ist bereits die Preisentwicklung in den letzten Jahren — mit einem Abfall auf lediglich 10 US-Dollar im Anfang des Jahres 1999 (der geringste Rohölpreis seit 1973) und der Anstieg bis auf 38 US-Dollar im September 2000 — ein Indikator für inhärente Unsicherheiten und Probleme auf dem weltweiten Rohölmarkt sowie der Energie-

---

3 Vgl. auch Clifford Singer/TS Gopi Rethinaraj, 'Energy Wars: Past, Present and Futue', in: JIR, June 2001, S. 43-46 und F.Umbach, 'Geostrategische und geoökonomische Aspekte der chinesischen Sicherheits- und Rüstungspolitik im 21. Jahrhundert – Die Verknüpfung traditioneller Sicherheitspolitik mit Ressourcenfragen im geopolitischen Denken Chinas', in: Gunter Schubert (Hrsg.), 'China: Konturen einer Übergangsgesellschaft auf dem Weg in das 21. Jahrhundert". Mitteilungen des Instituts für Asienkunde Nr. 344, Hamburg 2001, S. 341- 404.

4 Vgl. hierzu F.Umbach, ' Kooperation oder Konflikt in Asien-Pazifik? Chinas Einbindung in regionale Sicherheitsstrukturen und die Auswirkungen für Europa', München 2002, S. 109 ff.; ders., 'Military Balance in the Asia-Pacific: Trends and Implications', in: Mely C. Anthony/ Mohamed Jawhar Hassan (Eds.), 'The Asia Pacific in the New Millennium. Political and Security Challenges' (14th Asia-Pacific Roundtable, June 2000, ISIS, Malasyia), Kuala Lumpur 2001, S. 331-386 und ders., 'Der Einfluß der Finanzkrise auf das ostasiatische Wettrüsten und die regionalen Sicherheitskooperationen', in: Erich Reiter u.a. (Hrsg.), 'Jahrbuch für internationale Sicherheitspolitik 2000', Hamburg-Berlin-Bonn 2000, S. 859-882.

politik.[5] Inzwischen hat die *OPEC* — für viele Beobachter weitgehend überraschend — zu einer bemerkenswerten Preisdisziplin (im Bereich von 22-28 US-Dollar) zurückgefunden, die ihr die meisten Experten Ende der 90er Jahre nicht mehr zugetraut hatten. Der Anteil der *OPEC* an der weltweiten Rohölproduktion ist zwar seit 1973 von 55 Prozent auf etwa 35-40 Prozent während der letzten Jahre zurückgegangen, doch könnte ihr Anteil in den nächsten Jahrzehnten wieder auf mehr als 50 Prozent ansteigen. Auch vor diesem Hintergrund stellt sich somit die Frage, inwieweit die *OPEC* zukünftig nicht wieder doch ihre Erdöl- und Erdgasressourcen als politische Waffe gegenüber den westlichen energieimportierenden Staaten politisch instrumentalisieren könnte. Dies gilt insbesondere für die Region des Nahen und Mittleren Ostens.

Zudem warnen Geologen und andere Ölexperten bereits seit mehreren Jahren, dass der Höhepunkt der Ölproduktion mit Beginn des neuen Jahrtausends überschritten wird.[6] Demgegenüber glauben jedoch zahlreiche Ökonomen und Experten der Ölindustrie, dass aufgrund technologischer Fortschritte, verbesserter Förderungsmethoden und anderen Faktoren auch auf längere Sicht keine globale Energiekrise drohe, zumal neue große Erdöl- und Erdgasressourcen jüngst entdeckt wurden. Zudem würden auch neue regenerative Energieträger entwickelt, die in der Zukunft eine zunehmende Bedeutung erlangen werden. Allerdings dauert es erfahrungsgemäß relativ lange, bis sich neue Energieträger regional und vor allem weltweit durchsetzen. Demnach sei nicht so sehr die *Energiesicherheit* (im Sinne quantitativ ausreichender Energieressourcen für die globale Energieversorgung) an sich, sondern (lediglich) die *Versorgungssicherheit* (Unterbrechung von Pipelines, Schifffahrtsrouten etc.) durch innenpolitische und regionale politische Instabilitäten, gewalttätige Konflikte oder terroristische Anschläge auf Pipelines, Produktionsanlagen und den Tankerverkehr gefährdet. Außerdem würden weitaus mehr und größere Preisschwankungen drohen als in der Vergangenheit, die sich negativ auf die Weltwirtschaft und die regionale und globale politische Stabilität auswirken können.

Inwieweit geopolitische Faktoren die Verfügbarkeit und die Verlässlichkeit der weltweiten oder regionalen Energieversorgung beeinflussen werden, wird im wesentlichen von den folgenden vier Faktoren abhängen:

(1) der Politik der Supermacht USA und anderer regionaler Mächte (insbesondere VR China, Indien, Japan, EU, Russland);

(2) der bereits angesprochenen politischen Fragilität der innenpolitischen Stabilität der Erdöl und Ergas produzierenden Staaten sowie der Transitsstaaten, über deren Territorium Pipelines verlaufen oder durch deren Territorialgewässer der Tankerverkehr den Energietransport verschifft;

(3) der weiteren wirtschaftlichen Globalisierung und

---

5 Vgl. Pier Giorgio Gawronski, 'Trends in the Oil Market and a Common European Response', in: The International Spectator, October-December 2000, S. 13-20.

6 Vgl. auch Jürgen Krönig, Die Zeit, 30.09.1999, S. 21 f. und das *Kap. 3.9* dieser Studie.

(4) dem wachsenden politischen Einfluss der Nichtregierungsorganisationen (NGOs).[7]

Zudem muss der Westen bis auf weiteres beachten, dass russische, chinesische und andere ausländische (und zumeist staatliche oder halbstaatliche) Energiekonzerne ihre gegenwärtige Energiepolitik nicht allein nach wirtschaftlichen Effizienz- und Gewinnkriterien ausrichten, sondern ihre Energiepolitik auch von außen- und sicherheitspolitischen Zielsetzungen durch ihre Regierungen determiniert ist. Dies hat zahlreiche Auswirkungen nicht nur auf die globale Energie- und Klimapolitik, sondern auch auf regionale und globale sicherheitspolitische Stabilitätsfragen, die unmittelbar oder indirekt die Energieversorgungssicherheit betreffen. Insofern ist die Energiepolitik dieser Länder auch von der Außen- und Sicherheitspolitik abhängig und *vice-versa*.

In diesem Zusammenhang und eines dynamischen globalen Strukturwandels, technologischer Innovationen und höherer Ressourceneffizienz als Folge einer zunehmend weltweiten Deregulierung und Liberalisierung von Energiemärkten im Zuge der Globalisierung, die durch einen verschärften weltweiten Wettbewerb zu dramatischen Umstrukturierungen der Energiewirtschaft in Deutschland, Europa und der Welt führen, stellen sich zahlreiche neue Fragen nach einem adäquaten ökonomischen, ökologischen und politischen Ordnungsrahmen, der den Bedingungen eines zunehmend begrenzten politischen Spielraums, einer marktwirtschaftlichen Orientierung und auch regionalen sowie globalen sicherheitspolitischen Rahmenbedingungen zur Stärkung der internationalen Stabilität Rechnung trägt. Vor allem die letzte Bedingung scheint in Deutschland und Europa gegenwärtig eine eher abnehmende Rolle in den energiepolitischen Diskussionen zu spielen, zumal Europa seit der Ölkrise in den 70er Jahren über einen kontinuierlichen und ungebrochenen Energieimport verfügte, der die westliche Energieversorgung sicherstellte. Dies ist jedoch für die Zukunft keineswegs von vornherein als gesicherte Annahme abzuhaken, wie die Auswirkungen des 11. September 2001 auf die sicherheitspolitisch vielfach instabile Großregion des *„Greater Middle East“* deutlich machen.

Alle wissenschaftlichen Prognosen zur zukünftigen regionalen und globalen Energienachfrage und -politik sind somit von einer Reihe von Bedingungen und Entwicklungen abhängig, die nur schwer vorhersagbar sind.[8] Hierzu gehören insbesondere:

- die allgemeine Verfügbarkeit der weltweiten Energieressourcen (insbesondere Erdöl und Erdgas);
- die Entwicklung der weltweiten Bevölkerung;
- die Berücksichtigung der energiepolitischen Auswirkungen des *Kyoto-Protokolls* zum Klimaschutz;

---

7 Vgl. 'The Geopolitics of Energy into the 21st Century. Vol. 1', hier S. 7 ff. und Vol. 3: The Geopolitical Outlook 2000-2020, S. 13 f.

8 Zum analytisch-methodischen Verfahren von mittel- und langfristigen Analysen der Energienachfrage siehe 'Expanding the Power Base', in: IAEA Bulletin, 2/2000, S. 8-13.

- die weltwirtschaftlichen Entwicklungen und strukturellen Veränderungen vom Industrie- zum Informationszeitalter;
- neue technologische Innovationen zur Identifizierung und Ausbeutung von Energieressourcen, die bisher mit den bisherigen technischen Mitteln nicht zugänglich und abbaubar waren, und ihr konkretes Einsatzspektrum;
- eine realistische Einschätzung der Zukunft der zivilen Kernkraftenergie sowie der regenerativen Energieträger auf regionaler und globaler Ebene bis zum Jahr 2020;
- der konkrete regionale und globale Energiebedarf (insbesondere der Erdöl- und Erdgasimport Chinas und Asiens); und
- die politische und regionale Stabilität der Erdöl und Erdgas produzierenden Staaten sowie jene, über deren Territorium oder auch unter deren Territorialgewässer Pipelines laufen oder über Wasser der Tankerverkehr verläuft.

Bevor diese einzelnen Dimensionen und Rahmenbedingungen des globalen Energiebedarfs und Energiesicherheit im Einzelnen analysiert werden sollen, gilt es in diesem Zusammenhang darauf hinzuweisen, dass in der Fachliteratur in der Regel stets zwischen (*nachweisbaren*) *Reserven* und *Ressourcen* unterschieden wird:

- Unter „*(nachweisbaren) Reserven*" wird die Menge an fossilen Energieträgern verstanden, die mit der *gegenwärtig zur Verfügung stehenden Technologie unter gegenwärtigen ökonomischen Bedingungen* rentabel gefördert werden kann.
- Unter dem Begriff „*Ressourcen*" werden alle konkret nachweisbaren Reserven und zusätzlich die Menge an fossilen Energieträgern verstanden, die zukünftig zur Förderung prinzipiell zur Verfügung steht. Dies schließt z.B. denjenigen Umfang an fossilen Energieträgern mit ein, deren Förderung unter den derzeitigen wirtschaftlichen Bedingungen nicht rentabel oder technologisch als nicht abbaubar gilt sowie unbekannte Mengen, die aber auf der Basis der gegenwärtig zur Verfügung stehenden geologischen Informationen prinzipiell existieren.[9]

Da die technischen Innovationen bei der Förderung und Produktion der fossilen Energieträger Erdöl und Erdgas während der letzten 10 Jahre große Fortschritte gemacht haben, erlangten viele *Ressourcen* auch wesentlich schneller als früher den Status der *nachweisbaren Reserven*.

---

9 Vgl. 'The Geopolitics of Energy into the 21st Century. Volume 2: The Supply-Demand Outlook 2000-2020'. A Report of the CSIS Strategic Energy Initiative', Washington D.C. (CSIS), November 2000, hier S. 28.

3. 2 Globales Bevölkerungswachstum und seine energiepolitischen Auswirkungen

Schon heute werfen das globale Bevölkerungswachstum und die damit zu erwartende globale Energienachfrage sowie die innenpolitische und regionale Stabilität in der Dritten Welt ihre Schatten voraus. 75 Prozent der Weltbevölkerung von gegenwärtig etwa 6 Milliarden Menschen leben in Entwicklungsländern, konsumieren aber nur 36 Prozent der globalen Primärenergie.[10] So müssen gegenwärtig z.B. noch immer drei Viertel der indischen Bevölkerung — das sind 750 Millionen Menschen, die zumeist in Kleinbauernfamilien leben — ganz ohne Elektrizität auskommen. Viele Bauern haben nur die Möglichkeit, mit Holz und Kuhdung zu kochen und heizen, so dass riesige Wälder abgeholzt werden sowie ertragreiche Böden versalzen, und so auf lange Zeit unbebaubar werden.[11]

Insgesamt haben derzeit weltweit etwa 1,8 Milliarden Menschen keinen Zugang zu Elektrizität oder anderen Formen kommerzieller Energie.[12] Während der reichere Teil (20%) der Weltbevölkerung 55 Prozent der Primärenergie nutzt, sind dies für den ärmsten Teil mit ebenfalls 20 Prozent gerade einmal 5 Prozent der weltweit verfügbaren Primärenergie. Unter diesen Umständen gewinnt eine *"nachhaltige Entwicklung"* der globalen Energiepolitik herausgehobene Bedeutung für die zukünftige globale politische, wirtschaftliche und ökologische Stabilität. Erst eine gesicherte und kostengünstige Bereitstellung von Energiequellen und –technik als Voraussetzung der Überwindung der Armut vor allem in den ländlichen Gebieten der Entwicklungsländer kann nach Ansicht internationaler Experten allmählich zur Stagnation des Bevölkerungswachstums in der Dritten Welt beitragen.[13]

Unter diesen Umständen und des prognostizierten Bevölkerungswachstums in den nächsten Jahrzehnten gewinnt das Konzept der Nachhaltigkeit eine völlig neue historische Bedeutung. Dieses Konzept betrifft dabei nicht zuletzt auch die Sicherung einer zukunftsfähigen globalen Energieversorgung, die

---

10 Unter *Primärenergie*, die am Anfang der Energieversorgungskette steht, wird die Rohenergie (Braunkohle, Steinkohle, Erdgas, Holz, Wind, Sonnenstrahlen, strömendes Wasser oder Uran für Atomreaktoren) verstanden. Diese wird von End- oder Nutzungsenergie (wie Heizöl für den Brenner, Benzin fürs Auto, Strom für Licht oder Fernwärme für die Heizung) unterschieden.

11 Zur Situation in Indien siehe David Gardner, FT, 29.03.2001, S. 3.

12 Vgl. auch Gerald Doucet, 'Energy for Tomorrow. The World Energy Council Calls for Global Action', in: IAEA-Bulletin 2/2000, S. 2-7 (2).

13 In den meisten ländlichen Regionen der Dritten Welt müssen die Familien völlig ohne Elektrizität und andere Energieformen auskommen. Ohne Strom müssen Familienmitglieder die Arbeit verrichten, die gewöhnlich Wasserpumpen, Landmaschinen und Motoren in den reichen *OECD*-Staaten machen. Durchschnittlich soll die Energieleistung, die in den reichen industriellen Ländern vorhanden ist, etwa pro Kopf und Jahr dem Muskeleinsatz von 100 Arbeitern in der Dritten Welt entsprechen. Insofern schuften *„echte Energiesklaven"* in diesen Ländern, ohne deren Arbeitskraft das wirtschaftliche Überleben von Familien in der Dritten Welt nicht möglich ist. Auch diese Form der Unterentwicklung und des Energiemangels trägt somit zu Überbevölkerung in der Dritten Welt wesentlich bei - vgl. Christiane Graefe, Die Zeit, 7.10.1999.

mehr denn je auch ökologischen Gesichtspunkten und der sozialen Gerechtigkeit auf globaler Ebene gerecht werden muss. Dies gilt insbesondere hinsichtlich von Faktoren wie der globalen Klimaproblematik und der Risikominimierung sowie Angleichung der Lebensbedingungen nicht nur innerhalb eines Landes, sondern auch zwischen den reichen und fortschrittlichen Industrienationen des Westens und der Dritten Welt. Nur wenn der Anstieg des weltweiten Energiegesamtverbrauchs unter Berücksichtigung des Energiebedarfs der Dritten Welt zur Hebung der Lebensstandards gesenkt werden kann, ist eine realistische Abnahme der globalen CO_2-Emissionen erreichbar, wie die prognostizierten Trends der weltweiten demographischen Entwicklung bestätigen. Während die Weltbevölkerung seit 1870 um das 4-6-fache gewachsen ist, nahm der kommerzielle Energieverbrauch sogar um den Faktor 60 zu — und damit auch der Verbrauch an fossilen Rohstoffen wie Kohle, Mineralöl und Erdgas. Der Durchschnittsmensch verbraucht heute so etwa 15-mal mehr Energie als im Jahr 1870.

Abbildung 5:

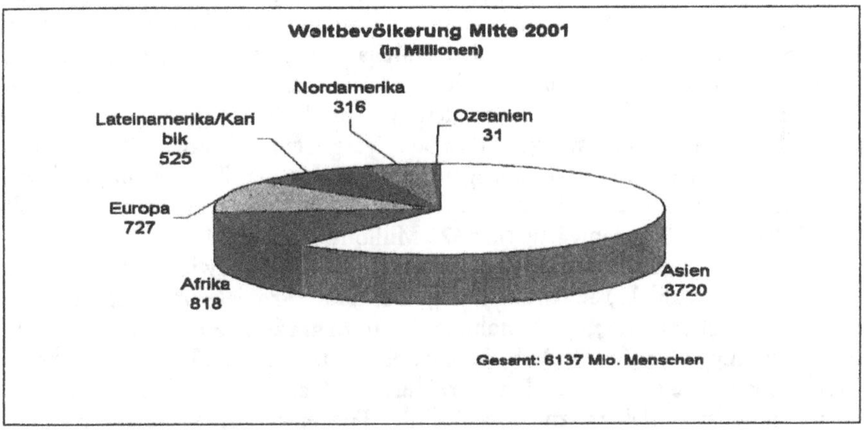

Quelle: United Nations Population Fund (UNFPA), 'The State of World Population 2001. Footprints and Milestones: Population and Environmental Change', New York 2001 (http://www.unfpa.org/swp/2001/english/index.html).

Die UNO musste im Jahr 2001 gegenüber der früheren konstatierten Verlangsamung des weltweiten Bevölkerungswachstums ihre jüngsten Projektionen in ihrer *"2000 Revision"* um fast eine halbe Milliarde Menschen nach oben korrigieren. Demnach wird die weltweite Bevölkerungszahl vermutlich von gegenwärtig 6,1 auf über etwa 9 Milliarden Menschen im Jahr 2050 ansteigen, da die Geburtenrate in den Entwicklungsländern langsamer sinkt als zunächst erwartet. Damit würde die weltweite Bevölkerung bis Mitte dieses Jahrhunderts um 47,2 Prozent zunehmen.[14] Dies ist allerdings etwas langsamer als noch vor

[14] Vgl. FAZ, 11.7.2001, S. 10.

ein paar Jahren von zahlreichen Demographen angenommen worden war. Dennoch wird eine realer Rückgang der Weltbevölkerung allenfalls im nächsten Jahrhundert erwartet.[15] Gegenwärtig wächst die Weltbevölkerung jährlich etwa um 77 Millionen Menschen, die einen Anspruch auf die Entwicklung ausreichender Lebensbedürfnisse stellen. Allein die sechs Länder Indien, VR China, Pakistan, Nigeria, Bangladesch und Indonesien machen etwa 50 Prozent des weltweiten Bevölkerungszuwachses aus.[16] Damit droht die gegenwärtig ohnehin bestehende Kluft zwischen Industrie- und Entwicklungsländern zukünftig noch größer zu werden, welches zahlreiche Probleme für die regionale und globale Stabilität sowie Friedenssicherung aufwirft. Gleichzeitig hat in den letzten Jahrzehnten auch die Geschwindigkeit des Bevölkerungswachstums weiter dynamisch zugenommen. Während es ursprünglich 10000 Jahre bis zu einem Bevölkerungsumfang von 1 Milliarde Menschen im Jahr 1800 gedauert hatte, waren es dann nur noch 100 Jahre bis zur Verdoppelung der Bevölkerung und weniger als ein Jahrhundert bis zur Verdreifachung der weltweiten Bevölkerung auf den gegenwärtigen Stand von über 6 Milliarden Menschen.

Zugleich wird durch den medizinischen Fortschritt und durch abnehmende Geburten- sowie Sterblichkeitsraten eine dramatische Verschiebung zugunsten eines zunehmend größer werdenden Anteils des älteren Bevölkerungsteils in den Industriestaaten stattfinden, welche u.a. die weltweiten Rentensysteme bereits mittelfristig gefährdet. So könnten im Jahr 2030 nur noch 33 Prozent der Bevölkerung im erwerbstätigen Alter sein, verglichen mit noch 50 Prozent im Jahr 1950.[17] Wenn die gegenwärtigen demographischen Trends langfristig anhalten, könnte Europa so im Jahr 2050 mehr als 40 Millionen weniger Einwohner (430 Mio.) als gegenwärtig (mit 476 Millionen) haben.

Wie alle anderen Industriestaaten haben die EU-Staaten wie Deutschland nur die folgende Wahl: (1) Schaffung ökonomischer und sozialer Anreize zur Erhöhung der Geburtenrate; (2) Erhöhung der Immigrationsrate von ausländischer Bevölkerung oder (3) die Aufnahme eines Staates in die EU mit einer hohen Geburtsrate wie der Türkei. Letzteres dürfte jedoch auf absehbarer Zeit weiter hoch umstritten bleiben, zumal im Fall der Türkei sich deren Bevölkerungsanzahl bei gleichbleibenden demographischen Trends von gegenwärtig 66 Millionen Menschen auf 100 Millionen im Jahr 2050 erhöhen wird und damit mehr als jeder fünfte EU-Bürger islamischen Glaubens sein würde.[18]

All diese Entwicklungen werden unmittelbare Auswirkungen auf die Stabilität der allgemeinen Lebensverhältnisse und der zur Verfügung stehenden weltweiten Ressourcen — insbesondere Nahrungsmittel, Wasser und Energie —

---

15 Vgl. SZ, 13.3.2002, S. 2.
16 Vgl. hierzu auch den Bericht von Claudia Ehrenstein, Die Welt, 28.02.2001, S. 5.
17 Vgl. Ben Partridge, '1999 in Review: Growing Population Poses Biggest Problem', in: RFE/RL-Analyses, 30.12.1999.
18 Vgl. 'The Power of Purse Strings: Europe's Demographic Dilemma', Stratfor.Com, 23. 2. 2001.

haben. Dies hat seit den 90er Jahren immer wieder zu Befürchtungen geführt, dass zukünftig Ressourcenkonflikte um Energie (insbesondere fossile Energieträger wie Erdöl und Erdgas) und vor allem Wasser nicht mehr auszuschließen sind und dabei sogar immer wahrscheinlicher werden.[19]

Abbildung 6:

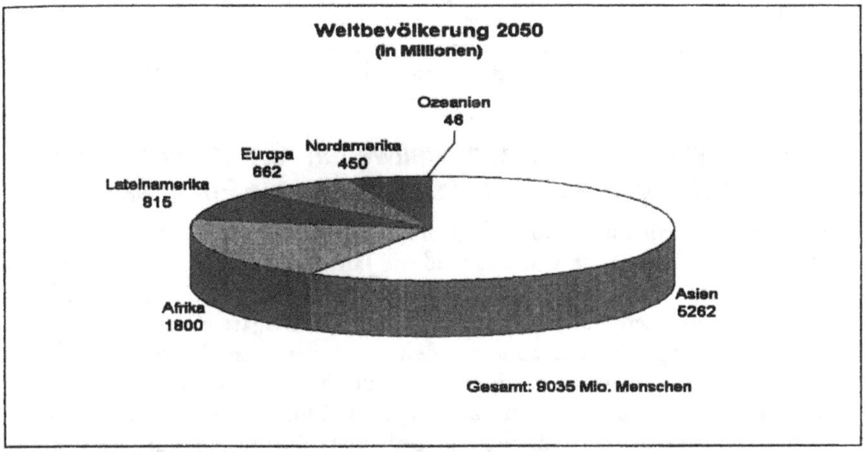

Quelle: United Nations Population Fund (UNFPA), 'The State of World Population 2001. Footprints and Milestones: Population and Environmental Change', New York 2001 (http://www.unfpa.org/swp/2001/english/index.html).

Nicht zuletzt aus diesen Gründen sollte neben der weiteren Forcierung von Energieeinsparmöglichkeiten den erneuerbaren Energieträgern eine viel größere Rolle in der zukünftigen Energieversorgung sowohl der Industrie- als auch der industriellen Schwellen- und Dritte-Welt-Staaten eingeräumt werden. Darüber hinaus würden die regenerativen Energien auch die Versorgungssicherheit der westlichen Staaten stärken und die Abhängigkeiten von fossilen Energieträgern aus instabilen Weltregionen verringern helfen. Dennoch hebt auch der *Weltenergierat* (*World Energy Council/WEC*) in seinem revidierten Bericht "*Energy for Tomorrow*" vom April 2000 ausdrücklich hervor, dass zur Sicherung der globalen Energienachfrage in der mittelfristigen Perspektive (bis zum Zeitraum 2020-2030) *alle* Energieträger, einschl. der zivilen Nutzung der Kernkraft, benötigt werden, wenn gleichzeitig die weltweite Energieversorgung und die Anforderungen zur Reduzierung der Treibhausgase zur Verhinderung einer

---

19 Vgl. z.B. Michael T. Klare, 'Resource Wars. The New Landscape of Global Conflict', New York 2001.

derung einer langfristigen Klimaschädigung sichergestellt werden sollen.[20] So warnte auch der Generalsekretär des *WEC*, *Gerald Doucet*:

> "The continuity of energy supply, particularly electricity, is essential in the 21st century. While short-term interruptible supply may be feasible in certain circumstances as long as the conditions are known and understood by customers, unexpected power cuts bear a high cost for society that cannot be ignored. The world's growing reliance on information technologies makes reliability even more critical than eight years ago. Energy availability requires a diversified energy portfolio consistent with particular national circumstances together with the means to harness potential new energy sources."[21]

3.3 Das Kyoto-Protokoll zum weltweiten Klimaschutz und die Auswirkungen auf die zukünftige globale Energiesicherheit

Es gibt heute mehr und mehr Indikatoren, dass sich das Klima auf der Erde zunehmend verändert: 1998 war das heißeste Jahr in diesem Jahrhundert und das letzte Jahrzehnt das wärmste seit 1000 Jahren, die Eiskappen in der Arktis und Antarktis schmelzen[22] und die weltweiten Treibhausgasemissionen sind heute höher als zu irgendeinem anderen Zeitpunkt der menschlichen Geschichte. Gleichzeitig fliehen gegenwärtig mehr Menschen vor Naturkatastrophen als vor kriegerischen Auseinandersetzungen, obwohl die Welt nach Ende des Kalten Krieges keineswegs friedlicher geworden ist. Die jüngste Flutkatastrophe in Mitteleuropa und Deutschland kann als weiteres Indiz für die Veränderung des weltweiten Klimas gewertet werden, auch wenn diese Annahme umstritten ist. Von den jährlich 22 Milliarden Tonnen CO_2-Emissionen entfallen allein ein Viertel auf die USA, 15 Prozent auf die EU und 4 Prozent auf Deutschland. Die anhaltende Erwärmung der Atmosphäre und die darauf zurückzuführende Zunahme an Stürmen, heftigen Niederschlägen, Überschwemmungen sowie Dürre und Hitzeperioden können schwerwiegende negative Folgen für die landwirtschaftliche Produktion, die globale Artenvielfalt, Trinkwasserreserven, für menschliche Siedlungen, das Fortbestehen von Korallenriffen, Mangroven-Wälder und anderen Ökosystemen sowie die Ausbreitung von Krankheiten wie Malaria und Cholera haben.

---

20 Gerald Doucet, 'Energy for Tomorrow', in: IAEA-Bulletin 2/2000, S. 2-7 (3) und Barry James, IHT, 15.6.2000, S. 6 und IAEA, 'Climate Change and Nuclear Power', Vienna 2000.

21 Gerald Doucet ebda.

22 Siehe hierzu die neuesten Erkenntnisse norwegischer Wissenschaftler – Paul Goble, 'Russia: Analysis from Washington – Another Threat in the Arctic', RFE/RL Analyses, 13.2.2001 und Lester Brown, IHT, 8.9.2000, S. 7 und Christiane Lammert, SZ, 14.-15.8.2001, S. 21.

Ganz wesentlich zur Klimaerwärmung hat die Abholzung und Brandrodung der Tropenwälder beigetragen. So wurden zwischen 1960-1990 fast 350 Milliarden Tonnen Kohlenstoff als Folge der Brandrodung für neue Ackerflächen und Weideland in die Atmosphäre entlassen. In Brasilien werden derzeit noch immer pro Jahr 20.000 Quadratkilometer an Regenwald abgeholzt und abgebrannt (eine Fläche in der Größe von Hessen).

Nach Angaben des *World Wildlife Funds* gehen so weltweit 26 Hektar (die Größe eines Fußballfelds) jede Minute (!) als Folge von Abholzung, Brandrodung und Waldbränden etc. verloren. Während so ständig mehr CO_2 in die Atmosphäre entlassen wird, schwinden gleichzeitig die grünen Lungen auf der Erde, die im Kohlenstoffkreislauf als langfristig wirkende Speicher ausfallen.[23]

Vor diesem Hintergrund haben sich alle Industriestaaten 1997 in *Kyoto* verpflichtet, ihre Emissionen von Treibhausgasen (vor allem Kohlendioxid/CO_2 und sechs weitere Gase[24]) bis 2012 gegenüber dem Niveau der Emissionsrichtwerten von 1990 zu senken, um eine weitere Erwärmung des weltweiten Klimas zu verhindern oder zumindest zu verlangsamen.[25] Durchschnittlich sollen etwa 5,2 Prozent der sechs wichtigsten Treibhausgase (Kohlendoxid/ CO_2, Methan/CH_4, Stickstoffmonoxid/N_2O oder Lachgas, Schwefelhexafluorid/SF_6, perfluorierte Kohlenwasserstoffe sowie wasserstoffhaltige Fluorkohlenwasserstoffe) verringert werden, wobei die Gruppe der drei Gase Kohlendioxid, Methan und Lachgas allein mindestens 95 Prozent der Treibhausgase ausmachen. Für jedes Land wurden dabei individuelle Quoten der Emissionen festgelegt (siehe *Abbildung 7*). Dies sind u.a. für die USA eine Reduzierung um 7 Prozent, Europa um 8 Prozent und Japan um 6 Prozent.

In den USA sind jedoch seit 1990 die Treibhausgasemissionen um 11 Prozent und in der EU um 3 Prozent gestiegen. Nach den Prognosen des 1988 gegründeten *International Panel on Climate Change* (*IPCC*) der Vereinten Nationen wird bei unvermindertem Ausstoß klimarelevanter Gase in diesem Jahrhundert mit einem weiteren globalen Temperaturanstieg zwischen 1,4 und 5,8 Grad Celsius gerechnet werden müssen. Dies wird vermutlich noch mehr Hitzewellen, Dürren, Waldbrände, Stürme und Sturmfluten, Überschwemmungen, Muren und Hagelschläge sowie die Zerstörung der Ozonschicht in der Stratosphäre zur Folge haben.

---

23 Vgl. Christian Schütze, SZ, 27.6.2001, S. 10.

24 Der Anteil dieses Gases als identifizierter Hauptverursacher des hausgemachten Treibhauseffekts hat seit Beginn der Industrialisierung durch die Verbrennung fossiler Brennstoffe seit 1870 etwa um 30 Prozent zugenommen. Auch die Abholzung von Wälder, die mittels Photosynthese CO_2 binden können, hat den Anstieg verstärkt.

25 Zur Geschichte des Kyoto-Protokolls siehe David G. Victor, 'The Collaps of the Kyoto Protocol and the Struggle to Slow Global Warming', Princeton-Oxford 2001 und Karl Kaiser u.a., 'Internationale Klimapolitik. Eine Zwischenbilanz und ein Vorschlag zum Abschluß einer Klimakonvention', Forschungsinstitut der DGAP und des Wuppertaler-Instituts für Klima-Umwelt-Energie GmbH (Arbeitspapiere zur Internationalen Politik No. 65), August 1990. Zum Hintergrund der Thematik siehe auch Urs Lauterbacher/Detlef F. Sprinz (Eds.), 'International Relations and Global Climate Change', Cambridge/Mass.-London 2001.

Bis zum September 2000 hatten ursprünglich von mehr als 150 Staaten zwar 83 Regierungen das *Kyoto-Protokoll* unterzeichnet, doch nur 23 von ihnen auch ratifiziert.[26] Das Protokoll tritt aber nur in Kraft, wenn 55 Staaten das Abkommen ratifiziert haben und der Abgas-Ausstoß in diesen Ländern mindestens 55 Prozent der Emissionen der Industrienationen ausmacht.

Die neue amerikanische *Bush*-Administration stellte jedoch schon kurz nach ihrem Amtsantritt Anfang des Jahres 2001 klar, dass sie das *Kyoto-Protokoll* zur Verminderung der weltweiten Treibhausgase angesichts einer taumelnden amerikanischen Wirtschaft und *"nationalen Energiekrise"* — die in Wirklichkeit eine riesige Energieverschwendungskrise ist[27] — nicht unterzeichnen würde. Diese Ablehnung konnte allerdings niemanden wirklich überraschen, weil dies bereits seit Monaten, wenn nicht sogar Jahren erkennbar war, zumal die Ratifizierung des *Kyoto-Abkommens* im US-Kongress eine Zwei-Drittel-Mehrheit benötigt hätte.[28] Bereits 1997 hatte der US-Senat mit 95 gegen 0 Stimmen (!) in einer Resolution klargestellt, dass kein weltweites Klimaabkommen ratifiziert wird, wenn nicht die Industriestaaten mit den Entwicklungs- und industriellen Schwellenländern (wie z.B. China) gleichgestellt werden. Ungeachtet dieses zu Recht gemachten Einwandes kann der amerikanischen Energiepolitik der Vorwurf gemacht werden, der ansonsten für die europäische Außen- und Sicherheitspolitik so oft charakteristisch ist: sie ist in hohem Maße provinziell. Dabei sieht sie bisher zumeist den einzigen Ausweg aus der eigenen nationalen Energiekrise in der traditionellen Gleichsetzung von Konsumsteigerung mit Produktionssteigerung, die von *Edward N. Luttwak* treffend als *"amerikanisches Energie-Paradox"* charakterisiert wurde.[29] Mit lediglich vier Prozent der weltweiten Bevölkerung konsumieren die USA fast ein Viertel der globalen Erdölproduktion, wobei mehr als 50 Prozent des konsumierten Erdöls importiert werden muss. Daher kann die weltweite Klimaproblematik nicht ohne die USA gelöst werden.

Dies heißt jedoch nicht, dass die USA überhaupt kein Interesse an Klimafragen haben, zumal sie den größten Anteil der weltweiten Klimaforschung finanzieren und ironischerweise sogar das *Kyoto-Abkommen* zunächst maßgeblich initiiert und forciert hatten.[30] Dabei ist der amerikanische Beitrag entscheidend für die Effektivität des *Kyoto-Abkommens* oder anderer Verpflichtungen zum weltweiten Klimaschutz. Im Zuge der Energie- und Elektrizitätskrise in Kali-

---

26 Vgl. Vanessa Houlder, FT, 29.9.2000, S. V (Beilage: "Energy and Utilities").

27 So sehen auch viele amerikanische Wissenschaftler die Hauptaufgabe in der Energiepolitik darin, die enorme Verschwendung von Energie einzudämmen und gleichzeitig die vielfältigen Formen von Energiesparmaßnahmen zu implementieren anstatt den Wiederausbau der Kernkraftenergie erneut zu forcieren – vgl. Joseph Kahn, IHT, 7.5.2001, S. 2.

28 Vgl. auch Raymond Clémencon, NZZ, 6. 11.2000, S. 6 und Petra Holtrup, 'Klimaschutzblockade durch die USA', in: Policy-Forum "100 Tage Bush" (hrsg. vom Forschungsinstitut der DGAP), April 2001 und dies., 'Das Scheitern der Klimaschutzdiplomatie. Öl ins Feuer der transatlantischen Beziehungskrise?', in: IP 06/2001, S. 31-38.

29 Edward N. Luttwak, 'Das amerikanische Energie-Paradox', in: Die Welt, 16.6.2001, S. 8.

30 Zudem gibt es auch Positivbeispiele (wie die Stadt Seattle), von der auch Europa noch etwas lernen kann – vgl. Claudia Ehrenstein, Die Welt, 23.4.2001, S. 6.

fornien im Jahr 2001 wurde z.B. überlegt, dass auch für die nächsten 20 Jahre der Energieträger Kohle mehr als 50 Prozent der nationalen Stromerzeugung sicherstellen soll anstatt verstärkt auf erneuerbare Energien zu setzen.[31] Ohne entsprechende Abgasfilteranlagen hätte dies aber verheerende Auswirkungen auf das Klima. Zwar kommt man ohne die USA noch auf einen Anteil von 65 Prozent der weltweiten CO_2-Emissionen, doch dürfte kein weiterer großer Emissionsstaat (wie Japan oder Russland) aus dem Ratifizierungsprozess ausscheiden.

Ungeachtet dessen haben die USA auf wesentliche Probleme und Unzulänglichkeiten des *Kyoto-Protokolls* aufmerksam gemacht[32], wenn eine wirklich signifikante Emissionsreduzierung und entsprechende Verringerung des Treibhauseffektes sowie der weltweiten Klimaerwärmung in den nächsten Jahrzehnten verhindert werden soll. Auch sollen der deutsche und französische Umweltminister ihrem britischen Kollegen, der mit den USA bereits einen vertretbaren Kompromiss ausgehandelt hatte, in den Rücken gefallen sein. Auch wird der chaotischen Präsidentschaft Frankreichs eine erhebliche Mitverantwortung am Scheitern der Konferenz in *Den Haag* zuerkannt.[33] In der aufgeladenen und emotionalen politischen Auseinandersetzung zwischen den USA und der EU sowie Befürwortern und Gegnern des *Kyoto-Protokolls* wurden daher auch ein paar wichtige Fakten der aktuellen wissenschaftlichen und politischen Diskussion bezeichnenderweise weitgehend übersehen:

- So verdichten sich zunehmend die wissenschaftlichen Erkenntnisse über die globale Klimaerwärmung und ihre Ursachen[34], auch wenn nach wie vor kein wirklicher wissenschaftlicher Konsens über die langfristigen Klimaveränderungen und ihre Ursachen unter den internationalen Klimaexperten besteht. Eine Minderheit der Klimaforscher führt allerdings den sogenannten *"Treibhauseffekt"* auf primär nicht-menschliche Ursachen, wie z.B. auf die Zyklen der Sonnenaktivität zurück. Gleichzeitig wird aus ihrer Sicht die Bedeutung des CO_2 und anderer Treibhausgabe für die Klimaerwärmung überbewertet.[35] Dieser fehlende wissenschaftliche Konsens spiegelte sich beispielsweise auch in einer neueren Untersuchung der *U.S. National Academy of Sciences* wider — ein Aspekt, der allerdings in

---

31 Vgl. Douglas Jehl, The New York Times, 16.6.2001 (Internet-Version).

32 Vgl. auch 'The Geopolitics of Energy into the 21st Century', Vol. 2: The Supply-Demand Outlook, hier S. 65 ff.

33 Vgl. den Präsidenten des *Rheinisch-Westfälischen Instituts für Wirtschaftsforschung* (*RWI*), Paul Klemmer, 'Alle Klima-Schuld dem Amerikanern?', in: Die Welt, 20.7.2001, S. 9.

34 Vgl. auch die Zusammenfassung der Ergebnisse der Klimaexperten der UN in ihrem Bericht von Anfang 2001, wiedergeben bei Claudia Ehrenstein, Die Welt, 23.1.2001, S. 7 und Vanessa Houlder, FT, 24-25.2.2001, S. 7 sowie die Ergebnisse einer Studie von fast 650 Autoren auf einer Shanghaier Konferenz – Barry James, IHT, 23.1.2001, S. 1 and 6. Kritisch dagegen Dirk Maxeiner, 'Das Böse und die edlen Wilden', in: FAZ, 11.4.2001, S. 14. Zur wissenschaftlichen Debatte der Klimaforschung siehe auch Fritz Rademacher, FAZ, 6.4.2001, S. 2; ders., ebda, 16.7.2001, S. 6 und Joachim Müller-Jung ebda. Japanische Forscher sind aufgrund neuer Untersuchungen zum Ergebnis gekommen, dass sich die Ozonschicht über der Antarktis bis zum Jahr 2040 wieder schließen könnte – Martin Thurau, SZ, 5.6.2002, S. 7.

35 Vgl. Claudia Ehrenstein, Die Welt, 18.7.2001, S. 3.

der für die Öffentlichkeit publizierten Zusammenfassung der Studie kaum eine Erwähnung fand und daher von einigen Mitautoren der Studie kritisiert wurde.[36] Dennoch besteht an der eigentlichen Erwärmung des Klimas kein Zweifel. Inzwischen scheint auch eindeutiger zu sein, dass das Wetterphänomen *El Nino* häufiger auftritt, länger dauert und dabei auch intensiver geworden ist.[37] Demgegenüber stehen die wissenschaftlichen Anstrengungen zur Erforschung und Verteilung der verschiedenen Nicht-CO_2-Treibhausgase noch ganz im Anfang und wurden bisher in ihrer Bedeutung sowie den konkreten Auswirkungen auf die Klimaerwärmung eher stiefmütterlich behandelt.[38] Gleichzeitig erproben Forscher auch die Möglichkeit einer Verklappung von Kohlendioxid in flüssiger Form in 30.000 Meter Meerestiefe.[39]

Abbildung 7: Globale CO_2-Emissionen und *Kyoto*-Vorgaben bis 2012

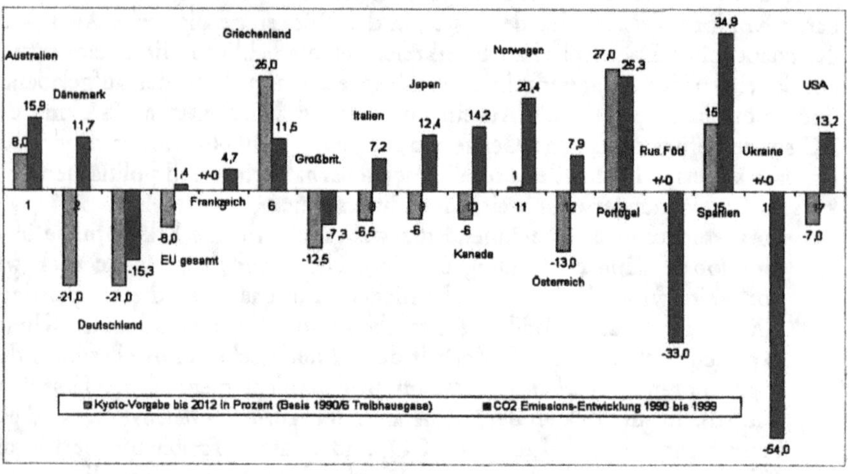

Quelle: SZ, 20.6.2001, S. 12.

- Die Kritik der ***Bush-Administration***, dass das ***Kyoto-Protokoll*** nicht die Entwicklungsländer und industriellen Schwellenstaaten, einschließlich Chinas und Indiens, mit einbeziehe, mag auf den ersten Blick politisch nicht der eigenen Glaubwürdigkeit dienen, wenn die nationalen Pro-Kopf-Emissionen der USA um ein Vielfaches höher liegen als in der Dritten Welt (siehe ***Abbildung 9***). Gleichwohl gibt es gute Gründe trotzdem die Dritte Welt einzubeziehen, zumal Spurengase wie Methan (CH_4, dessen Gehalt sich durch menschliche Aktivitäten wie Viehzucht und Reis-

---

36 Vgl. Richard S. Lindzen, WSJE, 12.6.2001, S. 8.
37 Vgl. Claudia Ehrenstein, Die Welt, 23.1.2001, S. 7.
38 Vgl. hierzu NZZ, 6.2.2002, S. 49.
39 Vgl. Hubertus Breuer, Die Zeit, 8.11.2001, S. 39.

anbau sowie als Nebenprodukt bei der Förderung von Erdöl und Erdgas seit vorindustriellen Zeiten mehr als verdoppelt hat und das ebenfalls für die Klimaerwärmung mitverantwortlich gemacht wird) vor allem in den ärmeren Weltregionen produziert werden. Wenn die Industriestaaten wirklich die weltweite Klimaerwärmung verhindern wollen, wird dies auch vor dem Hintergrund der globalen demographischen Entwicklung auf Dauer nicht gelingen können, indem die Emissionsregelungen nur auf die reichen Industriestaaten Anwendung finden. So ist bereits heute Asien mit mehr als 50 Prozent der Weltbevölkerung — welches 84 Prozent seines Energiebedarfes durch die beiden fossilen Energieträger Kohle und Erdöl deckt — die Weltregion mit den höchsten Kohlendioxidemissionen, obwohl der Pro-Kopf-Energieverbrauch in Asien bisher nur die Hälfte des weltweiten Durchschnitts ausmacht.[40]

Abbildung 8:

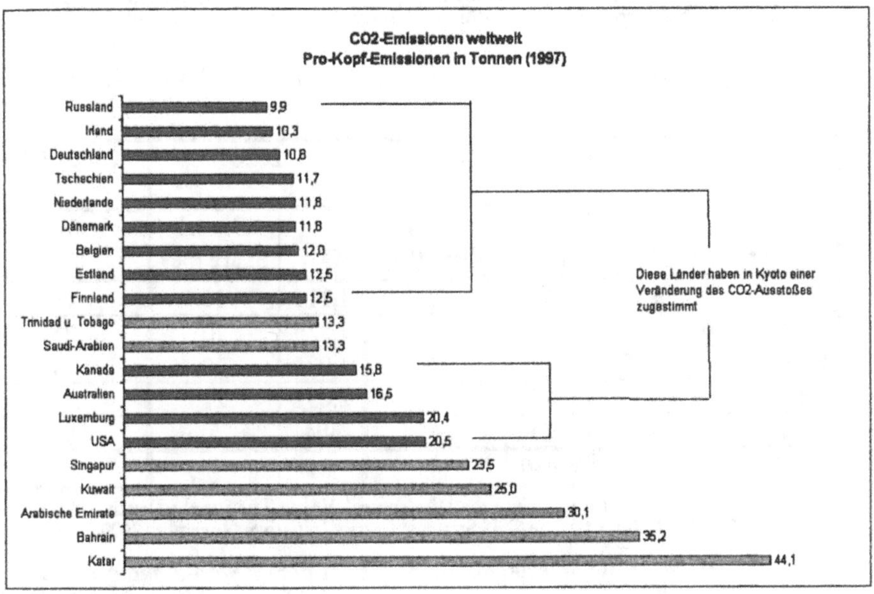

Quelle: Der Tagesspiegel, 31.3.2001, S. 2.

Allerdings fällt den Industriestaaten unzweifelhaft eine Vorreiterrolle hinsichtlich der Glaubwürdigkeit der von ihnen propagierten Notwendigkeit weltweiter Senkungen der Treibhausgasemissionen zu. Würden z.B. alle Steinkohlekraftwerke der Welt mit dem neuesten Stand der Technik ausgerüstet, so wäre theoretisch eine Reduzierung des jährlichen weltweiten

40 Vgl. Robert A. Manning, 'The Asian Energy Predicament', in: Survival, Spring 2000, S. 73-88 (77).

CO_2-Ausstoßes um eine Milliarde Tonne möglich. In Deutschland hat sich hinsichtlich der Verpflichtungen des *Kyoto-Protokolls* z.B. die *Vereinigung Deutscher Elektrizitätskraftwerke* (*VEW*) das Ziel gesetzt, bis zum Jahr 2015 die CO_2-Emissionen auf weniger als 255 Millionen Tonnen zu reduzieren.[41]

Abbildung 9: Predicted Changes in Release of Carbon, 2000 and 2020

Country Groups	2000 (MMt)	2020 (MMt)	Increase (%)
Industrialized Countries	3,157	3,907	24
Developing Countries	2,447	4,886	100
Eastern Europe/FSU	827	1,024	24
World Total	6,430	9,817	53

Quelle: 'The Geopolitics of Energy into the 21st Century', Vol. 2: The Supply-Demand Outlook, 2000-2020. A Report of the CSIS Strategic Energy Initiative, November 2000, S. 72.

Abbildung 10: Predicted Changes in Selected Countries´ Release of Carbon 2000 and 2020

	2000		2020		2000-2020
Countries/Regions	MMt	Global Share (%)	MMt	Global Share (%)	Increase (%)
Western Europe	947	15	1,114	11	18
United States	1,585	25	1,975	20	25
Eastern Europe/FSU	827	13	1,024	10	24
China	930	14	2,031	21	118
India	273	4	494	5	81
World Total	*6,430*	-	*9,817*	-	*53*

Quelle: 'The Geopolitics of Energy into the 21st Century', Vol. 2: The Supply-Demand Outlook 2000-2020. A Report of the CSIS Strategic Energy Initiative, November 2000,S. 72.

Dennoch wäre die amerikanische Kritik an dem *Kyoto-Abkommen* weitaus glaubwürdiger, wenn eine eigene, entsprechend umfassende Selbstverpflichtung zur Reduzierung der Treibhausgase im Rahmen eines Konzeptes zur Klimapolitik von der *Bush-Administration* vorgeschlagen worden wäre.[42] Doch die im Februar 2002 bekannt gewordenen Vorschläge eines *„Kyoto-lite"*, nachdem die Treibhausintensität der Wirtschaft zwar um 18 Prozent bis zum Jahr 2012 vermindert werden soll, diese aber auf aus-

41 Vgl. Claudia Ehrenstein, Die Welt, 6.2.1999, S. 32.

42 Vgl. hierzu auch Daniel Bodanksy, 'U.S. Climate Policy after Kyoto: Elements for Success', Policy Brief (Carnegie Endowment for International Peace), No. 15, April 2002.

schließlich freiwilligen Maßnahmen der Wirtschaft beruht, ist auch von zahlreichen amerikanischen Experten als unglaubwürdig und unzureichend kritisiert worden.[43]
Während die Republikaner im *US-Senat* im Frühjahr 2002 versuchten, die Abhängigkeit von Erdöl angesichts der Ereignisse im Nahen und Mittleren Osten sowie der Krise in den Beziehungen mit Saudi Arabien durch eine Erhöhung der nationalen Erdölproduktion (u.a. auch in dem *Artic National Wildlife Refuge*) durchzusetzen, favorisieren die Demokraten mit Unterstützung einflussreicher Umweltgruppen in den USA zukünftig eher Energieeinsparungsmaßnahmen, die u.a. auch die amerikanische Automobilindustrie betreffen. Keine der beiden Lager konnte sich jedoch bisher mit seinen Vorstellungen durchsetzen, so dass neue Gesetzesinitiativen vorerst im *US-Senat* blockiert sind, da kein Kompromiss in Sicht ist. Gleichzeitig haben die Ereignisse des 11. September 2001, die gegenwärtige Eskalation im israelisch-palästinensischen Konfliktes, die anhaltenden Diskussionen über eine Militärintervention im Irak und die Ungewissheiten der Zukunft amerikanischer Militärbasen in Saudi Arabien und anderen arabischen Staaten sowie die generellen politischen Instabilitäten in der Innenpolitik vieler arabischer Staaten zu einem neuen Bewusstsein in den USA geführt, dass nun auch aus sicherheitspolitischen Gründen regenerativen Energieträgern (wie z.B. Windenergie) von staatlicher und pri vater Seite eine neue Aufmerksamkeit zukommt, die sich bereits in der Bewilligung und Zuweisung höherer Forschungs- und Entwicklungsgelder für derartige neue Energieträger (in den USA auch unter dem Stichwort *„ecotech"* bekannt) niederschlagen.

- Trotz der z.T. berechtigten Kritik an den USA von Seiten der EU sollte Brüssel nicht übersehen, dass auch auf europäischer Seite bisher nur Großbritannien, Deutschland und Luxemburg sich den Zielvorgaben angenähert haben. Insofern klaffen Anspruch und Wirklichkeit der Zielvorgaben für eine Emissionsreduzierung auch weiterhin auf europäischer Seite auffallend auseinander. Selbst Deutschland hatte in den letzten Jahren wieder Zuwachsraten an Treibhausgasen aufzuweisen[44], die der selbst reklamierten Vorreiterrolle eindeutig zuwiderlaufen. Zudem hat die aufgeladene Debatte zwischen der EU und den USA nach Washingtons Ablehnung der Ratifizierung des *Kyoto-Protokolls* auch die innereuropäischen Auseinandersetzungen über die Richtung und Strategie der zukünftigen Energie- und Klimapolitik verschärft.
- Während die Nichtratifizierung des *Kyoto-Protokolls* politisch für die weltweite Zusammenarbeit ein Desaster ist, so darf nicht übersehen werden, dass das *Kyoto-Abkommen* mit seinen Zielvorgaben selbst nur wenig

---

43 Vgl. ebda; Andrew C. Rivkin, IHT, 15.2.2002, S. 3; Suzanne Daley, NYT, 15.2.2002 (Internet-Version) und Wolfgang Koydl, SZ, 15.2.2002, S. 10
44 Vgl. Petra Holtrup, 'Klimaschutzblockade durch die USA', S. 1.

an der Klimaerwärmung etwas ändern wird. Während ohne des Inkrafttretens des *Kyoto-Protokolls* die globalen Treibhausgasmissionen um 34 Prozent auf 7,8 Milliarden Tonnen bis zum Jahr 2010 ansteigen dürften, so wird der Zuwachs mit dem *Kyoto-Protokoll "nur"* um 26 Prozent verringert und dann 7,3 Milliarden Tonnen betragen.[45] An der Erwärmung und den ökonomischen sowie ökologischen Folgen wird dies aber kaum etwas ändern; das Abkommen allein kann die Klimaerwärmung lediglich verlangsamen, während der Klimawandel an sich nahezu ungebremst weitergehen wird. Insofern ist das *Kyoto-Protokoll* zunächst ohnehin von größerer politischer Symbolik als von praktischer Relevanz. Dies gilt um so mehr, als die EU bis zum Sommer 2001 Tokio weitere Sonderkonzessionen eingeräumt hat, damit das *Kyoto-Protokoll* von Japan ratifiziert wird und dieses auch ohne die USA weltweit in Kraft treten kann. Die langfristige Hoffnung richtet sich stattdessen darauf, dass das *Kyoto-Protokoll* eher als ein Ausgangpunkt eines Prozesses verstanden wird, dessen Dynamik zu weitergehenden weltweiten Maßnahmen zur Senkung der Treibhausgasemissionen führt. Daher droht mit dem Scheitern der Implementierung des *Kyoto-Prozesses* ein Rückschlag der weltweiten Kooperation der UN-Staaten hinsichtlich der Eindämmungsmaßnahmen gegenüber der globalen Klimaerwärmung, der zudem von einer neuen Welle eines engstirnigen und kurzsichtigen nationalen Egoismus zu Lasten der Weltgemeinschaft begleitet sein könnte.

- Ungeachtet dessen gibt es zudem gute Gründe nicht nur für die USA anzunehmen, dass das *Kyoto-Abkommen* möglicherweise zu kompliziert ist und auf einer übermäßigen Kontrollbürokratie aufbaut, um weltweit adequat und vor allem effektiv umgesetzt werden zu können.[46] Diese soll jährlich zusammen mit entsprechenden Maßnahmen der Implementierung nicht weniger als 150-350 Milliarden Dollar pro Jahr kosten, während die unmittelbaren positiven Auswirkungen marginal sein werden, wie z.T. auch von europäischen Umweltexperten durchaus eingeräumt wird.[47] Ein Beispiel für die fragliche Effektivität wird z.B. in der Einbeziehung von terrestischen Ökosystemen (wie Wäldern) als sogenannte *"Treibhaus-Senken"* gesehen, die von Kritikern aus prinzipiellen Gründen eines *"Ablasshandels"* abgelehnt werden.[48] Darüber hinaus gibt es auch zahlreiche Zweifel, ob und wie das Abkommen überhaupt kontrolliert werden kann. Weitgehend ungeklärt ist auch die Frage, was passiert, wenn ein Land die nationalen Zielvorgaben nicht erfüllen kann oder will. Aber auch der eigentliche Ansatz des *Kyoto-Abkommens*, allein Mindestverpflichtungen

---

45 Vgl. Robert J. Samuelson, IHT, 21.6.2001, S. 8.
46 Vgl. auch Petra Holtrup, 'Klimaschutzblockade durch die USA', S. 1 f.
47 Vgl. das Interview mit dem dänischen Umweltexperten Björn Lomborg, Der Tagesspiegel, 27.8.2002, S. 7.
48 Zu einer eher positiven Sichtweise siehe hierzu Jürgen Donges/Mark Oelmann, FAZ, 14.7.2001, S. 15.

weltweit koordinieren zu wollen, wird von zahlreichen Kritikern als in hohem Maße unrealistisch bezeichnet, da die Energienachfrage einer Volkswirtschaft kurzfristig stets von der Konjunktur und technologischen Innovationen abhängig ist. Stattdessen wäre es aus ihrer Sicht wünschenswert, wenn realistische globale Ziele und Quoten für die Einführung erneuerbarer Energien für die Zukunft festgelegt würden und diese im Licht technischer Innovationen von Zeit zu Zeit überprüft und angepasst würden. Unter diesen Umständen wäre von Seiten der EU zu prüfen, ob nicht gleichzeitig eine pragmatischere und realistischere Alternative zum *Kyoto-Protokoll* ausgearbeitet und den USA offeriert werden sollte als aus prinzipiellen Gründen am *Kyoto-Protokoll* einseitig festzuhalten.[49] Dabei sollte die zukünftige Klimapolitik auch stärker auf Belohnung als auf den im *Kyoto-Protokoll* fixierten Prinzipien der Bestrafung durch Ge- und Verbote folgen sowie sich auf technische Innovationen, neuen Forschungsansätzen und der Entwicklung einfacher kurz- sowie mittelfristiger Aktionsprogramme konzentrieren.[50]

Vor diesem Hintergrund sollen daher zunächst für die Frage nach der Implementierungsperspektive des *Kyoto-Abkommens* die jeweils nationalen Positionen der anderen größeren Industriestaaten (Japan, Russland und die VR China) berücksichtigt werden, die wesentlich zur Klimaerwärmung in den letzten Jahrzehnten beigetragen haben und die Verhandlungen auf dem Bonner Klimagipfel vom Juli 2001 fast zum Scheitern brachten.

Japan: Nach der Absage der USA, das *Kyoto-Protokoll* zu unterzeichnen, hing das Inkrafttreten des Abkommens vor allem von Japan und Russland ab. Sowohl die USA als auch die EU versuchten, Japan auf ihre Seite zu ziehen. Japan selbst schien eher auf Zeit zu spielen und gleichzeitig die Gelegenheit zu nutzen, einerseits für sich selbst zusätzliche Konzessionen herauszuhandeln, andererseits mit einer Milderung der Positionen der EU, die USA doch noch ins Boot zurück zu holen. Bereits in der Vergangenheit hatte Tokio einige der Schlupflöcher des Abkommens für Sonderrechte genutzt: So durfte Japan seine bewaldeten Flächen großzügiger als irgendein anderer Signatarstaat als sogenannte "*Senken*" anrechnen. Gleichzeitig wollte Tokio sich jedoch nicht länger an das vereinbarte Reduktionsziel für die Treibhausgase in Höhe von 6 Prozent halten, da Japan dieses Reduzierungsziel wohl verfehlen wird. Für Japan war dieses Ziel ohnehin nur erreichbar, wenn alle Energieunternehmen des Landes schnell ihre hohe Abhängigkeit von Kohle und Erdöl verringern und dabei auf Nuklearenergie sowie alternative Energiequellen umstellen würden. Mittelfristig können alternative Energieträger dies jedoch auch in Japan nicht ausgleichen, zumal die japanische Atomenergie weiterhin in einer Krise steckt und die Steigerung der nuklearen Energieproduktion auf 70 Gigawatt unter Einschluss

---

49 Vgl. so auch das Plädoyer von Philip Gordon und James Lindsay, FT, 18.6.2001, S. 13.
50 Vgl. auch Petra Holtrup, 'Klimaschutzblockade durch die USA', S. 9.

des Baus von 16 neuen Reaktoren bis zum Jahr 2010 nicht mehr realistisch ist und allenfalls 55 Gigawatt erzielt werden können.[51]

Darüber hinaus wollte Tokio seinen wichtigsten Alliierten und Partner seiner Sicherheitsallianz nicht übermäßig brüskieren, so dass auch sachfremde Faktoren — wie die U.S.-Japanische Sicherheitsallianz — bei den Erwägungen auf japanischer Seite eine wichtige Rolle spielten. Japan nutzte so geschickt seine Rolle als das Zünglein an der Waage und kaufte sich von zahlreichen Verpflichtungen am Ende frei. Allein 3,7 Prozent der Japan auferlegten sechsprozentigen Emissionsminderung bis zum Jahr 2012 (gegenüber 1990) soll ausgerechnet durch Aufforsten von Holzplantagen erzielt werden, um so die CO_2-Emissionen zu senken, obwohl Japan für das Abholzen der weltweiten tropischen Regenwälder als ein Hauptschuldiger gilt. Dementsprechend betitelte ein Leitartikel in einer deutschen Zeitung die japanische Politik auch mit der Überschrift *„Abholzen, aufforsten, freikaufen.“*[52] Tatsächlich hatte Japan noch einmal versucht, die Einhaltung der Reduktionsverpflichtungen auf weitgehender freiwilliger Basis neu herunterzuhandeln statt für international verbindliche Kontrollen zu plädieren. Ein Teil der strittigen Passagen wurde dann in der Tat auf ein späteres Datum verschoben und so das Protokoll im engeren Sinne *„gerettet“* und damit *„ratifizierbar“* gemacht.[53] Am Ende konnte Japan mit der Gewährung einiger Sonderrechte so dem *Kyoto-Abkommen* zustimmen, was in Japan auch als Emanzipation von Washington verstanden wurde. Dementsprechend war aus Sicht Nippons die ausländische Kritik an den *„Bremserfunktionen“* Japans letztendlich unverständlich und ungerecht, zumal Tokio damit die internationale Gemeinschaft vor einer großen Blamage gerettet hatte.[54]

Russland: Russlands Klimapolitik ist bis heute durch das weitgehende Fehlen einer langfristigen Klimapolitik, durch Partikularinteressen seiner Erdöl- und Ergasmonopolisten (insbesondere *Gazprom*) und einer darauf im wesentlichen zurückzuführenden mangelnden Kohärenz und Stetigkeit seiner Positionen gegenüber dem *Kyoto-Abkommen* geprägt, auch wenn z.B. *Gazprom* durchaus vom Abkommen unter bestimmten Rahmenbedingungen profitieren kann.[55] Eine Ratifizierung des *Kyoto-Protokolls* von Moskau schien zunächst jedoch eher unproblematisch zu sein, da Moskau sich erhebliche Vorteile von einer Ratifizierung versprechen konnte. Russland ist mit knapp 11 Prozent weltweit der drittgrößte Produzent von Kohlenstoff-Emissionen (nach den USA und China), obwohl das russische Bruttosozialprodukt (BSR) lediglich ein Prozent des weltweiten BSR ausmacht. Aber nach dem Zerfall der UdSSR produziert die Russische Föderation heute weniger Schadstoffe als die Emissionsquoten vorsehen, da deren Grundlage das Emissionsniveau der UdSSR von 1990 bil-

---

51 Vgl. Japan aktuell, Oktober 2001, S. 442 f. (443).
52 Vgl. Martin Urban, SZ, 20.7.2001, S. 4.
53 Vgl. Friederike Bauer, FAZ; 24.7.2001, S. 3 und Wolfgang Roth, SZ, 20.7.2001, S. 1.
54 Vgl. Anette Schneppen, FAZ, 27.7.2001, S. 1.
55 Vgl. Arild Moe/Kristian Tangen, 'The Kyoto-Mechanisms and Russian Climate Politics' (RIIA – Energy and Environment Programme), London 2000.

det. Dadurch könnte Russland im Rahmen des weltweiten Handels mit Verschmutzungslizenzen an Staaten, die zuviel produzieren und ihre Quoten nach den nationalen Reduzierungszielen senken müssen, sein *"Emissionsminus"* verkaufen und so auch dadurch harte Divisen einnehmen. Langfristig noch wichtiger als die Aussicht auf westliche Währung ist jedoch die Modernisierung der eigenen Energiewirtschaft, da diese in hohem Maße ineffizient ist in einem Land, dessen Jahresdurchschnittstemperatur auf 60 Prozent der Fläche Russlands gerade einmal bei 5 Grad Celsius liegt und somit einen extrem hohen Heizbedarf hat. Derzeit wendet Russland jedoch pro Einwohner etwa 5-10 Mal so viel Energie für Heizung wie andere Industriestaaten auf, so dass die Verbesserung der Energieeffizienz und das Energieeinsparpotential riesig sind.

Mit der Ablehnung der Ratifizierung des *Kyoto-Protokolls* durch die USA fiel aber der größte Kunde für russische Schadstoffemissionen und einer der größten potentiellen Modernisierer der ineffizienten russischen Energiewirtschaft erst einmal weg, so dass auch eine russische Ratifizierung zunächst keineswegs sicher war. So forderte Russland bis zuletzt eine stärkere Anrechnung seiner Wälder als Kohlendioxidspeicher als ursprünglich vereinbart und war schließlich bei den Verhandlungen auf dem Bonner Klimagipfel im Juli 2001 weitgehend erfolgreich. Mit 17 Megatonnen Kohlenstoff pro Jahr liegt Russland nach der Gewährung der Sonderrechte mit Abstand einsam an der Spitze noch vor Japan mit 13 und Kanada mit jährlich 12 Megatonnen, während die übrigen Staaten nicht einmal ein Zehntel dieses Wertes erreichen.[56] Davon unberücksichtigt, setzt Russland für die Zukunft stärker denn je auf den Ausbau ziviler Kernkraft, da russischer Atomstrom zukünftig auch für einen Export nach Westeuropa und insbesondere der Bundesrepublik vorgesehen ist.[57]

VR China: China gilt nicht nur hinsichtlich seiner 1,3 Milliarden Bevölkerung als ein Sorgenkind der weltweiten Klimaproblematik. Nach den USA stößt das *„Reich der Mitte"* bereits heute die meisten Treibhausgase aus (mehr als 11 Prozent des weltweiten CO_2) und könnte schon bald die USA überflügeln. Erstaunlicherweise hat China allerdings seit Mitte der 90er Jahre seinen Ausstoß an Treibhausgasen trotz eines beeindruckenden Wirtschaftswachstums von 36 Prozent des BIP zugleich um 17 Prozent senken können, wie neuere Untersuchungen belegen.[58] Gleichwohl war diese Kraftanstrengung auf chinesischer Seite nur deshalb möglich, weil die Ausgangssituation in China so extrem düster war. Beigetragen zu dieser positiven Entwicklung haben auch die Reduzierung der in China besonders schmutzigen bzw. schwefelhaltigen Kohle um 10 Prozent (auf heute 69 Prozent) und der Bankrott vieler maroder Staatsbetriebe in der Schwerindustrie sowie die verstärkte Abstützung auf Erdgas und die schrittweise Einführung von Energiepreisen. Ohne diese Anstrengungen der letzten Jahre hätte China pro Jahr 400 Millionen Tonnen CO_2 mehr in

56 Vgl. FAZ, 13.4.2002, S. 16.
57 Vgl. Thomas Avenarius, SZ, 27.6.2001, S. 10 und Kap. 4.3 dieser Studie.
58 Vgl. Erik Eckholm, New York Times, 15.6.2001 (Online-Version) und Susan V. Lawrence., 'A Blustering Giant Turns Oddly Coy', in: FEER, 1.3.2001, S. 46-47, 50.

den Himmel emittiert — so viel wie Korea, Indonesien, Thailand, Singapur, die Philippinen und Vietnam zusammengenommen.

Allerdings ist die Einführung von Maßnahmen zur Verringerung von Treibhausgasen und sonstigen Abgasen nicht so sehr auf ein plötzlich erwachendes Umweltbewusstsein in China zurückzuführen. So verfügen nach wie vor weniger als 5 Prozent der chinesischen Firmen über längerfristige Umweltplanungen für ihr Unternehmen. Die Reduzierung des CO_2-Austoßes und anderer Abgase in den letzten Jahren ist vielmehr darin zu erklären, dass die Unternehmen primär Geld und Marktanteile verlieren sowie ihre Reputation gefährden, welches sich negativ auf entsprechende Absatzzahlen ihrer Produkte niederschlägt.[59] Doch trotz dieses umweltpolitischen Gewaltakts verbraucht China bei der Herstellung einer Tonne Stahl noch immer dreimal so viel Energie wie Japan. Auf der anderen Seite sollte gerechterweise nicht übersehen werden, dass ein Amerikaner noch immer siebeneinhalb Mal so viel CO_2 wie ein Chinese produziert.[60] Dennoch lehrt das Beispiel der VR China, dass vor allem den aufstrebenden industriellen Schwellenländern in Asien und anderen Weltregionen nicht nur eine besondere Bedeutung für die globale Energiestabilität, sondern auch hinsichtlich der internationalen Anstrengungen zur Reduzierung der weltweiten Treibhausgase zukommt. Insofern ist die grundsätzliche Kritik der USA am *Kyoto-Abkommen* keineswegs irrelevant, wenn der Treibhauseffekt in Zukunft wirklich effektiv eingedämmt werden soll.

Gleichwohl kommt vor diesem Hintergrund einer glaubwürdigen amerikanischen Energiesparpolitik und effizienten sowie sparsamen Nutzung der Energieressourcen aus ökonomischen, ökologischen und auch politischen Gründen eine globale Führungsrolle zu, wenn ärmere Staaten zu kostspieligen Investitionen überredet werden sollen. Zumindest die multinationalen Energiekonzerne haben inzwischen zunehmend die Notwendigkeit hierzu gesehen und investieren verstärkt in neue Energieträger und –technologien.[61] Auch die Auswirkungen des 11. September 2001, der Eskalation des israelisch-palästinensischen Konfliktes und das latente innenpolitische Instabilitätspotential der arabischen Staaten dürfte in Zukunft somit auch aus *sicherheitspolitischen* Gründen zu einer stärkeren staatlichen Förderung regenerativer Energieträger in Europa, den USA und in Asien (insbesondere in Japan) führen.

Ungeachtet dessen ist der auf dem *Klimagipfel in Bonn* im Juli 2001 erzielte Klimakompromiss grundsätzlich zu begrüßen. Doch die Rettung des Abkommens in buchstäblich letzter Minute dank der gewährten Sonderrechte an Japan, Russland und Kanada zeigte noch einmal die Divergenzen auch innerhalb des westlichen Lagers auf. Insgesamt können nun Wälder bis zu einem Gegenwert von 169 Megatonnen Kohlenstoff einbezogen werden. Damit jedoch reduziert sich das im *Kyoto-Protokoll* vorgesehene Klimaschutzziel je nach Aus-

---

59 Vgl. Kathy Wilhelm, 'Still Spewing, Just a Little Less', in: FEER, 5 July 2001, S. 34-36.
60 Vgl. Erik Eckholm, IHT, 16-17.6.2001, S. 1 and 4 sowie Kai Strittmatter, SZ, 25.6.2001, S. 8.
61 Vgl. hierzu auch Christopher Cooper, WSJE, 2.-3.11.2001, S. 3.

legung dieses Mechanismus. Würden nämlich alle Staaten ihre Freibeträge wahrnehmen, gingen die Kohlendioxidemissionen nach Berechnungen des *World Wide Fund for Nature* (*WWF*) weltweit lediglich um 1,8 Prozent und nicht um die im Protokoll vorgesehenen 5,2 Prozent gegenüber 1990 zurück. Daher sollten auch die weiterhin bestehenden Schwächen, Unzulänglichkeiten und nach wie vor nicht gelösten Probleme des Abkommens — wie die Frage nach einer effektiven Kontrolle und Überprüfung — nicht übersehen werden. So bezeichnete denn auch der Direktor des *Potsdamer Instituts für Klimaforschung*, *Hans-Joachim Schellnhuber*, die Bonner-Klimaeinigung als *„windelweichen Kompromiss auf dem untersten Niveau"*.[62] Vor allem die kleinen Inselstaaten müssen zu den Verlierern gezählt werden, da sie im Fall einer weiteren Erderwärmung als erste in den Ozeanen versinken. Ihre Überlebenschance sinkt in dem Maße, wie die Reduktionsziele heruntergeschraubt werden. Insofern werden vor allem sie zukünftig von den Kompromissen während der letzten Verhandlungsstunden des Bonner Klimagipfels negativ betroffen sein.

Im November 2001 war nach weiteren langen Verhandlungen die Konkretisierung des *Kyoto-Protokolls* weitgehend abgeschlossen worden, so dass dieses für ratifizierbar erklärt werden konnte. Nach der in *Marrakesch* verabschiedeten Lösung ist es das Vorrecht der ersten Konferenz der Protokollstaaten über den rechtlichen Status der sogenannten *Compliance-Mechanismen* zu entscheiden. Wer fortan allerdings für eine Überschreitung der erlaubten Emissionen verantwortlich ist, muss einen Aktionsplan zur Behebung der Protokollverletzung vorlegen. Darüber hinaus muss er als *„Strafe"* in der nächsten Verpflichtungsrunde zusätzlich zur normalen Reduktionsverpflichtung das 1,3-fache der Treibhausgas-Menge einsparen, die er zu viel emittiert hat. Demgegenüber wurde das Senkenpotential in *Marrakesch* fast verdoppelt, so das dieses für Russland (ohnehin in dieser Richtung einzigartig privilegiert und mit Sonderrechten ausgestattet) von 17 auf 33 Megatonnen jährlich erhöht wurde, während dieses für die USA bei 28 Megatonnen liegen soll.

Zudem besitzt Moskau ohnehin beim Inkrafttreten des Protokolls wegen des großen Anteils an Emissionen ein Veto-Recht. Die Hoffnung richtete sich dann auf den *Johannesburger*-Umweltgipfel im September 2002, der den komplizierten Ratifizierungsprozess abschließen sollte, und als solcher den eigentlichen Lackmustest darstellt. Denn wenn das Protokoll bis dahin nicht in Kraft tritt, dann könnten die Fristen zur Umsetzung der Maßnahmen bis zur Bemessungsgrenze Ende des Jahrzehnts so zeitkritisch werden, das die Ziele nicht eingehalten werden können.[63] Gleichzeitig hat die EU ihre Anstrengungen forciert, die EU-Beitrittskandidaten von der Notwendigkeit einer schnellen Ratifizierung des *Kyoto-Protokolls* zu überzeugen. Diese und einige andere Nachfolgestaaten der UdSSR plädierten wiederum nicht nur für die traditionellen Nord-Süd-Diskussionen, sondern auch zur Aufnahme eines Ost-West-

62 Zit.n. Sonja Kastilan, Die Welt, 24.7.2001, S. 2.
63 Vgl. NZZ, 12.11.2001, S. 2 und Eric Pianin, IHT, 12.11.2001, S. 6.

Dialoges über das *Kyoto-Protokoll*, wo sie die Möglichkeit hätten, ihre Probleme als Transformationsstaaten mit strukturell veralteten Energiesektoren deutlicher zur Sprache bringen zu können. Offensichtlich befürchten sie, dass das *Kyoto-Abkommen* sie wirtschaftlich überfordern würde. Auch hierbei steht die EU-Erweiterung somit vor großen Problemen.

Bereits im Februar 2002 hatte Dänemark plötzlich den Ratifizierungsprozess des *Kyoto-Protokolls* in Frage gestellt, da aus seiner Sicht die ihm zugeteilte Quote von 21 Prozent gegenüber 1990 unangemessen hoch war, während die anderen EU-Staaten ihre Emissionen um lediglich 8 Prozent bis 2012 reduzieren müssen. Das hohe Reduktionsziel erklärte sich aus dem Umstand, dass die zugrunde gelegten Emissionswerte des Jahres 1990 im Gegensatz zu den Jahren zuvor außergewöhnlich niedrig lagen und Dänemark 1990 überdurchschnittlich viel Strom importierte, der aus CO_2-freiem Wasserkraft hergestellt war.[64]

Auch in der Bundesrepublik wird inzwischen wieder Kritik laut. Diese betrifft insbesondere den Emissionshandel, der zuvor als marktwirtschaftliches Instrument gerade von Seiten der deutschen Wirtschaft begrüßt worden war. Nun befürchten Teile der Wirtschaft erhebliche Nachteile gegenüber ihren europäischen Konkurrenten im Rahmen eines europäischen Emissionshandelssystems.[65] Ob das *Kyoto-Protokoll* langfristig wirklich zu einer signifikanten Reduzierung der Treibhausgase und zumindest zu einer Verlangsamung der Klimaerwärmung führen wird, bleibt somit abzuwarten. Kritiker befürchten eine letztendlich ineffektive „*Welt-Ökobürokratie*", mit jährlich bis zu 350 Milliarden US-Dollar Kosten — zehn Mal so viel wie die gesamte weltweite Entwicklungshilfe. Auch sei durch die Einbeziehung von Senken das *Kyoto-Protokoll* faktisch unkontrollierbar und undurchführbar geworden.[66] Zudem kommt eine neue Forschungsstudie des Wirtschafts- und Energie-Consulting Unternehmens *DRI-WEFA* zum Ergebnis, dass die Umsetzung des *Kyoto-Protokolls* Deutschland und Großbritannien 5 Prozent des BIP kosten und in Deutschland zu weiteren 1,8 Millionen sowie in Großbritannien zu einer Million zusätzlichen Arbeitslosen führen wird. Auch andere EU-Staaten wie die Niederlande und Spanien müssen nach dieser Studie mit Einbußen beim Wirtschaftswachstum und der Erhöhung der Arbeitslosenzahlen rechnen.[67] Ob die USA allerdings dagegen ein flexibleres und auch effektiveres Alternativsystem zur Reduzierung der Treibhausgase entwickeln werden, ist derzeit ebenso offen. Immerhin hat im Juni 2002 auch die *Bush*-Administration — in gewisser Abkehr ihrer bisherigen Klimapolitik — nun auch selbst in einem Bericht an die UN vor den spezifischen und weitreichenden Auswirkungen der globalen Er-

---

64 Vgl. NZZ, 28.2.2002, S. 2.
65 Vgl. Vgl. Dagmar Dehmer, Tagesspiegel, 19.2001, S. 5.
66 Vgl. Dirk Maxeiner, Die Welt, 18.2.2002.
67 Vgl. Robert Bate (Direktor des International Policy Networks und Trustee des European Science and Environment Forums), WSJE, 22.4.2002, S. A 11.

wärmung gewarnt, spricht sich aber weiterhin für eher freiwillige Maßnahmen zur Eindämmung der globalen Klimaerwärmung aus.[68]

Nachdem Japan im Juni 2002 das *Kyoto-Protokoll* ratifizierte[69], hatte sich inzwischen auch China bereit erklärt, dieses anlässlich der am 26. August 2002 beginnenden *Weltkonferenz für nachhaltige Entwicklung* (*WSSD*) in Johannesburg ratifizieren zu lassen.[70] Allerdings braucht China als Entwicklungsland keine konkreten Verpflichtungen zur CO_2-Einsparung zu übernehmen, da es mit seinem Pro-Kopf-Ausstoß weit unter den Industriestaaten liegt. Dies ändert allerdings nur wenig an der grundsätzlichen Problematik. Denn wenn China sein hohes Wirtschaftswachstum, verbunden mit einem rapiden Anstieg des Energieverbrauchs, mit seiner Milliardenbevölkerung als inzwischen nach den USA der quantitativ größte Verursacher des Kohlendioxid-Ausstoßes ist und in 10-20 Jahren sogar die USA überholt haben wird, dann muss sich auch China zukünftig zur weiteren Begrenzung seiner Emissionen bereit erklären, wenn die Klimaerwärmung aufgehalten oder sogar reduziert werden soll. Dies gilt auch für den Fall, dass China — wie auch Indien — auch zukünftig einen geringeren Pro-Kopf-Verbrauch haben wird. Ein derartiger Prozess wird allerdings von Seiten der internationalen Gemeinschaft aktiv finanziell und technologisch unterstützt werden müssen, wie dies von deutscher Seite bei der Förderung der Wind- und Solarenergie schon heute geschieht. Insofern wäre der bevorstehende Beitritt Chinas zum *Kyoto-Protokoll* ein wichtiger Schritt in die richtige Richtung, auch wenn sich für die langfristige Klimaerwärmung noch nichts ändern wird. Nach neuesten Untersuchungen wird sich selbst bei einer erfolgreichen Implementierung des *Kyoto-Protokolls* die Erwärmung des Klimas bis zum Jahr 2100 nur um sechs Jahre verzögern, bzw. um 0,2 Grad Celsius verringern. Insofern bleibt nur auf eine globale Katalysatorwirkung des Abkommens hinsichtlich freiwilliger und weitergehender Verpflichtungen der internationalen Staatenwelt zur Eindämmung der Klimaerwärmung zu hoffen.[71]

Abschließend muss in diesem Kontext noch auf zwei Fakten hingewiesen werden: Zum einen beschränken sich die Auswirkungen des globalen Bevölkerungsanstiegs und eines weiteren wirtschaftlichen Wachstums keineswegs nur auf die weltweite Klimaproblematik, sondern verschärfen auch die ohnehin kri-

68 Vgl. Andrew C. Revkin, IHT, 4.6.2002, S. 1 und 7 sowie Horst Rademacher, FAZ, 5.6.2002, S. 6. Der Bericht findet sich auch im Internet unter der Web-Adresse der *U.S. Environmental Protection Agency* – http://www.epa.gov/globalwarming/publications/car/.

69 Vgl. Howard W. French, New York Times, 5.6.2002 (Online-Version).

70 Vgl. Johnny Erling, Die Welt, 22.8.2002, S. 31.

71 Vgl. das Interview mit dem dänischen Politikwissenschaftler und internationalen Umweltexperten Björn Lomborg, in: Der Tagesspiegel, 27.8.2002, S. 7.

tische Wasserfrage in vielen Regionen der Welt. So könnten im Jahr 2025 bis zu 3 Milliarden Menschen mit einer unzureichenden Wasserversorgung konfrontiert sein, wie eine neuere *OECD*-Studie belegt.[72] Zum anderen hat die Klimaerwärmung nicht nur Verlierer, sondern auch Gewinner zur Folge, wie das Beispiel Russland demonstriert. So geht die Eisdecke in den nördlichen Polargebieten Russlands stetig zurück, so dass mehr und mehr eisfreie Regionen zu bestimmten Jahreszeiten entstehen, die nun für die kommerzielle Nutzung plötzlich zur Verfügung stehen. So können bisherige Permafrostböden zukünftig auch als landwirtschaftliche Nutzfläche verwendet werden. Eine größere kommerzielle Nutzung gilt zudem nicht nur für neue Seetransportwege und des Zugangs zu fischreichen Meeresteilen, sondern bietet auch neue Möglichkeiten der Offshore-Öl- und Gasproduktion. So werden von Experten unter Russlands arktischen Kontinentalschelf bis zu 65 Billionen Kubikmeter Erdgas vermutet — mehr als auf dem russischen Festland. So will Russland von den Gasfeldern auf der *Jamal-Halbinsel* in der *Kara-See* (Westsibirien) eine Pipeline nach Westeuropa bauen, welche im Jahr 2010 fertiggestellt sein soll und dann jährlich bis zu 65 Milliarden Kubikmeter Gas mit einem Wert von 50 Milliarden US-Dollar exportieren soll. Russland erhofft sich mit diesem Bau jährliche Gewinne von ca. 5 Milliarden US-Dollar[73], die letztendlich auf die globale Klimaerwärmung zurückzuführen sind.

Auch andere Staaten — wie z.B. Kanada, Finnland, Norwegen, China und Neuseeland — könnten zu den Profiteuren der globalen Klimaerwärmung gehören. Bis zu 50 Prozent der entwickelten Länder können so mit einer Verbesserung des Klimas in bestimmten Regionen rechnen, während die eigentlichen Verlierer wieder einmal vor allem die Entwicklungsländer auf der südlichen Weltkugel sein dürften. Wie auch immer das Schicksal des *Kyoto-Protokolls* und der Umfang der zukünftigen Klimaerwärmung sein wird, die internationale Energiepolitik wird zukünftig durch die ökologischen Dimensionen stärker beeinflusst werden wie auch die weitere Klimapolitik durch die zukünftige internationale Energiepolitik maßgeblich determiniert werden wird.

3.4 Struktureller Wandel der westlichen Industriegesellschaften

Nach Ansicht amerikanischer Energieexperten hat sich das zukünftige Epizentrum der Macht auf den Energiemärkten inzwischen bereits von *Abu Dhabi* nach *Silicon Valley* verlagert. Ein Drittel des amerikanischen Wirtschaftswachstums basiert inzwischen auf dem neuen Wirtschaftssektor der Informationstechnologien, die etwa 800 Milliarden US-Dollar im vergangenen Jahrzehnt erwirtschaftet haben. Der Anteil des durch Ölkäufe absorbierten BIPs war in den USA im Jahr 2000 etwa 30 Prozent niedriger gegenüber 1990, trotz des zu

72 Vgl. Ben Partridge, '1999 in Review: New Technologies for the 21st Century', RFE/RL Analyses, 30.12.1999, hier S. 1.

73 Vgl. 'The Tip of the Iceberg: Energy in the Arctic', Stratfor.Com 2000, 19.7.2000. Siehe hierzu auch Kap. 4 dieser Studie.

diesem Zeitpunkts eher höheren Rohölpreises. Inzwischen ist nicht Benzin, sondern Elektrizität die wichtigste Energieform der fortgeschrittenen Industriestaaten.[74] So hat der *Weltenergierat* („*World Energy Council*") prognostiziert, dass der weltweite Strombedarf bis zum Jahr 2020 um nicht weniger als 50-75 Prozent zunehmen wird.[75]

Auch wenn der Transportsektor in den USA noch immer zwei Drittel des Ölverbrauchs verschlingt, so macht dieser nur noch 10 Prozent des Energieverbrauchs in der Wirtschaft aus. Mehr als 80 Prozent der steigenden Energienachfrage ist seit 1990 auf den Anstieg der Elektrizitätsnachfrage zurückzuführen. Insgesamt gehen nur noch 4 Prozent der Elektrizitätserzeugung in den USA auf Öl zurück — verglichen mit 52 Prozent auf Kohle, 15 Prozent auf Gas, 19 Prozent auf Kernkraft und 10 Prozent auf Wasserkraftwerke.[76]

Zudem ist die weltweite Energiewirtschaft gegenwärtig durch erhebliche Umstrukturierungen und Megafusionen (wie von *BP/Amoco*, *Exxon-Mobil*, *BP/Amoco-Atlantic Richfield Co/Arco*, *Elf-Aquitane/TotalFina*, *Chevron/Texaco*, *TotalSA(Frankreich)/Petrofina SA (Belgien)* gekennzeichnet, die auf einen verschärften globalen Wettbewerb (insbesondere mit großen staatlichen oder halbstaatlichen Ölgesellschaften in Russland, Lateinamerika oder Arabien) und das kostspielige Fördergeschäft[77] zurückgeführt werden müssen. So ist durch die Übernahme des Konkurrenten *Mobil* durch den amerikanischen Mineralölkonzern *Exxon* im Dezember 1998 die weltweit größte Fusion zweier Industrieunternehmen mit einem Transaktionsvolumen von 80,1 Milliarden Dollar vollzogen worden. Mit der Übernahme ist so ein internationaler Konzern mit einem Börsenwert von rund 237 Milliarden Dollar entstanden.[78]

Bereits im letzten Jahrzehnt haben die großen Erdölgesellschaften ihren Personalstamm um 450.000 Mitarbeitern verringert, der sich heute noch auf 600.000 beläuft, in den kommenden Jahren und Jahrzehnten aber weiter abgebaut werden dürfte. Dieser Abbau hat jedoch auch häufig zu einem Verlust an technischem Know-how in den großen multinationalen Energieunternehmen geführt. So bezweifeln nicht wenige Experten, ob die großen multinationalen Energiekonzerne überhaupt in der Lage sind, den künftigen Anforderungen im Explorations- und Fördergeschäft ausreichend gerecht werden können. Ein derartiges Fachwissen sei zumeist nur noch in mittleren und kleineren Energie-

---

74 Vgl. auch 'The Geopolitics of Energy into the 21st Century', Vol. 2: The Supply-Demand Outlook, 2000-2020, hier S. 42 ff.

75 Vgl. ebda., S. 45 und Julie Moffet, 'United States: Nuclear Power Undergoing a Revival', RFE/RL Analyses, 22.2.1999.

76 Vgl. Mark Mills, Wall Street Journal Europe, 25-26.2.2000, S. 10.

77 Eine Förderplattform in der Nordsee kostet z.B. eine Milliarde Dollar; für Projekte in Eisregionen oder in mehr als 1000 Meter unter dem Wasserspiegel sind sogar Investitionen bis zu 10 Milliarden Dollar notwendig.

78 Beide Firmen waren 1911 aus den Trümmern des Konzerns *"Standard Oil Trust"* entstanden (der zu jener Zeit 85 Prozent der amerikanischen Ölindustrie kontrollierte) und gehörten zum industriellen Imperium des US-Multimilliardärs *John Rockefeller*, welches seinerzeit in 34 unterschiedliche Unternehmen zerschlagen und aufgeteilt worden war.

firmen vorhanden, die es zwar derzeit noch in ausreichender Anzahl gebe.[79] Für die Zukunft ist dies aber in hohem Maße unsicher.

Aufgrund der erheblichen Förderkosten in Milliardenhöhe rentieren sich jedoch keine Förderprojekte, wenn der Weltmarktpreis bei weniger als 11 Dollar liegt. Angesichts schwindender weltweiter Erdölreserven und damit verbundener ökonomischer und politischer Auswirkungen sollten auch die Erdöl importierenden Staaten aus langfristigen Erwägungen an stabilen Preisen auf einem mittleren Niveau zwischen 20-30 Dollar pro Fass interessiert sein, der verstärkte Anreize für Investitionen im kostspieligen Fördergeschäft schafft. Dies gilt vor allem für Tiefwasserexplorationen bis zu 3000 m unter dem Meeresspiegel oder der Förderung in arktischen Regionen, auf die sich mehr und mehr die multinationalen Energiekonzerne in den nächsten Jahren und Jahrzehnten konzentrieren werden.

Abbildung 11: Die größten Ölkonzerne im Vergleich

	Marktkapitalisierung in Mrd. $	Ölproduktion in Mio. bpt[1]	Gasproduktion in Mio. cf[2]	Ölreserven in Mrd. Barrel	Gasreserven in Mrd. cf
Exxon/Mobil[3]	278	2,53	10,90	10,28	59,085
Royal Dutch/Shell	220	2,33	8,0	9,68	56,131
BP Amoco/Arco[3]	216	2,66	7,90	12,10	42,800
Elf/TotalFina	99	1,48	3,37	4,58	18,958
Chevron	63	1,07	1,85	4,51	9,963
ENI	49	0,65	2,08	2,84	12,668
Texaco	37	0,83	2,18	3,27	6,242
Repsol	25	0,27	1,45	2,16	12,717

[1] bpt = Barrels pro Tag
[2] cf = cubic feet
[3] Die Fusion von *Exxon/Mobil* und von *BP Amoco/Arco* müssen noch aufsichtsrechtlich genehmigt werden.

Quelle: Neue Züricher Zeitung, 14. 9.1999, S. 9.

Vor diesem Hintergrund des Übergangs von der Industrie- auf die Informationstechnologiegesellschaft im 21. Jahrhundert relativiert sich zumindest für die fortgeschrittenen *OECD*-Staaten und namentlich für Nordamerika sowie Westeuropa die Bedeutung globaler Rohölreserven und der Erdölpreise. Dennoch darf auch dieser Faktor in mittelfristiger Perspektive nicht verabsolutiert werden, da die regionale und globale wirtschaftliche Stabilität von entspre-

79 Vgl. Rolf Hartl, NZZ, 1.-2.11.1997, S. 12.

chenden politischen Rahmenbedingungen abhängig sind. Dies zeigte sich in den letzten Jahren wiederholt auch bei den relativ hohen Benzinpreisen in den USA, die nicht so sehr aus einer unzulänglichen Ölversorgung als aus Engpässen der weltweiten Raffineriekapazitäten zu erklären ist. Zu jenem Zeitpunkt waren die amerikanischen Raffinerien zu 95 Prozent und ausländische zu mehr als 92 Prozent ausgelastet, so dass das globale Raffineriesystem nicht auf kurzfristige und nichtantizipierte Probleme in bestimmten Ländern durch entsprechende Erhöhungen in anderen Staaten mit Raffineriebetrieben reagieren konnte. So waren während des Winters 2000/2001 mehrere Pipelines und Raffineriebetriebe in den USA auch deshalb ausgefallen, weil sie dringend notwendige Reparaturen und Überprüfungen benötigten. Zuvor mussten sie eine Überproduktion leisten, welche die reguläre Wartung nicht erlaubte, nachdem Präsident *Clinton* die Überproduktion zur Versorgungssicherheit im kommenden Winter angeordnet hatte.

Abbildung 12: Global Oil Refining Capacity (in million b/d)

	1999	Projected 2020	% Increase 1999-2020
Asia/Pacific	19.6	34	73%
Middle East	5.9	14	137%
Africa	3.0	n/a	n/a
Central/South America	6.5	14	115%
North America	19.9	22	11%
Western Europe	14.9	18	21%
Eastern Europe/NIS	11.6	n/a	n/a
Rest of World	n/a	23	n/a
World	81.5	125	53%

Quelle: 'Gas Prices in Europe and U.S. to Remain Volatile', Stratfor.Com, 25.6.2001, hier S. 2.

Mit der Verschiebung der weltweiten Rohölnachfrage aus den Industriestaaten zu den bevölkerungsreichsten industriellen Schwellenstaaten wie China und Indien wird sich im 21. Jahrhundert zudem auch der globale Anteil der Raffinieren aus den USA und Europa nach Asien und anderen Weltregionen verlagern. Der amerikanische Anteil an den weltweiten Raffineriekapazitäten wird so bis zum Jahr 2020 von 24 auf 18 Prozent und derjenige Westeuropas von 18 auf 14 Prozent fallen, während die Raffineriekapazitäten in der asiatisch-pazifischen Region (allen voran China und Indien) um 73 Prozent, derjenige des Mittleren Ostens sogar um 137 Prozent und derjenige in Lateinamerika um 115 Prozent ansteigen werden.[80]

80 Vgl. 'Gas Prices in Europe and U.S. to Remain Volatile', Stratfor.Com, 25.6.2001.

Dies bedeutet jedoch, dass nicht nur die global steigende Nachfrage nach Rohöl mehr denn je aus politisch instabilen Regionen gedeckt werden muss, sondern zukünftig auch der Großteil des weltweiten Raffinerienetzwerkes sich in politisch instabileren Ländern und Regionen befinden wird. Dies kann wesentlich häufiger als bisher zu Produktionsausfällen mit weltweiten Auswirkungen für die Versorgungssicherheit von Rohöl und Erdgas führen. Dies wiederum könnte zumindest zu größeren und häufigeren Schwankungen der weltweiten Rohöl- und Benzinpreise führen und auch temporäre Lieferausfälle zur Folge haben.

3.5 Zur Zukunft der Kernkraftenergie für die internationale Energiesicherheit

Die Nutzung der Kernkraft ist in einer Reihe von Industriestaaten bereits in den 90er Jahren stetig zurückgegangen. Gegenwärtig sind 438 kommerzielle Kernkraftwerke weltweit im Betrieb und weitere 32 zusätzliche im Bau — vor allem in Asien und Osteuropa.[81] Sie stellen etwa ein Sechstel der globalen Elektrizitätsproduktion und sogar 30 Prozent des Strombedarfs in Westeuropa (mit seinen 150 Kernkraftwerken) sicher, während dies in den USA mit seinen 188 Atomreaktoren immerhin noch 20 Prozent und in Kanada 12 Prozent der Stromversorgung waren.[82]

Vor allem in Europa ist gegenwärtig jedoch die Zukunft der Kernenergienutzung unsicherer denn je, da ein erhebliches Misstrauen der Bevölkerungen in die technische Sicherheit der Kraftwerke besteht und das Problem der Lagerung des Atommülls nicht gelöst ist. Zumindest scheint ein Ausbau der Kernenergie zur Verringerung der Treibhausgasemissionen und Stärkung der Versorgungssicherheit politisch auf absehbare Zeit kaum realistisch, auch wenn sich in neueren Umfragen der deutschen Bevölkerung eine vorurteilsfreiere und pragmatischere Sichtweise zeigt.[83] Bereits 1998 war in Deutschland der Anteil der Kernkraftenergie an der Stromerzeugung auf 29 Prozent abgerutscht. Fünf der acht EU-Staaten, die über Kernkraftwerke verfügen, haben inzwischen ein Moratorium beim Ausbau der Kernenergie erklärt. Nur Frankreich (deckt 79 % seines Stromerzeugung durch Kernenergie), Großbritannien (25%) und Finnland (31%) haben keine Intention, aus der Kernenergienutzung auszusteigen So verschärft sich die britische Energieversorgungssicherheit ab dem Zeitpunkt 2006/2007, da Großbritannien aufgrund der abnehmenden eigenen Roh-

81 Vgl. Winand von Petersdorff, FAZ, 14.5.2002, S. 3 (englische Beilage zur IHT); siehe auch IAEA, 'Climate Change and Nuclear Power', hier S. 2 und Tony Weslowsky, 'EU: Energy Dere gulation May Be Bad News for Nuclear Power', RFE/RL Analyses, 1.11.2000.

82 Vgl. IAEA, 'Climate Change and Nuclear Power', S. 1 f.

83 Vgl. 'Die Einstellung der deutschen Bevölkerung zur Kernenergie. Bericht über die Veranstaltung mit Dr. Renate Köcher vom 27.11.2001 in Berlin', in: Forum in Berlin/Informationskreis Kernenergie, Bonn, 2001. Ende 1999 hatten nicht weniger als 620 deutsche Wissenschaftler ein Memorandum zur Neubewertung der Kernenergie gefordert - vgl. Joachim Grawe, Die Welt, 4.1.2000, S. 8.

ölproduktion in der Nordsee und eines weiteren zunehmenden nationalen Ölverbrauchs zum Nettoimporteur von Rohöl mutiert.[84]

Abbildung 13:

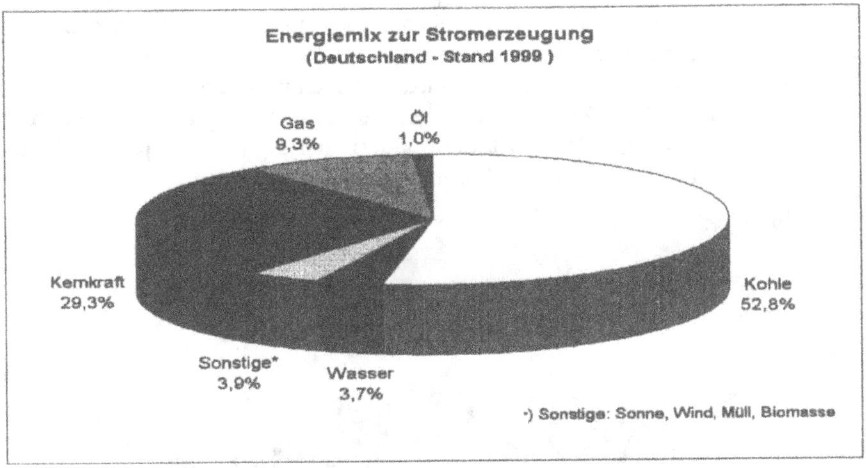

Quelle: Die Welt, 9.2.1999, S. 32.

Der beabsichtigte Ausstieg der Bundesrepublik aus der Kernkraftenergienutzung, der immerhin noch immer fast ein Drittel der gesamten Stromerzeugung ausmacht, nach einer Restlaufzeit von 32 Jahren kann jedoch nach Ansicht zahlreicher internationaler Energieexperten von den erneuerbaren Energien trotz größter Anstrengungen kaum völlig aufgefangen werden. So machen die erneuerbaren Energien derzeit nicht mehr als zwei Prozent in Deutschland (mit Nutzung der Wasserkraft etwa 5 Prozent), fast 7 Prozent in den USA und 8 Prozent des Energieverbrauchs auf globaler Ebene aus.[85] Auch viele optimistischere Prognosen gehen davon aus, dass die erneuerbaren Energien einen größeren Anteil an der Energie- und Stromerzeugung von bis zu 30-50 Prozent erst um das Jahr 2050 einnehmen können. Immerhin haben inzwischen die großen multinationalen Energiekonzerne damit begonnen, ihre Forschungen auf dieses zukunftsträchtige Feld zu erweitern und neue interne Geschäftseinheiten in ihren Unternehmen aufzubauen.[86]

Zwar bestehen weitere Einsparmöglichkeiten beim Energieverbrauch, so dass der Endverbrauch theoretisch bis 2010 um bis zu 15 Prozent und bis 2025 sogar bis zu 25 Prozent gedrosselt werden kann. Doch halten die meisten Energieexperten es bis zum völligen Ausstieg aus der Kernkraftnutzung durch eine schrittweise Abschaltung der derzeit 19 Kernkraftwerke im Jahr 2021 nicht für

[84] Vgl. Andrew Taylor, FT; 27.6.2001, S. 8.
[85] Vgl. Stanley R. Bull/Lynn L.Billman, 'Renewable Energy: Ready to Meet its Promise?', in: The Washington Quarterly, Winter 2000, S. 229-244 (229).
[86] Vgl. ebda, hier S. 240.

realistisch, dass dann mehr als ein Drittel des Stroms von Wind, Wasser, Biomasse und Sonnenenergie erzeugt werden kann. Ein Beispiel: Das "100.000"-Dächer Programm der Bundesregierung ist zwar langfristig prinzipiell ökologisch sinnvoll, kann aber selbst bei optimistischen Annahmen nicht mehr als 0,1 Prozent des gegenwärtigen Strombedarfs erzeugen, während sein Beitrag zur CO_2-Vermeidung gerade etwa 5 Prozent der durch ein Kernkraftwerk jährlich vermiedenen CO_2-Emissionen ausmacht.[87] Demgegenüber reduzieren heute die 19 Atomkraftwerke in der Bundesrepublik den CO_2-Ausstoß um rund 150 Millionen Tonnen. Dabei will die Bundesregierung bis zum Jahr 2005 den CO_2-Ausstoß um weitere 50-70 Millionen Tonnen reduzieren.

Abbildung 14:

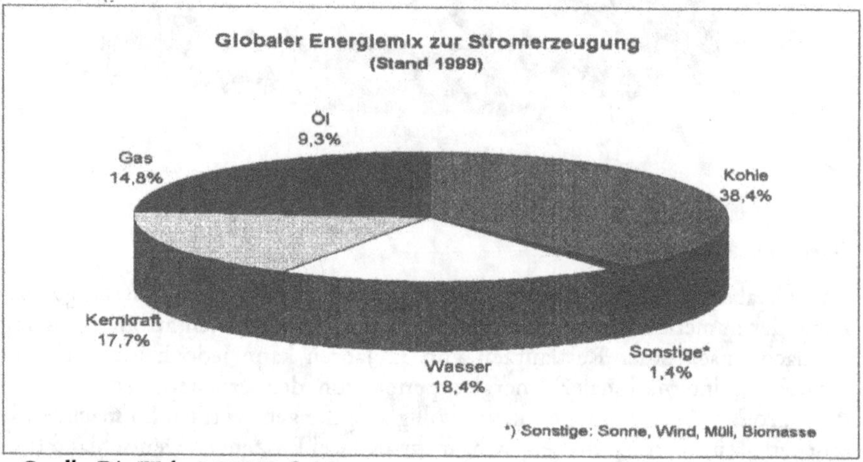

Quelle: Die Welt, 9.2.1999, S. 32.

Zudem ist bei einem Ausstieg aus der Atomkraft völlig unsicher, wie Deutschland, die EU und vor allem der Rest der Welt die Treibhausgasemissionen signifikant reduzieren können.[88] Die meisten internationalen Energieexperten halten gegenwärtig die angestrebte Verringerung der *weltweiten* Kohlendioxidemissionen selbst bei günstigsten Umständen um etwa die Hälfte nur mit der globalen Nutzung der Kernkraftenergie für umsetzbar.[89] Hierbei können folgende Faktoren und Gründe angeführt werden:

- Der weitere Ausbau der Nutzung von Erdgas und Kraft-Wärme-Kopplung (welche die Abwärme, die bei der Stromerzeugung anfällt, verwertet und in ein Fernwärmenetz weitergeleitet) stellt auch für Deutschland mittelfristig keine wirkliche Alternative zur Kernenergie dar, auch wenn der Wirkungsgrad bei der Kraft-Wärme-Kopplung wesentlich höher ist als bei

87 Vgl. Gerhard Ott, 'Nationale Energiepolitik und globale Herausforderungen', S. 2.
88 Vgl. Richard Rhodes/Denis Beller, 'The Need for Nuclear Power', in: Foreign Affairs, January-February 2000, S. 30-44 (33 ff.).
89 Vgl. Holger Kroker, Die Welt, 30.1.1999, S. 32.

herkömmlichen Kraftwerken und die Stromwirtschaft sich verpflichtet hat, die Kraft-Wärme-Kopplung massiv auszubauen. Durch Neubau und Modernisierung hat sich die Industrie immerhin selbst verpflichtet, den Ausstoß von CO_2 um mindestens 20 Millionen Tonnen zu senken. Insofern ist dies jedoch kein Argument gegen den Ausbau der Kraft-Wärme-Kopplung an sich, sondern nur hinsichtlich der realistischen Perspektive einer völligen Alternative zur friedlichen Nutzung der Kernkraft in *mittelfristiger Perspektive*.

- Zudem könnten Deutschland und die EU sich mit dem Ausstieg aus der Kernkraft gezwungen sehen, die Erdöl- und Erdgasimporte weiter zu erhöhen. Dies würde die außenwirtschaftliche und außenpolitische Abhängigkeit von diesem Energieträger und damit von Ländern sowie instabilen Regionen wie insbesondere der Nahe und Mittlere Osten sowie Zentralasien über das vertretbare Maß hinaus erhöhen. Dies würde auch allen Lehren aus der Vergangenheit hinsichtlich einer notwendigen Diversifizierung von Energieträgern und Importregionen prinzipiell zuwiderlaufen. Zudem sind von der Atomnovelle der Bundesregierung vor allem die Bundesländer Baden-Württemberg und Bayern betroffen, wo der Anteil der Kernenergie an der Stromerzeugung 57,1 bzw. 64,3 Prozent beträgt. Sie müssten unter Berücksichtigung der Klimaschutzziele von *Kyoto* etwa 100 Milliarden Euro investieren, wie eine neue Studie von Sachverständigen im Auftrag der Stuttgarter und Münchener Staatskanzlei hervorhoben.[90]
- Darüber hinaus ist die Liberalisierung des europäischen Energie- und Strommarktes kaum aufzuhalten, auch wenn sie sich verlangsamt hat. So sind von dem deutschen Atomausstieg auch Nachbarstaaten betroffen. Daher verstößt die deutsche Atomnovelle gegen europäisches Recht, wie in einem Brief der *Europäischen Kommission* festgehalten wurde.[91] Zudem wird Deutschland zukünftig noch stärker zu einem Stromtransitland werden. Dabei wird nicht nur die eigene Stromerzeugung sinken, sondern voraussichtlich auch ein zunehmender Stromimport aus dem Ausland aufgrund der dort zumeist günstigeren Produktionsbedingungen (insbesondere auch Zentral- und Osteuropas) erfolgen. Auch die Bestrafung des Importes ausländischen Atomstroms durch entsprechende Besteuerung lässt sich kaum in der EU durchsetzen und würde erhebliche Auswirkungen auf andere Liberalisierungs- und politische Integrationsprojekte in Europa haben. Demnach wird Deutschland auch nach seinem Ausstieg aus der

---

90 Vgl. FAZ, 9.8.2002, S. 5.

91 Laut *Artikel 93 Euratom-Vertrag* sind die Mitgliedsstaaten u.a. verpflichtet, *„untereinander alle mengenmäßigen Beschränkungen der Ein- und Ausfuhr der in der Liste A im Anhang 4 zum Euratom-Vertrag aufgeführten Erzeugnisse zu beseitigen."* In dem Schreiben der *EU-Kommission* vom 12.12.2001 heißt es: *„Was die Wiederaufarbeitung von bestrahlten Brennelementen aus Kernkraftwerken betrifft, so würden die diesbezüglichen Bestimmungen nach ihrem Inkrafttreten, soweit sie Ausfuhren zu diesem Zweck verbieten, mit dem 'Gemeinsamen Markt auf dem Kerngebiet' nach Kapitel 9 Euratom-Vertrag und insbesondere Artikel 93 unvereinbar sein"* – siehe FAZ, 20.12.2001, S. 1 und 2.

Kernenergienutzung wohl kein Land ohne Atomstrom sein.[92] So hat das Münchener *Bayernwerk* zusammen mit der österreichischen *Verbund AG* bei der *Rao EES Rossij* in Moskau ein *Joint Venture* über den Import von 10 Milliarden DM russischer Kilowattstunden (kWh) aus Kernkraft unterzeichnet. Atomstrom fließt auch vom ukrainischen *Černobyl* ins österreichische Stromnetz, während die Bundesrepublik selbst ein Nettoexporteur mit 4,8 Milliarden kWh in die europäischen Nachbarstaaten ist.

Abbildung 15: Stromhandel über die deutschen Grenzen (in Mio. kWh 1999)

	Einfuhr (nach Deutschland)	Ausfuhr (von Deutschland ins Ausland)
Dänemark	3165	359
Niederlande	4	9110
Belgien	18	101
Luxemburg	846	4306
Frankreich	4877	171
Schweiz	5491	5317
Italien	-	351
Schweden	849	1031
Polen	5	17
Tschechische Republik	645	3
Österreich	5416	3370
Ungarn	51	863
Slowakei	226	933
Kroatien	-	449
Insgesamt	21593	26381

Quelle: Die Welt, 27.3.99, S. 18.

- Bereits im Frühjahr 1999 entwickelte sich die Bundesrepublik zum Zentrum des europäischen Stromwettbewerbs, da Überkapazitäten von 30.000-35.000 Megawatt Leistung auf den mit 520 Milliarden kWh Verbrauch größten Strommarkt in Europa drängten. Da die Produktionskosten von Strom vor allem in den osteuropäischen Ländern (wie Tschechien, Slowakei, Ukraine) vielfach erheblich billiger niedriger sind, überlegen deutsche

92 Vgl. auch Kerstin Schwenn, FAZ, 16.6.2001, S. 3. Bei dem sogenannten "*Atomkonsens*" ist zu beachten, dass ein definitives Datum der Schließung des letzten Kernkraftwerks von der Bundesregierung vermieden wurde. Der "*Atomkonsens*" erlaubt, dass ältere Kernkraftwerke früher als geplant aus dem Betrieb genommen werden, dass ihre theoretisch verbleibende Laufzeit für die Reststrommengen jedoch auf neuere Kernkraftwerke übertragen wer den können. Damit können jüngere Anlagen länger laufen, ältere dafür kürzer. Einige der insgesamt 19 Kernkraftwerke können so auch nach der offiziellen Restlaufzeit von 32 Jahren noch in Deutschland im Betrieb sein. Das neueste Kernkraftwerk in Stuttgart (*Neckersheim-2*) ging z.B. im Januar 1989 in Betrieb und kann demnach bis 2021 am Netz bleiben – vgl. hierzu auch SZ, 15.-16.12.2001, S. 8.

Energiekonzerne inzwischen auch dort, neue Kraftwerke zu bauen und von dort den Strom nach Deutschland zu exportieren.[93]

- Wenn aber Deutschland aus prinzipiellen Gründen zu Recht für eine weitere Liberalisierung und Deregulierung des europäischen Energiemarktes optiert, dann kann Berlin schlechterdings in den Sektoren, die der innenpolitischen Parteipolitik zuwiderlaufen, nicht nationale Vorbehalte anmelden, weil dies seiner eigenen Glaubwürdigkeit zuwiderläuft und die Vorbehalte der europäischen Nachbarstaaten gegen die Liberalisierung und Deregulierung *post facto* legitimiert. Damit aber könnte die gesamte Liberalisierungs- und Deregulierungspolitik der EU in Frage gestellt sein.

Abbildung 16: Atomare Ambitionen in Nord- und Südasien (Stand 1999)

	Japan	South Korea	India	Taiwan	China	Pakistan
Number of Reactors under Construction	2	3	4	1	6	1
Number of Reactors in Operation	53	15	10	6	3	1
Nuclear Share of Electricity Generation	36%	41%	3%	25%	1%	1%

Quelle: Chester Dawson u.a., 'Nuclear Alert for Asia', in: FEER, October 14, 1999, S. 18-19 (19).

Die Hoffnungen der Anti-Atomkraftbewegung, dass dies weltweite Nachahmeffekte haben würde, sind für die Regionen außerhalb Europas überzogen und besonders auf den Energiewachstumsmärkten in Asien unrealistisch sowie hinsichtlich der Klimaproblematik zumindest bis 2020/2030 nicht wünschenswert.[94] Zwar wollen die Bundesrepublik (mit 19 Atomkraftwerken), Schweden (12 Kernkraftwerke), Belgien (7 Reaktoren) sowie die Schweiz (5 Kernkraftwerke) langfristig vom Netz nehmen, doch halten die USA (102 Reaktoren), Frankreich (59), Japan (53), Großbritannien (35), Russland (29) an der Kernkrafttechnik fest. Vor allem in Asien jedoch – einschließlich der ASEAN[95] (siehe *Abbildungen 16-18*) — räumen zahlreiche Staaten der zukünftigen Nutzung der Atomkraft einen hohen Stellenwert in ihrer Energieversorgungspolitik ein, wenngleich zuweilen auch dort lokale Widerstände (vor allem in Japan und Taiwan[96]) gegen die Nutzung ziviler Kernkraftwerke auszumachen sind. Jedes neue Kernkraftwerk, das seit 1998 weltweit in Bau gegangen ist, befindet sich in Asien (zwei in China und eines in

93 Vgl. Jürgen H. Wintermann, Die Welt, 27.3.1999, S. 18.
94 Vgl. F.Umbach, 'Nuclear Energy Issues – Global Dimensions and Security Challenges', paper presented at the international seminar: 'Nuclear Issues after September 11, 2001, organisiert von der Fondation pour la Récherche Stratégigue (FRS), Paris, 26-27 September 2002 (Publikation im Erscheinen).
95 Vgl. Mohd Zamzam Jaafar, 'ASEAN', in: Paul B. Stares (Ed.), 'Rethinking Energy Security in East Asia', S. 117-140 (130-132).
96 Vgl. Julian Baum, 'No to Nuclear', in: FEER, 2.11.2000, S. 42.

in Asien (zwei in China und eines in Japan). Südkorea, das gegenwärtig über 15 Kernkraftwerke verfügt, will die Anzahl bis zum Jahr 2015 verdoppeln.[97]

Abbildung 17: Status der Kernkraftenergie und Forschungsreaktoren in den ASEAN-Mitgliedsstaaten

	Power Reactor	Research Reactor
Brunei	-	-
Cambodia	-	-
Indonesia	-	3 units in operation
Laos	-	-
Myanmar	-	-
Philippines	1 unit moth-balled	1 unit under repair
Singapore	-	-
Thailand	-	1 unit in operation, 1 unit in pending construction
Vietnam	-	1 unit in operation

SOURCE: Malaysian Institute for Nuclear Technology Research (1999).
Quelle hier nach: Mohd Zamzam Jaafar, 'ASEAN', in: Paul B. Stares (Ed.), 'Rethinking Energy Security in East Asia',Tokyo-New York 2000, pp. 117-140 (131).

Abbildung 18:

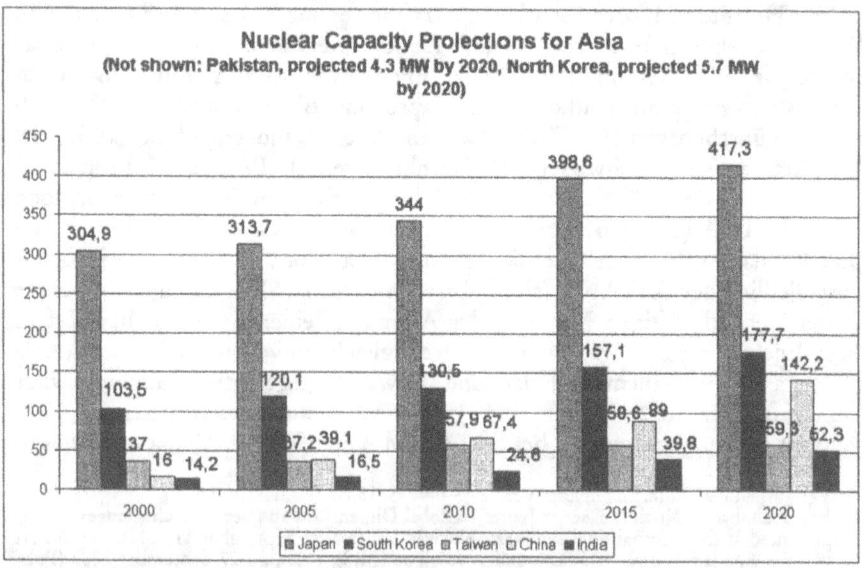

Quelle: EIA – http://www.eia.doe.gov/cneaf/nuclear/page/nuc_reactors/china/china.html.

97 Vgl. Chester Dawn u.a., 'Nuclear Alert for Asia', in: FEER, 14.10.1999, S. 18 f. (18).

Bereits vor dem 11. September 2001 gab es auch in einigen westlichen Staaten (wie den USA) neue Versuche, den Wiederausbau der Kernkraftenergie zu forcieren. In den USA hat die Regierung bereits vor der gegenwärtigen Energiekrise in Kalifornien begonnen, der Zukunft der Kernenergie wieder größere Aufmerksamkeit zu widmen und finanzielle Forschungsgelder für neue Reaktoren zu bewilligen. Insgesamt verfügen die USA derzeit über 104 Kernkraftwerke, die etwa 20 Prozent der nationalen Stromerzeugung sicherstellen. Seit dem Nuklearunfall auf dem *Three Mile Island* in Pennsylvania im Jahr 1979 ist kein weiterer Unfall bekannt geworden, so dass das öffentliche Vertrauen in die Nutzung der Kernkraft inzwischen wieder zugenommen hat.[98] Sollte der *Weltenergierat* mit seiner Prognose Recht behalten, wonach bis 2020 die Nachfrage nach Strom um 50-75 Prozent zunehmen wird, dann sehen viele amerikanische Energieexperten nur die Möglichkeit, diese mit einem Ausbau der Kernenergie (auch hinsichtlich der Klimaproblematik) zu bewältigen. Inzwischen wird sogar wieder über den Bau von Wiederaufbereitungsanlagen nachgedacht.[99] Dabei konnte sich die amerikanische Regierung auch auf eine wieder größere Zustimmung der Bevölkerung bei Meinungsumfragen stützen.[100]

Seitdem hat sich der Diskussionsprozess durch die Energiekrise in Kalifornien als Folge einer unkontrollierten Liberalisierung und Deregulierung noch beschleunigt. So scheint die *Bush-Administration* zukünftig nicht nur die Sicherheit der bestehenden Kernkraftwerke gegen terroristische Anschläge nach dem schrecklichen Anschlag auf das *World Trade Center* und das *Pentagon* verbessern zu wollen, sondern auch den Bau neuer Kernkraftwerke in den USA zu forcieren, um so die nationale Versorgungssicherheit gegenüber zu großen Abhängigkeiten der USA vom Persischen Golf und den innenpolitisch instabilen arabischen Alliierten im Nahen und Mittleren Osten zukünftig noch weiter zu stärken. Dabei soll die zukünftige Kernkraftnutzung unter Verwendung innovativer Technologien für die nächste Reaktorgeneration ausgebaut werden, welche deutliche Verbesserungen bei der Leistungseffizienz, Sicherheit und Abfallminimierung aufweisen sollen. So soll die Energieausbeute zwei- bis drei Mal so hoch sein wie bei den gegenwärtigen Reaktortypen in den USA.[101]

Auch in Europa erscheint ein vollständiger *europäischer* Ausstieg aus der Kernenergienutzung auf absehbare Zeit nicht realistisch. So zeigt der Bau von zwei Kernreaktoren sowjetischen Typs in der Ukraine, welche den Block 4 des Kernkraftwerks von *Černobyl* ersetzen sollen, dass auch 15 Jahre nach dem Reaktorunglück am 26. April 1986 und trotz der verheerenden radioaktiven Verstrahlung selbst in der Ukraine und den Nachbarstaaten keineswegs das Ende des Atomstroms in Europa eingeläutet hat.[102] Vor allem eine Reihe kleinerer

---

98 Vgl. Auch John J. Fialka, WSJE, 27.6.2001, S. 3 und Julie Moffet, 'United States: Nuclear Power Undergoing a Revival'.
99 Vgl. Guy Gugliotta, IHT, 3.7.2001, S. 3.
100 Vgl. Joseph Kahn, IHT, 7.5.2001, S. 2 und John J. Fialka, WSJE, 27.6.2001, S. 3.
101 Vgl. Wolfgang W. Merkel, Die Welt, 2.5.2002, S. 31.
102 Vgl. hierzu auch Markus Wehner, FAZ; 30.3.1999, S. 16.

osteuropäischer Beitrittskandidaten für die EU-Erweiterung kann sich vor dem Hintergrund der wirtschaftlichen Kosten der Umsetzung des *Kyoto-Abkommens* einen Ausstieg aus der zivilen Kernenergie derzeit kaum vorstellen. Das *Ignalina*-Kernkraftwerk in Litauen produziert z.B. mehr als zwei Drittel des gesamten nationalen Stroms. Eine Schließung dieses *Černobyl*-Typs ist zwar aus EU-Sicht vor dem Hintergrund mangelnder technischer Sicherheitsstandards prinzipiell erwünscht, wird jedoch von der litauischen Regierung aus ökonomischen Gründen als unrealistisch eingestuft und daher abgelehnt.[103]

Daher ist vorerst eher der nachträgliche Einbau westeuropäischer Sicherheitsstandards für die osteuropäischen Kernkraftwerke ein Gebot der Zeit.[104] Allerdings sind vor allem die sowjetischen Reaktortypen der 1. Generation sowie die *RBMK*-Reaktoren ein derart großes Sicherheitsrisiko, dass diese aus Sicht der EU als nicht nachrüstbar und modernisierbar gelten. Von diesen Kandidatenländern verlangt die EU die vorzeitige Stillegung, während die Anlagen der 2. und 3. Generation als nachrüstbar angesehen werden. Von einer solchen Stillegung sind Bulgarien mit vier Reaktoren, die Slowakei und Litauen (welches über zwei *RBMK*-Reaktoren verfügt) mit jeweils zwei Reaktoren betroffen.[105] Durch eine entsprechende Kreditvergabepolitik übt die EU ökonomischen und auch politischen Druck auf diese Länder zur Beschleunigung der Stillegung ihrer veralteten Kernreaktoren aus. Dieser ökonomische und politische Druck der EU folgt jedoch häufig eher eigenen Zielvorstellungen der Energiepolitik ihrer Mitgliedsstaaten als sich mit der konkreten und wirtschaftlich rentablen Lösung der Energieprobleme dieser Länder auseinander zu setzen und so pragmatische Lösungswege zu forcieren. So verständlich z.B. einerseits österreichische Sicherheitsbedenken gegen den angelaufenen Probebetrieb des tschechischen Kernkraftwerks *Temelin* sind und dabei auch die Kosten- sowie Wirtschaftlichkeitsaspekte fraglich sind, so muss gleichzeitig festgehalten werden, dass dieses Reaktortyp *WWER-1000* der derzeit sicherheitstechnisch bestausgerüstete Reaktor von allen in Betrieb befindlichen Reaktoren sowjetischer Bauart ist. Daher löst das politische Vorgehen westlicher Politiker nicht nur in Tschechien Unverständnis und Protest aus.[106]

In diesem Kontext könnte auch die EU-Erweiterung zusätzliche Probleme schaffen, da der Anteil der Kernenergie in Bulgarien und Ungarn (mit 40%), der Slowakei (44%), Slowenien (38%) und Litauen (77-80%) sehr hoch ist und diese Länder gleichzeitig gezwungen sind, aus Gründen ihrer zukünftigen Versorgungssicherheit ihre bisher extrem hohen Abhängigkeiten beim Erdöl- und

---

103 Vgl. Breffni O'Rourke, 'Finland, Bucking Energy Trends, Calls for More Nuclear Power, RFE(RL Research Analysis, 14.3.2002.

104 Vgl. auch Ron Synovitz, 'The East: EU Ties Membership to Improved Nuclear Safety', RFE/RL Analyses, 22.2.1999.

105 Vgl. 'Kernenergie und die Osterweiterung der EU — Energiewirtschaftliche Ausgangslage und politische Implikationen. Zusammenfassung des Vortrags von *Prof. Dr. Wilhelm Riesner* am 16.10.2001 in Bonn', in: Forum im Pressehaus/Informationskreis Kernenergie, Bonn, 2001, S. 1-2.

106 Vgl. hierzu auch FAZ, 18.7.2001, S. 1.

Erdgasimport von Russland zu verringern, auch wenn für sie dadurch höhere Kosten entstehen.[107]

Abbildung 19:

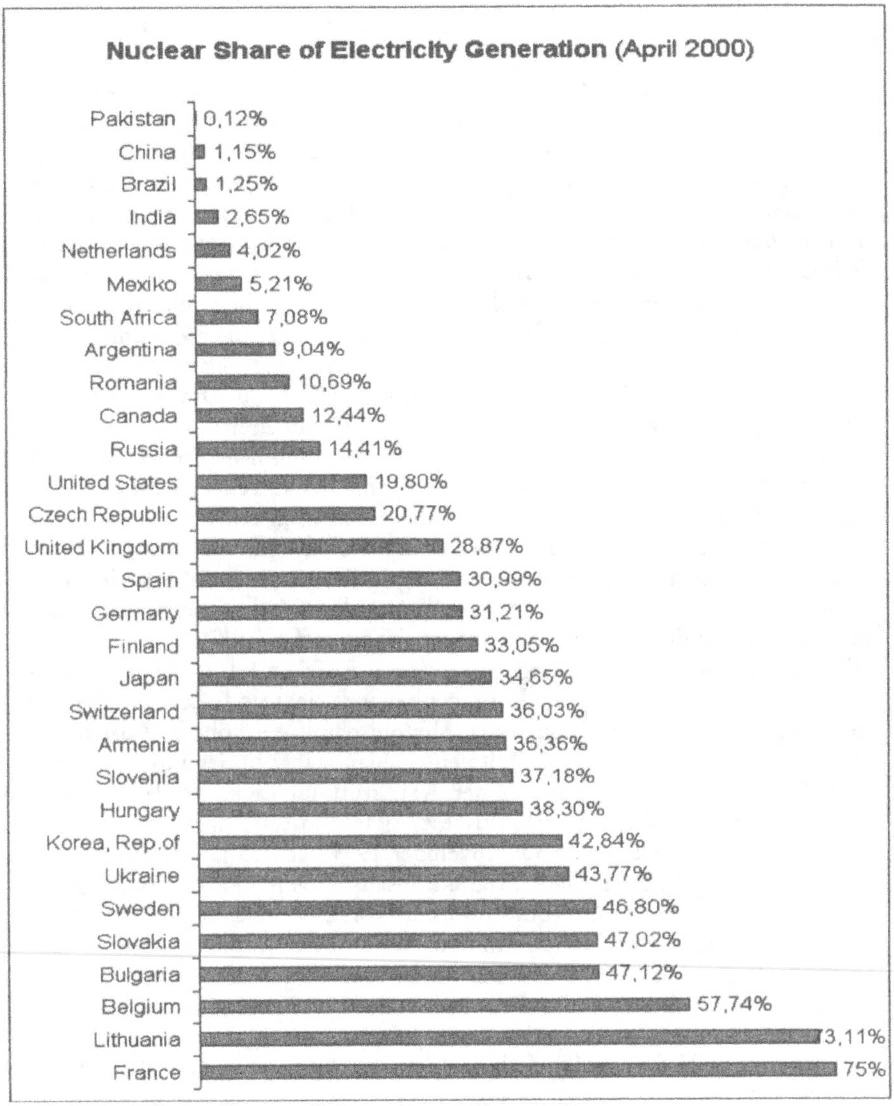

Quelle: IAEA, 'Climate Change and Nuclear Power', Vienna 2000.

---

[107] Vgl. auch Ron Synovitz, 'The East: EU Ties Membership to Improved Nuclear Safety' und hierzu auch Kap. 4.3.5 dieser Studie.

Vor allem Bulgarien und Litauen sind in einer schwierigen wirtschaftlichen Situation, die Stillegung ihrer Reaktoren kompensieren zu können. Da diese Länder gleichzeitig aufgrund des *Kyoto-Protokolls* und wirtschaftlichen Effizienzgründen zudem gezwungen sind, ihre Braun- und Steinkohlekraftwerke mit teuren Entschwefelungsanlagen ausstatten zu müssen oder sie still zu legen und völlig neue Kraftwerksanlagen zu bauen, werden enorme Investitionssummen in den nächsten Jahren zur Modernisierung der gesamten Energiewirtschaft Osteuropas benötigt. Auch hier werden viele Probleme im Energiesektor zwar vor allem durch Einsparungen und Effizienzsteigerung der Energieproduktion gelöst werden können, die jedoch ebenfalls nur durch Bereitstellung erheblicher Investitionsmittel durch die EU realistisch erscheinen. Auch hier erscheint der verstärkte Einsatz regenerativer Energieträger nur in eher langfristiger Perspektive einen größeren Anteil am Energieverbrauch dieser Länder einnehmen zu können. Bisher beschränkte sich die Nutzung derartiger Energieträger im wesentlichen auf Wasserkraft. In der mittelfristigen Zukunft könnte allerdings die Windkraft auch für diese Länder an Bedeutung zunehmen.

Sogar in den westlichen Industriestaaten wird die Produktion von Atomstrom pro Jahr um 0,9 Prozent bis zum Jahr 2010 zunehmen, wenn auch der Anteil der Kernkraft am gesamten Energieverbrauch um zwei Prozent auf 21,8 Prozent zurückgehen wird, wie eine neue Studie der *OECD-Nuclear Energy Agency (NEA)* feststellt.[108] Zudem werden in den nächsten Jahren noch effizientere sowie sicherere Kernkraftwerke entwickelt und in Betrieb gehen. Große Hoffnungen richten sich mittelfristig insbesondere auf die Fusionsforschung, auch wenn diese in den Staaten, die aus der Kernkraftnutzung aussteigen wollen, ebenfalls von einer Akzeptanzkrise betroffen ist.[109]

Wie widersprüchlich die Energiepolitik eines EU-Landes ist, zeigt das Beispiel Schweden, das sich selbst als umweltbewusst sieht und ebenfalls über einen völligen Atomausstieg nachdenkt, obwohl damit ein höherer Ausstoß an Treibhausgasen zu erwarten ist. Zeitweise schien selbst in Schweden eine gewisse Neubewertung der Zukunft der Kernkraft im Licht des langfristigen Energiebedarfes des Landes nicht ausgeschlossen zu sein, nachdem das erste seiner 12 Atomkraftwerke am 30. November 1999 nach 23 Jahren geschlossen worden ist. Dies führte zu einem Produktionsausfall von 4 Milliarden kWh pro Jahr, der durch die Einfuhr von Strom aus dänischen und deutschen Kohlekraftwerken ausgeglichen werden musste. Dies führte jedoch wiederum zum Anstieg der indirekten CO_2-Emissionen Schwedens um ca. 4 Millionen Tonnen pro Jahr (8% der Gesamtemissionen des Landes).[110] Daher sollten die anderen 11 schwedischen Atomkraftwerke modernisiert werden, während inzwischen die schwedische Nuklearindustrie in die deutsche Kernenergieindustrie für die

108 Vgl. ebda, 16.06.2001, S. 12.
109 Vgl. Der Tagesspiegel, 3.11.2000, S. B 3.
110 Vgl. Europäische Kommission, 'Grünbuch. Hin zu einer europäischen Strategie für Energieversorgungssicherheit' (wurde am 29. November 2000 angenommen), Luxemburg 2001, hier S. 78. Siehe auch ebda., S. 35.

Zukunft investiert.[111] Dies gilt auch für deutsche Energieunternehmen wie *Siemens*, welche sich mit der französischen *Framatome* vereinigt hat, der der weltgrößte Hersteller von Reaktortechnik ist und mit seinen 28.000 Mitarbeitern acht Milliarden DM Umsatz im Jahr 1999 erwirtschaftet hat — davon 55 Prozent durch Kernenergietechnik.[112] Durch die Fusionen zu multinationalen Unternehmen sind die größeren Energieunternehmen bei einer weiteren Liberalisierung des europäischen Energie- und Strommarktes viel weniger von den politischen Entwicklungen in einzelnen Ländern abhängig — ein gutes Beispiel für die Globalisierungstrends, da die zunehmende Offenheit der Märkte auch hierbei die Souveränität des Nationalstaates herausfordert. Im März 2002 hatte allerdings dann Schweden doch beschlossen, seine 11 Kernkraftwerke bis zum Jahr 2017 freiwillig außer Betrieb zu nehmen.[113] Damit wird Schweden in mittelfristiger Zukunft gezwungen sein, weiterhin zunehmend Strom aus Dänemark zu beziehen, der durch eine klimapolitisch fragwürdige Kohlverbrennung gewonnen wird.

Vor allem die USA, Russland, Großbritannien, Japan und Frankreich verlassen sich bei der Stromerzeugung auch zukünftig auf die Kernkraft zur Sicherstellung ihrer Energieversorgung, auch wenn einige kleinere Staaten wie Italien, Dänemark, Irland, Griechenland, Luxemburg und Portugal die Kernenergie nicht bzw. nicht länger nutzen wollen. Demgegenüber sieht man insbesondere in Frankreich keinen Grund, warum das Land aus der Nutzung der Kernenergie aussteigen soll. Vergleichbare kontroverse Debatten wie in Deutschland[114] gibt es in Frankreich nicht. Auch in anderen europäischen Staaten kann eine neue Debatte über die Kernkraftwerknutzung nicht völlig ausgeschlossen werden, da z.B. auch Italien von zunehmenden Versorgungsengpässen im Stromsektor betroffen ist und zur Sicherung der Versorgungssicherheit neue Kraftwerke für die Elektrizitätsgewinnung bauen muss.

Vor diesem Hintergrund verwundert es nicht, dass die Ausstiegsentscheidung Deutschlands innerhalb der EU auf scharfe Kritik gestoßen ist, auch wenn fünf der acht EU-Staaten mit Atomstrom ein Moratorium für eine Expansion der Kernkraftenergie erlassen haben und von den anderen drei EU-Staaten nur Finnland einen neuen Kernreaktor in den nächsten Jahren baut. So wies die spanische EU-Kommissarin, Mrs. *de Palacio*, noch einmal daraufhin:

> „If we integrate our markets, ..., whatever decision is taken concerning the energy market of one country affects all the others. ... Europe cannot renounce nuclear energy, not only for strategic reasons [that much of this energy will come from regions that are unstable or fragile politically] but also of our commitments at Kyoto".[115]

---

111 Vgl. Barry James, IHT, 15.6.2000, S. 7.
112 Vgl. Heiko Schwarzburger, Der Tagesspiegel', 3.11.2000, S. B 1.
113 Vgl. Robert von Lucius, FAZ, 25.5.2002, S. 3.
114 Vgl. hierzu die kontroversen Beiträge der Diskussion "Pro und Contra: Ausstieg aus der Atomenergie" von Jürgen Trittin, 'Die Vorteile des Ausstiegs', in: IP 1/2001, S. 55 f. und Eberhard Meller, 'Zukunft ohne Atomstrom', in: ebda, S. 57 f.
115 Zit.n. Barry James, IHT, 15.6.2000, S. 6.

Damit hält auch die spanische EU-Kommissarin die Verpflichtungen der EU, den Ausstoß von Treibhausgasen bis zum Zeitraum 2008-2012 um 8 Prozent gegenüber dem Niveau von 1990 ohne Nutzung der Kernkraft zu verringern, für kaum erfüllbar. Dies wird durch den ersten Überprüfungsbericht zur Energiepolitik der EU nach über drei Jahrzehnten vom November 2000 ausdrücklich bestätigt.[116] Aus Sicht der *Europäischen Kommission* muss die Zukunft der Kernenergie im Kontext der *„angestrebten Gewährleistung der Versorgungssicherheit, zur Minderung der Treibhausgasemissionen und zu einer nachhaltigen Entwicklung beurteilt werden"*.[117] So wird mit der Nutzung der Kernenergie ein Ausstoß von rund 312 Millionen Tonnen CO_2 (7% aller in der EU freigesetzten Treibhausgase) vermieden, was einer Stillegung von rund 100 Millionen Pkws entspricht.[118]

Auch der *Energiebericht des Bundeswirtschaftsministeriums* verweist auf die Risiken und den Zielkonflikt, der sich mit dem Ausstieg aus der Kernenergie und den ehrgeizigen Intentionen der Bundesregierung hinsichtlich der internationalen Klimaschutzbemühungen ergeben. In den letzten Jahren wurden so 160-170 TWh pro Jahr Strom in der *Grundlast* durch die Kernenergiekraftwerke produziert. Dies sind etwa ein Drittel der deutschen Stromproduktion insgesamt und gut 50 Prozent (!) der Grundlasterzeugung.[119] Diese steht für die privaten Haushalte und die Wirtschaft 24 Stunden rund um die Uhr zur Verfügung, welche durch regenerative Energien auf absehbare Zeit nicht geleistet werden kann.[120] Damit werden zugleich mehr als 100 Tonnen CO_2 pro Jahr vermieden.[121] Darüber hinaus wird im *„Grünbuch"* der EU darauf hingewiesen, dass die EU gegenwärtig die Hälfte ihres Energiebedarfes bereits importieren muss und dass dieser Import bis zum Jahr 2020 auf 60 Prozent und bis zum Jahr 2030 auf 70 Prozent ansteigen kann. Die Situation könnte sich dann für Länder wie Deutschland, die bereits einen Ausstieg aus der Kernenergie erklärt haben, weiter verschärfen, wenn zur Erreichung der selbst gesteckten Klimaschutzziele auch noch der Energieträger der heimischen Kohleressourcen nicht mehr genutzt wird. Dies widerspräche diametral dem Ziel der Versorgungssicherheit der Bundesrepublik[122] und anderer Staaten, die auf die Kernenergie verzichten möchten, da sich mit dem Kernenergieausstieg ohnehin die Abhängigkeit vom Import von Erdöl und Erdgas aus zumeist instabilen Weltregionen weiter erhöhen wird.

---

116 Vgl. Europäische Kommission, 'Grünbuch', hier S. 78. Siehe auch ebda., S. 33 f.

117 Vgl. ebda., S. 81.

118 Vgl. ebda., S. 34 und 81.

119 Vgl. Bundesministerium für Wirtschaft und Technologie, 'Nachhaltige Energiepolitik für eine zukünftsfähige Energieversorgung. Energiebericht', Berlin, Oktober 2001, hier S. 97 (via Internet - http://www.bmwi.de/Homepage/download/energie/Energiebericht9MB. pdf).

120 Sonne- und Windenergie hängen insbesondere in Deutschland zu sehr von den klimatischen Bedingungen ab, während entsprechende Speicheranlagen weder technologisch noch hinsichtlich ihrer Wirtschaftlichkeit derzeit zur Verfügung stehen.

121 Vgl. Bundesministerium für Wirtschaft und Technologie, 'Nachhaltige Energiepolitik', S. 97.

122 Vgl. ebda., S. 7 und 59.

Bestätigt wurde die Analyse des *„Grünbuchs"* der *Europäischen Kommission* jüngst auch durch die neuesten Langfrist-Energieprognosen der *IEA*, die zu dem Ergebnis kommen, dass Erdöl auch langfristig weltweit als Treibstoff für Autos, Flugzeuge und Schiffe kaum zu ersetzen sei. Ein Ausstieg aus der Kernenergie sei derzeit zwar theoretisch möglich, da auch ohne neue Atomkraftwerke vermutlich genügend Energie zur Verfügung stehen wird. Angesichts der Konzentration auf wenige und zudem hochinstabile Förderregionen sei jedoch ein solcher Ausstieg zugleich mit erheblichen Risiken der Versorgungssicherheit verbunden. Bei Erdgas prognostiziert die *IEA* sogar einen noch größeren Anstieg der Importabhängigkeit (81%) als die Europäische Kommission (70%).[123] Daher plädiert auch die *IEA* dafür, über Kernenergie neu nachzudenken, auch wenn der Anteil an der weltweiten Stromerzeugung nach den bisherigen Trends von derzeit 17 auf 9 Prozent im Jahr 2030 sinken dürfte.[124]

Inzwischen hat aber auch Finnland nicht nur angekündigt, einen neuen 5. Kernenergiereaktor im eigenen Land zu bauen, sondern auch die anderen EU-Staaten aufgefordert, ihre Ausstiegsentscheidung zu überdenken und eine neue Generation technisch sicherer Kernkraftwerke zu bauen. Mit der Forderung nach einer Neueröffnung der Debatte über die zukünftige Rolle der Kernenergie in Europa hat die finnische Regierung zugleich die EU auch dahingehend kritisiert, die kleineren EU-Beitrittskandidaten, die über ältere sowjetische Kernkraftwerke verfügen, fairer zu behandeln und Empathie für die Energieprobleme dieser Länder zu entwickeln sowie ihnen bei der Bewältigung dieser Energieprobleme aktiv zu helfen statt diese nur zu kritisieren.[125]

In Osteuropa steht für die mittelfristige Perspektive ohnehin nicht so sehr die Schließung der Kernkraftwerke auf der aktuellen Tagesordnung ihrer Energiepolitik, sondern zunächst die Erhöhung der technischen Sicherheit ihrer Atomkraftwerke. Dies gilt nicht nur für *Černobyl*, sondern insbesondere auch für Atomkraftwerke in Litauen, Bulgarien und Armenien. Dabei ist Litauen dasjenige Land in der Welt, welches mehr als jedes andere von der Kernkraft abhängig ist – mit nicht weniger als 77 Prozent.[126] Die beiden Kernreaktoren in *Ignalina* sind dieselben Reaktortypen wie der Unglücksreaktor in *Černobyl*. Litauen hat inzwischen versprochen, den ersten Reaktor des *Ignalina*-Atomkraftwerks im Jahr 2005 vom Netz zu nehmen, den zweiten aber nicht ohne finanzielle Zusagen der EU wie vorgesehen im Jahr 2009 abzuschalten. Die EU beharrt jedoch auf eine entsprechende Verpflichtung Litauens, da Brüssel bereits 245 Millionen Euro an Litauen für die Stilllegung des Kraftwerks gezahlt hat. Nach litauischen Angaben und internationaler Expertenmeinung belaufen

---

123 Die *IEA* geht dabei von einem mäßigen Wirtschaftswachstum von nur 1,9% und einem noch sehr viel geringerem Wachstum des Energieverbrauchs von 0,7% in Europa aus – vgl. Gerd Zitzelsberger, SZ, 23.9.2002, S. 18.

124 Vgl. ebda.

125 Vgl. Breffni O'Rourke, 'Finland, Bucking Energy Trends, Calls for More Nuclear Power'; Robert von Lucius, FAZ, 25.5.2002, S. 3 und Gerhard Fischer, SZ, 25.-26.5.2002, S. 6.

126 Vgl. Ron Synovitz, 'The East: EU Ties Membership to Improved Nuclear Safety', RFE/RL Analyses, 22.2.1999.

sich jedoch die Gesamtkosten der Schließung beider Reaktoren und dem Bau alternativer Kraftwerke auf 2,6 Milliarden US-Dollar. Inzwischen hat der Streit zwischen beiden Seiten zu einem zunehmenden *„Euroskeptizismus"* in Litauen erheblich beigetragen[127], der für eine einvernehmliche Lösung zwischen beiden Seiten kaum dienlich ist. So sehen sich viele dieser Staaten gezwungen, aus Gründen der Versorgungssicherheit ihre zumeist hohen Energieabhängigkeiten von Russland zu verringern, selbst wenn die Diversifizierung von Energieträgern und Importregionen sich finanziell als teurer erweist als fortgesetzte russische Energielieferungen. Dies gilt insbesondere auch für die Ukraine, deren 11 Kernreaktoren 46 Prozent des nationalen Strombedarfs erzeugen.[128] Auch hier ließ die EU in den jahrelangen Verhandlungen mit der Ukraine nicht selten Empathie für die ukrainischen Probleme ihres Energiesektors und der im engen Zusammenhang mit der Versorgungssicherheit stehenden außenpolitischen Implikationen der ohnehin großen ökonomisch-politischen Abhängigkeiten von Russland vielfach vermissen.[129]

Russland wiederum ist nicht nur der größte Produzent von Atomstrom mit derzeit insgesamt 29 Reaktoren, die etwa 11 Prozent der nationalen Stromversorgung sicherstellen, sondern auch derjenige Staat in Europa, der trotz mangelnder Sicherheitstechnik vieler seiner bestehenden Kernkraftwerke noch mindestens 15 neue schwimmende Kernkraftwerke auf Schiffen mittlerer Größe im eigenen Land bauen will, um so die Stromversorgung von 50 größeren Städten in der Arktis zu gewährleisten.[130] Diese könnten jedoch schwimmende ökologische *„Černobyl-Bomben"* sein und wären auch im Fall terroristischer Angriffe vergleichbar weniger verteidigungsfähig, wie ihre Kritiker hervorheben. Zudem würden diese mit hochangereichertem Uran betrieben, welches die weltweiten Proliferationsgefahren von gefährlichen Nuklearmaterialien zum Bau von Nuklearwaffen weiter verschärfen würde.[131] Darüber hinaus hat Russland noch zahlreiche nukleare Versuchsreaktoren — insgesamt sollen sich in Moskau allein bis zu 45 Nuklearreaktoren (einschließlich der normalen zivilen Kernkraftwerke) befinden, die zumeist als ältere Reaktoren erhebliche Sicherheitsrisiken aufweisen sollen.[132] Zusätzlich will die russische Regierung 15 weitere neue Kernkraftwerke bauen, während gleichzeitig die Betriebszeit der 29 bestehenden Atomreaktoren erheblich verlängert werden soll.[133] Des Weiteren

---

[127] Vgl. Valentinas Mite, 'Lithuania: EU Urges Closure of Ignalina Nuclear Plant', RFE/RL Analyses, 3.4.2002.

[128] Vgl. Tony Weslowsky, 'Ukraine: Nuclear Power Considered Key to Energy Independence', RFE/RL Analyses, 22 .2. 1999. Vgl. hierzu des Weiteren ausführlich Kap. 4.3.3 dieser Studie.

[129] Vgl. zu den unterschiedlichen Sichtweisen in der Ukraine und der Bundesregierung Markus Wehner, FAZ, 30.3.1999, S. 16.

[130] Vgl. ders., 'Russia: Nuclear Power Plans Move Forward', RFE/RL Analyses, 22.2.1999.

[131] Vgl. Judith Matloff, Christian Science Monitor, 17.2.2000 und Eduard Fesko, 'Russian Floating Nuclear Reactors – Proliferation Risks', Monterey Institute of International Studies, 24.6.2002 (via Internet: - http://cns.miis.edu/pubs/week/020624.htm).

[132] Vgl. Valentinas Mite, 'Russia: Nuclear Reactors Based in Moscow Cause Concern and Fears', RFE/RL Analyses, 17.6.2002.

[133] Vgl. 'Russia's Nuclear Future', Stratfor.Com, 8.12.2000. In der konkreten operativen Planung der russischen Atomindustrie ist der Bau von vier neuen Kernkraftwerken auf der Basis des

hofft Moskau, mit dem Bau weiterer Kernkraftwerke auch westliche Staaten mit Atomstrom zukünftig beliefern zu können.[134] Dies gilt insbesondere für Deutschland, welches seinen Ausstieg aus der Kernenergie verkündet hat.

Ungeachtet aller Kritik zahlreicher Umweltschutzorganisationen auch im eigenen Land wollen Russland und inzwischen auch Kasachstan nukleare Abfälle in großem Ausmaß aus Europa und Asien in Russland zwischen- und endlagern. Mit dem Import und der Lagerung ausländischen Atommülls erhoffen sich die russische Atomindustrie und die Moskauer Regierung reiche Einnahmen harter westlicher Währung im Umfang von 20 Milliarden US-Dollar[135], während kasachische Experten sogar von 30-40 Milliarden Dollar für die Lagerung importierten Atommülls aus dem Ausland in den nächsten 25 Jahren ausgehen.[136] Darüber hinaus investiert Russland auch in die Modernisierung oder den Neubau der Atomenergie in benachbarten Staaten. So hat Moskau im Dezember 2000 der Ukraine Kredite für den Ausbau der ukrainischen Kernkraftwerke und für die Lieferung nuklearen Brennstoffs in einer Höhe von 205 Millionen Dollar mit einer Laufzeit von 16 Jahren gewährt[137], um so einerseits der eigenen Atomindustrie zu helfen und andererseits den Status als Monopollieferant von Kernbrennstoffen an die Ukraine auch in mittelfristiger Perspektive zu bewahren. Gleichzeitig liefert Russland auch waffenfähiges Plutonium im Zuge eines Sicherheitsabkommens mit den USA vom Juni 2000 zur Beschleunigung der Denuklearisierung des sowjetischen Nuklearwaffenarsenals auch an die USA, um so den zahlreichen westlichen Sicherheitsbedenken gegenüber einem unkontrollierten Schmuggel nuklearfähiger Materialien in mögliche „*Schurkenstaaten*" vorzubeugen.[138]

Im November 2000 hatte die *IAEA* Moskau die Erlaubnis erteilt, einen neuen Reaktortyp zu entwickeln, der zukünftig Kernbrennstoffe auf Plutoniumbasis verbrennen kann. Auch dieser neue Reaktortyp Russlands signalisiert, dass Moskau einen permanenten Markt für Plutoniumbrennstoffe im eigenen Land aufbauen will.[139] Darüber hinaus plant Russland, neben den derzeit im Bau befindlichen 5 Kernkraftreaktoren im Iran, der VR China und Indien, fünf weitere im Ausland in den nächsten Jahren zu bauen. Hierzu gehört auch der Bau eines Kernkraftwerkes in Vietnam[140] mit einem Wert von 800-900 Millionen

Reaktors in *Temelin* (*WWER-1000*) im eigenen Land bis zum Jahr 2005 vorgesehen. Der erste neue Reaktorbau wurde im März 2001 begonnen. Ein weiterer völlig neuer Neutronenreaktortyp soll im Jahr 2009 gebaut werden. – vgl. Boston Globe, 18.12.2001 (Internet-Version).

134 Vgl. hierzu auch Kap. 4.3 dieser Studie.

135 Vgl. Susan B. Glaser, Washington Post, 6.6.2001 und Patrick E. Tyler, IHT, 28.5.2001, S. 5

136 Vgl. hierzu Daphne, Biliouri, 'Kazakhstan Set to Follow Russia into Nuclear Waste Business', in: JIR, May 2002, S. 36-38 (36).

137 Vgl. Michael Ludwig, FAZ, 16.12.2000, S. 7 und NZZ, 6.12.20001, S. 5.

138 Vgl. Boston Globe, 10.4.2002 (Internet-Version).

139 Vgl. Vgl. 'Russia's Nuclear Future'.

140 Vgl. NAPSNET-Daily Report, 11.4.2002.

US-Dollar und eines weiteren in Myanmar, obwohl beide Staaten verdächtigt werden, nukleare Ambitionen auch für ihre Streitkräfte zu haben.[141]

Auch vor diesem Hintergrund ergeben sich zahlreiche Widersprüche gegenüber den neuen Plänen, einer Zwischen- und Endlagerung nuklearen Atommülls aus ausländischen Staaten in Russland, das selbst mit weitreichender Korruption und mafiaähnlichen Kriminalitätsstrukturen mit internationalen Verbindungen nach Asien, Europa und Südamerika konfrontiert ist. Die Folge derartiger Pläne könnte somit eher eine Zunahme als Abnahme der weltweiten Proliferationsgefahren von Nuklearmaterialien oder sogar Nuklearwaffen sein. In diesem Kontext ist vor allem die Fortführung des Reaktorbaus von *Bushehr* im Iran (der ursprünglich von Deutschland begonnen wurde), der nach russischen Angaben spätestens im Jahr 2005 fertiggestellt sein soll, von erheblicher sicherheitspolitischer Bedeutung nicht nur für die USA, sondern vor allem für Europa, da weitreichende iranische ballistische Raketen, womöglich mit Nuklearsprengköpfen ausgerüstet, zunächst vor allem auf Europa zielen.

Zudem hat die *IAEA* nicht nur für russische, sondern für alle Kernkraftwerke in der Welt erhebliche Verbesserungen der Sicherheit gegenüber den Risiken terroristischer Anschläge gefordert. Der Umfang derartiger Sicherheitsmaßnahmen wurde von ihr selbst auf mehrere Hundert Millionen Dollar beziffert.[142] Dennoch wird auch diese kostspielige Sicherheitsmaßnahme kaum den europäischen oder sogar globalen Ausstieg aus der Kernenergienutzung beschleunigen. Südafrika hat z.B. einen sogenannten Mini-Nuklearreaktor mit einer Leistung von 110 Megawatt entwickelt, dem auch unter den Bedingungen einer zunehmend weltweiten Liberalisierung und Deregulierung erhebliche Exportchancen eingeräumt werden. So sollen Großbritannien, China, Indonesien, Marokko, Ägypten und Tunesien am Kauf und Bau dieses *„pebble ped modular Reactors“* interessiert sein.[143]

Vor diesem Hintergrund einer sich in mittelfristiger Perspektive verschärfenden EU-Abhängigkeit vom Import fossiler Energierohstoffe und Unsicherheiten hinsichtlich des technischen sowie ökonomisch-rentablen Entwicklungspotentials erneuerbarer Energien bis zum Jahr 2020 ist der jetzt proklamierte deutsche Ausstieg aus der Kernenergienutzung als nationaler Alleingang zu kritisieren, welcher weder der zunehmenden europäischen Verflechtung noch der Notwendigkeit einer gemeinsamen europäischen Energiepolitik für das 21. Jahrhundert gerecht wird. Dass auch aus Sicht der EU die Kernenergieoption

---

141 Besonders Myanmar gilt als verdächtig, Nuklearwaffen entwickeln zu wollen, da das Land eigentlich über genügend Wasserreserven verfügt, um Wasserkraftwerke zu bauen. Hierbei fehlen lediglich die finanziellen Mittel. Beobachter befürchten zudem, dass auch China sich aufgrund der engen wirtschaftlichen und militär-politischen Beziehungen zwischen beiden Seiten zum Bau eines Kernkraftwerkes verpflichten könnte und derartige Ambitionen Russlands mit Misstrauen betrachtet bzw. versuchen könnte, Moskau noch zuvor kommen zu wollen – vgl. 'Russia-Myanmar Reactor Leaves China on Sidelines', Stratfor.Com, 17.5.2002.

142 Vgl. Matthew Jones, FT, 1.-2.12.2001, S. 4. Zum Hintergrund derartiger Gefahren siehe auch Siegfried Thielbeer, FAZ, 29.9.2001, S. 4.

143 Vgl. James Lamont, FT, 14.11.2001, S. 10.

nicht völlig aufgegeben werden soll, zeigt sich auch am Beispiel des neuen Vertrages zwischen Brüssel und Japan, der nach harten und zeitraubenden Verhandlungen sich immer mehr bis zum Abschluss verzögert hatte, im Dezember 2001 aber unterschriftsreif zwischen Tokio und den 15 EU-Staaten war. Dieser Grundlagenvertrag sieht die Förderung der bilateralen Kooperation mit Japan bei der friedlichen Nutzung der Kernenergie vor, während gleichzeitig die Anstrengungen zur Eindämmung der Proliferationsgefahren bei der Weitergabe von Nuklearmaterialien verstärkt werden sollen.[144] Japan selbst hat trotz verschiedener Unfälle und Missstände in seinen Kernkraftwerken in der zweiten Hälfte der 90er Jahre im März 2002 beschlossen, bis zum Jahr 2010 10-13 neue Kernkraftwerke zu bauen. Nach diesem japanischen Regierungsplan sollen jedoch überwiegend kleinere Kraftwerke mit einer Leistung von 300.000-700.000 Kilowatt anstatt jener von 1,1-1,356 Millionen Kilowatt, wie sie für die gegenwärtig im Betrieb befindlichen Kernkraftwerke typisch ist, gebaut werden.[145]

Angesichts der vielen Unsicherheiten der zukünftigen Energieentwicklungen und der Voraussetzung stabiler politischer sowie sozio-ökonomischer Rahmenbedingungen für die Versorgungssicherheit Europas sowie der Selbstverpflichtungen im Rahmen des *Kyoto-Protokolls* sollten Deutschland und Europa auf mehr Pragmatismus und Flexibilität hinsichtlich der Zukunft der Kernenergie als auf ideologisch und dogmatische Grundsatzpositionen aus den 80er Jahren setzen — ohne allerdings die ungelösten Probleme der Entsorgung, technischen Sicherheit und der Proliferationsrisiken hinsichtlich der militärischen Nutzung der Nuklearenergie zu übersehen.[146] In diesem Kontext ist auch der beabsichtige Ausstieg aus der Kernenergienutzung und damit auch einer engeren nukleartechnischen Kooperation mit Russland auch ein Ausstieg auf die Beeinflussung der russischen Nichtverbreitungspolitik, wie deutsche und russische Experten 1998 zu Recht kritisierten:

> „Eine von westlicher Seite betriebene Politik, die auf einen Verzicht dieser Zukunftsinvestitionen oder sogar eine sofortige Ersetzung der bestehenden kerntechnischen Anlagen durch Kraftwerke auf der Basis anderer Energieträger besteht, ist nicht nur illusorisch, sie verbaut sich auch die Chance, aktiv

---

[144] Vgl. 'Japan-EU Treaty on Nuclear Energy', NAPSNET-Daily Reports, 14.11.2001.

[145] Die Information geht zurück auf: Nezavisimaja gazeta, 28.3.2002 (internet-version).

[146] Vgl. auch IAEA, 'Climate Change and Nuclear Power'; Bob van der Zwaan, 'Nuclear Power and Global Warming', in: Survival 3 (Autumn) 2000, S. 61-71; Peter Beck/Malcolm Grimston, 'Powerful Issues', in: World Today, January 2001, S. 25-27; Dean Abrahamson/Johan Swahn, 'The Political Atom', in: The Bulletin of the Atomic Scientists, July-August 2000, S. 39-44 und Georg Erdmann, 'Energiekonzepte für das 21. Jahrhundert', in: IP 1/2001, S. 3-10.

auf den Prozess der Entwicklung der Kernenergie in Russland, aber auch weltweit einzuwirken" [sowie] "... auf die mit kerntechnischen Lieferungen zu verbindende Politik der nuklearen Nonproliferation".[147]

3.6 Möglichkeiten und Grenzen neuer Zukunftstechnologien in der Energiewirtschaft

Während die gegenwärtig ausgebeuteten Erdöl- und Erdgasfelder zumeist in der nahen Zukunft erschöpft sein werden, muss das zukünftige Wirtschafts- und Energiewachstum durch die Suche und Erschließung neuer sowie früher nicht ausbeutbarer Felder (wie in den Tiefsee-Becken vor der Küste Angolas und Brasiliens oder in entlegenen Regionen wie der Arktis oder Antarktis) gedeckt werden. Die Erschließung und Produktion von Energieressourcen in diesen Feldern sind jedoch technisch aufwendig und kompliziert sowie erheblich kostspieliger als die Exploration der gegenwärtigen Erdöl- und Erdgasressourcen. Dabei müssen die multinationalen Energiefirmen nicht nur in die Such- und Explorationsprojekte erhebliche Finanzmittel investieren, sondern zunächst einmal auch in den Aufbau dafür notwendiger Infrastruktur, die von Hafen- und Raffinerieanlagen, Straßen, logistischen Versorgungsnetzen sowie technischen und administrativen Unterstützungseinrichtungen reichen.[148]

Dennoch haben die Fortschritte bei der Anwendung neuer Technologien und effizienterer Methoden bei der Förderung von Erdöl- und Erdgasreserven das theoretische Ende des Erdölzeitalters bereits heute weiter in die Zukunft verschoben, obwohl die Anwendung modernster Explorationstechniken (wie der *3- oder 4D-Seismik*) erst vor wenigen Jahren begonnen hat. Auch die immer stärkere Nutzung nichtkonventioneller Ressourcen (wie Ölschiefer und Teersand) hat hierzu beigetragen. Zukünftig können Bohrungen eine Wassertiefe bis zu 3000 m erreichen, während heutige Bohrungen zumeist nur 1000 m tief gehen.[149] Der aktuelle Rekord von Tiefseebohrungen umgebauter Tankschiffe der Firma *Petrobas Öl* liegt bereits bei 1853 Metern.[150] Zwar stehen so zahlreiche neue Technologien bei der Erdölproduktion und effizientere Energienutzungsmöglichkeiten zur Verfügung, die auch die Kosten senken. Dennoch wird es einen längeren Zeitraum benötigen, bevor sich vor allem die globale Nutzung neuer regenerativer Energieträger und anderer Energienutzungstechnologien in der Praxis durchgesetzt hat. Ein Beispiel für eine derartige Zukunftstechnologie ist vor allem die *Brennstoffzelle*, die aus Wasserstoff und Sauerstoff

---

[147] So zu Recht Andrei Kuxenko/Friedemann Müller/Klaus Schröder, 'Deutsch-russische Energiekooperation unter Globalisierungsdruck — Einführung und Übersicht', in: Andrei Kuxenko/Friedemann Müller, 'Deutsch-russische Energiekooperation unter Globalisierungsdruck', Stiftung Wissenschaft und Politik (SWP) S-425, Ebenhausen, September 1998, S. 9-22 (15 f.).

[148] Vgl. hierzu auch Robert Corzine, FT, 13.12.2000, Beilage ("Energy and Utility Review"), S. I.

[149] Dabei reduzieren die neuen Technologien vielfach auch zahlreiche negative Auswirkungen der Erdölsuche und –exploration auf die Umwelt - vgl. hierzu auch Andrew C. Revkin, IHT, 1.2.2001, S. 10 und Steven Mufson, IHT, 21.12.1998, S. 13.

[150] Vgl. Axel Bjanowski, Die Welt, 6.9.2002, S. 31.

elektrischen Strom und dabei nebenbei auch Wärme entstehen läst. Zwar hat diese Technologie unbestreitbar viele ökologische Vorteile, weil weniger Treibhausgase entstehen.[151] Damit sie aber konkurrenzfähig wird, muss sie massenhaft Anwendung finden, was u.a. eine flächendeckende Versorgung mit dem Treibstoff Wasserstoff voraussetzt. Dies aber erfordert wiederum eine grundlegende Neuausrichtung des gesamten Verkehrssystems und der Energiewirtschaft, welche nur in mittelfristiger Zukunft verwirklicht werden kann. Daher kann auch in optimistischen Szenarien nur in mittel- bis langfristiger Perspektive erwartet werden, dass sich derartige neue Technologien national und vor allem auch global durchsetzen sowie ältere Technologien zunehmend ablösen. Während dieser Zeitbedarf bereits für die nationale Energiepolitik gilt, muss auf globaler Ebene ein noch größerer Zeitraum in Rechnung gestellt werden.[152] Dennoch wird für die Bundesrepublik im Jahr 2015 erhofft, dass bereits 10 Prozent der deutschen Stromerzeugung aus Brennstoffzellen stammen wird.[153]

Abbildung 20:

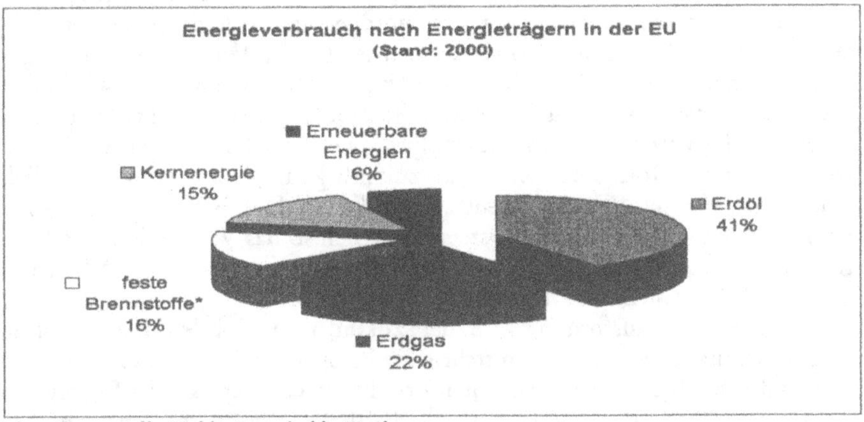

* feste Brennstoffe: Hohle, Braunkohle, Torf

Quelle: nach den Daten der Europäische Kommission, 'Grünbuch. Hin zu einer europäischen Strategie für Energieversorgungssicherheit'(wurde am 29. November 2000 angenommen), Luxemburg 2001, hier S. 49.

Doch auch wenn der Subventionseinsatz für erneuerbare Energien drastisch aufgestockt würde, ist es zweifelhaft, ob es in mittelfristiger Perspektive bis 2020/2030 gelingt, den gesamten Ausfall der Nutzung von Kernenergie ohne

---

151 Vgl. hierzu auch die Web-Seite http://www.forum-brennstoffzelle.de. Zum Hintergrund siehe auch Holker Kroker, Die Welt, 26.2.1999, S. 32 und ebda., 18.4.2002, S. 14.

152 Immerhin gewinnt die Zukunftstechnologie in der Bundesrepublik inzwischen bereits mit der Gründung von Marketing- und Vertriebspartnerschaften an Kontur, wie das Beispiel des deutschen Gasversorgers *Thyssengas* mit dem Schweizer Brennstoffzellenhersteller *Sulzer Hexis* vom März 2002 zeigt. Die derzeit noch hohen Kosten der neuen Zukunftstechnologie sollen in 3-8 Jahren auf ein akzeptables Niveau gedrückt werden. Ein Kommerzialisierung wird für feste Anlagen frühestens 2005 und bei Kraftfahrzeugen nicht vor 2007 erwartet.

153 Vgl. FAZ, 15.4.2002, S. 20.

zusätzliche Einkäufe im Ausland auszugleichen. Der Energiebedarf der EU wurde 1997 nur durch 6 Prozent von erneuerbaren Energien gedeckt. Die Kommission hat sich in ihrem *„Grünbuch“* vom November 2000 zum Ziel gesetzt, den Anteil der erneuerbaren Energieträger bis zum Jahr 2010 auf 12 Prozent zu verdoppeln[154], was viele europäische Energieexperten jedoch als sehr ehrgeizig und optimistisch einstufen. Zudem glauben zahlreiche Energieexperten, dass auch westliche Energiekonzerne und –firmen in der Realität nur ein Fünftel der Kapazitäten der neuen Technologien verwenden, da die internen Strukturen und der traditionell ausgeprägte Konservatismus nach wie vor weitgehend auf der Basis der *"Old-Economy"* strukturiert sind.[155] Vor allem hat sich aber in den letzten Jahren nicht nur ein rasanter Technologiewandel im Fördergeschäft vollzogen, der Zugang zu völlig neuen Lagerstätten erschlossen hat, die bis dahin nicht zugänglich waren. Vielmehr wurden gleichzeitig beim Fördergeschäft in größeren Wassertiefen und in arktischen Regionen von den Ölgesellschaften auch die technologischen und finanziellen Herausforderungen erheblich unterschätzt.[156] So wurde häufig neues technisches Gerät eingesetzt, ohne dass dieses ausreichend getestet worden war. Allerdings ist der Entölungsgrad durch technische Innovationen in den letzten Jahren stetig angestiegen. Auch die Wirtschaftlichkeit des Abbaus von Ölsand hat — wie in den USA und Kanada — inzwischen durch die Nutzung neuer Technologien und angesichts des wieder gestiegenen Rohölpreises erheblich zugenommen. Zudem wird es durch Horizontalbohrungen zukünftig möglich sein, vermeintlich schon *„ausgebeutete“* Felder erneut zu erschließen. Durch Nutzung modernster Technologie und Computersystemen hat sich so das Verhältnis von erfolgreichen (trocken gebliebenen) zu erfolgreichen (fündig gewordenen) Bohrungen von 10:1 auf mehr als 2:1 verbessert.[157]

Die größte Herausforderung in der zukünftigen globalen Energiepolitik scheint demnach zwar für die mittelfristige Perspektive bis 2020/2030 nicht so sehr in der Endlichkeit der weltweiten Erdölreserven oder gar aller Energieressourcen zu liegen, sondern in den gesellschaftlichen Ansprüchen, insbesondere in den sich entwickelnden Staaten, die auf einen ähnlichen Wohlstand wie die

---

154 Vgl. Europäische Kommission, 'Grünbuch', hier S. 46.

155 Vgl. Robert Corzine, FT, 23.2.1999, S. I (Survey).

156 So mussten die Technikexperten der Energiekonzerne feststellen, dass die Unterschiede einer Unterwasserexploration von 1200 m zu 1500 m und tieferen Ölförderungen unter dem Meeresspiegel technologisch ein *"sea change"* darstellen - vgl. Alexei Barrionuevo, WSZE, 25.1.2001, S. 28.

157 Vgl. Ingrid Hielle, 'Öl ist auf absehbare Zeit kein knappes Gut', in: FAZ, 21.6.2000, S. 14.

Industriestaaten hoffen. Dies wird entsprechende Auswirkungen auf den globalen Energiebedarf und das weltweite Klimasystem haben.

3.7 Das Entwicklungspotential regenerativer Energieträger

"... Niemand weiß sicher, ob uns Solarenergie, Fusionsenergie oder inhärente Hochtemperaturreaktoren dann helfen können. Aber vorantreiben müssen wir diese Technologien schon heute. Denn zu glauben, eine Zehn-Milliarden-Menschheit könne ohne technologische Quantensprünge umweltverträglich konsumieren, gehört zu den Lebenslügen einer erstarrten Gesellschaft, die sich nur mit der Gegenwart beschäftigt." [158]

Technische Innovationen haben in der Vergangenheit oft zahlreiche Probleme der Energieversorgung lösen können, waren jedoch häufig auch die Quelle neuer ökologischer, wirtschaftlicher und sozialer Probleme. Das gegenwärtige Energiesystem basiert zu 80 Prozent auf der Nutzung nicht-regenerativer fossiler Energieträger. Die sechs wichtigsten alternativen nicht-fossilen Energieträger von Biomasse, Kernkraftenergie, Solar-, Wasser-, Windenergie und nicht-fossile Öle können zwar erheblich ausgebaut werden, um die Treibhausgase signifikant zu verringern. Jede von ihnen hat jedoch bestimmte technische, wirtschaftliche, politische und/oder umweltpolitische Nachteile:

Kernkraft ist derzeit zwar die einzige nicht-fossile Energiequelle, die bereits in hohem Maße in Betrieb ist, leidet jedoch in einigen Industriestaaten (vor allem in Europa) an öffentlicher Unterstützung als Folge des Risikos von Nuklearunfällen (wie *Černobyl* 1986), ungelösten Problemen der Endlagerung nuklearer Abfälle und der engen Verbindung zwischen ziviler Nutzung und der Proliferation von Nuklearwaffen.

Wasserkraft: Weltweit deckt die Wasserkraft etwa ein Fünftel des Strombedarfs. In der EU sind es allerdings nur 14 Prozent. Während Österreich zu 70 Prozent und die Schweiz zu 60 Prozent ihren Strom aus ihren zahlreichen Flüssen und Seen beziehen, sind es in der Bundesrepublik mit seinen 7.200 Wasserkraftwerken nur etwa 5 Prozent des Strombedarfs. Der *WEC* erwartet einen Zuwachs von 3-4 Prozent bei der weltweiten Entwicklung der Wasserkraft. Doch ist diese Entwicklung häufig mit schwerwiegenden Eingriffen in das Ökosystem von Flüssen verbunden, die u.a. auch die Fischbestände für die Nahrungsmittelversorgung beeinträchtigen. Derartig schwerwiegende ökologische Folgen zeigen sich heute beim Bau des in China umstrittenen "*Drei-Schluchten-Staudamms*" am Mittellauf des *Jangtse*, wo eine 185 Meter hohe Staumauer entsteht und im Verlauf des ehrgeizigen Projektes 1,3 Millionen Menschen (!) umgesiedelt werden mussten.[159] Die langfristigen ökologischen Folgen werden wohl erst in einigen Jahrzehnten zu beobachten sein.

---

[158] Fritz Vahrenholt in: Die Welt, 15.12.1999, S. 8.
[159] Vgl. auch Holger Kroker, 16.2.1999, S. 32.

Biomasse zur Energiegewinnung könnte zwar massiv auch in Ländern der Dritten Welt zu erschwinglichen Kosten ausgebaut werden. Doch der Ausbau von Getreidefeldern zur Energiegewinnung steht zumeist in Konkurrenz mit der Sicherstellung der Nahrungsmittelversorgung in vielen Ländern, die ebenfalls zusätzliche Flächen zum Anbau benötigen.[160] Der VR China stehen z.B. mit einer Bevölkerung von fast einem Fünftel der Menschheit nur 7 Prozent der weltweit landwirtschaftlich nutzbaren Flächen zur Verfügung. Daher ist die Nahrungsmittelversorgung (im Kontext auch der Wasserressourcen) eines der größten Probleme in den nächsten Jahrzehnten, die nur durch den Import aus anderen Ländern und Regionen sichergestellt werden kann.

Die *Solarenergie* kann zwar in fast allen Ländern der Welt theoretisch ausgebaut werden, ist jedoch nach wie vor sehr teuer und rentiert sich derzeit nur durch entsprechende staatliche Subventionen. Zudem würde ein größerer Anteil der Sonnenenergienutzung einen massiven Ausbau der Energiespeicherung von Solarenergie und ein entsprechendes regionales oder sogar interkontinentales Versorgungsnetz erfordern, um größere Anteile der weltweiten Energienachfrage in dem kommenden Jahrzehnten zu befriedigen. Zwar macht der Ausbau von Solarenergie ökologisch Sinn, wird aber wohl auf absehbare Zeit vor allem in den nördlichen Industriestaaten nur einen eher bescheidenen Marktanteil bei der Energieerzeugung einnehmen können. Dafür könnte sie in den Entwicklungsländern auf der südlichen Halbkugel eine zunehmend wichtige Energiequelle darstellen, zumal sie dezentral den Energieverbrauch sicherstellen kann.[161]

Wasserstoffwirtschaft: Die derzeitigen Speicherprobleme der Solarenergie könnten jedoch mittel- bis langfristig durch die *Brennstoffzell*entechnik und die Einspeisung in Wasserstoffenergienetze gelöst werden. Dies hätte zudem den großen Vorteil einer dezentralen Energieversorgung, da der Energieverbraucher vor Ort dank der Brennstoffzellentechnologie Strom selbst und auch billiger erzeugen könnte. Durch die damit verbundene *„Demokratisierung der Energieversorgung"* (*Jeremy Rifkin*) wäre auch eine konkrete positive Entwicklungsperspektive für die Länder der Dritten Welt gegeben, deren Entwicklung heute von fossilen Energieimporten noch weitaus mehr als diejenige der Industrieländer abhängig ist.[162] Die meisten internationalen Energieexperten und Organisationen sind derzeit jedoch skeptisch, ob sich diese Energieperspektive bis zum Jahr 2030 weltweit nachhaltig durchsetzen kann.

Die *Windenergie* ist in den letzten Jahren vor allem in Dänemark und Deutschland massiv ausgebaut worden. Während in Deutschland die Windenergie inzwischen nach der Nutzung der Wasserkraft zur wichtigsten regene-

---

160 Dennoch gibt es auch hierbei viele Positivbeispiele wie ein Pionierprojekt in den Philippinen, wo Kokusnusschalen zur Erzeugung von Strom auf dem Land verwendet werden – vgl. Deidre Sheehan, 'Coconuts Power a Filipino Village', in: FEER, 5.4.2001, S. 36-37.

161 Vgl. auch Die Welt, 19.2.1999, S. 32.

162 Vgl. Jeremy Rifkin, 'Die H_2-Revolution. Mit neuer Energie für eine gerechte Weltwirtschaft', Frankfurt/M.-New York 2002.

rativen Energiequelle aufgestiegen ist, macht sie in Dänemark bereits gegenwärtig etwa 15 Prozent der gesamten Energiegewinnung des Landes aus, die bis zum Jahr 2030 auf bis zu 50 Prozent anwachsen soll.[163] Die weltweit installierte Leistung stieg im Zeitraum 1990-1999 um nicht weniger als das 71-fache. Allein 1998 gingen 1010 neue Anlagen mit einer Leistung von 793,46 Megawatt Leistung ans Netz — 50 Prozent mehr als im Vorjahr, so dass Windkraft im Jahr 1998 immerhin 4,5 Milliarden kWh Strom in Deutschland erzeugte. Im darauffolgenden Jahr waren es schließlich 4,958 Milliarden kWh, die durch insgesamt 8356 Windkraftanlagen installiert wurden. Inzwischen ist Deutschland weltweit — noch vor den USA, Spanien, Dänemark und Indien — führend auf dem Gebiet der Windkraftnutzung. Dennoch darf hierbei nicht übersehen werden, dass diese lediglich ein bis zwei Prozent der deutschen Stromerzeugung ausmacht[164] und selbst im optimistischsten Szenario bis 2005 nur auf 4,5 Prozent ansteigen dürfte.[165] Zudem darf auf globaler Ebene nicht übersehen werden, dass die Windenergie zwar in bestimmten Regionen bereits heute wirtschaftlich nutzbar, aber zumeist weit außerhalb von größeren Städten angesiedelt ist. Dies erfordert (wie die Solarenergie) große Energiespeicher und Versorgungsnetze über weite Entfernungen für den Verbrauch auf den eigentlichen Energiemärkten. Darüber hinaus ist die Nutzung der Windenergie gegenwärtig nur mit z.T. erheblichen staatlichen Subventionen möglich. So werden für Deutschland inzwischen 13Pf/kWh gezahlt (für Steinkohle 6 Pf/kWh, für die Fotovoltaik sogar 95 Pf/kWh).[166] Dennoch wird bis 2020 erwartet, dass die Windenergie von derzeit weltweit 16,5 Milliarden Watt auf 128 Milliarden Watt Strom zunehmen und dann immerhin 4 Prozent der weltweiten Elektrizitätserzeugung ausmachen wird.[167] Die EU hat sich eine nichtbindende Zielsetzung erlassen, dass ihre Mitgliedsstaaten die Zunahme des nationalen Energieverbrauchs bis zum Jahr 2010 durch regenerative Energieträger decken soll, bei denen die Windenergie der wichtigste Energieträger sein dürfte.[168]

Fossile Öle sind zwar billig und in großem Umfang verfügbar, aber die Kosten für die Ausbeutung, den Transport und die Entsorgung der Kohlendioxide sind noch ausgesprochen hoch, während die Umweltauswirkungen weitgehend unbekannt sind.[169]

Sonstige neue Energiequellen und –träger: Zwar gibt es auch bei anderen Energietechnologien bedeutsame Fortschritte (wie z.B. bei der Müllverbren-

---

[163] Vgl. Rick Smith, IHT, 15.11.20000, S. 25.
[164] Vgl. Die Welt, 2.2.1999, S. 32.
[165] Vgl. Der Tagesspiegel, 3.11.2000, S. B 1 f.
[166] Vgl. den Vortrag von Gerhard Ott, 'Nationale Energiepolitik und globale Herausforderungen – Ohne Kernenergie zu meistern?', in: Forum im Pressehaus, Bericht über die Veranstaltung vom 9.11.2000 in Bonn.
[167] Vgl. Conrad de Aenlle, IHT, 30.10.2001, S. 9.
[168] Vgl. Alan R. Katz, WSJE, 17-19.5.2002, S. A12.
[169] Vgl. Steve Fetter, 'Energy 2050', in: The Bulletin of the Atomic Scientists, July-August 2000, S. 28-38 (38).

nung[170], der Nutzung geothermischer Energie[171] oder der Erschließung riesiger Gashydrat-Lagerstätten, die jedoch nach derzeitigem Kenntnisstand technisch äußerst riskant ist [172]), doch ist derzeit noch unsicher, ob derartige neue Technologien zu einem größeren Anteil der Energiedeckung bereits in der mittelfristigen Perspektive (Zeitraum 2020-2030) in der Lage sein werden und mit dem globalen Anstieg des Energieverbrauchs Schritt halten können.
Trotz der hier angeführten Beschränkungen wird jedoch erwartet, dass sich durch die Senkung der Erzeugungskosten für Wind- und Biomasseenergie jenseits des Jahres 2010 und für netzgekoppelte Solarenergie von 2020 an diese sich dann zu wettbewerbsfähigen Energieträgern entwickeln werden.[173] Während so gegenwärtig lediglich 8 Prozent der weltweiten Energienachfrage durch regenerative Energieträger gedeckt wird, sind viele internationale Energieexperten zugleich skeptisch, dass dieser Anteil vor dem Hintergrund des globalen Anstiegs der Energienachfrage bereits vor dem Jahr 2020 auf über 10 Prozent klettern könnte.[174]

Immerhin scheint die zukünftige Energiedeckung auf wesentlich mehr Energieträgern zu basieren als in der Vergangenheit und Gegenwart. Dies würde zweifellos die internationale Energieversorgungssicherheit stärken.

---

170 So z.B. eines Müllverbrennungsverfahren in Australien, welches - im Vergleich zu allen anderen bisher bekannten Müllverbrennungstechnologien - erheblich weniger gefährliche Emissionen wie Dioxin ausstößt - vgl. Stewart Taggart, 'Fuel from the Wasteland', in: FEER, 5.4.2001, S. 38-39.

171 Vgl. Claudia Ehrenstein, Die Welt, 23.2.1999, S. 32.

172 Bei den Gashydraten handelt es sich um Verbindungen aus Wasser und Methan, die nur bei hohem Druck und niedrigen Temperaturen vorkommen. Die in Gashydraten enthaltenen Kohlenwasserstoffen werden auf 1780 Milliarden Tonnen Steinkohleeinheiten geschätzt, fast das 2,5-fache aller bisher bekannten Reserven und Ressourcen an Erdöl und Erdgas. Ein aus 10 Unternehmen bestehendes Konsortium hat inzwischen vor der *Omae*-Halbinsel zwischen *Tokio* und *Nagoya* begonnen, erste Bohrungen bis zu einer Wassertiefe von 950 Metern unterhalb des Meeresspiegels durchzuführen, um so eine bis heute völlig ungenutzte Energiequelle technisch zu erschließen. Doch wird es einige Jahre dauern, bevor endgültige Ergebnisse über eine rentable und vor allem sichere industrielle Erschließung dieser Energiequelle vorliegen – FAZ, 29.11.1999, S. 25.

173 Vgl. Fritz Vahrenholt, 'Die Zeit des billigen Öls ist vorbei', in: IP 1/2001, S. 11-16, hier S. 12.

174 Vgl. 'The Geopolotics of Energy into the 21st Century', Vol. 2, hier S. 38 f.

3.8 *Die strategische Bedeutung Chinas und Asiens beim weltweiten Anstieg des Energieverbrauchs im 21. Jahrhundert*

„Energy security concerns have always been central to geopolitical interests. Throughout history, the effort to secure access to energy sources and ensure adequate transport routes has demanded technological, commercial, diplomatic and military agility."[175]

Das dynamische Wirtschaftswachstum in Asien, mit zum Teil zweistelligen Zuwachsraten, und einer regionalen Gesamtbevölkerung von mehr als 50 Prozent der Weltbevölkerung hat zu einem dramatischen Anstieg des regionalen Energieverbrauchs geführt. Während die weltweite Nachfrage nach Erdöl in den 90er Jahren um 9 Millionen Fass zunahm, entfielen allein davon auf Asien 7 Millionen Fass Rohöl. Dabei machte die chinesische Nachfrage wiederum allein 37 Prozent des gesamten regionalen Rohölverbrauchs aus.[176] Im Jahr 1990 betrug die regionale Rohölproduktion noch 48 Prozent des eigenen Rohölbedarfes, während 42 Prozent des Verbrauchs durch Rohölimporte aus dem Mittleren Osten gedeckt werden musste. Demgegenüber war 1998 der Anteil der Staaten im Mittleren Osten für die Sicherstellung des regionalen Rohölbedarfs in Asien bereits auf 55 Prozent gestiegen und dürfte bis zum Jahr 2010 sogar auf 68 Prozent zunehmen. Dies wird insofern verständlich, als im Jahr 2010 Asien für gut 55 Prozent des globalen Anstiegs des Rohölbedarfs verantwortlich sein dürfte, obwohl gleichzeitig der Anteil des Erdöls im weltweiten Energiemix von derzeit etwa 40 Prozent sinken wird.[177] Vor diesem Hintergrund könnte die Abhängigkeit Asiens gegenüber den Erdölimporten aus der Region des Persischen Golfes in Relation zu seinen Gesamtrohölimporten bis zum Jahr 2010 bis zu 90 Prozent ausmachen.[178]

Allein für die nächsten fünf Jahre wird erwartet, dass 42 Prozent des weltweiten Anstiegs der Erdölnachfrage auf die aufstrebende Weltregion Asiens entfällt.[179] Dabei wird vor allem die Energienachfrage aus der VR China die regionale und globale Energieversorgung nachhaltig beeinflussen sowie vielfältige Auswirkungen auf die Außen- und Sicherheitspolitik Pekings, die regionale Stabilität in Nordost-, Südost-, Süd- und Zentralasien und die Beziehungen Pekings zu den USA und Europa haben.[180]

---

175 Fereidum Fesharaki, 'Energy and the Asian Security Nexus', in: Journal of International Affairs, Fall 1999, S. 85-99 (85).

176 Vgl. David Buchan, FT, 29.10.2001, S. III (Beilage: Survey Saudi Arabia).

177 Vgl. Issam Al-Chalabi, 'Market Myths and Political Realities', in: John Calabrese (Ed.), 'Gulf-Asia Energy Security', Middle East Institute, Washington D.C. 1998, S. 71-76 (72).

178 Vgl. Fereidum Fesharaki, 'Energy and the Asian Security Nexus', S. 92.

179 Vgl. auch Steven Mufson, IHT, 21.12.1998, S. 13 und 15.

180 Vgl. auch 'Konflikt oder Kooperation in Asien-Pazifik? Chinas Einbindung in regional Sicherheitsstrukturen und die Auswirkungen auf Europa', München 2002, hier S. 330 ff. und Philip Andrews-Speed/Xuanli Liao/Roland Dannreuther, 'The Strategic Implications of China's Energy Needs', IISS-Adelphi-Paper, Nr. 346, Oxford-New York 2002.

3.8.1 Zur allgemeinen Energiesituation Chinas[181]

Seit 1990 ist China mit seinem Fünftel der Weltbevölkerung zum Nettoimporteur von Energie und seit November 1993 auch zum Nettoimporteur von Rohöl geworden. Inzwischen hat die VR China sogar Japan als weltweit zweitgrößten Energiekonsumenten abgelöst und ist nach Japan zugleich zum zweitgrößten Rohölverbraucher und –importeur in der asiatisch-pazifischen Region und drittgrößtem in der Welt aufgestiegen. Bei der Kohleproduktion als wichtigster Energiequelle und dem nationalen Kohleverbrauch liegt China sogar weltweit an der Spitze.[182] Chinas gegenwärtige und zukünftige Energiesituation ist dabei durch folgende Probleme und Herausforderungen gekennzeichnet:

- rapider Anstieg des Energieverbrauchs in den nächsten Jahrzehnten;
- die geringen Öl- sowie Gasvorkommen im eigenen Land und in der unmittelbaren regionalen Nachbarschaft, aus dem sich ein gewaltiger Importbedarf dieser beiden fossilen Energieträger vor allem aus dem Persischen Golf ergibt, der wiederum zahlreiche außen- und sicherheitspolitische Konsequenzen für China und die internationale Gemeinschaft hat;
- der gleichzeitige Anstieg des Energiebedarfes fast aller anderer ost- und südasiatischer Staaten, der in einer energie- und machtpolitischen Konkurrenz — insbesondere mit Japan, Indien und den USA — um den Zugang zu den wenigen regionalen Öl- und Gasressourcen (vor allem im Südchinesischen Meer) und jenen im Persischen Golf, in Zentralasien, aber auch in Afrika und Lateinamerika resultieren kann[183];
- die hohe Abhängigkeit der chinesischen Energieversorgung von Kohle, die aufgrund umweltpolitischer Auswirkungen und der Pekinger Verpflichtungen aus dem Beitritts zum *Kyoto-Abkommen* zur Reduzierung der weltweiten Treibhausgase und Minderung der weltweiten Klimaerwärmung begrenzt werden muss. So ist China bereits gegenwärtig mit 11 Prozent der weltweiten Emissionen der zweitgrößte Produzent von

---

181 Vgl. hierzu auch meine Arbeiten – F.Umbach, 'Geostrategische und geoökonomische Aspekte der chinesischen Sicherheits- und Rüstungspolitik im 21. Jahrhundert – Die Verknüpfung traditioneller Sicherheitspolitik mit Ressourcenfragen im geopolitischen Denken Chinas', in: Gunter Schubert (Hrsg.), 'China: Konturen einer Übergangsgesellschaft auf dem Weg in das 21. Jahrhundert'. Mitteilungen des Instituts für Asienkunde Nr. 344, Hamburg 2001, S. 341-404; ders., 'Konflikt oder Kooperation in Asien-Pazifik?', hier S. 330 ff. und 'Die Energiepolitik Chinas', in: IP, Januar 2001, S. 43-48.

182 Vgl. auch US-Energy Information Agency (EIA), 'China — Country Analysis Briefs', Washington D.C., June 2002 (via Internet – http://www.deia.doe.gov/emeu/cabs/china.html); das Kap. 7 'China – An In-depth Study', in: IEA, 'World Energy Outlook 2002', Paris 2002, S. 237-268; IEA, 'China's Worldwide Quest for Energy Security' , Paris 2000; Erica Strecker Downs, 'China's Quest for Energy Security', MR-1244-AF, Santa Monica (RAND-Corporation, 2000 und Mehmet Ögütcü, 'China's Energy Future and Global Implications', in: Werner Draguhn/Robert Ash (Eds.), 'China's Economic Security', Richmond Surrey, 1999, S. 84-141.

183 Zur indisch-chinesischen Rivalität siehe auch den indischen Sicherheitsexperten C. Raha Mohan, 'Geopolitics and Energy Security', in: Strategic Analysis, December 1996, S. 1269-1276.

Treibhausgasen und global sogar der größte Emittent bei Schwefeldioxid[184];

- die Notwendigkeit zur Diversifizierung von Energieträgern, Transportwegen und Produktionsstätten (insbesondere im Ausland) aufgrund weltwirtschaftlicher Trends (Globalisierung, Kosteneffizienz etc.) und sicherheitspolitischen Gründen;
- die bisher geringen eigenen Erfahrungen bei der Einbindung in weltwirtschaftliche Prozesse gegenseitiger Abhängigkeit und einer internationalen Arbeitsteilung, die der traditionellen *"strategischen Sicherheitskultur"* Chinas entgegen stehen. Dabei kommt der institutionellen Verflechtung geoökonomischer und geopolitischer Interessen in der Außen- und Sicherheitspolitik Chinas eine zentrale Rolle zu, da die staatlichen Energiekonzerne noch Teil des sicherheitspolitischen Institutionengeflechtes in den Pekinger Machtapparaten sind.

Abbildung 21: Aufteilung der Energieträger in China und Asien-Pazifik

	Kohle	Öl	Gas	Kernkraft	Wasserkraft
Globaler Anteil (in %)	20	40	29	8	3
Anteil Asien- Pazifiks (in %)	45	39	9	5	2
Anteil Chinas (in %)	75	20	2	1	2

Quellen: entsprechend den empirischen Daten von Ji Guoxing, 'China Versus Asian Pacific Energy Security', in: The Korean Journal of Defense Analysis, Winter 1998-1999, S. 109-41 (120) und Swaran Singh, 'China's Energy Policy for the 21st Century', Strategic Analysis, March 1999, S. 1871-1885 (1873).

Angesichts dieser alarmierenden strategischen Abhängigkeiten der zukünftigen wirtschaftlichen Entwicklung von der Lösung der zahlreichen Energieprobleme räumt die politische Führung in Peking dieser Aufgabe hohe Priorität in ihrer Wirtschafts- und auch Außen- sowie Sicherheitspolitik ein. Doch gerade aufgrund dieser Verknüpfungen entstehen zahlreiche Widersprüche in der chinesischen Energiepolitik und der Eindruck von außen, dass die politische Führung in Peking über kein langfristiges und kohärentes Konzept zur Lösung ihrer zahlreichen Energieprobleme verfügt. Dies ist jedoch so nicht richtig, sondern vielmehr das Resultat unterschiedlichster Interessen, Problemlagen und Strategien der Innen-, Wirtschafts-, Energie- und Außen- sowie Sicherheitspolitik, die alle auf einen Nenner gebracht werden müssen.

---

184 Dies hat erhebliche Auswirkungen auf die nationale Gesundheit und gegenwärtige sowie zukünftige Aufwendungen als nationale Gesundheitskosten. Im Jahr 2000 starben etwa 600.000 Menschen wegen Luftverschmutzung; weitere 1,5 Mio. Chinesen hatten Bronchitis, 23.000 Todesfälle waren wegen Herzerkrankungen und 13.000 Todesfälle wegen Atemwegserkrankungen Folge der Luftverschmutzung - vgl. Kai Strittmatter, SZ, 4.9.2002, S. 9 und Petra Kolonko, FAZ, 30.8.2002, S. 7.

3.8.2 Zur gegenwärtigen und zukünftigen Rohölsituation in China

Im Jahr 2000 konsumierte China 4,78 Millionen Barrel Rohöl pro Tag (b/d) gegenüber 4,36 Millionen b/d im Jahr 1999.[185] Dies macht ca. 20 Prozent des gesamten Rohölverbrauchs Asiens und etwa 6 Prozent des weltweiten Verbrauchs aus.[186] Im Jahr 1997 importierte Peking insgesamt bereits 432 Millionen Fass Rohöl vor allem aus der Golf-Region. Der jährliche Anstieg der Energiekonsumption betrug bereits im Zeitraum 1990-94 etwa 8 Prozent, während gleichzeitig die Energieproduktion lediglich um ein Prozent zunahm. Dennoch war China im Jahr 1996 sechstgrößter Erdölproduzent der Welt. Im Jahr 2001 betrugen die chinesischen Nettoimporte von Erdöl bereits 1,6 Millionen Fass pro Tag.[187]

Obwohl mehr als 90 Prozent der gegenwärtigen chinesischen Erdölproduktion auf dem Festland erfolgt, sind die größeren Steigerungsraten im Ost- und Südchinesischen Meer zu verzeichnen. Doch auch wenn bis Ende des Jahres 2000 die *Offshore*-Produktion in China auf jährlich etwa 73 Millionen Fass angestiegen ist, war bereits frühzeitig abzusehen, dass diese die noch dynamischere Erhöhung des Rohöl- und Primärenergiebedarfes nicht ausgleichen kann. Dennoch haben sich die zu optimistischen Schätzungen für größere Rohölressourcen im Südchinesischen Meer bis heute nicht erfüllt. So wurden 1989 von Seiten Chinas im Südchinesischen Meer 130 Milliarden Fass Rohöl vermutet, während internationale Schätzungen zwischen 6 und 105 Milliarden Fass Rohölreserven schwankten. Die derzeit nachweisbaren Rohölreserven liegen jedoch bei lediglich etwa 7,5 Milliarden Fass. Obwohl seit Anfang der 80er Jahre ausländische Ölkonzerne mehr als 5 Milliarden US-Dollar in Offshore-Projekte auf Seiten Chinas im Südchinesischen Meer investiert haben, beträgt die tägliche Produktionsrate mit 340.000 Fass Rohöl nicht einmal ein Prozent des nationalen täglichen Rohölverbrauch Chinas.[188] Allerdings sind in den letzten drei Jahren einige größere Rohölfunde durch die Involvierung westlicher Energiekonzerne und ihrer fortgeschrittenen Technik gemacht worden.[189]

China verfügt zudem nur über insgesamt 2,43 Prozent der weltweiten Rohöl- und 1,2 Prozent der globalen Erdgasreserven, nachdem sich die ursprünglichen Hoffnungen auf große Erdölvorkommen im *Tarim-Becken* (Sinkiang) und dem Südchinesischen Meer bisher ebenfalls als trügerisch entlarvt haben. Gegenüber den ursprünglich erhofften Ölreserven von 13-29 Milliarden Tonnen sind bisher lediglich 230 Millionen Tonnen nachweisbar (siehe auch *Abbildung 22*).

Während so die einheimische Erdölproduktion während der letzten Jahre jährlich nur um 1,67 Prozent gesteigert werden konnte, nahm der Rohöl-

[185] Vgl. EIA, 'China', hier S. 2.
[186] Vgl. auch Karby Leggett, WSJE, 2.-3.3.2001, S. 1 und 8.
[187] Vgl. EIA (Ed.), 'China', hier S. 9.
[188] Vgl. Fereidun Fesharaki, 'Energy and Asian Security Nexus', S. 92.
[189] Vgl. Amy Myers Jaffe/Steven W. Lewis, 'Beijing's Oil Diplomacy', in: Survival, Spring 2002, S. 115-134 (120).

verbrauch im gleichen Zeitraum pro Jahr um 5,77 Prozent zu.[190] Die chinesische Erdölproduktion wird jedoch insgesamt in den nächsten Jahren kaum mehr als 160-170 Millionen Tonnen pro Jahr übersteigen.[191] Vielmehr wird eine Stagnation oder gar ein Rückgang der Rohölproduktion auf dem Festland erwartet, da die gegenwärtigen größeren Ölfelder bei Beibehaltung der derzeitigen Förderquoten innerhalb der nächsten fünf Jahre zumeist erschöpft sein dürften.[192] Auch die Rohölreserven in ganz Asien sind mit 5 Prozent der weltweiten Vorräte sehr begrenzt. Im Herbst 2001 sollen chinesische Experten allerdings größere Erdgas- und Erdölressourcen in Tibet gefunden haben, die offiziell auf 4-5,4 Milliarden Tonnen (bzw. 28-37,8 Mrd. Fass) beziffert wurden.[193] Genauere geologische Untersuchungen über den wahren Umfang der neuentdeckten fossilen Ressourcen stehen jedoch noch aus, zumal Peking bereits in der Vergangenheit wiederholt derartige Ressourcenfunde übertrieben hatte, um so westliche Energiefirmen zu größeren Investitionen zu verleiten.[194]

Abbildung 22:

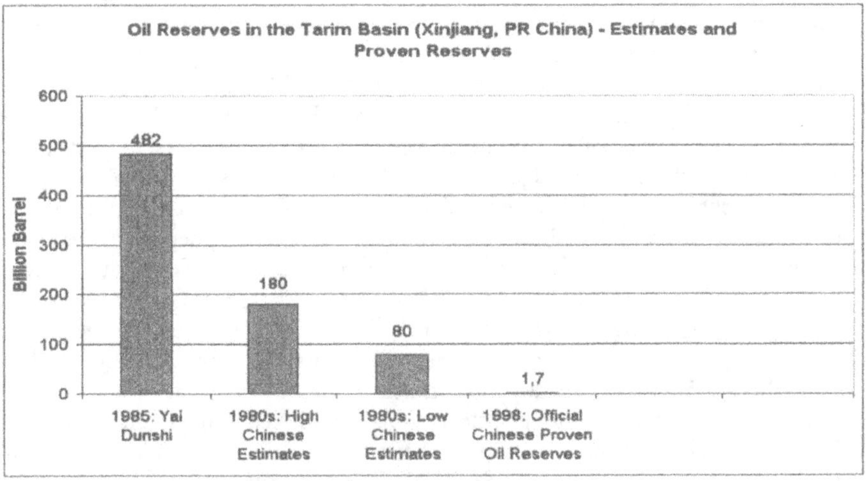

Quelle: F.Umbach (nach den Daten siehe oben) und Wei Bian, 'Perspektive der chinesischen Erdölindustrie', Beijing Review 25/1998, S. 16-19.

Darüber hinaus sind die Förder- und Produktionskosten des chinesischen Erdöls im eigenen Land ausgesprochen hoch. Während diese im Mittleren Os-

---

190 Vgl. 'China's Quest for Energy Independence', Stratfor.Com, 24.5.2002, S. 1.

191 Vgl. das Kapitel 'Energy', in: FEER, 'Asia 2001 Yearbook. A Review of the Events of 2000', Hong Kong, December 2000, S. 48-49 (48).

192 Vgl. Chien Chung, 'China's Energy Strategy in the 21st Century', Peace Forum Essays, Taipei 2001 (via Internet: www.dsis.org.tw/peaceforum/p_2e.htm#7).

193 Zum Vergleich: das größte Ölfeld der Welt in *Ghawar* in Saudi Arabien umfasst 70-85 Milliarden Fass Rohöl. Das kasachische *Kashagan-Ölfeld*, ein weiteres Mega-Ölfeld , enthält etwa 10-30 Milliarden Fass Rohöl.

194 Vgl. 'Potentially Massive Oil and Gas Find in China', Stratfor.Com, 5.9.2001 und 'China Finds Oil in Tibet', BBC-News, 21.8.2001 (Internet-Version).

ten und im Persischen Golf etwa 2-3 US-Dollar pro Fass ausmachen, liegen die Förderkosten für Erdöl in den nordöstlichen Erdölfeldern bei 5-6 Dollar pro Fass, im *Tarim Becken* bei 10 Dollar und in anderen Erdölfeldern Chinas sogar bei etwa 13 Dollar. Der Durchschnitt der Kosten für die Erdölförderung im Inland liegt so bei etwa 12 Dollar — 50 Prozent über denjenigen im weltweiten Durchschnitt.[195]

Obwohl größte Anstrengungen unternommen werden, den Erdgassektor zu Lasten des Rohölimportes und des Kohleverbrauchs stärker auszubauen, werden die Nettoimporte von Rohöl in Ostasien im Zeitraum 1996-2010 nach den bisherigen Prognosen auf mindestens 9 Millionen Fass pro Tag ansteigen.[196] Zwar verfügt China (nach USA und Russland) über die drittgrößten Kohlereserven der Welt. Dennoch wird China in den nächsten Jahren auch ausländische Kohle in größeren Mengen importieren müssen, da das unzureichende Straßennetz vor allem im Landesinnere unüberwindbare Transportprobleme schafft und die einheimische Kohleförderung zum Teil teurer ist als der Import aus dem Ausland.

Im Jahr 2010 muss China vermutlich etwa 35-40 Prozent seines Erdölverbrauchs (gegenwärtig etwa 20 Prozent) importieren. Der Import würde dann von 35 Millionen Tonnen (1997) auf 100-142 Millionen Tonnen im Jahr 2010 ansteigen.[197] Der Anstieg des chinesischen Rohölverbrauchs wird damit jährlich auf etwa 750.000-3 Millionen Fass pro Tag bis zu diesem Zeitpunkt beziffert und würde dann insgesamt 5,4-7,6 Millionen Fass pro Tag betragen. Unter Berücksichtigung hoher wirtschaftlicher Wachstumsraten könnte er somit im Jahr 2020 zwischen 7 und 12 Millionen Fass pro Tag liegen.[198] Dementsprechend müssen auch die Raffineriekapazitäten Chinas ausgebaut werden. Dies gilt insbesondere für das *„saure“* Rohöl des Persischen Golfes. Während die gegenwärtigen Kapazitäten hierfür lediglich 30 Millionen Tonnen (mt; Stand: 2000) — 10 Prozent der weltweiten Kapazitäten — betragen, sollen diese bis 2005 auf 56 mt fast verdoppelt werden.[199]

Dennoch wird diese zunehmende Rohölabhängigkeit Chinas auch im Jahr 2010 voraussichtlich nur etwa 2,3 Prozent der Weltrohölproduktion ausmachen und im Vergleich mit den USA sowie Japans zumindest bis zum Jahr 2010 noch deutlich geringer sein wird. So importierten die USA im Jahr 1997 442,7 Millionen Tonnen und Japan 277,5 Millionen Tonnen Rohöl. Dies entsprach etwa 12,7 Prozent der Weltrohölproduktion im Fall der USA und ca. 8 Prozent

195 Vgl. Philip Andrews-Speed/Xuanli Liao/Roland Dannreuther, 'The Strategic Implications of China's Energy Needs', S. 28.

196 Vgl. Daniel Yergin/Dennis Eklof/Jefferson Edwards, 'Fueling Asia's Recovery', in: Foreign Affairs, März-April 1998, S. 34-50 (39).

197 Vgl. das Kapitel 'Energy', in: FEER, 'Asia 2000 Yearbook. A Review of the Events of 1999', Hong Kong, December 1999, S. 48-49 (49) und Yang Guang, 'China's Stabilizing Role', in: John Calabrese (Ed.), 'Gulf-Asia Energy Security', S. 39-46 (41).

198 Vgl. Amy Myers Jaffe/Steven W. Lewis, 'Beijing's Oil Diplomacy', in: Survival, Spring 2002, S. 115-134 (118).

199 Vgl. Philip Andrews-Speed/Xuanli Liao/Roland Dannreuther, 'The Strategic Implications of China's Energy Needs', hier S. 29.

im Fall Japans.[200] Sollte sich jedoch auch nach 2010 die Rohölnachfrage Chinas auf dem derzeitigen Niveau kontinuierlich fortsetzen, dann müssten im Jahr 2020 bei einem täglichen Rohölimport von 8 Millionen Fass pro Tag (liegt am unteren Rand der internationalen Schätzungen) jährlich etwa 400 Millionen Tonnen eingeführt werden — mehr als die gesamten geschätzten Nettoimporte Japans, Südkoreas, Australiens und Neuseelands im gleichen Jahr.[201]

Der schnell gestiegene und weiter ansteigende Energiebedarf Chinas ist dabei nicht allein auf den Bevölkerungszuwachs zurückzuführen, sondern auch auf die beschleunigte landwirtschaftliche Elektrifizierung, Urbanisierung und den rasant ansteigenden Konsum (Kühlschränke, Waschmaschinen, Fernseher, Klimaanlagen etc.), wobei die Zunahme des privaten Autokaufs wie in vielen anderen asiatischen Ländern besonders auffallend ist. Experten erwarten, dass China bis zum Jahr 2025 zum drittgrößten Automarkt der Welt aufsteigen wird.[202] Bis zum Jahr 2010 könnten nach neuesten Prognosen so bis zu einer Million Autos pro Jahr in China verkauft werden.[203]

Dieses Ungleichgewicht zwischen dem aus dem Wirtschaftswachstum und der Bevölkerungszunahme resultierenden Bedarf sowie der einheimischen Energieproduktion nimmt auf jeden Fall tendenziell weiter zu, so dass China bereits im Jahr 2000 nur noch 70 Prozent seines gesamten Energiebedarfs aus eigenen Vorkommen decken konnte. Inzwischen hat China Deutschland als viertgrößten Rohölkonsumenten der Welt bereits abgelöst und ist bereits der zweitgrößte Energiekonsument (nach den USA), aber zugleich nur der drittgrößte Energieproduzent. Bis zum Jahr 2010-2015 wird sogar eine Verdreifachung des Energiebedarfs erwartet. Setzen sich die gegenwärtigen Energietrends linear fort, könnte China in weniger als 30 Jahren sogar die USA beim Primärenergieverbrauch und auch beim Rohölverbrauch sowie des Erdölimports überholt haben.

Um diese Abhängigkeiten und Verwundbarkeiten von möglichen Krisenszenarien in den erdölproduzierenden Staaten im Mittleren Osten sowie des Persischen Golfes zu reduzieren, will China nun bis zum Jahr 2005 etwa 6 Millionen Tonnen Rohöl als strategische Rohölreserve einlagern.[204] Diese Reserve würde jedoch nur für weniger als 3 Tage (im Vergleich mit 90 Tagen in den USA und 60 Tagen in Japan) für die einheimischen Ölraffinerien und die petrochemische Industrie ausreichen.[205] Allerdings will China diese strategische Erdölreserve bis zum Jahr 2010 auf 15 Millionen Tonnen erweitern.[206] Doch auch dann würde diese Reserve allenfalls wenige Wochen reichen. In jedem Fall wird der

200 Vgl. Yang Guang, 'China's Stabilizing Role', S. 41.
201 Vgl. Michael Richardson, IHT, 15.11.2000, S. 21.
202 Vgl. NZZ, 19.-20.10.2002, S. 11.
203 Vgl. David J. Lynch, USA Today, 7.10.2002, S. 10.
204 Vgl. das Kap. „Energy“, in: FEER, 'Asia 2002 Yearbook. A Review of the Events of 2001', Hong Kong, December 2001, S. 43-44 (44).
205 Vgl. Chien Chung, 'China's Energy Strategy in the 21st Century', S. 1.
206 Vgl. auch Philip Andrews-Speed, Xuanli Liao/Roland Dannreuther, 'The Strategic Implications of China's Energy Needs', hier S. 41.

Aufbau derartiger Erdölreserven für China sehr kostspielig sein, um die nationale Energiesicherheit langfristig entsprechend zu stärken. Dies ist nicht nur im chinesischen, sondern auch globalen Interesse und dabei insbesondere der Nachbarstaaten Chinas.

3.8.3 Ausbau des Erdgassektors

Im Gegensatz zu den marginalen Erdölreserven konnten etwas größere Erdgasressourcen sowohl in China als auch in der gesamten asiatisch-pazifischen Region nachgewiesen werden. Doch sind die Kosten für den Bau von Pipelines und Verflüssigungsanlagen aufgrund der langen Transportwege gewaltig. Dennoch hat China dem Ausbau der Erdgasnutzung hohe Priorität eingeräumt, wenngleich dies ebenfalls mit gewaltigen Investitionskosten verbunden ist.[207] Diese Investitionskosten zum Bau zahlreicher Produktionsanlagen, Pipelines, Terminals und sonstiger Infrastruktur belaufen sich auf Hunderte von Milliarden (!) US-Dollar, welche China vor größte Probleme stellen.[208] Dieser Ausbau ist nur mit westlichen Kapitalgebern und *Know-How* der großen Energiekonzerne realistisch und auch dann nur aufgrund der Größe des Landes und seiner Bevölkerungsanzahl langsam steigerbar.

Bisher liegt der Primärenergieverbrauch von Erdgas in der gesamten asiatisch-pazifischen Region trotz eines jährlichen Wachstums von 18 Prozent mit insgesamt 10 Prozent weit unter dem Durchschnitt der *OECD*-Staaten mit 26 Prozent.[209] Chinas gegenwärtiger Erdgasanteil am nationalen Energieverbrauch beträgt jedoch lediglich 3 Prozent. Insofern sind die anvisierten Ziele von 6-8 Prozent im Jahr 2010 und 10-12 Prozent im Jahr 2020[210] vor dem Hintergrund des rapiden Anstiegs der gesamtstaatlichen Energienachfrage Chinas im kommenden Jahrzehnt äußerst ehrgeizig. Viele internationale Energieexperten sind nach wie vor nicht selten skeptisch, ob diese ehrgeizigen Zielmarken auch in der Tat umgesetzt werden können. Dabei hofft China bis zum Jahr 2010 ein jährliches Produktionsvolumen von bis zu 100 Milliarden Kubikmetern (bcm) und bis zum Jahr 2020 sogar 150 bcm zu erreichen.[211]

Die Schätzungen vieler internationaler Experten sind zumeist jedoch weniger optimistisch. Sie glauben, dass eine Steigerung von 27 bcm im Jahr 2000 auf lediglich 60-75 bcm im Jahr 2010 und etwas mehr als 100 bcm im Jahr 2020 erwartet werden kann.[212] Doch selbst bei Berücksichtigung der optimistischsten Szenarien der Erhöhung der eigenen Förderung- und Produktionsvolumen an

---

207 Vgl. Amy Myers Jaffe/Steven W. Lewis, 'Beijing's Oil Diplomacy', S. 121 f.

208 Vgl. Peter Wonacott/Bhushan Bahree, WSJE, 9-11.8.2002, S. A.2.

209 Vgl. Robert A. Manning, 'The Asian Energy Predicament', hier S. 79.

210 Vgl. David Murphy/John McBeth, 'Having a Gas in China', in: FEER, 22.8.2002, S. 16-17.

211 Vgl. Xiaojie Xu, 'China and the Middle East: Cross-Investment in the Energy Sector', in: Middle East Policy 3 (June) 2000 (Internet-Version – www.mepc.org/journal/0006_xu.htm), hier S. 2.

212 Vgl. Philip Andrews-Speed, Xuanli Liao/Roland Dannreuther; 'The Strategic Implications of China's Energy Needs', hier S. 30 f.

Erdgas wird trotz der geschätzten Erdgasreserven Chinas von 48,3 Billionen Kubikmetern zu Beginn des Jahres 2002[213] zukünftig vor allem Flüssiggas aus dem Ausland importiert werden müssen, um so den zukünftigen nationalen Erdgasbedarf Chinas sicherzustellen. Ungeachtet aller Probleme diese anvisierten Zielmarken auch zu erreichen, ist die Steigerung des Erdgasverbrauchs bei der nationalen Energiepolitik aufgrund der katastrophalen Umweltsituation in vielen Landesteilen ohne wirkliche Alternative, wie wir im nächsten Kapitel sehen werden.

Abbildung 23: Projections of China´s Gas Production to 2020 (both conventional natural gas and coal-bed methane in billions of cubic metres per year)

	2000	2005	2010	2015	2020
Natural gas					
BP, 2001	27.7				
Xu, 1999			62-73		100-127
IEA, 2000					120
Fesharaki et al., 1998				80-100	
Downs, 2000					106
ERI, 1999			70-75		100-150
Paik, 1999			72		95
Zhang and Wang, 1998		35	71	81	93
Jia et al., 2000			54-73		92-110
Zhou and Zhou, 1999		40	70	85	100
Coal-bed methane					
Zhang and Wang, 1999		10	20	30	40
China internet source		3-4	10	20	

Quelle: Philip Andrews-Speed, Xuanli Liao and Roland Dannreuther: The Strategic Implications of China´s Energy Needs', IISS-*Adelphi Paper 346,* Oxford University Press, 2002, S. 31.

213 Vgl. EIA, 'China', hier S. 5.

3.8.4 Chinas Abhängigkeit von Kohle, die umweltpolitischen Auswirkungen und die Diversifizierungsanstrengungen für andere Energieträger

Ein weiterer Anstieg der Kohleproduktion muss aus Sicht Pekings begrenzt werden, da die Umwelt in China schon heute übermäßig belastet ist und das Wirtschaftswachstum zunehmend gefährdet. Kohle machte im Jahr 2000 noch 63 Prozent des primären Energieverbrauchs des Landes aus. Damit machte der nationale Kohleverbrauch zugleich etwa 24 Prozent der weltweiten Kohlekonsumption aus. So ist China bereits heute nach den USA der größte Produzent von Treibhausgasen, die für die globale Klimaerwärmung verantwortlich gemacht werden. Zusammen mit den USA produziert China gegenwärtig bereits mehr als 36 Prozent der weltweiten Schadstoffemissionen.[214] In China wird die zumeist extrem schwefelhaltige Kohleverbrennung für 75 Prozent des nationalen Schwefeldioxids (SO_2), 70 Prozent von Rauch und Dunst sowie 85 Prozent aller Kohlendioxid (CO_2)-Emissionen verantwortlich gemacht.[215] Insgesamt werden jährlich derzeit 21 Millionen Tonnen Schwefeldioxide, 14 Millionen Tonnen rauchhaltiger Dunst und 13 Millionen Tonnen weitere Staubpartikel emittiert.[216] Ein chinesischer Energieexperte gab im Jahr 2000 sogar zu: „*In 1997, total SO_2 emissions in China (excluding Hong Kong and Macao) reached 23.46 Mt, which is more than each of the respective totals of Europe and the United States, making China the world's leading emitter.*“[217]

Demnach sollen auch in Südkorea etwa 33 Prozent des Schwefeldioxids chinesischen Ursprungs sein, während 50 Prozent der chinesischer Schwefelemissionen für den sauren Regen in Japan verantwortlich gemacht werden.[218] In 2020 wird erwartet, dass China und Indien bei Fortsetzung der gegenwärtigen Trends zusammen allein für 75 Prozent aller globalen CO_2-Emissionen verantwortlich sein werden. Nach Berechnungen der Weltbank sollen diese Umweltprobleme vor allem der Luft- und Wasserverschmutzung jährlich nicht weniger als 3-8 des BIP Chinas kosten.[219]

Daher könnten Chinas Kohlereserven können nur dann weiter an Bedeutung gewinnen, wenn saubere und kostengünstige Verbrennungstechnologien breiteste Anwendung finden. Hierfür fehlen aber die finanziellen Mittel. Die chinesische Führung setzt aus diesem Grund inzwischen verstärkt auf andere Energieträger. Doch auch dem Ausbau alternativer Energieträger wie Wasserkraft

---

214 Vgl.Jack Gibbons, IHT, 23.4.1997, S. 8.
215 Vgl. Yang Guang, 'China's Stabilizing Role', hier S. 40.
216 Vgl. Robert A. Manning, 'The Asian Energy Sector', hier S. 95 und 111.
217 Gao Shixian, 'China', in: Paul B. Stares (Ed.), 'Rethinking Energy Security in East Asia', Tokyo-New York 2000, S.43-58 (52).
218 Vgl. Shaun Breslin, 'The China Challenge? Development, Environment, and National Security', in: Security Dialogue 4/1997, S. 497-508 (499) und im Kontext auch Gregory D. Foster, 'China's Environmental Threat: Crafting a Strategic Response', in: Comparative Strategy 2000, S. 123-143.
219 Vgl. David Shambaugh, IHT, 1.10.1999, S. 10.

sind durch Umweltschutzanliegen ebenfalls zunehmend Grenzen gesetzt, wie an den Widerständen gegen gigantische Großbauvorhaben (wie des *Drei-Schluchten-Projekts*) deutlich geworden ist. Zwar soll die Nachfrage vor allem nach Erdgas um jährlich 8 Prozent steigen. Skeptiker befürchten, dass dessen Anteil am gesamten Energieverbrauch Chinas in mittelfristiger Perspektive bis zum Jahr 2020 jedoch höchstens 11 Prozent betragen könnte. Im Jahr 2001 verkündete China jedoch, den Ausbau des Gasanteils beim Energieverbrauch bis zum Jahr 2010 bereits auf 8-10 Prozent zu beschleunigen.[220]

Abbildung 24: Sources and Receptors of Sulfur in Northeast Asia

	Sources								*Amount Deposited*	
	China		South Korea		Japan		North Korea			
Receptors	*000 tons*	*%*	*000 tons*	*%*	*000 tons*	*%*	*000 tons*	*%*	*000 tons*	*%*
China	2,574.9	99.3	0.1	0.0	0.0	0.0	18.7	0.7	2,593.2	100
South Korea	21.7	12.1	155.6	*86.6*	0.0	0.0	2.4	1.3	179,7	100
Japan	31.3	16.7	28.1	*15.0*	125.8	67.0	2.4	1.3	187.7	100
North Korea	57.8	34.0	62.9	37.0	0.0	0.0	49.3	29.0	170.0	100
Marine	842.2	67.0	238.8	19.0	138.8	11.0	37.7	3.0	1,257.0	100
Emission from Sources	11,900		1,650		840		340			

Quelle: Lee Myung-Kyoon, 'South Korea', in: Paul B. Stares (Ed.), 'Rethinking Energy Security in East Asia', Tokyo-New York 2000, S. 79-100 (95).

Trotz der zweifelhaften Rentabilität hat China inzwischen Verhandlungen abgeschlossen, eine mehr als 4.000 km lange Gaspipeline aus dem *Tarim-Becken* in *Sinkiang* nach *Shanghai* zu bauen. Diese Gaspipeline, die mehr als 18 Milliarden US-Dollar kosten wird, ist auch ein integraler Bestandteil des ökonomischen Programms zur Entwicklung der unterentwickelten Westgebiete Chinas. Damit hofft *Peking* nicht nur das stetig zunehmende wirtschaftliche Gefälle zwischen den ökonomisch prosperierenden östlichen Küstenregionen und dem verarmenden Hinterland seiner Westregionen aufzuhalten, sondern damit auch gleichzeitig die in den letzten Jahren kontinuierlich zunehmenden sozialen und ethnischen Unruhen eindämmen zu können. Die 4.022,5 km lange Pipeline sollte ursprünglich durch ein Konsortium von *PetroChina Co.* (mit 55%) und *Royal Dutch/Shell Group* (mit 45%) bereits im Jahr 2003 gebaut werden.[221] Doch die Pipeline wird kaum vor 2008 fertiggestellt sein. Sie soll dann aber Erdgas im Wert von 2 Milliarden Dollar pro Jahr über mehr als vier

---

220 Vgl. das Kap. 'Energy', in: FEER, 'Asia 2002 Yearbook', hier S. 43.
221 Vgl. South China Morning Post, 8.1.2002 (Internet-Version).

Jahrzehnte transportieren können. Um die Risiken der erheblichen Entwicklungskosten für die Pipeline (5,2 Mrd. $), die Entwicklung des Gasfeldes in *Sinkiang* (4 Mrd. $) und des Aufbaus petrochemischer Anlagen (bis zu 12 Mrd. $) besser tragen zu können, wurde inzwischen auch *Exxon Mobil Corp.* und *OAO Gazprom* in das Konsortium aufgenommen.[222]

Abbildung 25: Aufteilung der Energieträger in China 1996 und 2020

Energieträger	*1996*	*2020*
Kohle	72%	65%
Öl	20%	19%
Gas	2%	11%
Andere	6%	5%

Quelle: F.Umbach, 'Chinas Energiepolitik. Globale Dimensionen und Auswirkungen', in: Internationale Politik, Januar 2001, S. 43-48 (46).

Auch der Anteil der zivilen Kernkraftnutzung am gesamten Energieverbrauch Chinas wird — trotz des Ausbaus von gegenwärtig sechs auf mittelfristig 10 im Jahr 2010 und langfristig 16-18 Kernkraftreaktoren in 2025[223] — lediglich von 1,5 Prozent Mitte der 90er Jahre auf höchstens 4-6 Prozent bis zum Jahr 2020 ansteigen.[224]

Gleichzeitig wird zwar der Anteil der Kohleproduktion am gesamten Energieverbrauch prozentual sinken (allerdings nicht unter 60% im Jahr 2020[225]), ihr Produktionsvolumen wird jedoch weiter steigen. So wird im Zeitraum 1996-2020 eine Zunahme beim globalen Kohleverbrauch von etwa 2 Milliarden Tonnen erwartet, wovon allein 85 Prozent auf China und Indien entfallen dürften. Bis zum Jahr 2020 dürfte sich trotz der prozentualen Verringerung des Anteils der Kohle am nationalen Energiemix die Kohlenachfrage sogar verdoppeln.[226] Während China gegenwärtig etwa 63 Prozent seines Energiebedarfes durch Kohle deckt, sind dies für Indien 60 Prozent und die gesamte Region Asiens immerhin noch 46 Prozent (Öl: 38%; Erdgas: 8%).[227] Dies erklärt zugleich auch, dass Asien — welches demnach 84 Prozent seines Energiebedarfes durch die beiden fossilen Energieträger Kohle und Erdöl deckt — schon heute die Weltregion mit den höchsten Kohlenstoffemissionen ist, obwohl der Pro-Kopf-Energieverbrauch in Asien bisher nur die Hälfte des weltweiten

---

222 Vgl. Philip Segal, WSJE, 8.7.2002, S. A5; Keith Bradsher, IHT, 4.7.2002, S. 9 und David Buchan, 2.7.2002, S. 25.

223 Vgl. Simon Rippon, 'China: Ready for More Nuclear Power', Nuclear News, June 1995, S. 32-33 (via Internet – http://www.nti.org/db.nuclear/1995/n9513965.htm).

224 Bisher hat China lediglich zwei Reaktoren — das Kernkraftwerk *Dayawan* in der *Guandong*-Provinz und eines in *Qinshan Zhejiang* — in Betrieb, während drei weitere im Bau sind. Das sechste Kernkraftwerk ist seit Januar 2002 im Bau – siehe China Daily, 7.1.2002 (Internet-Version).

225 Vgl. Robert A. Manning, 'The Asian Energy Predicament', hier S. 79.

226 Vgl. EIA, 'China'.

227 Vgl. Robert A. Manning, 'The Asian Energy Predicament', hier S. 77.

Durchschnitts ausmacht. Allerdings ist Chinas Pro-Kopf-Verbrauch von Erdöl inzwischen fast zweimal so hoch wie derjenige Indiens (bei Elektrizität liegt der chinesische Pro-Kopf-Verbrauch bei 8% des *OECD*-Durchschnitts, während derjenige Indiens sogar nur bei 3% liegt). Zukünftig könnte China aus Umwelt- und Wirtschaftlichkeitsgründen auch größere Mengen von billiger Kohle mit einem weitaus geringeren Schwefelgehalt als die eigene aus Indonesien und Australien importieren.[228]

Durch die Schließung vieler kleiner, zumeist unrentabler und nicht selten auch sehr gefährlicher Kohleminen in den 90er Jahren ist vorerst die eigene Kohlenproduktion von 1,3 Milliarden Tonnen im Jahr 1997 auf etwa 950 Millionen Tonnen im Jahr 2000 gefallen. Gleichzeitig hat jedoch der Export der Kohle um 50 Prozent im Jahr 2001 auf 58,8 Millionen Tonnen zugenommen und soll in diesem Jahr sogar auf 83 Millionen Tonnen steigen. China beabsichtigt auch mehrere große Verflüssigungsanlagen für einheimische Kohle zur Umwandlung in Ölprodukte zu bauen. Dies könnte den Import von Rohöl reduzieren. Allerdings sind derartige Anlagen derzeit unter Berücksichtigung des internationalen Rohölpreises noch relativ teuer und vorerst kaum realistisch.[229]

Langfristig plant jedoch die *State Development Planning Commission* bis zum Jahr 2050, den Anteil der Kohleproduktion für den nationalen Energiebedarf auf 35 Prozent zu reduzieren, während Öl und Gas zusammen dann 50 Prozent sowie Wasser-, Kernkraft und andere alternative Energieträger 20 Prozent ausmachen sollen.[230] Allerdings zweifeln nicht wenige internationale und auch chinesische Energieexperten an der Realisierbarkeit auch dieses ehrgeizigen Umstrukturierungsprogramm im Bereich der Energiepolitik des Landes. Immerhin will China nun auch die Windkraft im eigenen Land ausbauen, wobei vor allem die Regionen *Sinkiang* und die *Innere Mongolei* die besten Perspektiven bieten. Dies ist insofern auch überfällig, da die Windkraft bisher nur ein Prozent des nationalen Energiebedarfes sichert und China auch gegenüber anderen industriellen Schwellenländern, wie Indien, auf diesem Gebiet bisher weit zurück liegt.[231] Dabei bietet vor allem die Wind- und Sonnenenergie als integraler Bestandteil einer dezentralen Energieversorgung auch *die* ökonomische Lösung für die Energieprobleme in Chinas entlegenen Gebieten, wo sich große Kraftwerks- und große Stromnetzanlagen wirtschaftlich nicht rentieren. So müssen gegenwärtig mindestens 10 Millionen Einwohner Chinas völlig ohne Strom auskommen. Bis 2010 sollen nun 20 Millionen Einwohner in entlegenen Gebieten Chinas dezentral mit Wind- und Sonnenenergie versorgt werden, was deren Chance auf Bildung und wirtschaftliche Entwicklung erheblich verbessern dürfte.[232]

---

228 Vgl. ebda., S. 77-79.
229 Vgl. das Kapitel 'Energy', in: FEER, 'Asia 2002 Yearbook', hier S. 44.
230 Vgl. das Kapitel 'Energy', in: FEER, 'Asia 2001 Yearbook', hier S. 49.
231 Vgl. 'Changes in the Wind?', Stratfor.Com, 4.1.2001.
232 Vgl. Klaus Sieg, Der Tagesspiegel, 12.6.2002, S. B. 2.

3.8.5 Die Dimensionen der regionalen energiepolitischen Herausforderungen in Asien

Gleichzeitig ist aber nicht nur der Energiebedarf Chinas gestiegen, sondern auch die regionale Nachfrage in der gesamten asiatisch-pazifischen Region. Während die weltweite Energienachfrage im Zeitraum 1970-94 um 63 Prozent zunahm, wuchs die regionale Energienachfrage in ganz Asien im gleichen Zeitraum sogar um 274 Prozent.[233] Zwischen 1986 und 1996 hatte diese in Asien um 60 Prozent zugenommen, während in den Jahren 1990-1996 der jährliche Rohölbedarf in der Region um durchschnittlich 5,3 Prozent bzw. um 6 Millionen Barrel pro Tag im Zeitraum 1990-1997 anstieg. Dieser machte wiederum 82 Prozent des Anstiegs der weltweiten Rohölnachfrage aus.[234] Dabei verzeichneten in der Dekade von 1983-93 allein die vier asiatischen Ökonomien Japans, Chinas, Taiwans und Südkoreas nicht weniger als 36 Prozent der weltweiten Zunahme der Primärenergienachfrage.[235] Während so 1992 der japanische Rohölimport noch 77 Prozent des gesamten asiatischen Erdölimports ausmachte, wird er als Folge der weitaus stärkeren Zunahme in China, Indien und den anderen asiatischen Staaten voraussichtlich im Jahr 2010 auf 37 Prozent gefallen sein. Gleichzeitig werden Indonesien, Malaysia, Brunei und Vietnam, die gegenwärtig noch Nettoexporteure bei Rohöl sind, im Zeitraum 2010-2020 ebenfalls zu Nettoimporteuren von Erdöl werden.[236]

Dies hat auch entsprechende Auswirkungen auf der globalen Ebene. Im Jahr 1998 war regionale Anteil Asiens am Weltenergiebedarf von etwa 18 Prozent im Jahr 1984 auf ca. 26 Prozent gestiegen. Demgegenüber machte 1998 die regionale Produktionsrate in Asien nur 11 Prozent der globalen Rohölproduktion aus, während die regionalen Ölressourcen auf lediglich 4-5 Prozent der weltweiten Ölvorräte beziffert werden.[237] Keine andere Region in der Welt hatte einen derartigen Energie- und Rohölanstieg während der letzten 20 Jahre zu verzeichnen. Doch nicht nur China, sondern auch Indien ist mit seiner weltweit zweitgrößten Bevölkerung einer der treibenden Kräfte des Anstiegs des Energieverbrauchs. So wird der prognostizierte indische Energieverbrauch um durchschnittlich 4,6 Prozent und der Rohölbedarf von jährlich 35 Millionen Tonnen (Stand: 1998) sogar um 10 Prozent pro Jahr bis 2010 zunehmen. Dabei wird jedoch der Anteil der Wasserkraft von 8,9 Prozent, Erdgas von 8,2 Prozent und Kernkraftenergie von 2 Prozent bis zu diesem Zeitpunkt im nationalen Energiemix kaum signifikant verändert werden können.[238] Vor diesem Hintergrund kann es nicht überraschen, dass im Jahr 1999 die asiatisch-pazifische Region insgesamt 309 Millionen Tonnen Rohöl aus dem Mittleren

233 Vgl. R.A. Manning, The Asian Energy Predicament, S. 76.
234 Vgl. Fereidun Fesharaki, 'Energy and Asian Security Nexus', S. 88.
235 Vgl. Keiun-Wook Paik, 'Gas and Oil in Northeast Asia', London 1995, S. 3-5.
236 Vgl. R.A. Manning, 'The Asian Energy Predicament', S. 78.
237 Vgl Fereidun Fesharaki, 'Energy and Asian Security Nexus', S. 89.
238 Vgl. Sujit Dutta, 'Indo-Gulf Relations: Dimensions of Security', in: John Calabrese (Ed.), 'Gulf-Asia Energy Security', S. 47-51 (47 f.).

Osten importierte. Selbst wenn man Japan und Australien aus dieser Importquote herausrechnet, entspricht die verbleibende Importmenge an Rohöl den gesamten Erdölimporten Westeuropas und der USA zusammengenommen.[239]

Etwas günstiger sieht die Situation für Erdgas aus. So verfügt die asiatisch-pazifische Region immerhin über 6,4 Prozent der weltweiten Gasreserven, ist jedoch gleichzeitig für etwa 10 Prozent des weltweiten Erdgasbedarfes verantwortlich. Auch hierbei hat die Erdgasproduktion in Asien-Pazifik mit der regionalen Gasnachfrage nicht mitgehalten, so dass die asiatisch-pazifischen Staaten nicht nur Erdöl, sondern auch zunehmend Flüssiggas aus dem Mittleren Osten und dem Persischen Golf in den 90er Jahren importieren mussten. Lediglich bei Kohle ist das Gleichgewicht zwischen der Nachfrage und der Produktion sowie der regionalen Vorräte ausgeglichener. So verfügen die asiatisch-pazifischen Staaten immerhin über ein Drittel der weltweiten Kohlereserven, während die Produktion und der Kohleverbrauch etwa 45 Prozent der weltweiten Niveaus ausmachen.[240] Daher wirft die Nachfrage nach Erdöl und die Sicherheit der Erdölimporte die größten Herausforderungen für die regionale Energiesicherheit in Asien auf.

Auch die im Sommer 1997 einsetzende Asienkrise hat mittel- und langfristig kaum signifikante Auswirkungen auf den regionalen sowie globalen Ölverbrauch und konnte somit die langfristigen Energietrends nicht signifikant umkehren. Zwar hatte die Asienkrise 1997-1998 zu einem Einbruch bei den Zuwachsraten der Energienachfrage geführt, der bei Rohöl 500.000 Fass pro Tag oder 2,7 Prozent betrug, nachdem die durchschnittliche Wachstumsrate in den zwei Jahrzehnten zuvor etwa 5,5 Prozent betrug.[241] Doch war der regionale Rohölbedarf 1999 bereits wieder um 4,5 Prozent oder mehr als 500.000 Fass pro Tag gestiegen, während er für das Jahr 2000 3,6 Prozent (720.000 Fass) betrug.[242] Der Grund hierfür liegt vor allem in dem Faktum begründet, dass die Wirtschaft der VR China und Indiens von den wirtschaftlich-politischen Auswirkungen der Asienkrise kaum betroffen war. Tatsächlich war Chinas Ölbedarf im Jahr 2000 sogar um 6,3 Prozent gestiegen[243] und lag damit nur unwesentlich geringer als die offizielle Zunahme des BIP. Allerdings war die Zunahme des chinesischen Erdölverbrauchs im Jahr 2001 von 4,4 Prozent auf etwa 4 Prozent nach unten korrigiert worden, da sich die Verlangsamung der Weltwirtschaft auch auf den Rohölbedarf Chinas auswirkte.[244] Dennoch lagen damit sowohl die regionalen Zuwachsraten des Erdölverbrauchs in Asien-Pazifik als auch diejenigen Chinas deutlich über der globalen Zunahme des

---

239 Vgl. Ray Dafter, 'Pricing Paradox Costs Asia', in: FEER, 26.4.2001, S. 24-25 (24).
240 Vgl. Fereidun Fesharaki, 'Energy and Asian Security Nexus', S. 89.
241 Vgl. Robert A. Manning, 'The Asian Energy Predicament', hier S. 75.
242 Vgl. ebda und das Kapitel 'Energy', in: FEER, 'Asia 2001 Yearbook. A Review of the Events of 2000', Hong Kong, December 2000, S. 48-49 (48); Robert A. Manning, 'The Asian Energy Predicament', hier S. 75 f. und Michael Richardson, IHT, 15.11.2000, S. 21.
243 Vgl. das Kapitel 'Energy', in: FEER, 'Asia 2001', S. 48.
244 Vgl. FAZ, 14.7.2001, S. 21 und IHT, 14-15.7.2001, S. 9.

Rohölbedarfs mit 1,5-2 Prozent.[245] Auch für das Jahr 2002 wird ein weiterer Anstieg des Ölbedarfs Chinas um 2,7 Prozent auf etwa 5 Millionen Fass pro Tag prognostiziert, während die regionale Zunahme des Rohölverbrauchs weiterhin niedriger bei ca. 1,1 Prozent liegen soll. Bis 2020 wird von der *IEA* ein weiterer Anstieg auf sogar 11 Millionen Barrel Rohöl pro Tag erwartet.[246]

Abbildung 26: Southeast Asia Energy Forecast (Mtoe)

	1995	BAU			B98			PCS		
	Actual	*2000*	*2005*	*2010*	*2000*	*2005*	*2010*	*2000*	*2005*	*2010*
Primary Energy Supply	209.2	282.5	375.7	493.4	226.6	279.3	366.0	221.2	263.6	330.6
Final Energy Consumption	126.1	174.7	238.8	320.6	134.8	172.0	232.8	131.8	161.7	211.3
Oil Consumption	119.8	NA	NA	232.0	116.0	135.1	170.9	111.2	122.8	143.9
Net Energy Imports										
Coal	-12.5	-30.7	-30.1	-15.4	-25.1	-28.2	-22.7	-28.0	-37.0	-40.9
Oil	7.2	41.0	81.2	150.0	2.4	20.6	55.7	-2.4	8.3	28.7
Natural Gas	-48.3	-61.5	-52.8	-10.3	-57.2	-66.8	-66.2	-57.2	-66.8	-69.5

SOURCE: Asia Pacific Energy Research Center (1998; March, updated September)
BAU: a pre crisis business-as-usual; *B98:* revised midcrisis projection; *PCS:* protracted crisis scenario of stagnant economic performance; Mtoe: million tons of oil equivalent.
Quelle in: Mohd Zamzam Jaafar, 'ASEAN', in: Paul B. Stares (Ed.), 'Rethinking Energy Security in East Asia', Tokyo-New York 2000, S. 117-140 (125).

Auch wenn ein geringeres Wirtschaftswachstum bis zum Jahr 2010 den Prognosen zum zukünftigen regionalen Rohölbedarf zugrunde gelegt wird, dürfte der asiatische Rohölverbrauch noch immer auf insgesamt 15,6-21,5 Millionen Fass pro Tag zunehmen. Dies wäre eine tägliche Steigerung für den genannten Zeitraum um noch immer beeindruckende 8-14 Millionen Fass pro Tag.[247] Nur wenn die VR China einen größeren wirtschaftlichen Kollaps erleiden sollte, der dann auch zu wesentlich geringeren Steigerungsraten bei der Energienachfrage führen würde, wäre eine größere Reduzierung der regionalen

245 Vgl. Katsuhiko Suetsugu, 'Energy Markets and Power Politics', in: John Calabrese (Ed.), 'Gulf-Asia Energy Security', S. 53-60 (53).
246 Vgl. das Kap. 'Energy', in: FEER, 'Asia 2002 Yearbook', hier S. 43.
247 Vgl. Fadhil Chalabi, 'Gulf-Asia-Energy Interdependence', in: John Calabrese (Ed.), 'Gulf-Asia Energy Security', S. 13-21 (16).

Energienachfrage in der asiatisch-pazifischen Region die Folge. Selbst bei einem Rückgang des Wirtschaftswachstums auf ein Prozent über die nächsten drei Jahre würde der Tagesbedarf im Jahr 2010 noch immer um 9 Millionen Barrel pro Tag höher liegen als im Jahr 1996. Damit wäre auch dann die Zunahme größer als die gesamte gegenwärtige Rohölproduktion Saudi Arabiens!

Nach derzeitigen Schätzungen könnte sich die regionale Nachfrage nach Energie trotz einer gewissen Verlangsamung des Anstiegs als Folge der Auswirkungen der Asienkrise bis zum Jahr 2010 wahrscheinlich auch weiterhin verdoppeln. Auch dann wäre Asien um das Jahr 2010 weiterhin zum zweitgrößten Verbraucher der Primärenergie aufgestiegen. Der Grund hierfür dürfte vor allem auch in dem nach wie vor eher geringen Pro-Kopf Verbrauch in China von lediglich 5 Fass (gegenüber 15 Fass in Taiwan, 32 Fass in Deutschland und 53 Fass in den USA) liegen. Dieser Pro-Kopf-Energieverbrauch wird zukünftig aber weiterhin schnell ansteigen, wie auch die Erfahrungen aus Korea und Thailand lehren.[248] Die unmittelbaren Auswirkungen der Asienkrise auf eine Verlangsamung der regionalen Energienachfrage in Asien betrugen insgesamt nicht mehr als zwei Jahre gegenüber den ursprünglichen Prognosen vor 1997.[249]

Abbildung 27: Prognostizierte Ölimportabhängigkeit der asiatisch-pazifischen Region im Zeitraum 1997-2005

Prognostizierte Abhängigkeit Asien-Pazifiks vom Rohölimport (1997-2005)				
	1997	*1998*	*2000*	*2005*
Ölnachfrage (in 1000 b/d)	19,251	18,739	19,848	23,596
Ölproduktion (in 1000 b/d)	7,595	7,781	8,333	7,971
Nettoimporte (in 1000 b/d)	11,656	10,958	11,515	15,625
Ölabhängigkeit	61 %	58 %	58 %	66 %
Anteil des gesamten Rohölimports aus dem Mittleren Osten	*90 %*	*90 %*	*88 %*	*88 %*

Quelle: Fereidun Fesharaki, 'Energy and the Asian Security Nexus', in: Journal of International Affairs, Fall 1999, No. 1, S. 85-99 (97).

Die Schere zwischen rapide zunehmender Energienachfrage und den begrenzten eigenen Energiereserven wird somit weiter größer werden und nur durch schnell ansteigende Energieimporte gedeckt werden können, zumal auch

[248] So stieg z.B. der private Autokauf in Thailand jährlich um 18% im Zeitraum 1985-1992 an – vgl. Robert A. Manning, 'The Asian Energy Predicament', hier S. 77 f.

[249] Vgl. Fereidun Fesharaki, 'Energy and Asian Security Nexus', S. 95.

neuentdeckte Rohölvorkommen mit dem schneller wachsenden Energiebedarf nicht Schritt halten. Wie auch immer die Lösung der Fragen der Energiesicherheit in Ost- und Südasien aussehen mag, sie kann nicht ohne die VR China erfolgen. So macht der gegenwärtige chinesische Energieverbrauch bereits etwa 64 Prozent des gesamten Energiebedarfs im asiatisch-pazifischen Raum aus und wird mit der Zunahme des BIP um gegenwärtig 7-8 Prozent weiter ansteigen. Damit könnte im Jahr 2020 China zusammen mit Indien mehr Kohlenstoffemissionen als die USA und Europa gemeinsam produzieren.[250]

Mit der schleichenden weltwirtschaftlichen Rezession im Jahr 2001 stellte sich für die asiatisch-pazifischen Staaten zudem noch ein weiteres Problem: sie zahlten bisher für eine Tonne Rohöl aus dem Mittleren Osten einen höheren Preis gegenüber den USA oder Europa. Diese als *„Asia Premium"* bezeichnete Sonderabgabe, die sich nach einer weiteren Erhöhung in der zweiten Hälfte des Jahres 2001 auf zusätzliche 3,50 Dollar pro Fass belief, waren die asiatisch-pazifischen Staaten nach dem erneuten Fall der Erdölpreise nun nicht länger willig zu zahlen. Mit den wesentlich geringeren Erdölpreisen waren jedoch die *OPEC*-Staaten mehr denn je auf diese Sonderabgabe angewiesen, während die asiatisch-pazifische Region bis dahin kaum Alternativmöglichkeiten hatte. So ist die regionale Raffineriekapazität Asiens allgemein begrenzt, da nur moderne Raffinerien in der Lage sind, das schwerere und von geringerer Qualität befindliche Erdöl Russlands, Venezuelas oder vieler anderer Erdöl produzierender Staaten in modernen Raffinerien zu verarbeiten. Nun aber waren die modernen Raffinerien Singapurs nur zu etwa 63 Prozent ausgelastet, so dass plötzlich auch Alternativen für Importe des schwereren Erdöls aus Russland oder anderen erdölproduzierenden Staaten bestanden. Daher war abzusehen, dass die Höhe des von den *OAPEC*-Staaten geforderten *„Asia Premiums"* als Folge der Marktrealitäten fallen würde. Es wird aber zukünftig auch dazu führen, dass sich die asiatisch-pazifischen Staaten in Zukunft noch stärker bemühen werden, ihre Rohöl- und Flüssiggasimporte zu diversifizieren. Da vor allem die Erdölproduktion in West- und Nordafrika in den nächsten Jahren gesteigert wird, sind zumindest die kurzfristigen Aussichten für eine derartige Diversifizierung der Erdölimporte relativ gut, auch wenn der Großteil des importierten Rohöls weiterhin aus der Region des Persischen Golfes kommen wird.[251]

Während somit China in der Vergangenheit zunächst versucht hatte, seine Energiesicherheit möglichst weitgehend autark durch maximale Erhöhung der eigenen Förderung und Produktion der Energieressourcen sicherzustellen, ist seit Mitte der 90er Jahre die Erkenntnis in Peking unausweichlich geworden, dass China zukünftig einen Großteil seines Erdöl- und Erdgasbedarfs nur durch Importe aus dem Ausland sicherstellen kann. Hierzu wurden in Förderung und Produktion von Erdöl und Erdgas im Ausland investiert. Gleichzeitig wurden verstärkt politische, wirtschaftliche und militärische Beziehungen zu

---

250 Vgl. Robert A. Manning, 'The Asian Energy Predicament', hier S. 73.
251 Vgl. 'Asia, Middle East Face off Over Oil Premiums', Stratfor.Com, 12.11.2001.

den ausländischen Energieexporteuren aufgebaut, welche durch staatliche chinesische Entwicklungs-, Wirtschafts- und Militärhilfeprogramme für diese Staaten ergänzt wurden. Derartige Strategien zur Aufrechterhaltung der Energiesicherheit eines Landes müssen jedoch eher als *„strategische"* — im Gegensatz zu einer *„marktorientierten"* — Ausrichtung der nationalen Energiepolitik charakterisiert werden[252], bei denen die Verknüpfung von Energie, Außen- und Sicherheitspolitik besonders eng ist. Doch auf Dauer kommt auch die chinesische Führung nicht an der Notwendigkeit vorbei, ihre zukünftige Energiepolitik verstärkt nach marktwirtschaftlichen Erfordernissen innenpolitisch als auch international neu auszurichten. Doch widerspricht dies der traditionellen *„strategischen Sicherheitskultur"* und der früheren Ausrichtung auf eine möglichst weitgehende Autarkiepolitik oder zumindest der möglichst weitestgehenden Reduzierung der Abhängigkeiten von ausländischen Märkten und Mächten. Diese Ambivalenz der chinesischen Energiepolitik erklärt aber im Kontext mit den innenpolitischen Bedingungsfaktoren eines *„fragmented structure of authority"*[253] zugleich, warum sich diese Neuausrichtung nur sehr langsam vollzieht und wiederholt von Rückschlägen begleitet ist.[254] So kommt eine neue Studie zu den zahlreichen strategischen Auswirkungen des chinesischen Energiebedarfs zur bezeichnenden Schlussfolgerung:

> „... the decisions taken conform to an energy security policy which is dominated by strategic measures and where the government is willing to assume considerable costs to achieve its energy security objectives. The key actors in the policy-making process have a predominantly 'strategic' orientation and there is a notable absence of a significant input from interest groups who might promote supply-side and more market-driven solutions to ensuring energy security. ... the fact that this predominantly strategic approach is likely to remain a feature, even if potentially a declining feature, of China's approach to its growing energy needs, raises a number of important challenges for the global energy markets and the interests of Western and other external actors."[255]

---

252 Vgl. Philip Andrews-Speed/Xuanli Liao/Roland Dannreuther, 'The Strategic Implications of China's Energy Needs', hier S. 42 f.

253 Vgl. ebda., S. 46 ff. und Kenneth G. Lieberthal/Michael Oksenberg, 'Bureaucratic Politics and Chinese Energy Development', Washington D.C. 1986, hier S. 137.

254 Zur *„strategischen Sicherheitskultur"* Chinas siehe F.Umbach, 'Kooperation oder Konflikt in Asien-Pazifik?', hier S. 68-72 und ders., 'Geostrategische und geoökonomische Aspekte der chinesischen Sicherheits- und Rüstungspolitik zu Beginn des 21. Jahrhunderts', S. 342 ff.

255 So Philip Andrews-Speed/Xuanli Liao/Roland Dannreuther, 'The Strategic Implications of China's Energy Needs', hier S. 69. Diese Ergebnisse sind auch durch jene des Autors dieser Studie in den letzten Jahren bestätigt worden — F.Umbach, 'Kooperation oder Konflikt in Asien-Pazifik?'330 ff. und ders., 'Geostrategische und geoökonomische Aspekte der chinesischen Sicherheits- und Rüstungspolitik zu Beginn des 21. Jahrhunderts'.

3.8.6 Die geopolitischen Auswirkungen des chinesischen und asiatischen Energiebedarfes auf die Außen- und Sicherheitspolitik Chinas sowie die regionale und globale politische Stabilität

„The new realities of the world oil market suggest that the issue of security of oil supplies is no longer exclusively a strategic concern of the West. Asia's stake in securing reliable oil supplies is even greater because of the relative increase in its degree of dependence on oil from the Gulf."[256]

"By 2049, China will become the military might, however, every single drop of crude oil demanded that year, estimated about 10mbo [million barrel oil] per day, will have to be imported if no additional proven reserves are discovered domestically. Therefore, it is no surprise why China is building up its global military projection capability in order to secure the oil supply from other states." [257]

3.8.6.1 Chinas zunehmende strategische Interessen im Mittleren Osten als Folge der energiepolitischen Interdependenzen[258]

Vor dem Hintergrund des rapide ansteigenden Energiebedarfes und der Verschlechterung der Aussichten auf neue größere Energiefunde im eigenen Land hat die politische Führung und Managerelite des Energiesektors Chinas seit 1996/97 verstärkt nach neuen Energieressourcen im Ausland Ausschau gehalten. Noch im Jahr 1990 hatte China 81,5 Prozent seines Rohölimports aus lediglich drei ausländischen Staaten bezogen, wobei Indonesien das einzige Land war, das mehr als eine Million Tonnen Rohöl nach China exportierte. Im Jahr 1997 hatte sich die Anzahl derjenigen Länder, die mehr als zwei Millionen Tonnen Rohöl nach China exportierten, gegenüber den drei Staaten von 1990 bereits verdoppelt (Indonesien, Oman, Yemen, Angola, Iran und Vietnam).[259] Mit Ausnahme Bahrains bezog China im Jahr 1997 bereits Erdöl aus allen Golf-Staaten.[260] Mit einem kontinuierlichen hohen Wirtschaftswachstum dürfte Chinas Abhängigkeit von Ölimporten im Jahr 2005 auf 30-35 Prozent seines nationalen Energieverbrauchs zunehmen und im Jahr 2010 sogar auf 45 Prozent steigen.[261]

---

256 Fadhil Chalabi, 'Gulf-Asia-Energy Interdependence', in: John Calabrese (Ed.), 'Gulf-Asia Energy Security', Middle East Institute, Washington D.C. 1998, S. 13-21 (20).

257 So Chien Chung, 'China's Energy Strategy in the 21st Century', hier S. 4.

258 Dieses Kapitel ist eine erweiterte Fassung meiner Publikation — F.Umbach, 'Zukünftige Auswirkungen der energiepolitischen Abhängigkeiten Chinas und Asiens vom Mittleren Osten und von Zentralasien', in: Erich Reiter (Hrsg.), 'Jahrbuch für internationale Sicherheitspolitik', Hamburg-Berlin-Bonn 2002, S. 191-220.

259 Vgl. Yang Guang, 'China's Stabilizing Role', hier S. 41 f.

260 Vgl. ebda., S. 42.

261 Vgl. Sergei Troush, 'China's Changing Oil Strategy and its Foreign Policy Implications', Brookings-CNAPS Working Paper, Fall 1999 (via Internet – http://www.brook.edu/dybdocroot/neasia/papers/1999_troush.htm), hier S. 2.

Abbildung 28: Share of Global Proven Recoverable Reserves of Oil and Gas in the 'Belt' around China

Country / Region	*Oil %*	*Gas %*
Russia	4.6	32
Central Asia	1.7	5
Gulf	65	35
China	2.3	0.9

Quelle: Philip Andrews-Speed/Xuanli Liao/Roland Dannreuther, 'The Strategic Implications of China's Energy Needs', *Adelphi Paper 346* (IISS, London), Oxford-New York 2002, S. 35.

Seit Anfang 1997 ist sogar ein regelrechter Aktionismus bei der Sicherung neuer Energieressourcen zu konstatieren. So hat die *Chinese National Petroleum Corporation (CNPC)* allein 1997 nicht weniger als 18 internationale Petroleum- und petrochemische Projekte mit einem Vertragswert von ca. 750 Millionen Dollar abgeschlossen. Dies schließt den Kauf ausländischer Erdölfirmen (oder den Erwerb bedeutender Anteile der Firmen) ebenso mit ein wie mehrere Pipelineprojekte (in Turkmenistan und Thailand) oder den Aufbau von Raffinerie- und Lagerstätten im Ausland. Darüber hinaus ist die *CNPC* an der Erschließung von Ölfeldern in Russland, Pakistan, Kasachstan, Indonesien, Ecuador, Ägypten, Venezuela, Argentinien, Iran und Sudan beteiligt. Insgesamt wurden von Seiten Chinas so seit Mai 1997 etwa 8,2 Milliarden Dollar für Erdölkonzessionen in Sudan, Venezuela, Irak und Kasachstan gezahlt. Die Gesamtverpflichtungen Pekings beliefen sich in jenem Jahr sogar auf 20,7 Milliarden Dollar, wenn die Kosten für die Pipelinepläne aus Zentralasien mit berechnet werden. Gleichzeitig wurde über weitere Ölkonzessionen in Iran, Indonesien, Russland und Turkmenistan verhandelt, während Peking *Joint-Ventures* mit Italien und Indien unterzeichnete. Zudem wurden die eigenen Konzessionen im Irak und im Sudan erhöht sowie in Venezuela Anteile erworben.[262] Diese Diversifizierungsanstrengungen des Rohöl- und Erdgasimportes aus verschiedenen Ländern und Regionen folgt den internationalen Diversifizierungslehren der Energieversorgungssicherheit und ist insofern auch aus westlicher Sicht zu begrüßen.

Die Frage der Energiesicherheit hängt jedoch nicht zuletzt von der Politik der betroffenen Staaten und damit von der Wahl der nationalen Strategien für die Energiesicherheit ab. Dies gilt insbesondere für die Region Asien-Pazifik, wo noch immer 60-70 Prozent aller Rohölimporte durch Verträge mit staatlich oder halbstaatlich kontrollierten internationalen Erdölfirmen Asiens erfolgen,

262 Vgl. Amy Myers Jaffe/Steven W. Lewis, 'Beijing's Oil Diplomacy', S. 122 ff.

die nicht nur durch ökonomische Faktoren, sondern auch durch strategische Aspekte der Außen- und Sicherheitspolitik des jeweiligen Landes geprägt sind.[263]

Abbildung 29: Chinese Crude Oil Imports from Select Middle East Countries and Regions, 1992-1999 (Thousands of barrels per day)

	1992	1993	1994	1995	1996	1997	1998	1999
Oman	61.2	81.6	67.2	73.0	113.0	180.6	115.8	100.4
Yemen	8.6	33.0	25.0	49.4	75.2	81.0	80.8	82.6
Iran	2.2	1.3	1.3	18.6	46.2	55.0	72.4	79.0
UAE	4.6	11.4	1.3	7.2	N/A	0.9	10.2	NIL
Saudi Arabia	3.6	4.2	2.8	6.6	4.6	9.8	36.0	49.8
Mid-East Total	80.6	131.8	98.0	155.2	239.2	335.6	333.2	348.2
Mid-East (%)	*36%*	*42%*	*40%*	*45%*	*53%*	*47%*	*61%*	*48%*
Africa Total	10.0	42.6	10.0	36.8	38.6	118.2	43.8	134.8
Africa (%)	4%	14%	4%	11%	9%	17%	8%	18%
Asia-Pacific Total	134.2	130.6	136.8	141.6	164.4	188.2	109.4	136.4
Asia-Pacific (%)	59%	42%	55%	41%	36%	27%	20%	19%
Other	2.2	8.2	1.8	8.0	10.2	67.4	60.0	112.8
Other (%)	1%	3%	1%	2%	2%	10%	11%	15%
Total	227.2	313.4	247.0	341.8	452.4	709.4	546.4	732.2

Sources: Derived from Chinese customs data used in Xiaojie Xu, \`China and the Middle East: Cross Investment in the Energy Sector´, in: Middle East Policy, Vol. VII, no. 3, June 2000, and converted at 7.3 barrels per tonnes.

Quelle hier nach: Amy Myers Jaffe/Steven W. Lewis, 'Beijing´s Oil Diplomacy', in: Survival, Vol. *No.* 1, Spring 2002, S. 115-133 (119).

Aufgrund dieser neuen energiepolitischen Abhängigkeiten muss sich die chinesische Außen- und Sicherheitspolitik nun mit Ländern und Regionen auseinandersetzen, dis bisher in der traditionellen Außenpolitik keine oder lediglich eine untergeordnete Rolle gespielt haben. Während Fragen der regionalen politischen Stabilität außerhalb Ostasiens — wie im Mittleren Osten oder Zentralasien — in der traditionellen chinesischen Außenpolitik lediglich marginale Aufmerksamkeit in der politischen und militärischen Elite Chinas hervorgerufen hatten und somit China früher eine eher passive Außenpolitik gegenüber diesen Weltregionen betrieb, besitzt China heute vitale strategische Interessen und muss den Fragen der politischen Stabilität in jenen Weltregionen eine wesentliche größere Beachtung widmen, wenn die zukünftige Energiesicherheit des Landes als Voraussetzung für wirtschaftliches Wachstum und sozioökonomische Stabilität gewahrt werden soll. Insofern sind die Herausforde-

263 Vgl. Katsuhiko Suetsugu, 'Energy Markets and Power Politics', hier S. 55.

rungen der nationalen Energiesicherheit bzw. der Energieunsicherheiten Chinas seit Mitte der 90er Jahre von *„low politics"* zu einer Frage von *„high politics"* für die höchste politische Führung Pekings geworden.[264]

Diese Beachtung entsprechender außenpolitischer und internationaler Rahmenbedingungen der nationalen Energiesicherheit Chinas gilt jedoch gleichzeitig auch für die Berücksichtigung der innenpolitischen Dimensionen: gewaltsame Unruhen und Proteste gegen Entlassungen, Korruption und anderen sozialen Fragen entladen sich inzwischen auch gegenüber der eigenen nationalen Öl- und Gasindustrie des Landes.[265] Sollten sich derartige Unruhen ausweiten (z.B. als Folge der WTO-Implementierungen und einer Beschleunigung der wirtschaftlichen und politischen Reformen), sind größere Produktionsausfälle oder Transportunterbrechungen (einschließlich der Öl- und Gaspipelines) in China nicht länger auszuschließen.

Die prognostizierte Zunahme der globalen Erdölproduktion, eine zunehmende marktwirtschaftliche Ausrichtung (einschl. Privatisierung und Deregulierung) nationaler Energiepolitik sowie Energiesparmaßnahmen werden den gewaltigen Anstieg des Erdölverbrauchs Chinas und Ostasiens aller Wahrscheinlichkeit nach jedoch bewältigen können, wenngleich nach 2010 von zahlreichen internationalen Energieexperten größere Preiserhöhungen befürchtet werden. Dennoch kann eine verschärfte ökonomische und politische Machtkonkurrenz vor allem mit Japan, Indien, den USA und mittel- sowie langfristig auch mit Russland in Zentralasien und sogar der EU um die knapper werdenden globalen Erdölreserven nicht grundsätzlich ausgeschlossen werden. So sind chinesische Energieexperten häufig skeptischer als westliche Energieexperten hinsichtlich der weltweiten Energievorräte und schließen sogar eine signifikante Verknappung der globalen Rohölreserven in den nächsten 20 Jahren nicht aus. Daher kommen sie häufig auch zu viel alarmierenderen Analysen als westliche Experten.[266]

Vor diesem Hintergrund hat die Region des Persischen Golfes aus Sicht Chinas und anderer ostasiatischer Staaten nicht nur für die eigene Energiepolitik, sondern auch für die nationale Außen- und Sicherheitspolitik kontinuierlich an strategischer Bedeutung gewonnen. Die zunehmend globale Ausrichtung der chinesischen Außen- und Sicherheitspolitik in Richtung des Persischen Golfes, Afrikas und sogar Lateinamerikas seit Mitte der 90er Jahre erklärt sich somit keineswegs nur aus dem zunehmenden wirtschaftlichen Gewicht, dem eigenen Prestige und den angestrebten Großmachtstatus der VR China, sondern zu einem erheblichen Teil aus den unmittelbaren strategischen Auswirkungen und Konsequenzen der eigenen Energienachfrage sowie der rapide steigenden Öl-

---

264 Vgl. auch Philip Andrews-Speed/Xuanli Liao/Roland Dannreuther, 'The Strategic Implications of China's Energy Needs', S. 9.

265 Vgl. Philip P. Pan, IHT, 25.4.2002, S. 3 und Richard McGregor, FT, 26.4.200 2, S. 6.

266 Vgl. z.B. Anhang Hu, 'Chinese Energy Strategy for the 21 Century: Production, Consumption, Trade and Security, in: Kurt W. Radtke/Raymond Feddema (Eds.), 'Asian Concepts of Comprehensive Security: Their Implications for Europe', Leiden 2000, S. 343-356 (144).

und Gasimporte aus Ländern außerhalb der asiatisch-pazifischen Region. Dabei spielen die Rohölproduktion des Mittleren Osten mit derzeit etwa 35-40 Prozent der Weltrohölproduktion und die Rohölreserven der Region mit 64 Prozent eine zentrale Rolle. Im Jahr 1997 wurde 58 Prozent der Rohölproduktion in dieser Schlüsselregion der Weltenergieversorgung in die asiatischen Märkte exportiert, während wiederum 74 Prozent aller Rohölimporte der asiatisch-pazifischen Region aus dem Mittleren Osten kamen. Auch wenn Öl bereits seit Jahrhunderten aus dem Vorderen Orient nach China eingeführt wurde, so war die Menge doch stets gering. Größere Rohölexporte aus dem Mittleren Osten und vor allem der Golf-Region sind erst seit 1985 zu konstatieren.[267]

Vor allem in Europa sind diese ökonomisch-politischen Interdependenzen sowie ihre geopolitischen Implikationen für die Außen- und Sicherheitspolitik Chinas bisher kaum beachtet und analysiert worden, obwohl diese nicht nur für die USA, sondern auch für Europa zahlreiche Herausforderungen aufwerfen, die auch die wirtschaftliche und politische Stabilität der EU negativ beeinflussen können. So warnte beispielsweise eine neuere amerikanische Analyse zur *„Öldiplomatie Pekings"* vom Frühjahr 2000:

> „... in effect, the industrialised oil-consuming countries of the US, Europe and North-east Asia must *convince an ambitious, energy-hungry China that secure supply for all requires a cooperative foreign policy. So far, unfortunately, China is taking a different tack. It is pursuing a decidedly bilateral approach to energy security, courting on its own behalf major oil producers such as Saudi Arabia, Iraq, Iran and Sudan. The implications of such efforts are worrying* [Hervorhebung durch F.U.]. When oil markets are as tight as they have been in the past two years, bilateral deals can invite demands for political accommodations in exchange for stable supplies. At worst, this might mean increased demands on China for deliveries of weapons-of-mass-destruction (WMD)-related technology to these politically sensitive markets."[268]

Bereits heute gehen jedoch mehr als 60 Prozent aller Erdölexporte aus dem Persischen Golf nach Asien, während Asien wiederum etwa 59-87 Prozent seiner Erdölimporte aus dem Persischen Golf/Mittlerer Osten bezieht und diese Abhängigkeit auf 90-95 Prozent im Jahr 2020 ansteigen könnte.[269] Während zu Beginn der 80er Jahre noch täglich 3 Millionen Fass Rohöl importiert wurden, hatte sich diese Importquote im Jahr 1996 bereits auf 9 Millionen Fass pro Tag verdreifacht und dürfte bis zum Jahr 2005 weiter auf 15,5 Millionen sowie im Jahr 2010 auf 18,8 Millionen Fass pro Tag weiter ansteigen (siehe *Abbildung 29*).[270] Dabei hatte die chinesische Abhängigkeit von Rohölimporten aus dem Mittleren Osten von 40 Prozent im Jahr 1990 bereits auf 62 Prozent im Jahr

---

267 Vgl. Xiaojie Xu, 'China and the Middle East: Cross Investment in the Energy Sector', S. 3.
268 So Amy Myers Jaffe/Steven W. Lewis, 'Beijing's Oil Diplomacy', S. 115.
269 Vgl. ebda., S. 80. Zum Hintergrund siehe auch Jonathan Rynhold, 'China's Cautious New Pragmatism in the Middle East', in: Survival 3 (Autumn) 1996, S. 102-116 und Geoffrey Kemp, 'The Persian Gulf Remains the Strategic Prize', und ders., 'Energy Superbowl. Strategic Politics and the Persian Gulf and Caspian Basin', Washington D.C. 1997.
270 Vgl. Fereidun Fesharaki, 'Energy and Asian Security Nexus', S. 90 f.

1998 zugenommen.[271] Im Jahr 2010 könnte Asien 17 Millionen Fass Rohöl pro Tag aus dem Mittleren Osten importieren.

Abbildung 30: Chinese Trade Relations with Mideast Countries in 1997 ($ millions)

	Chinese Exports	Chinese Imports
UAE	1,300.48	84.47
Saudi Arabia	854.09	825.88
Qatar	14.94	118.15
Oman	16.96	1,345.50
Kuwait	93.44	76.96
Bahrain	25.32	15.11
Iraq	58.98	34.22
Iran	496.42	535.80

Quelle: Xiaoji Xu, 'China and the Middle East: Cross-Investment in the Energy Sector', Middle East Policy 3 (June) 2000 (via Internet - http://www.mepc.org/journal/ooo6_xu.htm).

Abbildung 31: Middle Eastern Capital Export to China 1996-1998 ($ millions)

	1996	1997	1998
UAE	6.30	5.59	4.57
Saudi Arabia	0.60	n.a.	n.a.
Kuwait	49.60	60.58	58.01
Iran	0.02	0.38	0.28

Quelle: Xiaoji Xu, 'China and the Middle East: Cross-Investment in the Energy Sector', Middle East Policy 3 (June) 2000 (via Internet - http://www.mepc.org/journal/ooo6_xu.htm).

Unter Annahme eines Preises von 20 US-Dollar pro Fass würde sich daraus ein Kapitaltransfer on 124 Milliarden US-Dollar aus Asien in den Mittleren Osten ergeben[272], der für wirtschaftliche Investitionen ebenso zur Verfügung stehen könnte wie für größere Rüstungsimporte. Letzteres wird durch die Erfahrungen der 90er Jahre belegt. Waffenexporte können nicht nur der anvisierten Zielsetzung der Vergrößerung des strategischen Einflusses eines Landes in einem anderen bzw. einer anderen Weltregion dienen, sondern sind auch ein Zahlungsmittel, um die hohen Energieschulden zu begleichen.[273] In der politischen Realität sind zumeist beide Motivationen eng miteinander verknüpft und schließen sich keineswegs gegenseitig aus.

---

271 Vgl. ebda., S. 96.
272 Vgl. R.A.Manning, 'The Asian Energy Predicament', hier S. 81.
273 Vgl. Sergei Troush, 'China's Changing Oil Strategy and its Foreign Policy Implications', S. 8.

Abbildung 32: Western Imports from the Persian Gulf Region (1983-1997)

	As Percent of Oil Demand			*As Percent of Net Oil Imports*		
Year	United States	W. Europe	Japan	United States	W. Europe	Japan
1983	2.9	27	60	10.3	41	60
1984	3.2	25	61	10.7	39	61
1985	2.0	22	58	7.3	35	59
1986	5.6	19	58	16.8	45	58
1987	6.5	27	59	18.2	43	60
1988	8.9	28	57	23.4	44	58
1989	10.7	30	64	25.8	47	63
1990	11.6	31	66	27.5	48	65
1991	11.0	27	64	27.8	43	64
1992	10.4	27	66	25.6	43	66
1993	10.3	30	69	23.4	50	68
1994	9.8	26	70	21.5	48	68
1995	8.9	24	70	19.9	47	70
1996	8.8	22	69	18.9	43	70
1997	9.3	23	74	19.2	45	72

Quelle: Xiaoji Xu, 'China and the Middle East: Cross-Investment in the Energy Sector, http://www.mepc.org/journal/0006_xu.htm

Vor allem die ohnehin zu konstatierende Verschärfung der strategischen Rivalität zwischen der VR China und Indien[274] während der letzten Jahre könnte durch eine zunehmend verschärfte Energieressourcenkonkurrenz und dem strategischen Zugang zum Persischen Golf sowie durch den Indischen Ozean als Folge *unilateraler und bilateraler Strategien der Energieversorgungssicherheit*, die z.T. noch immer eher auf möglichst weitestgehende Autarkiebestrebungen und primär militärische Absicherungskonzepte der Energieversor-

[274] Indien hat vor allem während der letzten Jahre versucht, die Abhängigkeiten von Erdölimporten aus der Golf-Region durch Förderung des Ausbaus der Erdgasnutzung und durch Erdgasimporte aus Bangladesch und Myanmar zu forcieren. Gleichzeitig versucht Indien auch langfristig, einen strategischen Zugang zu den Erdöl- und vor allem Erdgasressourcen in Zentralasien zu finden. Doch ist der kürzeste Transportweg über Afghanistan auch nach dem 11. September 2001 auf absehbare Zeit kaum realistisch, so dass nur ein Zugang über den Iran möglich wäre. Dieser sieht sich jedoch einer der *„doppelten Eindämmungspolitik"* der USA gegenüber. Zudem würde ein solcher Transport über Pipelines oder Tanker über pakistanisches Gebiet oder Gewässer erfolgen, so dass auch diese Option angesichts der traditionellen Feindschaft und der jüngsten Eskalationen wegen des *Kaschmir*-Konfliktes (bis hin zur Gefahr eines Nuklearkrieges) wenig realistisch erscheint. Aus all diesen Gründen hofft Indien, dass sich in Zukunft auch die amerikanisch-iranischen Beziehungen grundlegend zum Positiven verändern, da dies Indiens Energieprobleme leichter lösen würde. Zu möglichen *Swap-Deals* zwischen zentralasiatischen Staaten und dem Iran siehe Narsi Ghorban, 'Regional Cooperation: Untapped Potential', in: John Calabrese (Ed.), 'Gulf-Asia Energy Security', S. 63-69 (64 ff.).

gungssicherheit setzen anstatt sich von marktwirtschaftlichen Konzepten, Globalisierungsanforderungen und internationaler Arbeitsteilung sowie privatwirtschaftlich organisierter transnationaler Energiekooperation leiten zu lassen, zu verschärften Rüstungswettläufen vor allem der Marine- und Luftstreitkräfte führen.[275] Ähnlich wie China hat auch Indien seine militärpolitischen und auch militärtechnologischen Kooperationen mit den Golf-Staaten in den 90er Jahren weiter ausgebaut. Zudem sind etwa 2,5-3 Millionen indische Arbeiter, Techniker, Ingenieure und Manager in den Golf-Staaten beschäftigt. Dies erklärt auch das große indische Interesse an Fragen der zukünftigen regionalen Sicherheit und Stabilität der Golf-Region und des Mittleren Ostens sowie Zentralasiens, verstärkt aber auch zugleich das ohnehin ausgeprägte Misstrauen gegenüber weitergehenden chinesischen Ambitionen im regionalen Umfeld.[276]

Demgegenüber könnte sich der Erdölimport der USA im kommenden Jahrzehnt aus dem Mittleren Osten und Persischen Golf weiter verringern. Dies gilt sowohl hinsichtlich des Volumens als auch des prozentualen Anteils bei den Erdölimporten. Dabei ist zu beachten, dass bereits heute der Anteil des Erdölexportes aus der Region des Persischen Golfes nach Europa größer ist als jener in die USA und letzterer von etwa 10 Prozent im Jahr 1996 auf theoretisch sogar 2 Prozent bis zum Jahr 2010 fallen könnte (siehe *Abbildung 33*). Demgegenüber machte der Anteil des aus dem Mittleren Osten importierten Rohöls gegenüber dem gesamten amerikanischen Rohölverbrauch 1996 noch 18 Prozent aus und noch 4 Prozent des gesamten amerikanischen Energieverbrauchs.[277] Allerdings ist der Anteil des aus dem gesamten Region des Mittleren Ostens importierten Rohöls in den USA in den letzten Jahren wieder auf 22- 24 Prozent gestiegen.[278]

Auch wenn gleichzeitig der Anteil des *Atlantischen Beckens* (unter Einschluss Westafrikas) für die Rohölversorgung Asiens und Chinas ebenfalls seit 1995 von 300.000 auf 700.000 im Jahr 1996 und 800.0000 Fass Rohöl pro Tag im Jahr 1998 gestiegen ist und dieser im Jahr 2005 sogar auf 1,2 Millionen Fass Rohöl zunehmen dürfte, so wird dieser Anteil am Gesamtimport der asiatisch-pazifischen Region aufgrund der längeren Transportwege (gegenüber jenen aus Lateinamerika oder der westafrikanischen Küste) letztendlich doch von geringerer Bedeutung bleiben.[279]

---

275 Vor allem der amerikanische Energieexperte *Kent Calder* hat auf derartige Gefahren aufmerksam gemacht. Siehe seine Studien: 'Energy Forum', in: The Washington Quarterly, Herbst 1996, S. 91-95 und 'Asia's Deadly Triangle. How Arms, Energy and Growth Threaten to Destabilize Asia-Pacific', London-Sonoma 1997. Vgl. hierzu auch im Kontext F.Umbach, 'Konflikt oder Kooperation in Asien-Pazifik', die Kap. 3 und 9 der Studie.

276 Sujit Dutta, 'Indo-Gulf Relations: Dimensions of Security', hier S. 49.

277 Vgl. John Mitchell, 'Energy Ties and 'Political Gaps', in: in: John Calabrese (Ed.), 'Gulf-Asia Energy Security', Middle East Institute, Washington D.C. 1998, S. 23-36 (31).

278 Vgl. 'National Energy Policy. Report of the National Energy Policy Development Group', Washington D.C., 16 May 2001 (via Internet – http://www.whitehouse.gov/energy), S. 8-4. Siehe auch 'Strategic Energy Policy. Challenges for the 21st Century. Report of an Independent Task Force, sponsored by the James A. Baker III Institute for Public Policy of Rice University and the Council on Foreign Relations, New York 2001.

279 Vgl. Fereidun Fesharaki, 'Energy and Asian Security Nexus', S. 93.

Abbildung 33: Persian Gulf Oil Balance and Destination of Exports 1996 to 2010 (million b/d)

Production and Destinations	1996	2000	2005	2010
Producers				
Iran	3,8	3,6	4,5	4,6
Iraq	0,6	2,0	4,3	5,5
Saudi Arabia	8,9	9,4	10,3	11,4
Kuwait	2,2	2,7	3,0	3,3
United Arab Emirates	2,5	3,0	3,0	3,5
Oman	0,9	0.9	0.9	1,2
Qatar	0,6	0.8	0.8	0,8
Balances				
Total Gulf production	19,5	22,4	26,8	30,5
Total Gulf demand	3,3	3,8	4,3	5,0
Gulf exports	16,2	18,6	22,5	25,5
Destinations of Gulf Oil (mb/d;%)				
Asia (total exports)	9,5 (58,6%)	11,7 (62,9%)	15,5 (68,9%)	18,8 (73,7%)
OECD Europe	3,4 (21,0%)	3,2 (17,2%)	3,0 (13,3%)	2,7 (10,6%)
United States	1,6 (9,9%)	1,3 (7,0%)	1,0 (4,4%)	0,5 (2,0%)
Other destinations[a]	1,7 (10,5%)	2,4 (12,9%)	3,0 (13,3%)	3,5 (13,7%)

[a] Canada, Central and South America, Eastern Europe and the countries of the for mer Soviet Union.

Quelle: East-West Center data files, here following the article of Fereidun Fesharaki,„ 'Energy and the Asian Security Nexus', in: Journal of International Affairs, Fall 1999, S. 85-99 (90). Die Prozentzahlen wurden hier vom Autor dieser Studie (F.Umbach) hinzugefügt.

Trotz der unverkennbaren Anstrengungen, den eigenen Energiebedarf durch Ausbau anderer Energieträger, Modernisierung der eigenen Produktions- und Förderanlagen zur Erhöhung der Eigenförderkapazitäten, internationale Börsengänge der chinesischen Ölmultis sowie eines globalen Investments zur Sicherung ausländischer Energieressourcen unter Berücksichtigung der Diversifizierung des Rohöl- und Erdgasimportes zu befriedigen (siehe auch *Abbildung 34*), ist dies bisher jedoch nur zum Teil gelungen und bereitet der politischen Führung in Peking weiterhin Kopfzerbrechen.[280] So hat China im Jahr 2001 mehr als 446 Millionen Fass Rohöl importiert. Dies macht gegenwärtig über 30 Prozent seines Rohölbedarfes aus, welcher wiederum zu zwei Drittel aus dem Mittleren Osten importiert wird. Setzen sich diese Trends fort, wird China im

---

280 Vgl. auch Martin Kühl, FTD, 28.3.2002, S. 10.

Jahr 2005 mehr als 100 Millionen Tonnen Rohöl bzw. 10,5 Millionen Fass pro Tag (gegenüber 4,78 mbd) einführen müssen. Dies macht dann etwa 45 Prozent des gesamten Rohölbedarfs aus.[281] Im Jahr 2010 würde China dann weniger als die Hälfte seines gesamten Energiebedarfes von 2,25 Milliarden Fass Rohöl decken können[282], während im Jahr 2020 Peking gezwungen sein könnte, sogar 75 Prozent seines Rohölbedarfes zu importieren. Auch die Berücksichtigung eher optimistischer Szenarien einer Importabhängigkeit bei Rohöl im Jahr 2020 mit *„lediglich"* 38 Prozent (wie von der *Weltbank* prognostiziert) wird die grundsätzlichen strukturellen Probleme und die gewaltige Finanzbelastung nicht wirklich verändern.[283]

Gegenwärtig kontrolliert China durch zahlreiche Übernahmen und internationale Allianzen mehr als 2,72 Milliarden Fass Rohölreserven außerhalb des eigenen Landes. Der staatliche Energiekonzern *China National Petroleum Corporation* (*CNPC*) hofft ab dem Jahr 2005, hiervon etwa jährlich 102 Millionen Fass Rohöl zu fördern, während Chinas Raffineriegigant *Sinopec* für die nächsten vier Jahre plant, jährlich 25-35 Millionen Fass durch Explorationen in Übersee zu produzieren.[284] Aufgrund der hohen Abhängigkeit von Rohölimporten sowohl Chinas als auch Asiens insgesamt sowie hinsichtlich der weltweiten Anstrengungen zur Reduzierung klimaschädlicher Emissionen wird die asiatisch-pazifische Region in den nächsten Jahrzehnten verstärkt auf Erdgas setzen. Auch wenn hierbei die Region über etwas mehr Ressourcen verfügt als bei Erdöl wird der rapide ansteigende Erdgasbedarf ebenfalls in hohem Maß durch Importe vor allem aus der Region des Fernen Ostens Russlands und auch hierbei aus dem Mittleren Osten gedeckt werden müssen. Während aus Sibirien und Sachalin vor allem Erdgaspipelines gebaut werden sollen, dürfte aus dem Mittleren Osten eher Flüssiggas in Tankern nach Asien transportiert werden.

Dabei fällt auf, dass China zwar einerseits vermehrt zu gemeinsamen Projekten mit ausländischen Energiefirmen bereit ist, sowohl einheimische Ressourcen als auch jene in anderen Ländern und Regionen zu fördern, andererseits den Zugang zu Energieressourcen vor allem in solchen Ländern bisher gesucht hat, wo westliche und vor allem amerikanische Energiekonzerne weniger präsent sind. Dies gilt insbesondere auch für solche Staaten, die aus Sicht der USA als sogenannte *„Schurkenstaaten"* eingestuft werden (wie Iran, Irak, Jemen oder der Sudan). Diese außen- und sicherheitspolitischen Auswirkungen der zunehmenden Energieabhängigkeit Chinas vor allem durch hohe und stetig steigende Erdöl- und Erdgasimporte waren in den letzten Jahren bereits zudem in der Politik Pekings vor allem gegenüber dem Iran oder dem Irak (Rüstungs-

---

281 Vgl. Ted Plafker, IHT, 30.10.2001, S. 8 und David Lague, 'The Quest for Energy to Grow', in: FEER, 20.6.2002, S. 14-18 (16).

282 Vgl. 'China's Quest for Energy Independence', S. 2.

283 Vgl. Ted Plafker, IHT, 30.10.2001, S. 8.

284 Vgl. 'China's Quest for Energy Independence', S. 2 f. und David Lague, 'The Quest for Energy to Grow', S. 4.

export, Abstimmungsverhalten Pekings im UN-Sicherheitsrat) erkennbar — aus Sicht der USA beides *„Schurkenstaaten"*, die auch der Entwicklung weitreichender ballistischer Raketen und von Massenvernichtungssprengköpfen verdächtigt werden.

Abbildung 34: Die jüngsten chinesischen Geschäftsabschlüsse auf dem Energiesektor (Stand: Mai 2002)

• *Phillips China* hat zwei Mrd. US-$ investiert, um das *Penglai-Ölfeld* mit der *China National Offshore Corp.* (*CNOOC*) zu erschließen. Peking hat der ersten Phase des Erschließungsplans zugestimmt, der Produktionsbeginn ist für Ende 2002 angesetzt.
• Taiwan und China haben ein Joint Venture gegründet, um drei Probebohrungen in der Taiwanstraße vorzunehmen. Das Abkommen zwischen Taiwans *„Chinese Petroleum Cooperation"* (*CPC*) und der *CNOOC* ist das erste größere gemeinsame Projekt von Staatsunternehmen beider Seiten. Kosten und Gewinne werden zu gleichen Teilen zwischen den Unternehmen geteilt.
• *PetroChina* hat mit einem von der *Royal/Dutch Shell Group* geführten internationalen Konsortium einen Vertrag über den Bau einer 18 Mrd. US-$ teuren, 2.604 Meilen langen Pipeline von *Sinkiang* nach *Shanghai* unterzeichnet. Das bislang größte Pipeline-Projekt des Landes soll das Wirtschaftswachstum in den ärmlichen Westgebieten ankurbeln.
• Die *„Partnerschaft für gerechtes Wachstum"* (*Partnership for Equitable Growth, PEG*), eine Non-Profit Organisation, die von einer Gruppe von - dem *Asia-Pacific Economic Cooperation Forum* (*APEC*) nahestehenden – Geschäftsleuten gebildet wird, plant den Bau einer 3.020 Meilen langen Pipeline vom *Natuna D-Alpha Feld* in der südchinesischen See nach Shanghai. Das auf 8 Mrd. US-$ veranschlagte Projekt benötigt noch die offizielle Zustimmung Chinas und Indonesiens.
• Anbieter aus Australien, Qatar und Indonesien konkurrieren um den Auftrag, flüssiges Erdgas für einen Gasterminal zu liefern, der in *Guangdong* gebaut wird.
• *CNOOC*, Chinas drittgrößte Ölfirma hat Öl-Anteile in Indonesien von der spanischen Firma *Repsol-YPF* im Wert von 598 Mio. US-$ erworben, welches den Import von 100.000 Fass leichtes Rohöl von den indonesischen *Widuri-* und *Cinta-*Ölfeldern sichert.
• Töchterfirmen der *China National Petroleum Corp.* (*CNPC*) sind übereingekommen, im Januar 2002 52 Mio. US-$ für einen 30-% Anteil an den *Kyursengi-* und *Garabagly-Ölfeldern* in Aserbaidschan zu zahlen.
• *Sinopec* wartet auf grünes Licht von Seiten kuwaitischer Behörden, an der Erschließung der *Nördlichen Felder* im Wert von 7 Mrd. US-$ mitzuwirken.
• *Sinochem* bemüht sich um weitere Abschlüsse nach seiner ersten ausländischen Erwerbung; *Sinochem* zahlte 215 Mio. US-$ für *Atlantis*, eine Öl- und Gaseinheit des *Norwegischen Petroleum Geo-Service*, die etwa 20.000 bpd in Tunesien produziert.

Quelle: 'Recent Chinese Energy Deals', Stratfor.Com, 24.5.2002 und Amy Myers Jaffe/Steven W. Lewis, 'Beijing's Oil Diplomacy', in: Survival, Spring 2002, S. 115-134 (122).

Obwohl Pekings Politik gegenüber der Golf-Region in den 90er Jahren weitgehend von Pragmatismus und Vorsicht gekennzeichnet war[285], so könnten die chinesische Rüstungsexportpolitik (*„Öl gegen Waffen“*, die besonders für die chinesische Afrikapolitik als charakteristisch gelten kann[286]) in diese Region[287] und die nicht geringen Vorbehalte gegenüber der amerikanischen *„doppelten Eindämmungs-“* und Nichtverbreitungspolitik negative Auswirkungen sowohl auf die regionale Stabilität im Mittleren Osten sowie des Persischen Golfes haben als auch die bilateralen Beziehungen zwischen Peking und Washington zusätzlich belasten[288], auch wenn die derzeitigen bilateralen Beziehungen nach dem 11. September 2001 deutlich besser geworden sind. Dies gilt um so mehr, da sich die politisch-ökonomischen Interdependenzen zwischen der Region des Mittleren Ostens und Chinas zukünftig aufgrund der weiter steigenden Rohöl- und Erdgasimporte ebenfalls weiter verstärken werden. Problematisch werden diese verstärkten Interdependenzen vor allem dann, wenn China auch bei seiner zukünftigen Energiepolitik und internationalen *„Öldiplomatie“* weiterhin den bilateralen Beziehungen deutlich den Vorrang vor multilateralen Strategien und Lösungen bei Fragen seiner Energiesicherheit einräumt. Diese aber sind zu Beginn des 21. Jahrhunderts vor dem Hintergrund zahlreicher Globalisierungsherausforderungen auf Gebieten der internationalen Handelspolitik, des regionalen Konfliktmanagements oder den internationalen Anstrengungen auf dem Gebiet der Rüstungskontrollpolitik und der Nichtverbreitungsmaßnahmen bei Massenvernichtungswaffen sowie sensitiven *Dual-use*-Technologien (einschließlich konventioneller Waffensysteme) völlig unzureichend. Derartige multilaterale Politikstrategien sind mehr denn je insbesondere auch gegenüber denjenigen Erdöl und Erdgas produzierenden Ländern im Mittleren Osten und zukünftig auch Zentralasiens sowie des Kaspischen Beckens notwendig, da diese von zahlreichen innenpolitischen und regionalen Instabilitäten geprägt sind, die sich zukünftig sehr viel stärker als in der Vergangenheit negativ auf die re-

---

285 Vgl. Jonthan Rynhold, 'China's Cautious New Pragmatism in the Middle East', in: Survival, Autumn 1996, S. 102-116.

286 Vgl. 'China's Hand in Africa's Wars', Stratfor.Com, 22.8.2000; 'The Militarization of West Africa', ebda., 2.8.2000; 'China's 21st Century Africa Policy Evolving', Stratfor.Com, 7.8.2002 und siehe Kap. 3.4.6.4 dieser Arbeit.

287 Vgl. Bates Gill, Two Steps Forward, One Step Back: The Dynamcis of Chinese Non-Proliferation and Arms Control Policy-Making in an Era of Reform', in: David Lampton (Ed.), 'The Making of Chinese Foreign and Security Policy in the Era of Reform', Stanford 2001, S. 257-288; ders., 'Chinese Arms Exports to Iran', in: Middle East Review of International Affairs (MERIA), May 1998 (Internetversion: www.biu.ac.il/SOC/besa/meria/); Evan S.Medeiros/Bates Gill, 'Chinese Arms Exports: Policy, Players and Process', Carlisle, PA: Strategic Studies Institute, 2000; Daniel L. Byman/Roger Cliff, 'China's Arms Sales: Motivations and Implications, RAND, Santa Monica, 1999 und die Daten sowie Diskussionen bei Richard F. Grimmett, 'Conventional Arms Transfers to Developing Nations, 1993-2000', Washington D.C. (Congressional Research Service), S. 58 (via Internet: www.fas.org/asmp/resources/govern/crs.2000.pdf).

288 Vgl. John Calabrese, 'China and the Persian Gulf: Energy and Security', in: Middle East Journal, Summer 1998, S. 351-366; Amy Myers Jaffe/Steven W. Lewis, 'Beijing's Oil Diplomacy', S. 122 ff. und Sergei Troush, 'China's Changing Oil Strategy and its Foreign Policy Implications', hier S. 10 ff.

gionale und globale Versorgungssicherheit auswirken können. So können sich zwar die zunehmenden politisch-ökonomischen Interdependenzen positiv in vielfältiger Weise auf die Grundstrukturen des internationalen Systems auswirken.

Gleichzeitig könnte sich China aber aufgrund seiner zunehmenden Energieabhängigkeiten auch politischem Druck aus den Erdöl und Erdgas exportierenden Staaten gegenüber sehen. Dieser könnte entweder zu größeren Rüstungsexporten auch sensitiver *Dual-Use* Waffensystemen und –technologien führen oder auch zu Konzessionen gegenüber anderen politischen Fragen (wie der internationalen Handelspolitik) führen, die der westlichen Politik (und nicht nur gegenüber den USA) und seinen langfristigen strategischen Interessen zuwider laufen. Die chinesische Unterstützung der russischen und zuweilen auch französischen Positionen hinsichtlich der UN-Sanktionen und der Vorbehalte militärischer Maßnahmen gegenüber dem Irak, der westlichen (wenn auch widersprüchlichen und nicht einheitlichen) Politik gegenüber dem Iran sowie die problematischen Rüstungsexporte in diese und andere Golf-Staaten (einschließlich ballistischer Raketen) in den 90er Jahren hat diese Problematik bereits aufgezeigt.[289] Dabei haben vor allem die Beziehungen zum Iran einen besonders hohen Stellenwert für China. So wurden im Jahr 2001 mehr als 44 Millionen Fass Rohöl vom Iran gekauft, der einen erheblichen Teil des 3,3 Milliarden Dollar Umfangs der bilateralen Handelsbeziehungen ausmacht.[290] Mit dem Iran ist auch die militärtechnologische Zusammenarbeit in den 90er Jahren ausgebaut und intensiviert worden. So ist die iranische Aufrüstung mit weitreichenden ballistischen Raketen ohne die Unterstützung Chinas, aber auch Nordkoreas kaum erklärbar.[291]

Andererseits gewinnt China durch den Ausbau seiner politisch-ökonomisch und auch militärischen bzw. militär-technologischen Beziehungen zu den Staaten im Mittleren Osten und des Persischen Golfes durchaus einen gewissen Einfluss auf diese Staaten und stärkt Pekings Positionen auch auf globaler Ebene (einschließlich in der UN). Doch ist diese energie- und außenpolitische Strategie für China zugleich auch riskant. So könnte sich die ohnehin nicht zu übersehene strategische Rivalität nicht nur mit den USA, sondern auch mit Indien und Japan weiter verschärfen, die für beide Regionen, aber auch global eher destabilisierend sein könnte. So sind Bartergeschäfte wie *„Öl für Waffen"* bereits heute im Fall Nordkoreas mit Staaten im Mittleren Osten eher die Norm als die Ausnahme, während wiederum China zu Zeiten des iranisch-irakischen Krieges einer der größten Rüstungsexporteure für die Persischen Golf-Staaten war. Derartige chinesische Bartergeschäfte gegenüber den Golf-Staaten gingen jedoch in den 90er Jahren deutlich zurück, da auch Peking die

---

289 Vgl. Amy Myers Jaffe/Steven W. Lewis, 'Beijing's Oil Diplomacy', S. 115 f.

290 Vgl. 'China Sanctions May be More Useful U.S. Policy Tool', Stratfor.Com, 29.7.2002 und Xiaojie Xu, 'China and the Middle East: Cross Investment in the Energy Sector', hier S. 7.

291 Vgl. hierzu auch Philip Andrews-Speed/Xuanli Liao/Roland Dannreuther, 'The Strategic Implications of China's Energy Needs', hier S. 90-93.

UN-Sanktionen gegenüber dem Irak mittrug.[292] Gleichwohl ist es auch in den letzten Jahren wiederholt zu Lieferungen von Waffensystemen oder *Dual-Use*-Technologien an den Irak und Iran gekommen, die einerseits mit Wissen der Pekinger Führung erfolgten, andererseits zum Teil aber auch offenbar von chinesischen Rüstungsfirmen ohne Kenntnis der zuständigen politischen Gremien in Peking betrieben wurden. Damit besteht für Peking zunehmend die Gefahr, ungewollt in lokale oder regionale politische Konflikte hinein gezogen zu werden, ohne jedoch einen vergleichbaren politischen Einfluss wie die USA auf die möglichen Konfliktparteien zu haben.

Zudem könnte der hieraus resultierende Interessenskonflikt mit den USA die zukünftigen bilateralen Beziehungen zwischen beiden Seiten noch stärker belasten. Auch wenn bereits Peking in den 90er Jahren die UN-Sanktionen gegenüber Irak weitgehend mittrug, so könnten doch seine langfristigen strategischen Interessen jenen der USA und Europas auch widersprechen. Diese ambivalente Haltung gegenüber den vor allem von amerikanischer Seite verfolgten UN-Sanktionen gegenüber dem Irak und nationalen Sanktionen gegenüber dem Iran erklärt auch die Positionen Chinas im UN-Sicherheitsrat, da Peking im wesentlichen die Vorbehaltspolitik Russlands und Frankreichs gegen die aus ihrer Sicht zu weitgehenden UN-Sanktionen maßgeblich unterstützte. Noch mehr widerspricht die *„doppelte Eindämmungspolitik“* der USA gegenüber Iran der chinesischen Außen- und Sicherheitspolitik, während umgekehrt vor allem die Proliferation der chinesischen Waffenexporte (insbesondere ballistische Raketen) in die Region und den Iran fundamentalen Interessen Washingtons in dieser Region entgegen steht. Auch wurde Peking wiederholt verdächtigt, militärisch nutzbare Nukleartechnologie an den Iran und andere arabische Staaten geliefert zu haben.[293] Derartige Vorwürfe wurden jedoch von Peking stets zurückgewiesen wurden. Dennoch wurden im Juli 2002 erneut acht chinesische Firmen mit US-Sanktionen belegt, die bereits zumeist früher illegal Waffen- und Dual-Use Technologien an den Irak und den Iran geliefert hatten.[294]

Diese Sicherheitsproblematik scheint aber auch für die nahe Zukunft kaum auflösbar zu sein, da die chinesische Nichtverbreitungspolitik von Massenvernichtungswaffen, ballistischen Raketen und anderen sensitiven *Dual-Use* Gütern faktisch von der Qualität der bilateralen Beziehungen Chinas mit den USA und der ungelösten Taiwanfrage abhängt und bisher von übergeordneten außen- und sicherheitspolitischen Gründen nicht abgekoppelt wurden. Ob das im August 2002 neu erlassene Exportkontrollgesetz für sensitive Raketentechnologien und jenes im Oktober 2002 für chemische und biologische Waffentechnologien an dieser Problematik etwas grundsätzliches ändern wird, muss vorerst abgewartet werden[295], ist jedoch zu begrüßen.

---

[292] Vgl. Katsuhiko Suetsugu, 'Energy Markets and Power Politics', hier S. 56-58.
[293] Vgl. John Calabrese, 'China and the Persian Gulf: Energy and Security', in: Middle East Journal, Summer 1998, S. 351-366 (362 ff.).
[294] 'China Sanctions May be More Useful U.S. Policy Tool'.
[295] Vgl. Washington Post, 21.10.2002 (Internet-Version).

Andererseits dürfte angesichts der steigenden Energieimporte aus der Region des Mittleren Ostens und Persischen Golfes aber auch das langfristige Interesse der chinesischen Regierung an politischer Stabilität in diesen Regionen zunehmen, was wiederum größere Kooperationsmöglichkeiten nicht nur für die bilateralen amerikanisch-chinesischen Beziehungen eröffnen könnte.[296] Eine politische *„islamisch-konfuzionistische Allianz"* als Folge dieser wirtschaftlichen und daraus resultierenden politischen Interdependenzen könnte — so einige westliche Befürchtungen — zwar die westlich dominierte Weltordnung in Frage stellen[297], doch wird sie von den meisten Regionalexperten zu Recht als unwahrscheinlich eingeschätzt. Gleichzeitig aber haben die asiatisch-pazifischen Staaten zusammen mit den erdölexportierenden Ländern der Golf-Region bisher jedoch keine multilateralen Mechanismen für das Management potentieller Versorgungsunterbrechungen entwickelt. Da weder China noch die meisten ASEAN-Staaten bis heute Ölressourcen für derartige Krisenszenarien als strategische Erdölreserve eingelagert haben, sind sie selbst von temporären und eher kurzfristigen Unterbrechungen des Erdöl- und zukünftig auch verstärkt Erdgasimportes massiv betroffen. Inzwischen beginnt aber auch auf ihrer Seite ein Umdenken in diese Richtung, da die Ereignisse des Kosovo-Krieges der NATO im Jahr 1999 und noch mehr die Ereignisse infolge der terroristischen Anschläge in den USA am 11. September 2001 sowie der aktuelle Irak-Konflikt die Verwundbarkeit Chinas und der ASEAN-Staaten durch einen potentiellen Ölschock als Folge unzureichender oder völlig blockierter Rohöl- und Erdgasimporte offen gelegt haben. Diese haben zu einer Verstärkung der chinesischen Diversifizierungsanstrengungen für die eigenen Rohöl- und Erdgasimporte geführt. Doch um das Mantra der tradierten autarkischen Selbstversorgungsmentalität aus Zeiten *Mao Zedongs* völlig zu überwinden und sich in eine globalisierte Arbeitsteilung bei der Energieversorgung des Landes freiwillig im positiven Sinne zu integrieren und diese nicht als Zwang, sondern als Chance zur Integration in die internationale Weltgemeinschaft zu begreifen, bedarf es wohl noch eines weiteren Jahrzehntes erfolgreicher Wirtschaftsreformen und stabiler außenpolitischer Beziehungen für das *„Reich der Mitte"*.

3.8.6.2 Die zunehmende Bedeutung der internationalen Schifffahrtswege und *„Choke Points"* für die chinesische Außen- und Sicherheitspolitik

> „The geopolitical landscape in which any Asian energy conflict would occur is one in which all sides are heavily armed. The tensions and armaments that already exist do not mean that overt conflict is inevitable. Competition for energy among the Asian nations does not have to be expressed in military ways. But the combination of energy salience, energy competition, regional

296 Vgl. hierzu auch Robert A. Manning, 'The Asian Energy Predicament', hier S. 82.
297 Siehe Kent E. Calder, 'Asia's Empty Gas Tank', in: Foreign Affairs, März-April 1996.

tension, and military capability add up to a situation in Asia in which care must be taken to keep energy issues from becoming unduly divisive."[298]

Asien und der Mittlere Osten sind die einzigen beiden Regionen in den 90er Jahren, die ein signifikantes Ansteigen der Verteidigungshaushalte zu verzeichnen hatten. Damit verbunden war die Erhöhung der militärischen Fähigkeiten der jeweiligen Staaten. Dies gilt insbesondere für die Luft- und Marinestreitkräfte. Durch die *„Revolution in Militärangelegenheiten"* (*„Revolution in Military Affairs"*) und der damit verbundenen Proliferation von Marinekampfflugzeugen mit großer Reichweite, weitreichenden Anti-Schiffsflugkörpern, modernen Minen, U-Booten und Kriegsschiffen (insbesondere der Zerstörer-, Fregatten- und Korvettenklasse) mit Raketen aller Art, die gegen See- und Landziele entlang der Energietransportrouten eingesetzt werden können, sind die potentiellen Gefährdungen für die Energieversorgungssicherheit während des letzten Jahrzehnts erheblich gestiegen.[299]

Aufgrund der stetig zunehmenden Abhängigkeit von Rohöllieferungen aus dem Persischen Golf hat für China auch die Bedeutung der internationalen Schifffahrtswege durch den Indischen Ozean und der kritischen Meerengen in Südostasien (wie der *Malakkastraße*) zugenommen.[300] So werden der chinesischen Politik gegenüber Südostasien und insbesondere Myanmar nicht nur wirtschaftliche, sondern auch langfristige sicherheitspolitische Intentionen zur militärischen Absicherung der Energieimportrouten aus dem Persischen Golf unterstellt. Der Bau von Militärbasen an der Küste Myanmars und die Aufrüstung der Streitkräfte des Burmas durch China haben z.B. wesentlich zur Verschärfung der indisch-chinesischen Rivalität in der zweiten Hälfte der 90er Jahre beigetragen. Die potentielle Verwundbarkeit dieser strategischen Schifffahrtsrouten für die eigenen Energieimporte war in China im Jahr 1999 infolge des Kosovo-Konfliktes wiederholt Gegenstand sicherheitspolitischer Debatten und hat die Diversifizierungsbemühungen des Energieimportes aus Russland und Zentralasien zusätzlich gestärkt. Bereits seit Ende der 80er Jahre haben die chinesischen Streitkräfte die sich abzeichnende Energieabhängigkeit vom Persischen Golf als Legitimation einer beschleunigten Modernisierung der eigenen Seestreitkräfte innenpolitisch erfolgreich instrumentalisiert. So wurde seit Anfang der 90er Jahre der Marine- und Luftstreitkräfterüstung — zu Lasten der eigenen Landstreitkräfte, deren Entwicklung zusammen mit den Nuklearstreitkräften Chinas bisher stets die Priorität eingeräumt worden war — Vorrang bei der Aufteilung der finanziellen Investitions- und Beschaffungsressourcen zuer-

---

298 So 'The Geopolitics of Energy into the 21st Century. Vol. 2', hier S. 23.

299 Vgl. ebda., S. 32 f.; F.Umbach, 'Konflikt oder Kooperation in Asien-Pazifik?', S. 109 ff. und ders., 'Military Balance in the Asia-Pacific: Trends and Implications', in: Mely C. Anthony/ Mohamed Jawhar Hassan (Eds.), "The Asia Pacific in the New Millennium. Political and Security Challenges" (14th Asia-Pacific Roundtable, June 2000, ISIS, Malasyia), Kuala Lumpur 2001 (in English), S. 331-386.

300 Vgl. auch Fereidun Fesharaki, 'Energy and Asian Security Nexus', S. 91 und Philip Andrews-Speed/Xuanli Liao/Roland Dannreuther, 'The Strategic Implications of China's Energy Needs', hier S. 25.

kannt. Die zukünftigen Operationen der chinesischen Marine werden sich im 21. Jahrhundert keineswegs mehr nur auf das Südchinesische Meer und die Taiwanstraße beschränken[301], wie dies bereits heute zunehmend beobachtet werden kann — auch wenn die chinesische Marine noch mindestens ein bis zwei Dekaden benötigt, um eine kleinere *Blue Water-Navy* aufzubauen.

Inzwischen widmen auch chinesische Experten ihre Aufmerksamkeit zunehmend den zahlreichen neuen außen- und sicherheitspolitischen Herausforderungen, die sich aus den zunehmenden Energieimporten, den überlappenden Territorialansprüchen (wie z.B. im Südchinesischen Meer), unterschiedlichen Interpretationen von Prinzipien der Freiheit der Meere oder anderer völkerrechtlicher Prinzipien, der verschärften Rüstung vor allem der Marine- und Luftstreitkräfte sowie nicht-militärischen Sicherheitsherausforderungen (Umweltverschmutzung der Meere, Piraterie, Drogen- und Waffenschmuggel etc.) für die internationalen Schifffahrtsrouten („*Sea Lanes of Communication/SLOCs*") ergeben. So konstatierte z.B. der Shanghaier Experte für maritime Fragen, *Ji Guoxing*, im Jahr 1999:

> „China attaches much importance to SLOC security and would play a positive role in the safeguarding of SLOC together with other regional countries. However, China needs to make sustained efforts to let the world community believe its sincerity in maintaining SLOC security and to clarify the misunderstanding prevalent in some world circles that 'China does not support the freedom of the sea principle' and 'China is one of the sources threatening regional SLOC security".[302]

Ein weiteres Beispiel für mögliche außen- und sicherheitspolitischen Auswirkungen der zunehmenden Energieabhängigkeit von weit entfernten Energieexportländern sind Anteilskäufe staatlicher chinesischer Schifffahrtsgesellschaften (wie z.B. der *China Ocean Shipping Company/COSCO* oder der in *Hong Kong* ansässigen *Hutchinson Whampoa*, die Einrichtungen im *Port of Said* am östlichen Suezkanal errichtet) an strategischen Häfen, die an den wichtigsten kritischen Meerengen für den internationalen Schifffahrts- und Tankerverkehr (den sogenannten „*choke points*") liegen und von größter strategischer Bedeutung sind. Diese reichen von der *Malakkastraße* (*Port Klang* und *Singapur*) über den im Bau befindlichen Marinehafen *Gwadar* (Pakistan)[303], zum *Panama-Kanal* bis hin zum *Suezkanal*. Derartige chinesische Finanz- und Geschäftsaktivitäten werden vor allem in den USA mit Misstrauen verfolgt, da diese Firmen wie *COSCO* über engste Beziehungen zu den chinesischen Streitkräften und seinen Geheimdiensten verfügen sollen.[304]

301 Vgl. F.Umbach, 'Konflikt oder Kooperation', hier S. 46 ff.

302 Ji Guoxing, 'SLOC Security in the Asia-Pacific', Occasional Paper, Asia-Pacific Center for Security Studies (APCSS), Hawaii 1999, S. 1.

303 Zur strategischen Bedeutung dieses wesentlich von chinesischen Firmen gebauten (Marine-)Hafens in Pakistan siehe R. Bedi, 'The Chinese Connection', in: JIR, February 2002, S. 34 und J. Mohan Malik, 'Dragon on Terrorism: Assessing China's Tactical Gains and Strategic Losses after 11 September', in: Southeast Asia, August 2002, S. 252-293 (280).

304 *COSCO* ist die zweitgrößte Schifffahrtsgesellschaft der Welt und fungiert nach US-Angaben als „*merchant marine arm of the PLA*"- vgl. 'From Singapore to Port Said: China's Influence

3.8.6.3 Chinas zunehmende energie-, außen- und sicherheitspolitische Interessen in Zentralasien

> "By the mid-1990s, Chinese thinking had arrived at a more global orientation not positing involvement in the Middle East against cooperation in the Asia-Pacific but rather integrating the two regions in a strategy that made Central Asia a link between them. By 1996, the *State Planning Commission* and the *State Scientific Research Institute of Petroleum Exploration and Development* referred to a *'Pan-Asia continental oil bridge'* of gas and oil pipelines that would link China with Central Asia, Russia, the Middle East, South Korea, and Japan. The Chinese expected that construction of the domestic pipeline would be speeded up by its incorporation into the proposed international pipeline network."[305]

Vor dem Hintergrund der Enttäuschung über die sich nicht erfüllenden Hoffnungen auf größere neue Energieressourcen im eigenen Land und nationalen Küstenbereich sowie im Südchinesischen Meer[306] und aufgrund der potentiellen Verwundbarkeit der chinesischen Schifffahrtsrouten des Indischen Ozeans durch die amerikanische Marine (zukünftig auch durch die indischen oder sogar japanischen Seestreitkräfte) hat die Region Zentralasiens ab Mitte der 90er Jahre als strategische Landbrücke zwischen dem Mittleren Osten sowie des Persischen Golfes und der VR China nicht nur aus sicherheitspolitischer Sicht, sondern auch aus energiepolitischen Gründen für Peking einen größeren strategischen Stellenwert eingenommen.[307] Dabei könnte eine verstärkte energiepolitische Kooperation Chinas mit seinen zentralasiatischen Nachbarstaaten Kasachstan, Kirgistan, Usbekistan und Turkmenistan sowie mit Involvierung Russlands auch die allgemeine regionale wirtschaftliche und politische Zusammenarbeit fördern, wie sich dies inzwischen durch die *Shanghai Organisation für Kooperation* (früher *„Shanghai Fünf"*) funktional bereits manifestiert hat.[308] Allerdings könnte sich aufgrund der verstärkten energiepolitischen Interessen Chinas zukünftig auch eine größere strategische Rivalität zwischen Russland und China entwickeln, da Moskau diesen geostrategisch bedeutenden Raum stets als seinen eigenen Hinterhof betrachtet hat. So verstößt der vereinbarte Bau der kasachisch-chinesischen Pipeline von *Atyrau* nach *Alachenkou* (*Sinkiang*) aus dem Jahr 1997 gegen ein zentrales russisches Interesse in dieser Region: die Pipeline führt nicht über russisches Territorium, welches Moskau erhebliche Mitsprache- und Kontrollrechte gewähren würde. Es war daher kein Zufall, dass Moskau noch im gleichen Jahr zu wesentlichen Konzessionen bei den Verhandlungen über den Bau einer Gasleitung von Sibirien über die Mon-

---

over the World's Waterways', Stratfor.Com, 10.5.2000; 'China's 21st Century Africa Policy Evolving', ebda., 7.8.2002, hier S. 3 und 'China Struggles for Leverage in Latin America', ebda., 9.5.2001.

305 So Gaye Christoffersen, 'China's Intentions for Russian and Central Asian Oil and Gas', The National Bureau of Asian Research (NBR), Vol. 9, No. 2, 1998, hier S. 8.

306 Vgl. ebda. und F. Umbach, 'Konflikt oder Kooperation in Asien-Pazifik?', S. 330 ff.

307 Vgl. auch Amy Myers Jaffe/Steven W. Lewis, 'Beijing's Oil Diplomacy', S. 125 f.

308 Vgl. hierzu auch Kap. 6.4 dieser Arbeit.

golei nach China bereit war, die zuvor mehrfach ins Stocken geraten war. Russland versuchte damit, das chinesische Interesse an der Region Zentralasien und dem Kaspischen Becken nicht zu groß werden zu lassen, so dass neben den USA und den Regionalmächten Türkei und Iran nicht noch ein zusätzlicher strategischer Rivale im russischen Hinterhof agiert.[309]

Allerdings sind für die mittelfristige Perspektive der nächsten 10-15 Jahre ehrgeizige chinesische Pipelinepläne mit einer Länge von bis zu 11.000 km aus Zentralasiens bis an die Ostküste Chinas und seinen großen sowie wirtschaftlich prosperierenden Ballungsräumen unter ökonomischen Gesichtspunkten eigentlich kaum realistisch. Bisher ist auch der bereits 1997 vereinbarte Bau einer 3.200 km langen Ölpipeline vom westkasachischen Ölfeld *Atyrau* nach *Alachenkou* in der chinesischen Provinz *Sinkiang* kaum vorangekommen, da diese Pipeline auf absehbare Zeit nicht rentabel erscheint, solange nicht das Produktionsvolumen auf 20-25 Millionen Tonnen pro Jahr erhöht wird — weitaus mehr, als die kasachischen Erdölfelder nahe *Aktobe* produzieren können.[310]

Die wirtschaftlich interessanteste Option ist vielmehr der Bau von Pipelines aus Zentralasien nach Iran bzw. bis an den Persischen Golf, wo zentralasiatisches Erdöl und Erdgas auf Tanker verladen werden könnte. Noch ökonomisch rentabler wären sogenannte *Swap-Deals*. Dabei würden zentralasiatische Energieressourcen bis in den Norden Irans durch Pipelines transportiert und diese von Iran selbst verbraucht werden, während Teheran im Gegenzug im Austausch die gleiche Menge an iranischem Erdöl und Erdgas von seinen am Persischen Golf gelegenen Produktionsstätten nach Asien exportieren würde und dann beide Mengen miteinander verrechnen könnte. Doch aufgrund der doppelten Eindämmungspolitik Washington steht diese Option China und anderen asiatischen Staaten derzeit nicht zur Verfügung, so dass allenfalls aus Zentralasien nach Georgien oder Russland im Schwarzen Meer oder zukünftig über die Türkei im Mittelmeer über bis dahin durch Pipelines transportiertes und dann in Tanker verladenes Erdöl sowie Erdgas auch für China und andere ostasiatische Staaten zur Verfügung stehen könnte. Diese Alternative für zentralasiatische Energieressourcen nach Asien kostet jedoch etwa das Zwei- bis Dreifache gegenüber der *Swap*-Option mit dem Iran.[311] Zudem kann auch Peking nicht übersehen, dass durch die großen sozio-ökonomischen, ethnischen und politischen Instabilitäten in Zentralasien und dem Kaspischen Becken große Pipelinepläne und andere große Infrastrukturinvestitionen ebenfalls mit hohen Risiken verbunden sind. So haben diese bisher viele ausländische Investoren vor großen finanziellen Engagements noch abgeschreckt. Allerdings kann in der Tat während der letzten Jahre eine verstärkte Ausrichtung der chinesi-

---

309 Vgl. F. Umbach, 'Konflikt oder Kooperation in Asien-Pazifik?', S. 364-367.
310 Vgl. ebda., hier S. 357 ff.; Michael Lelyveld, 'Kazakhstan: Oil Pipeline to China a Victim of Diplomatic Dispute', RFE/RL Analysis, 19.9.2001; Gaye Christoffersen, 'China's Intentions for Russian and Central Asian Oil and Gas' und Sergei Troush, 'China's Changing Oil Strategy and its Foreign Policy Implications', hier S. 6 f.
311 Vgl. Fereidun Fesharaki, 'Energy and Asian Security Nexus', S. 94.

schen Politik für die zukünftige Energiesicherheit des Landes auf marktwirtschaftliche Bedingungsfaktoren konstatiert werden. Doch haben die Ereignisse der NATO-Intervention in Kosovo 1999 und die Auswirkungen des 11. September 2001 erneut die Diskussionen über die richtige Strategie der Energiesicherheit angefacht, wie eine neue Studie ebenfalls bestätigt:

> „The events of 11 September have triggered a re-evaluation by the Chinese government with energy security assuming an increasingly important prominence for the top leadership. They might yet decide that the current dependence on the Gulf for oil supplies is excessive, that a stronger Chinese presence in Central Asia is required to counter-balance the growing US influence, and that the Kazakhstan oil pipeline should be constructed, regardless of cost."[312]

Somit haben die chinesischen Diversifizierungsanstrengungen nach dem 11. September 2001 weiter zugenommen, was auch außerhalb Chinas begrüßt werden sollte. Gleichzeitig zeigen diese strategischen Trends aber auch, inwieweit weiterhin strategische sowie geopolitische Überlegungen und nicht allein oder primär eine grundsätzlich marktwirtschaftliche Ausrichtung der konkreten Politik Pekings für die nationalen Energiesicherheit Chinas eine determinierende Rolle spielen. Insofern ist die chinesische Energiesicherheit auch in der kurz- und mittelfristigen Zukunft unauflösbar mit der konkreten Außen-, Sicherheits- und Verteidigungspolitik verbunden.

3.8.6.4 Chinas Diversifizierungsstrategien für eine stärkere energiepolitische Zusammenarbeit mit Russland, Afrika, Lateinamerika und Südostasien

> „Increasing energy supply to Asia in a non-contentious manner would have global as well as regional benefits. The more secure the energy-short Asian nations perceive themselves to be, the less likely it is that they will engage in competitive political relations with key Middle East producers. They would also be less likely to engage in geopolitical rivalries for control over the East and South China Sea supply lines from the Middle East."[313]

Seit 1996 ist die energiepolitische Zusammenarbeit zwischen China und Russland, das zweit- bis drittgrößter Erdölproduzent ist und über die weltweit größten Erdgasreserven verfügt, erheblich ausgeweitet worden. So will China verstärkt sowohl Erdöl als auch Erdgas aus Sibirien, zukünftig wahrscheinlich auch aus *Sachalin*, über mehrere Pipelines beziehen. Diese sind entweder bereits zwischen beiden Seiten vereinbart worden oder werden derzeit noch verhandelt (siehe auch *Abbildungen 35-37*).[314] Allerdings wurden bis zum Jahr

---

312 So die Studie von Philip Andrews-Speed/Xuanli Liao/Roland Dannreuther, 'The Strategic Implications of China's Energy Needs', hier S. 61.

313 So die Studie: 'The Geopolitics of Energy into the 21st Century. Vol. 2', hier S. 27.

314 Vgl. hierzu insbesondere Eugene M. Khartukov, 'Russia', in: Paul B. Stares (Ed.), 'Rethinking Energy Security in East Asia', S. 141-182; Keun-Wook Paik, 'Energy Cooperation in Sino-Russian Relations: The Importance of Oil and Gas', in: Pacific Review 1/1996, S. 79-87 und Gaye Christoffersen, 'China's Intentions for Russian and Central Asian Oil and Gas', S. 19 ff.

2001 konkret nur Baupläne einer mehr als 3.000 km langen Erdgaspipeline aus dem Gebiet von *Irkutsk* (Ostsibirien) von dem *Kvytkinskoye*-Erdgasfeld über die Mongolei an die chinesische Küste der *Shandong* Provinz vorangetrieben. Diese soll jährlich 20 bcm über einen Zeitraum von 25-30 Jahren — etwa 40 Prozent des gegenwärtigen jährlichen Gasverbrauchs Chinas — sicherstellen. Darüber hinaus soll eine weitere Ölpipeline von *Tomsk* nach *Peking* gebaut werden (siehe *Abbildung 35*). Im Juni 2002 wurde schließlich bekannt, dass beide Seite eine weitere 2.480 km lange und 2,3 Milliarden teure Öl- und Erdgaspipeline aus Ostsibirien nach China bauen wollen, mit der mindestens 600.000 Fass Rohöl pro Tag geliefert werden sollen.[315]

Abbildung 35: Russisch-chinesische Pipelinepläne

Pipeline	Type	Maximum Capacity	Distance	Cost	Projected Completion
Tomsk/Angarsk -Beijing (or Daquing)	Oil	400,000-600,000 bpd	2400 km	$ 1.7-2 billion*	2005
Kovykta (Irkutsk)- Lianyunggang	Gas	30-35 bcm	3700 km	$ 4-7 billion**	NA

Bcm = billion cubic meters per year
Bpd = barrels per day
* Russia will provide $ 700 million of the cost of construction.
** The original price for this project was $ 8-10 billion, but that included underwater links to South Korea and Japan. It is now doubtful those links will be built.

Quelle: 'Actualizing the Alliance: Russia and China Move toward a Pipeline Deal', in: Stratfor. Com, 21.3.2000 und Michael Lelyveld, 'Russia: China Summit Ends Without Ratification of Energy Treaties', RFE/RL Analysis, 4.12.2002.

Allerdings ist seit den Verhandlungen über die Erdölpipeline aus dem Jahr 1996 wenig konkreter Fortschritt zu verzeichnen, auch wenn sich China inzwischen bereit erklärt hat, für 700 Millionen Dollar nicht nur die Pipeline auf seinem Territorium zu bauen, sondern auch die Ölpipeline auf russischem Gebiet mit einer Milliarde Dollar mit zu finanzieren.[316] Die jüngsten Verzögerungen sind auch durch die russischen Pläne zu erklären, eine alternative 3.000 km lange Pipeline von *Angarsk* zum russischen Pazifikhafen *Nachodka* zu bauen. Dies hätte den Vorteil, dass dann der Rohölexport auch in eine Reihe anderer Staaten erfolgen könnte. Dieses Projekt wäre allerdings mit 4,6-6 Milliarden

[315] Allerdings gibt es erhebliche lokale Widerstände in Ostsibirien durch die einheimische Bevölkerung der *„Evenki"* – siehe Bernama News, 27.6.2002 (via On-line) und Paul Brown, Dawn, 14.8.2002 (Internet-Version).

[316] Auch bei dem jüngsten Besuch von Präsident *Vladimir Putin* in Peking Anfang Dezember 2002 konnte noch kein wirklicher Durchbruch bei den Pipelineplänen beider Seiten erzielt werden – vgl. Sabrina Tavernise, IHT, 3.12.2002, S. 15.

Dollar Investitionskosten auch erheblich teurer. Zwar scheint Präsident *Putin* gegenwärtig noch beide Pipelinepläne realisieren zu wollen und hat hierfür seine Unterstützung erklärt. Allerdings ist die Realisierung beider Pipelineprojekte derzeit unter wirtschaftlichen Rentabilitätsgesichtspunkten kaum realistisch, solange nicht weitere größere Rohölfunde in Sibirien nachgewiesen sind.[317]

Trotz dieses massiven Ausbaus der energiepolitischen Zusammenarbeit mit Russland während der letzten Jahre als integraler Bestandteil der deklarierten *„strategischen Partnerschaft“* zwischen beiden Ländern und der großen Öl- und vor allem Gasvorräte in Sibirien und Sachalin (siehe auch die *Abbildungen 35* und *36*) will Peking jedoch auch von seinem nördlichen großen Nachbarn nicht zu abhängig werden. So kann sich Peking nur zu gut daran erinnern, dass Moskau nach dem Schisma mit China seit Ende der 50er Jahre nicht nur seine Nuklearwaffentechniker, sondern auch seine Experten aus der Öl- und Energiewirtschaft zurückzog und die technische Unterstützung einstellte, was seinerzeit zu ernsten Energieversorgungsschwierigkeiten in China führte.

Abbildung 36: Natural Gas Resources of the Russian Far East and East Siberia* (Tm^3)

	Initial Resources	Cumulative Production	Current Reserves	Undiscovered Resources
Russian Far East	23.74	0.06	2.26	21.42
Sakha-Yakutia	9.98	0.03	1.30	8.65
Sakhalin	4.14	0.03	0.91	3.20
Other areas	9.61	0.00	0.04	9.57
East Siberia	32.75	0.01	2.94	29.80
Krasnyarsk	24.45	0.01	1.79	22.65
Irkutsk	8.30	0.00	1.15	7.15
Total	56.49	0.07	5.20	51.22

* All data as of January 1, 1997; Tm^3: trillion cubic meters.

Quelle hier: Eugene M. Khartukov, 'Russia', in: Paul B. Stares (Ed.), 'Rethinking Energy Security in East Asia', Tokyo-New York 2000, pp. 141-182 (144).

Auf beiden Seiten spielt hierbei noch immer ein historisches Misstrauen eine Rolle sowie ungelöste finanzielle Aspekte der Pipelinepläne. So ist China gegenwärtig offenbar nur bereit, einen Preis für russisches Erdgas zu bezahlen, welcher dem auf dem russischen Markt für die eigene Bevölkerung Russlands entspricht, aber auch nicht annähernd wirklich marktwirtschaftlichen Preisen. Es ist ebenso bezeichnend für das ambivalente bilaterale Verhältnis, dass Peking bisher eher Diversifizierungsoptionen des Erdgas- und Erdölimports aus anderen, weiter entfernt liegenden Weltregionen den Vorzug gegeben hat, ob-

[317] Vgl. Michael Lelyveld, 'Russia/China: Joint Pipeline Plan Makes Slow Progress', RFE/RL Analysis, 27.8.2002.

wohl damit auch höhere Transportkosten anfallen. Dies wiederum hat zu zusätzlichem Misstrauen auf russischer Seite geführt. Darüber hinaus strebt Peking nun eine 75-prozentige Beteiligung von Anteilen an der staatlichen russischen Ölfirma *Slavneft* an, um so seine Ängste vor zu weitgehender Integration mit Moskau und zu einseitigen Abhängigkeiten von Russland zu überwinden. Darüber hinaus war es im Zuge der Verhandlungen zum WTO-Beitritt beider Länder (den China inzwischen vollzogen hat, Russland jedoch noch nicht) zu Irritationen in Moskau gekommen, als Peking auf freien Zugang chinesischer Arbeitkräfte nach Russland drängte und damit die ohnehin in Russland weitverbreiteten Ängste vor einer *„schleichenden Sinisierung"* der bis heute umstrittenen und dünn besiedelten russischen Gebiete nahe der chinesischen Grenze im Fernen Osten zu bestätigen schien.[318]

Dies gilt insbesondere auch vor dem Hintergrund, dass Russland zugleich der größte Waffen- und Technologieexporteur für die chinesischen Streitkräfte ist.[319] Im Jahr 2001 ist China erstmals zum weltweit größten Rüstungsimporteur aufgestiegen und war in den vergangenen Jahren stets zugleich der wichtigste Rüstungsabnehmer für Russland.[320] Dieser russische Waffen- und Technologietransfer ist jedoch nicht uneingeschränkt. So ist insbesondere unter dem neuen russischen Präsidenten *Putin* während der letzten beiden Jahre vor allem der Technologietransfer nach China gleichzeitig qualitativ begrenzt worden. Auch erhält Peking inzwischen keineswegs die modernsten russischen Waffensysteme, auch wenn dieser russische Rüstungsexport nach China aus asiatischer und insbesondere amerikanischer Sicht weiterhin mit großem Misstrauen verfolgt wird. Statt dessen hat Russland inzwischen seine traditionelle *„strategische Partnerschaft"* mit Indien auf militärtechnologischem Gebiet erheblich ausgebaut. Der russisch-indischen Zusammenarbeit unterliegen dabei offensichtlich keine vergleichbaren Restriktionen bei Waffen- und Technologietransfers. Vielmehr ist Moskau bereit, auch modernstes Militärgerät, einschließlich eines Flugzeugträgers und eines nuklearangetriebenen U-Bootes mit nuklearfähigen Raketen, an Indien zu liefern.[321] Zudem entwickeln beide Seiten

---

318 Vgl. Michael Lelyveld, 'Russia: China Summit Ends Without Raification of Energy Treaties', RFE/RL Analysis, 4.12.2002.

319 Vgl. F. Umbach, 'Russia' Strategic and Military Interests in North and Southeast Asia', in: Michael H. Crutcher (Ed.), 'The Russian Armed Forces at the Dawn of the Millenium', Center for Strategic Leadership/The United States Army War College, Carlisle Barracks, PA, December 2000, S. 261-321 (268 ff.).

320 Nach Angaben *SIPRIs* war Russland im Jahr 2001 der größte Rüstungsexporteur mit 12 Prozent des weltweiten Waffenhandels und einem Umfang von 4,97 Milliarden US-Dollar (noch vor den USA mit 4,56 Mrd. $) - siehe Sergei Blagov, Asia Times, 2 July 2002; Reuters.Com, 15.6.2002 (Online-Version) und BBC, 13.6.2002 (Online-Version). Im Kontext siehe auch F.Umbach, 'Der Drache schärft die Klauen', in: Der Überblick 2/2002, S. 76-82 (77 f.) und David Lague, 'Buying Some Major Muscle', in: FEER, 24.1.2002, S. 30-34. Die offiziellen Zahlen von *SIPRI* sind jedoch in Russland zurückgewiesen worden, während auch bei US-Angaben die USA nach wie vor führen – siehe Aleksei Nikolsky/Maksim Trudolyubov, Vedomosti, 14.6.2002, S. A1 und Barry Schweid, AP, 15.6.2002, hier nach CDI Russia Weekly, Nr. 219, 16.8.2002.

321 Vgl. Gazeta (Moskau), 3.12.2002 (Internet-Version) und Jeremy Bransten, 'Putin Emphasizes 'Strategic' Importance of India Ties', RFE/RL-Analyses, 5.12.2002.

auch neue Generationen von Waffensystemen (einschließlich von hochmodernen Raketen und Marschflugkörpern aller Art). Dabei ist Moskau auch zur Zusammenarbeit bei der Entwicklung neuer indischer Unterseeboote mit Nuklearantrieb bereit. Derartige gemeinsame Projekte mit Peking werden jedoch bisher von Moskau abgelehnt, was wiederum in Peking zu Verärgerung und Enttäuschung geführt hat.

Verständlicherweise wird diese enge Kooperation zwischen Moskau und New Delhi wiederum aus chinesischer Sicht mit Argwohn und einer gewissen Enttäuschung verfolgt — zumal Indien sich zunehmend als strategischer Rivale Chinas in Asien versteht und seinerseits nicht nur seine militärpolitische Zusammenarbeit mit Moskau, sondern auch mit den USA, Australien, Japan und einigen ASEAN-Staaten in den letzten Jahren intensiviert hat.

Abbildung 37: Forecast Energy Balances of the Russian Far East

	1997*	2005	2010	2020
Natural Gas (bm³)				
Indigeneous production	3	16-20	20-34	55-75
Inland consumption†	3	5-6	8-10	8-10
Exportable surplus	0	11-14	12-24	35-50
Crude Oil‡ (Mt)				
Indigenous production	2	16-21	23-29	30-40
of which condensate	0	1-2	2-3	5-6
Inland consumption§	4	6-8	10-12	12-15
Exportable surplus	(2)	10-13	13-17	18-25
Oil Products (Mt)				
Indigenous production	4	6-7	9-11	11-14
Inland consumption†	7	7-9	9-15	20-25
Exportable surplus	(3)	(1-2)	(1-4)	(9-11)
Coal (Mt)				
Indigenous production	32	27-30	30-40	25-40
Inland consumption†	33	20-25	25-32	20-30
Exportable surplus	(1)	5-7	5-8	5-10

SOURCE: World Energy Analysis and Forecasting Group (GAPMER) and author's estimates.
* Actual.
† Includes own use, losses, and stock exchange.
‡ Includes gas condensate.
§ Refinery intake, won and direct use, losses and stocks exchange.
Bm³: billion cubic meters; Mt: million tons.

Quelle hier: Eugene M. Khartukov, 'Russia', in: Paul B. Stares (Ed.), 'Rethinking Energy Security in East Asia', Toyo-New York 2000, pp.141-182 (169).

Da China dennoch auch weiterhin von Moskaus Technologiekooperation bis hin zur Lieferung von wichtigen Ersatzteilen bei Flugzeugen, Raketen und

Schiffen abhängig ist, möchte sich China nicht auch noch auf dem sensitiven Feld der Energiepolitikkooperation zu abhängig und womöglich eines Tages — unter veränderten innen- und außenpolitischen Rahmenbedingungen — politisch erpressbar machen. Daher sucht Peking weltweit nach weiteren Möglichkeiten der Diversifizierung seines Energieimportes, um so seine zukünftige Energiesicherheit zu stärken. Insofern spielt auch hierbei das tradierte chinesische Misstrauen gegenüber seinen Nachbarn und der Außenwelt eine ausschlaggebende Rolle bei Fragen der nationalen Energiesicherheit des Landes.

Aus diesem Dilemma ist die Regierung in China nun bereit, einerseits selbst den Bau langer und ökonomisch fragwürdiger Pipelineprojekte maßgeblich finanziell zu subventionieren, andererseits den eigenen Energiesektor trotz des traditionellen Misstrauens gegenüber westlichen Energiekonzernen und der bisherigen starken Ausrichtung auf eine möglichst weitgehende Autarkiepolitik zur Reduzierung ökonomischer und politischer Abhängigkeiten sowie Verwundbarkeiten der Transportwege über die Meere für ausländische Energiekonzerne für einzelne strategische Energieprojekte zu öffnen. Diese Tendenz wird durch das jüngste Beispiel des bereits erwähnten internationalen Konsortiums von *PetroChina*, der *Royal Dutch/Shell Group, Exxon Mobil Cor. und OAO Gazprom* zum Bau der mehr als 4.000 km langen Gaspipeline aus der autonomen Region *Sinkiang* an die Ostküste Chinas nach *Shanghai* bestätigt.[322] Darüber hinaus hat Peking jüngst einem australischem Konsortium erstmals die Option auf die Lieferung von Flüssiggas mit einem Wert von etwa 13,6 Milliarden Euro über 25 Jahren eingeräumt. Jährlich sollen ab dem Jahr 2005 so etwa 3 Millionen Tonnen nach China exportiert werden. China gilt inzwischen als der weltweit am schnellsten wachsende Markt für Flüssiggas, dessen Erdgasbedarf auf 50-60 bcm bis zum Jahr 2010 zunehmen soll, um so den nationalen Gasverbrauch auf mindestens 8 Prozent der gesamten nationalen Energiekonsumption zu erhöhen. Das australische Flüssiggas soll zunächst nach *Shenzen* (wo der erste Flüssiggasterminal entsteht), später aber auch nach *Fujian* und *Shanghai* geliefert werden.

Obwohl Australien aus sicherheits- und militärpolitischer Sicht Pekings als ein enger Alliierter und strategischer Partner der USA in Asien gilt, war für China entscheidend, dass Australien (gegenüber Indonesien, welches mit dem *Tangguh*-Erdgasfeld ebenfalls Aussicht zum Export von Flüssiggas nach China eingeräumt wurde und über den Vorteil der größeren geographischen Nähe zu China verfügt) eine größere politische Stabilität aufweist und als ein verlässlicherer Energiepartner für Nordostasien (insbesondere auch für Japan) gelten kann als Indonesien mit seinen gegenwärtig zahlreichen innenpolitischen Problemen. Dennoch wird von internationalen Energieexperten ein ähnliches Abkommen Chinas demnächst auch mit Indonesien erwartet.[323]

---

322 Vgl. South China Morning Post, 8.1.2002 (Internet-Version)

323 Vgl. Richard Mc Gregor u.a., FT, 9.8.2002, S. 6; Peter Wonacott/Bhushan Bahree, ebda., 9-11.8.2002, S. A2; Tom Allard/John Garnaut, The Sydney Morning Herald, 9.8.2002 (Online-

Darüber hinaus hat China sogar mit Taipeh ein Kooperationsprojekt initiiert, um gemeinsam im *Tainan Basin* in der Taiwanstraße nach Erdöl und Erdgas zu suchen. Offensichtlich wurden alle politischen und ideologischen Gegensätze beiseite geschoben. Sollte dies Projekt ein Erfolg sein, so könnte dieses ein Modellfall für zukünftig verstärkte wirtschaftliche Kooperationen zwischen Peking und Taipeh bilden sowie zu einem politischen Rapprochement zwischen den beiden Konfliktseiten beitragen. Zudem könnte diese Kooperation auch ein positiver Präzedenzfall für die Lösung der Territorialkonflikte im Süd- und Ostchinesischen Meer bilden, bei dem die wirtschaftliche Kooperationsformen im Vordergrund stehen, während heikle politische Souveränitätsfragen einvernehmlich in den Hintergrund treten.[324] Allerdings könnte dies auch ein Versuch Pekings sein, Taiwan bei den Territorialkonflikten im Südchinesischen Meer wieder auf seine Seite zu ziehen, nachdem Taipeh in den letzten Jahren eine zunehmend unabhängige Position erkennen ließ und sich nicht selten im Konflikt mit China auf Seiten der ASEAN-Staaten gestellt hat. Dies gilt insbesondere für die Philippinen, die als schwächstes ASEAN-Land bei den ungelösten Territorialkonflikten mit Peking stets dem größten Druck Chinas seit 1995 ausgesetzt war.[325]

Gleichzeitig hat China seine energiepolitischen Investitionen trotz der größeren Entfernungen und damit häufig zugleich auch höheren Transportkosten im Zuge seiner Diversifizierungsanstrengungen auch auf Afrika und Lateinamerika ausgedehnt und diese gestärkt.[326] Auch hier überschneiden sich die geoökonomischen Interessen Pekings mit seinen geopolitischen, obwohl auch zahlreiche Erdöl exportierende afrikanische Staaten wie der Sudan, Angola, der Tschad und Nigeria mit zahlreichen innenpolitischen Instabilitäten konfrontiert sind, welche jederzeit beim Export zu Versorgungsschwierigkeiten oder gar zeitlich längeren Ausfällen führen können.[327] In Afrika kann sich China auf seine langen und traditionell guten Beziehungen seit Zeiten des Kalten Krieges stützen, die von militärischer Unterstützung (vorwiegend Raketen und leichtere Waffen) bis hin zu Erdölprojekten in Libyen, Sudan und Ägypten sowie engen diplomatischen Beziehungen mit Südafrika reichen. Diese guten Beziehungen hat Peking in den letzten Jahren dazu genutzt, seine Diversifizierungsanstrengungen hinsichtlich des Energieimportes weiter zu intensivieren. China importiert inzwischen Erdöl aus Nigeria, Sudan, Angola, Algerien, Gabun,

---

Version); Sadanand Dhume/Susan V. Lawrence, 'Buying Fast into Southeast Asia', in: FEER, 28.3.2002, S. 30-33 und David Murphy/John McBeth, 'Having a Gas in China'.

324 Vgl. auch Matt Pottinger, WSJE, 28.8.2001 und Mark J. Valencia, 'Oil and Sovereignty', Taipeh Journal, 1.7.2002 (via Internet – http://publish.gio.gov.tw/FCR/current/R0207P24.html).

325 Zum Wandel der Politik Taiwans bei den Territorialkonflikten im Südchinesischen Meer während der zweiten Hälfte der 90er Jahre siehe F.Umbach, 'Konflikt oder Kooperation in Asien-Pazifik?', S. 93 f.

326 Zu Chinas Lateinamerikaambitionen siehe 'China Struggles for Leverage in Latin America', Stratfor.Com, 9.5.2001.

327 Vgl. Amy Myers Jaffe/Steven W. Lewis, 'Beijing's Oil Diplomacy', S. 127 f.

Kamerun, Libyen und Ägypten. Im Gegensatz zu vielen westlichen Energiekonzernen ist China auch bereit, größere Investitionen nicht nur im Offshore-Bereich zu tätigen, sondern auch im Landesinneren, obwohl dort die Risiken von Bürgerunruhen, Revolutionen und Anschlägen nicht selten höher sind. Die bilateralen Beziehungen mit dem Sudan sind ein gutes Beispiel, inwieweit Bartergeschäfte wie *„Öl gegen Waffen"* ein Charakteristikum für Chinas Wirtschafts- und Außenpolitik in Afrika bilden. So begann die bilaterale Erdölkooperation bereits im Jahr 1995 mit einer Investition von 440 Millionen Dollar durch die *China Oil and Gas* Corporation im sudanesischen *Sumuglad*-Erdölfeld. Durch diese Kooperation erhält China seit 1999 einen 15-prozentigen Anteil der Erdölproduktion dieses Feldes. Gleichzeitig soll jedoch auch der chinesische Waffenexport in den Sudan zugenommen haben und von *Scud*-Raketen bis hin zu Hubschraubern, leichten Kampfflugzeugen und allen Arten leichterer Waffen reichen.

Chinas derzeitige Energieambitionen richten sich vor allem auf Projekte in Nigeria (Ölreserven: 22,5 Mrd. Fass)[328], Angola (Ölreserven: 12,5 Mrd. Fass)[329] und Äquitorial-Guinea. Gleichzeitig erhalten die Streitkräfte Äquitorial-Guineas erstmals schwere Waffen (wie Panzer) von China und werden an diesen von Seiten der chinesischen VBA ausgebildet. Auch hier haben die größeren Erdöleinnahmen des Landes den Staatshaushalt befähigt, auch größere Rüstungsausgaben zu tätigen. Da gleichzeitig im *Golf von Guinea*, wo schätzungsweise etwa 20-30 Milliarden Fass Rohölreserven vermutet werden, jedoch auch die Nachbarstaaten in den letzten Jahren aufgerüstet haben und zudem ihre Territorialkonflikte (einschließlich der Seegewässer und Meeresressourcen) zumeist nicht gelöst haben, kann eine Verschärfung dieser Souveränitäts- und Ressourcenkonflikte sowie ein zukünftiger Rüstungswettlauf in dieser Region (*„Militarisierung Westafrikas"*) nicht länger ausgeschlossen werden.[330] Die höheren Staatseinnahmen der afrikanischen Energieproduzenten befähigen sie — wie die Staaten im Mittleren Osten — auch erheblich mehr Geld für ihre Streitkräfte auszugeben. Damit aber droht eine Kopie der Entwicklung wie in den Golf-Staaten während der letzten 20 Jahre: Die größten Rohölproduzenten sind zugleich auch die größten Rüstungsimporteure.[331]

Darüber hinaus nimmt Ägypten einen besonderen Stellenwert sowohl für Chinas Energie- als auch seine Außen- und Sicherheitspolitik ein. Der besondere Stellenwert Ägyptens für China ergibt sich durch seine geostrategische Stellung, die sowohl hinsichtlich der chinesischen Afrikapolitik als auch der Politik Pekings im Mittleren Osten von größter strategischer Bedeutung ist. Dabei

---

[328] Zu Chinas jüngsten Beziehungen zu Nigeria siehe 'China Seeking Nigerian Energy Partnership', Stratfor.Com, 5.7.2002 und 'Nigeria's Government Shifts Oil Policy to Retain Power', ebda., 12.6.2001.

[329] Vgl. 'China's 21st Century Africa Policy Evolving', Stratfor.Com, 7.8.2002.

[330] Zu Einzelheiten und Hintergründen siehe 'China's Risky Business in Equatorial Guinea', Stratfor.Com, 22.11.2000; 'China's Hand in Africa's Wars', ebda., 22.8.2000 und 'The Militarization of West Africa', ebda., 2.8.2000.

[331] Vgl. auch 'Race for African Arms Market Heats Up', Stratfor.Coms, 23.7.2002.

spielt auch hier ein verstärkter Zugang Chinas zum *Suez-Kanal* und seiner Hafeninfrastruktur eine wichtige Rolle, wie im Mai 2002 an einer Welttour der chinesischen Seestreitkräfte auf ihrem Weg nach Großbritannien, Frankreich und Australien deutlich wurde, welche die neuen chinesischen Hafenanlagen in *Port Said* nutzten.[332]

Obwohl China in den 90er Jahren graduelle Fortschritte auf dem Weg einer Liberalisierung seiner Energiepolitik und der Einbindung in die Weltwirtschaft gemacht hat, so ist die weitere marktwirtschaftliche Orientierung des eigenen Energiewirtschaft wiederholt seit 1998 ins Stocken geraten. Wie wir wiederholt gesehen haben, werden noch immer größere energiepolitische Entscheidungen nicht allein in den Energie(staats)konzernen nach ausschließlich ökonomischen Kriterien gefällt, sondern im Pekinger Politbüro, wo häufig nicht allein wirtschaftliche, sondern auch außen- und sicherheitspolitische Kriterien für energiepolitische Entscheidungen eine zentrale Rolle spielen. Dennoch bieten zukünftig weder unilateral-nationale Strategien noch ein Rüstungsaufwuchs zur Sicherung der eigenen Energieimportrouten über Land und vor allem Wasser eine Lösung für Chinas zukünftige Energiesicherheit. Gleichwohl wird China kaum der amerikanischen Marine die Sicherung der eigenen Energieimporte über den Seeweg anvertrauen.[333] Auch bilaterale Strategien der Energiekooperation sind allein nicht ausreichend für eine zukünftig stabile Energieversorgungssicherheit Chinas. Dieses Dilemma scheint gegenwärtig aber für Peking nicht zuletzt auch aus innenpolitischen Gründen unauflösbar zu sein. Die langfristige Lösung kann nur in einer weitgehend internationalen Arbeitsteilung liegen, die den zunehmenden Globalisierungstendenzen und primär wirtschaftlichen Kriterien Rechnung trägt sowie die Öffnung nach außen sowie die Deregulierung und Privatisierung des eigenen Energiesektors voraussetzt. Dabei kommt der internationalen Gemeinschaft eine wichtige Hilfestellung zu. Inzwischen hat China erste Schritte in diese Richtung unternommen, denen jedoch viele weitere und weitreichendere folgen müssen. Die Lösung der Probleme der chinesischen Energiesicherheit und auch anderer Ressourcenfragen ist dabei auch im globalen Interesse, wenn weltweite negative Auswirkungen in umwelt- und sicherheitspolitischer Hinsicht vermieden werden sollen. Je sicherer sich China bei der Lösung seiner Energieprobleme fühlt, um so sicherer werden sich auch seine Nachbarstaaten und der Rest der Welt sein.

Inwieweit vor diesem Hintergrund die Ereignisse des 11. September 2001 und ihre Folgen für die internationalen Beziehungen sowie chinesische Koope-

---

332 Vgl. 'Egyptian Ties to Extend Beijing's Power Projection', Stratfor.Com, 16.5.2002.

333 So die Hoffnung von Evan A. Feigenbaum, 'China's Military Posture and the New Economic Geopolitics', in: Survival, Summer 1999, S. 71-88 (83 f.).

rationspolitik bei ihrer Energie- und Außenpolitik (besonders gegenüber den USA, Japans und Indiens) einen für die nahe und mittelfristige Zukunft determinierenden Charakter haben könnten, soll später in dieser Arbeit (vgl. insbesondere *Kap. 6.5.3*) geklärt werden.

3.9 Globale Energiekrise oder Öldorado? – Stand und Perspektiven für die fossilen Energieträger Rohöl und Erdgas

> „One of the ironies at the turn of the century is that, in an age when the pace of technological change is almost overwhelming, the world will remain dependent, during 2000-2020 at least, essentially on the same sources of energy — fossil fuels —that prevailed in the twentieth century. Political risks attendant to energy availability are not expected to abate, and the challenge for policymakers is how to manage these risks." [334]

Nach den neuesten Langzeitprognosen der *Internationalen Energieagentur* (*IEA*) in Paris, die sich mit den meisten anderen prognostizierten Energieentwicklungen auf globaler Ebene deckt, werden die fossilen Energieträger Erdöl, Erdgas und Kohle bis zum Jahr 2030 noch immer die primären Energiequellen bleiben und 90er Prozent des Anstiegs der weltweiten Energienachfrage decken müssen.[335] Obwohl weltweit nach wie vor riesige Kohlevorräte vorhanden sind und somit kein Ressourcenmangel an Kohle besteht sowie der globale Verbrauch auch zukünftig ansteigen wird (davon werden auf China und Indien zwei Drittel des Anstiegs bis 2030 entfallen), so nimmt die globale Kohlekonsumption aufgrund von Wirtschaftlichkeitsfaktoren und den globalen Bemühungen zum Klimaschutz langsamer zu als der Erdöl- und Erdgasverbrauch. Daher soll in diesem Kapitel besondere Aufmerksamkeit dem weltweiten Umfang und der Verfügbarkeit der Erdöl- und Erdgasressourcen gewidmet werden, da diese sehr viel eher in diesem Jahrhundert erschöpft sein werden.

3.9.1 Rohöl

Die *IEA* geht in ihrem neuesten *„Energy Outlook 2002"* davon aus, dass die globale Rohölnachfrage um jährlich 1,6 Prozent von 75 Millionen Fass pro Tag (mb/d) im Jahr 2000 auf 120 mb/d im Jahr 2030 zunehmen wird. Diese Zunahme wird dabei zu etwa 75 Prozent auf die Expansion des weltweiten Transportsektors zurückgeführt.[336] Während die *IEA* und die weltweite Erdölindustrie zumindest bis zum Jahr 2030 keine größeren Probleme für die Deckung der weltweiten Rohölnachfrage sieht, wird diese Annahme inzwischen vor allem von bekannten Geologen in Frage gestellt. Sie glauben, dass der Höhepunkt der weltweiten Erdölproduktion in wenigen Jahren überschritten wird.

---

334 Vgl. die Schlussfolgerung einer internationalen Expertengruppe in ihrem Abschlußbericht zu globalen Entwicklungen der Energiepolitik bis zum Jahr 2020 – 'The Geopolitics of Energy into the 21st Century', hier S. XXIII f.

335 Vgl. IEA, 'World Energy Outlook 2002', Paris 2002.

336 Vgl. ebda., S. 27.

Danach geht es erst langsam, dann aber immer schneller bergab. Zugleich mit dem Überschreiten des Höhepunkts der weltweiten Rohölproduktion wird auch ein signifikantes Ansteigen des internationalen Rohölpreis erwartet.

Bisher hat die Welt etwa 820 Milliarden Fass Rohöl konsumiert — die gleiche Menge der bisher nachweisbaren Ressourcen (Stand 1999).[337] Demnach seien z.B. die Produktionsraten für Erdöl in Alaska seit 1989 stetig gesunken[338],während die erhoffte Steigerung der Produktionsrate von Erdöl im *Golf von Mexiko* nicht auf 2,2 Millionen Fass pro Tag im Zeitraum 1995 bis 2000 gesteigert worden sei, sondern nur um 1,4 Millionen Fass pro Tag zugenommen habe.[339] Nach Ansicht des weltweit bekannten Geologen *Colin Campbell*, der über die vollständigsten Daten über weltweit 1800 Ölfelder verfügen soll, werden gegenwärtig für den Verbrauch von vier Fass Öl nur ein Fass Öl an neuen Ressourcen entdeckt.[340] 90 Prozent der gegenwärtigen Rohölproduktion stammt von Erdölfeldern, die mehr als 20 Jahre alt sind, und 70 Prozent von Feldern, die mehr als 30 Jahre alt sind. Im Zeitraum 1992-199 sind nur 26 Prozent der in diesem Zeitraum weltweiten Rohölproduktion durch Entdeckung neuer Ölfelder ersetzt worden. Demnach verbrauchte die Welt etwa die vierfache Menge an Rohöl wie sie neue Erdölfelder finden konnte. So kommt eine Analyse aus dem Jahr 2001 zum alarmierenden Ergebnis:

> ...by 2010 they will be supplying 50% of the world's needs and by 2013 will be close to the mid-point of their own depletion. Although much higher prices will cushion the effect, chronic shortages of conventional oil could be expected to develop from around 2010."[341]

Aus dieser pessimistischen Sicht könnte bereits im Jahr 2003 der Höhepunkt der Rohölproduktion erreicht werden, die danach beginnen wird, zu sinken und Ende des 21. Jahrhunderts völlig eingestellt werden muss. Demnach könne die Erdölproduktion im nächsten Jahrzehnt nicht länger mit der weltweiten Nachfrage mithalten.[342] Nach neueren Untersuchungen wird jedoch zumeist *„depletion mid-point"* erst im Zeitraum 2010-2020 erwartet. Darüber hinaus steht dann nur noch die Nutzung nicht-konventioneller Erdölvorkommen (vor allem Schwerstöl und Ölsand) zur Verfügung. Deren Umfang ist allerdings sehr groß und könnte unter den dann veränderten Rahmenbedingungen einer angespannten Verfügbarkeit konventionellen Rohöls an wirtschaftlicher Bedeutung zunehmen.[343]

---

337 Vgl. Jürgen Krönig, Die Zeit, 30. September 1999, S. 40 f.

338 Im Jahr 2000 wurde mit einer weiteren Absenkung um 5 Prozent gerechnet – vgl. Alexei Barrionuevo, WSJE, 18.1.2000, S. 6.

339 Vgl. Alexei Barrionuevo, WSJE, 25.1.2001, S. 28.

340 Vgl. C.J. Campbell, 'Running Out of Gas. This Time the Wolf is Coming', in: The National Interest, Spring 1998, S. 47-55 (47); ders., 'The Coming Oil Crisis', Brentwood/Essex 1997 und Jeremy Rifkin, 'Die H_2-Revolution. Mit neuer Energie für eine gerechte Weltwirtschaft', Frankfurt/M.-New York 2002.

341 Mamdouh G. Salameh, 'A Third Oil Crisis?', in: Survival, Autumn 2001, S. 129-144 (138).

342 Vgl. auch R.A. Manning, 'The Asian Energy Factor', S. 22-24.

343 Vgl. auch die Bundesanstalt für Geowissenschaften und Rohstoffe (BGR), 'XVII Reserven, Ressourcen und Verfügbarkeit von Energierohstoffen 1998', Hannover-Berlin 1998, S. XiX f. und 117 ff. sowie Jeremy Rifkin, 'Die H_2-Revolution', S. 35.

Abbildung 38: Global Oil Demand (in million b/d)

	1999 (a)	Projected 2020 (b)	% Increase 1999-2020
Asia/Pacific	20.1	38.0	89%
Japan	5.6	6.0	7%
China	4.5	10.6	113%
India	1.8	5.8	222%
Middle East	5.0	10.3	106%
Africa	2.5	5.4	116%
Central/South America	4.8	9.5	98%
North America	23.9	32.7	37%
United States	19.5	25.8	32%
Western Europe	15.1	16.6	10%
Eastern Europe/NIS	4.2	7.8	86%
World	*74.7*	*120.3*	*61%*

Sources: a) IEA, Oil Market Report's Annual Statistical Supplement for 1999
b) IEA, International Energy Outlook 2001

Quelle hier nach: 'Gas Prices in Europe and U.S. to Remain Volatile', Stratfor.Com, 25.6.2001, hier S. 3.

Demgegenüber wird von optimistischen Experten entgegengehalten, dass die Kassandra-Apologeten die Geschwindigkeit des technologischen Wandels in der Erdölindustrie und insbesondere bei der Erdölproduktion unterschätzen. Darüber hinaus dürfe auch die Politik und Interaktionen der jeweiligen Energiepolitik (Deregulierung, Privatisierung, Förderung von Energieeinsparmaßnahmen etc.) sowie der strukturelle Wandel im Informationszeitalter bei den Operationen auf den Erdölmärkten nicht übersehen werden. Außerdem würden *Campbell* u.a. Pessimisten von eher statischen Analysen der Weltrohölvorräte ausgehen. Tatsächlich sei aber das Verhältnis zwischen den nachweisbaren Rohölreserven zur Produktionsrate bei gegenwärtig 42 Jahren erheblich größer als jenes im Jahr 1972. Aus Sicht der Optimisten würden Rohölressourcen nicht einfach *„entdeckt"*, sondern durch entsprechendes finanzielles Investment *„geschaffen"*. Sollten die Regierungen und Privatunternehmen der Energiebranche zum Ergebnis kommen, dass in der Tat eine Erdölverknappung drohe, würden die Preise automatisch wieder ansteigen und zugleich auch Investitionen in die Suche und verbesserte Förderung neuer Ressourcen investiert — einschließlich in alternative Energieträger oder aus Stoffen, aus denen Erdöl gewonnen werden kann (wie z.B. Teersand). Darüber hinaus hätte das letzte Jahrzehnt gezeigt, dass die Prognosen über eine Verringerung der Erdölproduktion derjenigen Staaten, die nicht der *OPEC* angehören, sich als falsch erweisen habe. So habe die Erdölproduktion der *Nicht-OPEC-Staaten* im Jahr 1998 diejenige der *OPEC-Staaten* sogar übertroffen. Im nächsten Jahrzehnt würden zudem zusätzliche Offshore-Rohölressourcen vor der Küste der USA, vor Afrika, im Golf von Mexiko und in Zentralafrika, Südamerika, Ostkanada, Zentralasiens (insbesondere Kaspisches Becken) und in den arktischen Regionen vor allem Russlands zur Ausbeutung anstehen.[344]

Die Bedeutung und wirtschaftliche Nutzung von Energiesparmaßnahmen machen sich allerdings inzwischen nicht nur in Deutschland und Europa, sondern inzwischen auch in anderen Weltregionen spürbar positiv bemerkbar. Durch die effizientere Nutzung von Energie findet so vor allem in den fortgeschritteneren *OECD-Staaten* eine zunehmende Entkoppelung von hohem Wirtschaftswachstum und einem vergleichbaren Zuwachs des jeweiligen nationalen Energieverbrauchs statt. Vor diesem Hintergrund und einer sehr viel stärkeren Nachfrage nach Energieressourcen im Allgemeinen und Erdöl im Besonderen aus der Region Asien-Pazifik wird die deutsche Volkswirtschaft im Jahr 2020 voraussichtlich rund sechs Prozent weniger der weltweiten Ressourcen verbrauchen als im Vergleichsjahr 1998 trotz eines prognostizierten Wirtschaftswachstums um 59 Prozent im gleichen Zeitraum.[345]

Vor diesem Hintergrund wird zumindest für die nächsten 10-20 Jahre eine allgemeine Verknappung der weltweiten Rohölversorgung ausgeschlossen. Nach Berechnung von Experten am *East-West-Center* in Hawaii könnte die Rohölproduktion in den *OPEC-Staaten* bis zum Jahr 2010 um 15-20 Millionen und jene der *Nicht-OPEC-Staaten* um einige weitere Millionen Fass Rohöl pro Tag gesteigert werden. Demgegenüber wird der zusätzliche weltweite Rohölbedarf auf etwa 10-15 Millionen Fass Rohöl pro Tag beziffert, wovon auf Asien etwa 50-60 Prozent der globalen Rohölnachfrage entfallen dürfte.[346]

Vor Ausbruch der Asienkrise im Sommer 1997 deuteten viele Faktoren darauf hin, dass die mittel- bis langfristigen Bedarfsschätzungen des globalen Rohölverbrauchs eher nach oben korrigiert werden müssten und ein Tagesbedarf im Jahr 2010 von 97 Millionen Fass für wahrscheinlich gehalten wurde —mehr als ein Viertel gegenüber dem Jahr 1997.[347] Trotz der Asienkrise 1997-98 ist die globale Nachfrage nach Erdöl im Jahr 1999 wieder gegenüber dem Vorjahr um 1,1 Millionen Barrel pro Tag (von 74,9 Mio. b/d auf 76,5 Mio. b/d) gestiegen.[348]

Aus Sicht der Kassandra-Rufer besteht allerdings ein entscheidender Gegensatz zur Situation des Ölpreisschocks 1973/74: Die Ölscheichs konnten damals nur kurzfristig höhere Preise durchsetzen, da es viele ölproduzierende Konkurrenten gab und die westlichen Ölkonzerne neue Felder in Alaska, Kanada und der Nordsee erschlossen. Zudem würden die aktuellen Ölreserven wenig über das aktuelle Angebot an Rohöl aussagen, da dieses von der jährlichen Fördermenge bestimmt werde. Auch nach Berechnungen des *Ludwig-Bölkow-Instituts für Systemtechnik* sei das jährliche Fördervolumen der *Nicht-OPEC-Förderländer* während der letzten Jahre gesunken und habe das Produktions-

---

344 Vgl. ebda., 24-28.
345 So die Schlussfolgerung der Esso-Studie: 'Energieprognose 2000', Hamburg 2000.
346 Vgl. Fereidun Fesharaki, 'Energy and the Asian Security Nexus', S. 96.
347 Vgl. Rolf Hartl, NZZ, 1.-2.11.1997, S. 12.
348 Vgl. OPEC-Bulletin, January 2000, S. 14.

maximum bereits im Jahr 2000 erreicht. Auch neue Funde würden die Minderleistung nicht ausgleichen. Die Folge sei, dass das Angebot schrumpfe.[349]

Sollten die Nahostländer erkennen, dass für die westlichen Ölfirmen in Zukunft keine entsprechenden Ausweichmöglichkeiten bestehen, könnte dies zu einer machtpolitischen Verschiebung zugunsten der *OPEC-Länder* und anderer Erdöl produzierender Staaten führen. 90 Prozent der nachweisbaren Erdölreserven befinden sich in der islamischen Welt und reichen von den zumeist noch unerschlossenen Feldern in Kasachstan und Zentralasien sowie des Kaspischen Beckens bis nach Saudi-Arabien.[350] Auch die *IEA* hat in ihren jüngsten Langzeitprojektionen des Jahres 2002 auf die damit verbundenen Risiken und Probleme der weltweiten Energieversorgungssicherheit hingewiesen.[351] Zwar geht die *IEA* von einem jährlichen Anstieg des globalen Energieverbrauchs im Basis-Szenario von lediglich 1,7 Prozent aus. Doch wird damit der weltweite Energiebedarf im Jahr 2030 mit 15,3 Milliarden Tonnen Erdöl-Äquivalenten um fast 70 Prozent höher liegen als heute. Gleichzeitig ist die *IEA* skeptisch, dass regenerative Energien und Wasserstoff in den nächsten Jahrezehnten Benzin als Treibstoff ablösen werden. Vielmehr wird Erdöl aus ihrer Sicht noch immer ein Drittel des gesamten globalen Energieverbrauchs decken müssen.[352]

Vor allem kritisieren alarmistische Geologen zahlreiche Industrievertreter und die Erdöl produzierenden Staaten sowie ihre eher optimistischen Prognosen ausreichender Energieressourcen dahingehend, dass diese aus kommerziellen und politischen Gründen zumeist ein geschöntes Bild suggerieren, welches nicht mit der Realität übereinstimme. Zwar habe es in der Tat einen beeindruckenden technologischen Fortschritt im letzten Jahrzehnt gegeben, der auch ständig neue Ölfunde und eine beschleunigte Produktion zur Folge hatte. Doch helfe dies nur kurz- und allenfalls mittelfristig, verschärfe aber die langfristigen Ressourcenprobleme.[353]

Dem wird jedoch von Industrieseite und der *OPEC* entgegengehalten, dass sich die Reserven allein im Nahen und Mittleren Osten in den letzten 20 Jahren verdoppelt hätten, obwohl in diesem Zeitraum die intensivste Ausbeutung von Rohölressourcen in der menschlichen Geschichte stattgefunden hätte.

---

349 Vgl. K. Frischen/Winand von Petersdorff, 'Angst vor der Ölkrise', in: Die Zeit, 30.9.2001.

350 Vgl. Jürgen Krönig, Die Zeit, 30.9.1999, S. 21 f.

351 IEA, 'Energy Outlook 2002', S. 25.

352 Vgl. Gerd Zitzelsberger, SZ, 23.9.2002, S. 18.

353 Jürgen Krönig, Die Zeit, 30. September 1999, S. 21 f. (22); Clifford Singer/TS Gopi Rethinaraj, 'Energy Wars', S. 44 und Jeremy Rifkin, 'Die H_2-Revolution', S. 24 ff.

Abbildung 39: Regional Oil Forecasts to 2020

	Base	Pira		PFC		USDOE				Purvin & Gertz			IEA	
Year	*1997*	*2005*	*2010*	*2005*	*2010*	*2005*	*2010*	*2015*	*2020*	*2005*	*2010*	*2015*	*2010*	*2020*
Demand														
Western Hemisphere	27.4	31.7	34.0	32.3	34.3	32.9	36.1	37.5	39.9	30.9	32.9	34.6	32.4	35.1
Europe/FSU	20.1	22.2	23.5	21.7	22.1	21.3	22.7	24.2	25.5	22.4	24.2	26.3	24.2	27.2
Asia	19.6	23.9	27.7	22.0	23.6	24.8	28.5	33.0	38.4	26.0	28.9	31.7	29.0	37.5
China	4.0	5.9	7.4	5.4	6.0	5.6	7.0	8.8	11.2	5.9	6.9	8.0	7.1	10.1
Africa/Middle East	6.7	8.2	9.5	7.5	8.5	8.7	9.7	10.9	12.2	7.6	8.3	8.9	8.2	10.3
Total	*73.8*	*86.0*	*94.7*	*83.4*	*88.6*	*87.7*	*97.0*	*105.6*	*116.0*	*86.9*	*94.3*	*101.5*	*93.8*	*110.1*
Production														
Western Hemisphere	18.9	25.9	29.6	22.4	22.5	24.9	26.2	26.6	26.6	24.5	26.1	27.2	19.0	17.5
Europe/FSU	14.6	15.6	16.6	16.7	18.5	18.2	20.0	19.8	19.9	16.4	18.4	19.1	14.7	12.2
Asia	7.7	8.2	8.4	7.9	7.5	8.8	9.3	9.2	8.9	8.8	9.2	9.5	6.4	4.7
China	3.2	3.5	3.7	3.2	3.3	3.5	3.6	3.6	3.5	4.1	4.3	4.5	3.2	2.0
Africa/Middle East	31.9	39.1	44.5	36.6	40.8	36.4	41.8	51.8	63.3	35.7	39.4	45.0	52.5	55.5
Total	*73.1*	*88.8*	*99.1*	*83.7*	*89.3*	*88.3*	*97.3*	*107.4*	*118.7*	*85.4*	*93.1*	*100.8*	*92.6*	*89.9*
OPEC Production	30.3	32.6	37.8	41.4	47.3	34.2	40.6	49.9	60.5	NA	NA	NA	NA	NA
Non-OPEC Production	42.8	53.5	57.4	42.2	42.0	52.0	54.9	55.2	55.4	NA	NA	NA	NA	NA
Regional Balances														
Western Hemisphere	-5.1	-5.8	-4.4	-9.9	-11.8	-5.0	-9.9	-10.9	-13.3	-6.3	-6.7	-7.4	-13.4	-17.6
Europe/FSU	-5.5	-6.6	-6.9	-5.0	-3.6	-3.1	-2.7	-4.4	-5.6	-6.0	-5.8	-7.1	-9.5	-15.0
Asia	-11.8	-15.7	-19.3	-14.1	-16.1	-16.0	-19.2	-23.8	-29.5	-15.5	-18.4	-21.2	-22.6	-32.8
China	-0.8	-2.4	-3.7	-2.2	-2.7	-2.1	-3.4	-5.2	-7.7	-1.8	-2.6	-3.5	-3.9	-8.1
Africa/Middle East	26.0	30.9	35.0	29.1	32.3	27.7	32.1	40.9	51.1	28.1	31.1	36.0	44.3	45.2

Note: Some forecasts handle non-OPEC liquids and NGLs differently.
Quelle: Robert A. Manning, 'The Asian Energy Factor, Myths and Dilemmas of Energy, Security and the Pacific Future', New York 2000, S. 27.

Abbildung 40:

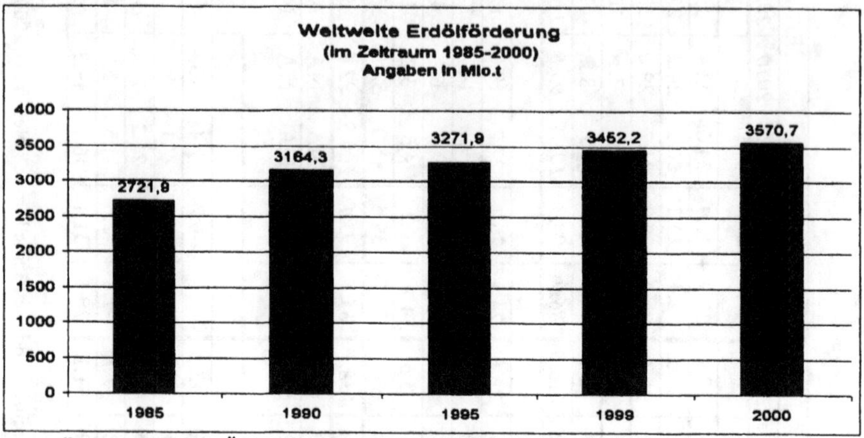

Quelle: Exxon-Mobil, 'Öldorado 2001', Hamburg 2001, hier S. 4.

Abbildung 41:

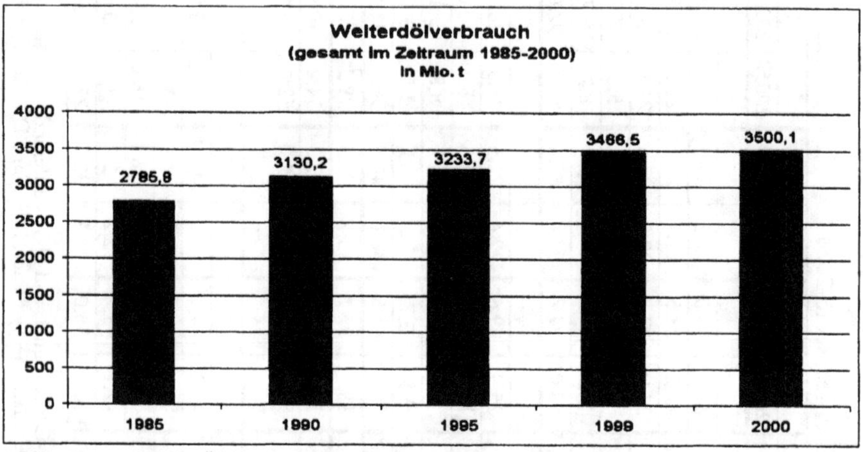

Quelle: Exxon-Mobil, 'Öldorado 2001', Hamburg 2001, hier S. 4

Zudem würden die neuen Technologien die Ausbeutung von Ölressourcen in Lagerstätten erlauben, die bisher nicht technologisch erschlossen werden konnten. Die bisher nachweisbaren Rohölreserven reichen bei dem gegenwärtigen weltweiten Rohölverbrauch noch mindestens 40 Jahre; wenn man die noch vermuteten Rohölreserven hinzuaddiert, so könnten die Reserven auch doppelt so lang ausreichen.[354] Darüber hinaus geht die *OPEC* dabei von etwas geringe-

---

[354] Vgl. Shokri Ghanem, 'Are The World's Oil Resources Limited? An OPEC Point of View', in: OPEC-Bulletin, March 2001, S. 4-6 (4 f.); Siehe auch Exxon-Mobil, 'Öldorado 2001', Ham-

ren jährlichen Steigerungsraten bei der Nachfrage von Rohöl von 1,5 Prozent oder 1,4 Millionen Barrel pro Tag (m b/d) bis zum Jahr 2020 aus, wobei aus ihrer Sicht ab dem Jahr 2010 eine etwas höhere Steigerungsrate um 1,8 Prozent zu Buche schlagen wird. Allerdings müssen auch Industrievertreter zur Kenntnis nehmen, dass weltweit trotz Steigerung der Energiereserven während der letzten Jahre gleichzeitig keine wirklich größeren und profitablen neuen Erdölfelder entdeckt worden sind.[355]

Abbildung 42:

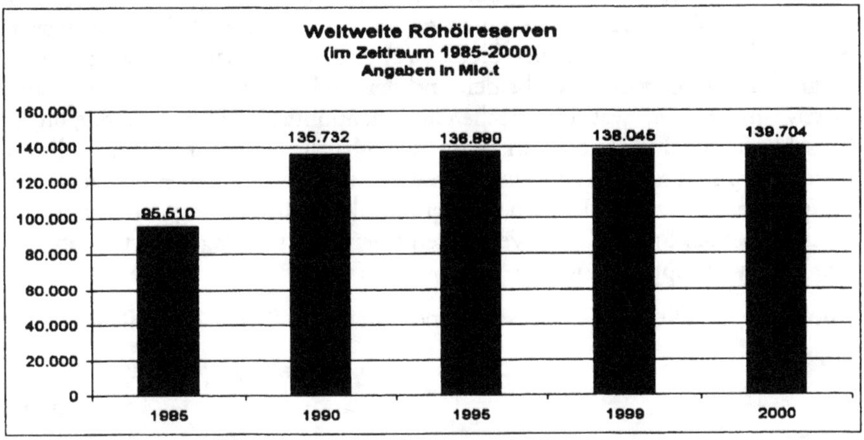

Quelle: Exxon-Mobil, 'Öldorado 2001', Hamburg 2001, hier S. 4.

Abbildung 43:

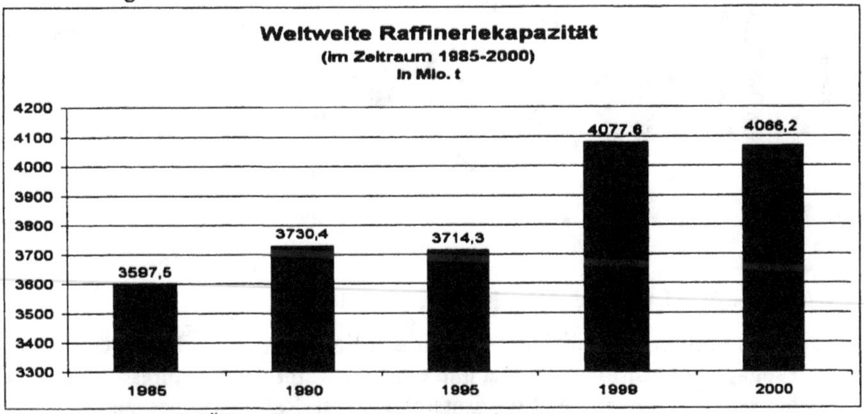

Quelle: Exxon-Mobil, 'Öldorado 2001', Hamburg 2001, hier S. 4.

burg 2001 und Shell Interntional, 'Energy Needs, Choices and Possibilities. Scenarios to 2050', London 2001.

355 Vgl. Christopher Cooper/Thaddeus Herrick, WSJE, 30.7.2001, S. 1 und 7 (7).

Demnach geht die *OPEC* von einem Gesamtbedarf an Rohöl von 103 Millionen Barrel pro Tag (mb/d) im Jahr 2020 aus, während die *IEA* in ihren Prognosen einen weltweiten Bedarf von 115 m b/d und die *US Energy Information Administration* von 117 mb/d analysiert haben. Hiervon wird die *OPEC* allein etwa 55-65 mb/d produzieren, so dass der Anteil der *OPEC* an der weltweiten Rohölproduktion von derzeit etwa 40 auf mehr als 50 Prozent steigen dürfte.[356]

Wenn sich die höheren Berechnungen der *IEA* bestätigen sollten, dann müsste die Erdölproduktion der Staaten des Persischen Golfes im Zeitraum 2000-2020 um fast 80 Prozent weiter zunehmen. Dies ist aber nur realistisch, wenn (1) keine internationalen Sanktionen gegenüber den potentiellen *„Schurkenstaaten"* Iran und Irak bestehen bleiben (2) und ausländische Energiekonzerne im großen Rahmen in diesen beiden und den anderen Persischen Golf-Staaten massiv investieren, was entsprechende innenpolitische Rahmenbedingungen (einschl. des Rechtsschutzes) in Form wirtschaftlicher Reformen in Richtung Deregulierung und Liberalisierung voraussetzt. Hieraus ergeben sich auch Widersprüche für die amerikanische Außenpolitik, da die bisherige Sanktionspolitik dem Ziel der Stabilität der weltweiten Energieversorgung spätestens ab dem Jahr 2010 widersprechen würde.[357]

Abbildung 44: Die zehn ölreichsten Länder der Welt (Stand 1999-2000)

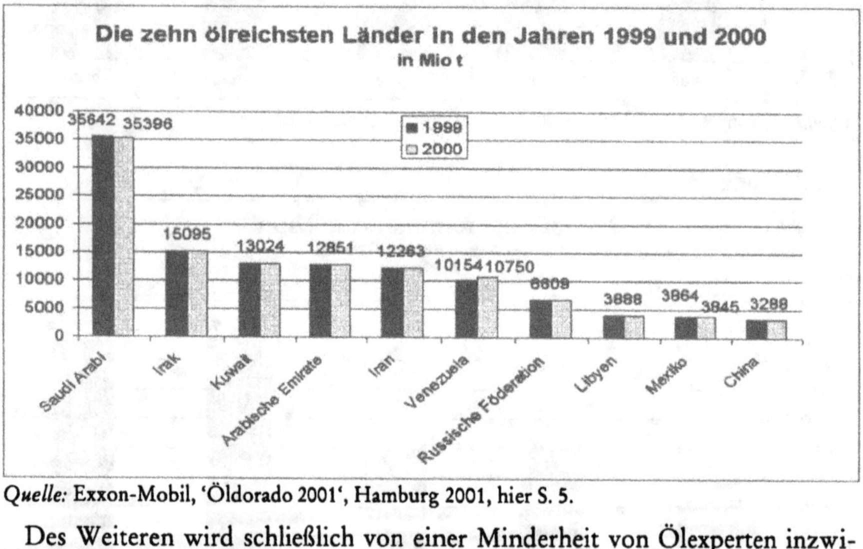

Quelle: Exxon-Mobil, 'Öldorado 2001', Hamburg 2001, hier S. 5.

Des Weiteren wird schließlich von einer Minderheit von Ölexperten inzwischen sogar die traditionelle Annahme einer Finalität der Rohölressourcen und die theoretische Annahme ihrer Entstehung im Rahmen eines geologischen

---

356 Vgl. ebda, S. 5 und das Interview mit dem Libyer Shokri Ghanem, Leiter der Forschungsabteilung im Wiener OPEC-Sekretariat und Stv. Generalsekretär, in: Die Welt, 3.6.2001, S. 12.

357 Vgl. 'The Geopolitics of Energy into the 21st Century. Vol. 1', hier S. XVI und XIX.

Prozesses von mehreren tausend Jahren in Frage gestellt. So mussten amerikanische Experten bei der Exploration des Erdölfelds auf dem *Eugene Island 330* im *Golf von Mexiko* feststellen, dass sich das Ölreservoir unterirdisch selbst nachfüllt. Während die Produktionsrate sich von 15.000 Barrel im Jahr 1973 auf schließlich 4.000 Barrel pro Tag im Jahr 1989 zunächst verringert hatte, ist die Produktion inzwischen auf 13.000 Barrel wieder angestiegen. Die wahrscheinlichen Reserven dieses Erdölfeldes sind inzwischen von 60 Millionen auf mehr als 400 Millionen Barrel nach oben korrigiert worden.[358]

Abbildung 45: Predicted Changes in Oil Production Capacity, 2000-2020

	2000		2010		2020		Change in Production Capacity, 2000-2020
Region	MMbbl/d	%[a]	MMbbl/d	%[a]	MMbbl/d	%[a]	%
Persian Gulf	23.9	30	29.6	31	42.2	38	+77
FSU	7.3	9	10.1	11	13.1	12	+79
Africa	2.6	3	3.3	3	5.5	5	+115
United States	9.1	11	9.0	9	8.7	8	- 4
North Sea	6.9	9	7.0	7	5.9	5	- 4
World	*80.4*		*95.0*		*112.2*		*+40*

Quelle: 'The Geopolitics of Energy into the 21st Century', Vol. 1, CSIS/Washington D.C., November 2000, hier S. 23.

Aber auch weltweit sind die bisher nachgewiesenen Reserven in den letzten beiden Jahren wieder signifikant angestiegen (siehe *Abbildung 42*), wobei vor allem die Suche in der Tiefsee vor Afrika und Südamerika im Jahr 2000 sehr erfolgreich war. Dank der Erschließung von Tiefsee-Lagerstätten in Angola, Nigeria, Äquatorial-Guinea und der Elfenbeinküste wird sich die Erdölproduktion in Schwarzafrika zukünftig verdoppeln.[359] Darüber hinaus wurden auch die Schätzungen der nachweisbaren irakischen Rohölreserven inzwischen auf 112 Milliarden Barrel erhöht. Damit verfügt der Irak über die zweitgrößten nachweisbaren Ölreserven der Welt — nach Saudi Arabien mit etwa 215 Milliarden Barrel.[360] Dennoch erwarten zahlreiche Energieexperten, dass nach dem Jahr 2010 die Preise für Rohöl stärker steigen werden, zumal die Explorationskosten für Erdölressourcen in großen Meerestiefen und in entlegenen sowie schwer zugänglichen Regionen wie der Arktis erheblich zunehmen dürften — auch

358 Vgl. Christopher Cooper, WSJE, 19.4.1999, S. 1 und 8.

359 Vgl. die Studie von Exxon-Mobil, 'Öldorado 2001', Hamburg 2001, S. 1 und NZZ, 12./13.2.2000, S. 12.

360 Vgl. OPEC-Bulletin, January 2000, S. 17. Möglicherweise verfügt der Irak aber über ähnlich große potentielle Rohölressourcen wie Saudi Arabien.

wenn dann neue Fördertechnologien zur Verfügung stehen, die billiger als früher Öl fördern. Demgegenüber befürchten vor allem zahlreiche Geologen, dass um das Jahr 2010 die bestehenden Erdölquellen langsam versiegen werden. So halten einige Experten Preise bis zu 60 Dollar je Fass ab 2010 für wahrscheinlich. Andere Geologen sind zwar etwas optimistischer und befürchten, dass eine Erdölknappheit erst zwischen 2020 und 2030 eintreten werde. Zwar besteht dann aus ihrer Sicht weiterhin die Möglichkeit, auf nichtkonventionelle Erdölressourcen zurückzugreifen. Doch sei die Ölgewinnung aus ölhaltigem Sand erst bei einem Preis von 30 Dollar je Fass und bei Ölschiefer erst bei 50-60 Dollar pro Fass rentabel.[361]

Die Optimisten werfen den Alarmisten zudem vor, dass sie die technischen Innovationen bei der Förderung und Produktion von Erdöl und Erdgas unterschätzen. So seien viele Erdölfelder wesentlich länger ausbeutbar gewesen als sie geglaubt hätten. Demgegenüber verweisen die Alarmisten auf den Umstand, dass tatsächlich mit den neuen Techniken die Erdölfelder wesentlich schneller ausgebeutet wurden als man ursprünglich gedacht hatte. Nicht zuletzt aus diesem Grund sei aber eine Verknappung vor allem der Erdölreserven wahrscheinlicher geworden und trete zeitlich eher ein, zumal die Entdeckung neuer Erdölfelder wesentlich langsamer voranschreite als die Erschöpfung der gegenwärtigen Erdölfelder.[362]

Gegenüber allzu alarmistischen Prognosen begrenzter globaler Rohölreserven können somit im wesentlichen vier Einwände angeführt werden:

1) Zum einen machen sich inzwischen Energiesparmaßnahmen nicht nur in Deutschland und Europa, sondern auch in anderen Weltregionen spürbar positiv bemerkbar. Durch die effizientere Nutzung von Energie findet eine zunehmende Entkoppelung von Wirtschaftswachstum und Energieverbrauch statt, der die globale Nachfrage nach Rohöl verringern wird.
2) Nach Ansicht amerikanischer Energieexperten hat sich Epizentrum der Macht auf den Energiemärkten inzwischen von *Abu Dhabi* nach *Silicon Valley* verlagert. Ein Drittel des amerikanischen Wirtschaftswachstums basiert inzwischen auf den Informationstechnologien, die etwa 800 Milliarden US-Dollar im vergangenen Jahrzehnt erwirtschaftet haben. Der Anteil des durch Ölkäufe absorbierten BIPs war in den USA im Jahr 2000 etwa 30 Prozent niedriger gegenüber 1990, trotz des zu diesem Zeitpunkts eher höheren Rohölpreises. Inzwischen ist nicht Benzin, sondern Elektrizität die wichtigste Energieform. Auch wenn der Transportsektor in den USA noch immer zwei Drittel des Ölverbrauchs verschlingt, so macht dies nur noch 10 Prozent des Energieverbrauchs in der Wirtschaft aus. Mehr als 80 Prozent der steigenden Energienachfrage ist seit 1990 auf den Anstieg der Elektrizitätsnachfrage zurückzuführen. Insgesamt geht jedoch nur noch 4 Prozent der Elektrizitätserzeugung in den USA auf Öl zurück

361 Vgl. Die Zeit, 29.9.1998, S. 35.
362 Vgl. 'The Geopolitics of Energy into the 21st Century. Vol. 2', hier S. 30 f.

– verglichen mit 52 Prozent durch Kohle, 15 Prozent durch Gas, 19 Prozent durch Kernkraft und 10 Prozent durch Wasserkraftwerke.[363] Auch in den anderen fortgeschrittenen *OECD-Staaten* wird beim Übergang vom Industrie- auf das Informationszeitalter im nächsten Jahrzehnt erwartet, dass die Bedeutung des Ölverbrauchs für den gesamten Energieverbrauch der Wirtschaft sukzessive abnehmen wird.

3) Vor allem von Industrieseite und der *OPEC* wird entgegnet, dass sich die Rohölreserven allein im Mittleren Osten (die weltgrößten) in den letzten 20 Jahren verdoppelt hätten, obwohl in diesem Zeitraum die intensivste Ausbeutung von Rohölressourcen in der Geschichte stattgefunden hätte. Zudem würden die neuen Technologien die Ausbeutung von Ölressourcen in Lagerstätten erlauben, die bisher nicht technologisch erschlossen werden konnten. Außerdem haben sich die Erdölsuch- und Förderkosten durch den Einsatz neuer Technologien erheblich gesenkt. Der durchschnittliche Preis für die Erdölsuche beträgt gegenwärtig mit 5 US-Dollar pro Fass (Stand: 1998) nur noch ein Drittel des Preises von jenem in den 80er Jahren. Bei der Erdgassuche sind die Energiekonzerne inzwischen viermal und bei Rohöl sogar sechsmal so erfolgreich wie vor der Erdölkrise des Jahres 1973.[364]

4) In den letzten beiden Jahren sind die weltweit nachweisbaren Reserven wieder signifikant angestiegen.[365] Während so zwar keine globale Energiekrise aufgrund nicht ausreichender Energie- und vor allem Rohölressourcen erwartet wird, gehen zahlreiche Energieexperten davon aus, dass nach dem Jahr 2010 die Preise für Rohöl stärker steigen werden, da sich das Gleichgewicht zwischen globaler Rohölnachfrage, -produktion und –reserven verschieben wird und die Explorationskosten für Erdölressourcen in großen Meerestiefen und in entlegenen sowie schwer zugänglichen Regionen (wie der Arktis) erheblich zunehmen dürften. Im Jahr 2020 geht die *OPEC* von einem Gesamtbedarf an Rohöl von 103 Millionen Fass pro Tag aus, während die *IEA* in ihren Prognosen einen weltweiten Bedarf von 115 Millionen Barrel pro Tag und die US *Energy Information Administration* von 117 Millionen Fass pro Tag analysiert haben. Hiervon wird die *OPEC* jedoch allein etwa 55-65 Millionen Fass pro Tag produzieren, so dass der Anteil der *OPEC* an der weltweiten Rohölproduktion von gegenwärtig etwa 40 Prozent auf mehr als 50 Prozent steigen könnte.[366]

Ungeachtet dieser kontroversen Debatte darf hierbei nicht das folgende Faktum übersehen werden, welches auch von der Mehrheit der Optimisten wie Pessimisten der globalen Erdölreserven geteilt wird: weltweit wird in mittel-

363 Vgl. Mark Mills, WSJE, 25-26.2.2000, S. 10.

364 Vgl. Amy Myers Jaffe/Robert A. Manning, 'The Shocks of a World of Cheap Oil', in: Foreign Affairs, Januar-Februar 2000, S. 16-29 (19 f.).

365 Vgl. die Studie von Exxon-Mobil, 'Öldorado 2001', Hamburg 2001, S. 1.

366 Vgl. Shokri Ghanem, 'Are The World's Oil Resources Limited?', in: OPEC-Bulletin, March 2001, S. 4-6 (4 f.).

fristiger Perspektive bis 2020 die *globale* Energienachfrage voraussichtlich in einem ähnlichen Ausmaß von den fossilen Energieträgern Erdöl und Erdgas gedeckt werden müssen wie bisher. Eine neue amerikanische Studie geht sogar davon aus, dass aufgrund der Steigerungen der Energienachfrage aus den asiatischen- und anderen industriellen Schwellenländern der Anteil der fossilen Brennstoffe weltweit von 86 Prozent im Jahr 2000 auf 88 Prozent im Jahr 2020 ansteigen wird, bevor diese Abhängigkeit durch neue Energieträger wieder verringert werden könnte.[367] Dabei wird der Anteil des Erdöls im Jahr 2020 nur unwesentlich gegenüber anderen Energieträgern von derzeit 39 Prozent auf dann 37 Prozent sinken.[368]

Einer der Gründe hierfür besteht in der ungleichen Verteilung der Zunahme des Energiebedarfes. So wird dieser in den fortgeschrittenen Industrieländern *„nur"* um 23 Prozent zunehmen, sich aber in den sich entwickelnden industriellen Schwellen- und Entwicklungsländern mehr als verdoppeln. Zwar werden in Asien und anderen Regionen zukünftig auch vermehrt Kernkraftwerke gebaut und an das Stromnetz gehen, doch werden diese gegenüber dem rasant steigenden Energiebedarf auf weltweiter Ebene auch im Jahr 2020 nur 4 Prozent der globalen Energienachfrage ausmachen. Auch wenn dann regenerative Energieträger und innovative Energietechnologien, wie z.B. die Brennstoffzelle, weltweit zur Verfügung stehen, so werden diese bis zu diesem Zeitpunkt voraussichtlich nur einen marginalen Prozentsatz der *globalen* Energienachfrage befriedigen können. Dies gilt auch für die erwartete Annahme, dass die Erdgasproduktion viel schneller als die Rohölförderung ansteigen wird.

Auch die USA werden ihre Nettoimporte an Rohöl bis zum Jahr 2020 steigern. Dabei wird ihre 20-jährige Rekordmarke aus dem Jahr 1997 weiter kontinuierlich ansteigen.[369] Bereits im Jahr 2000 musste zu 56 Prozent der amerikanische Rohölbedarf durch ausländische Energieimporte gedeckt werden.[370]

Die Verfügbarkeit der weltweiten Energieversorgung mit Rohöl und die Sicherheit der Energieversorgung hängt jedoch – wie bereits mehrfach angesprochen – von der politischen Stabilität der erdölproduzierenden Staaten ab. In diesem Kontext müssen auch aus europäischer Sicht nicht nur die innen-, außen- und sicherheitspolitischen Entwicklungen vor allem im Raum des Persischen Golfes genau beobachtet und analysiert werden, sondern auch die Verwundbarkeit der Land- und vor allem Seetransportwege berücksichtigt werden. Jeden Tag werden mit steigender Tendenz 14 Millionen Fass Rohöl durch die *Straße von Hormuz* verschifft, welcher den Persischen Golf mit jenem von Oman und dem Arabischen Meer verbindet. Im Jahr 2020 werden voraussichtlich etwa 38 Prozent des weltweiten Rohölhandels durch dieses Nadelöhr der internationalen Schifffahrt transportiert. Gleichzeitig wird der Rohöltransport

---

[367] Vgl. 'The Geopolitics of Energy into the 21st Century. Vol. 1', hier S. XVI.
[368] Vgl. ebda., Vol. 2', hier S. 74.
[369] Vgl. ebda., Vol. 1', hier S. 6.
[370] Vgl. ebda., S.11.

durch die *Straße von Malakka* mit derzeit etwa 8 Millionen Fass pro Tag im Zeitraum 2000-2020 aufgrund des rapiden Anstiegs des Energie- und Rohölbedarfs Chinas sowie anderer asiatischer Staaten ebenfalls dramatisch ansteigen. Sowohl die Sicherheit des *Suezkanals* als auch die Durchfahrt durch den *Bosporus* wird in der Zukunft noch weitaus größere Bedeutung für die internationale Sicherheit und auch die europäische Energieversorgungssicherheit gewinnen.[371] Der Schutz der internationalen Schifffahrtswege und vor allem der kritischen *„choke points"* wird damit nicht länger nur Bestandteil der amerikanischen Sicherheits- und Energiepolitik sein können. Vielmehr wird auch Europa dahingehend seine Sicherheitsinteressen neu definieren und im Rahmen der NATO eine größere Mitverantwortung tragen müssen.

Die Globalisierung der Weltwirtschaft hat in diesem Kontext sehr viel positive Wirkungen, da die zunehmende Arbeitsteilung die internationale Kooperation fördert und die Integration der nationalen Ökonomien in ein Netz von Handel, ausländischen Direktinvestitionen, internationalen Finanzflüssen und technologischen Innovationen die traditionellen Barrieren zwischen Ländern und Firmen niederreißt. Insofern haben die weltweiten Deregulierungs- und Liberalisierungsprozesse als Resultat der Globalisierungstendenzen auch die internationalen Energiemärkte transformiert. Auch die rapide Zunahme der weltweiten Gasbedarfsproduktion wird auf diese Faktoren mit zurückgeführt.

3.9.2 Erdgas

Obwohl dieser Energieträger im vergangenen Jahrzehnt erheblich ausgebaut wurde, sind gleichzeitig aber auch die weltweit nachgewiesenen Erdgasreserven deutlich gestiegen. Die bereits heute nachweisbaren Reserven liegen bei über 149.000 Milliarden Kubikmetern. Der derzeitige weltweite Erdgasverbrauch liegt bei etwas über 2400 Milliarden Kubikmetern, der sich nach Prognosen der *IEA* und einer neueren Studie der *Internationalen Gasunion* (*IGU*) bis zum Jahr 2030 beinah mit 4.700 Milliarden Kubikmetern verdoppeln wird. Der Anteil dieses klimafreundlichen Energieträgers, der schneller als alle anderen fossilen Energieträger wachsen wird, könnte sich damit von etwa 23 auf 26-29 Prozent des globalen Verbrauchs von Primärenergie im Jahr 2030 erhöhen. Dabei ist die Zunahme des Erdgasverbrauchs in diesen 20 Jahren zwei Mal (100%) so groß wie der prognostizierte Anstieg bei Kohle (etwa 42%), Erdöl (42%) und erneuerbare Energien (52%), während gleichzeitig die Nutzung der Kernkraftenergie gegenüber den anderen Energieträgern um etwa 11 Prozent niedriger sein wird.[372] Die heute bekannten Erdgasvorräte reichen zumindest für die nächsten 60 Jahre.[373]

---

371 Vgl. 'The Geopolitics of Energy. Vol. 1', S. 23-25.

372 Vgl. IEA, 'Energy Outlook 2002', S. 27 und 'The Geopolitics of Energy', Vol. 2: The Supply-Demand Outlook, 2000- 2020, S. 6 f.

373 Vgl. ebda.; Holger Kroker, Die Welt, 12.2.1999, S. 32 und BGR, 'XVII Reserven, Ressourcen und Verfügbarkeit von Energierohstoffen 1998', S. XXII und 203.

Auch bei den Erdgasreserven erwartet man dank technischer Innovationen und Fortschritte bei der Suche nach Erdgasvorkommen ein weiteres Aufstocken der Erdgasvorräte auf bis zu 500.000 Milliarden Kubikmetern. Demnach könnten die Erdgasreserven sogar bis zum Jahr 2210 wesentlich länger als die Ölreserven halten. Dabei werden fast 40 Prozent der gewinnbaren weltweiten Gasreserven in Osteuropa und Nordostasien erwartet, während sich ein weiteres Drittel bis ebenfalls 40 Prozent der Reserven im Nahen und Mittleren Osten befindet. Dabei verfügen die vier Golf-Staaten Iran, Katar, Vereinigte Arabische Emirate (VAE) und Saudi Arabien über die zweit-, dritt-, viert- und fünftgrößten Erdgasreserven. Gleichzeitig ist die Golfregion die zur Zeit am schnellsten wachsende Region der Welt auch bei der Steigerung der Erdgasproduktion, wobei der inländische Verbrauch von Erdgas relativ niedrig geblieben ist. Daher wird die Golf-Region nicht nur beim zukünftigen Erdölexport, sondern auch für den weltweiten Erdgasexport eine Schlüsselstellung bei der weltweiten Sicherheit der Energieversorgung einnehmen.[374]

Abbildung 46:

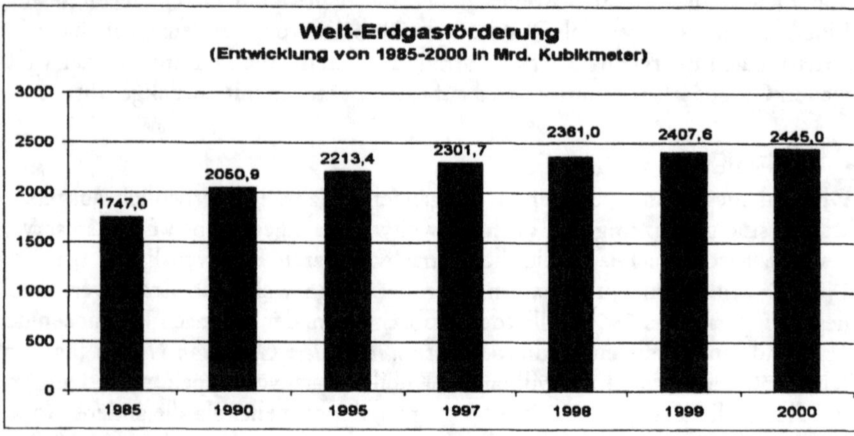

Quelle: Exxon-Mobil, 'Öldorado 2001', Hamburg 2001, hier S. 6.

Nach Angaben der *OPEC* wird der Erdgasverbrauch wird in den *OECD-Staaten* im Zeitraum 2000-2010 durchschnittlich um 2,8 Prozent pro Jahr und zwischen 2010 und 2020 um jährlich 2,6 Prozent zunehmen. Dadurch wird in den *OECD-Staaten* der Anteil des Erdgasverbrauchs am Energiemixverbrauch von 21,6 Prozent im Jahr 2000 auf 27,3 Prozent im Jahr 2020 steigen, während derjenige der übrigen Welt weniger umfangreich ansteigen wird.[375] Daher erwarten Experten eine Verdreifachung des internationalen Erdgashandels, der von heute 11 Prozent auf 17 Prozent des weltweiten Energieverbrauchs im Jahr

374 Vgl. Gawdat Bahgat, 'Erdgasreserven in der Golf-Region', in: IP 1/2001, S. 49-58.
375 Vgl. 'Natural Gas Gets a Boost', in: OPEC-Bulletin, July 2000, S. 3.

2020 zunehmen wird. Das Handelsvolumen an Erdgas könnte demnach auf 630-830 Milliarden Kubikmeter ansteigen und im kommenden Jahrzehnt Investitionen in einer Größenordnung von 2.000-2.600 Milliarden Dollar in neue und modernisierte Leitungsnetze sowie Speicheranlagen nötig machen. Allein für Westeuropa werden mittelfristig Investitionen in Höhe von 410-460 Milliarden US-Dollar benötigt.[376] Damit wird der weltweite Erdgasverbrauch zukünftig wesentlich an wirtschaftlicher und politischer Bedeutung zunehmen.

Abbildung 47:

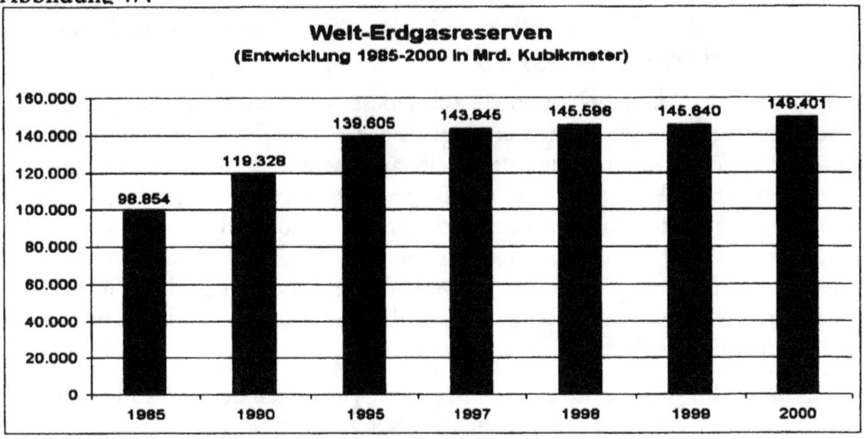

Quelle: Exxon-Mobil, 'Öldorado 2001', Hamburg 2001, hier S. 6.

Trotz des enormen Energiebedarfes Chinas und Asiens (insbes. auch Indiens) wird heute somit von der Mehrheit der internationalen Energieexperten keine globale Energiekrise aufgrund mangelnder Energieressourcen erwartet, wohl aber eine Verteuerung der Erdöl- und Erdgaspreise aufgrund der ansteigenden Nachfrage aus Asien ab dem Jahr 2010 nicht ausgeschlossen. Ungeachtet dessen kommt der Schaffung neuer politischer und ökonomischer Rahmenbedingungen für eine zukunftsorientierte Ordnungspolitik zur Stabilisierung der internationalen Energie- und Versorgungssicherheit eine herausragende Bedeutung zu, prägen doch die heute stattfindenden Investitionen und zu schaffenden Rahmenbedingungen das globale Energiesystem von morgen. Dies gilt zukünftig insbesondere auch für die EU, die zukünftig mehr denn je von Importen aus Regionen außerhalb Europas angewiesen sein wird, die zudem politisch und sozio-ökonomisch als hoch instabil gelten. Damit kehrt die Frage der Energieversorgungssicherheit auf die politische Agenda der nationalen Außen- und Sicherheitspolitik zurück, deren Lösung zukünftig jedoch nur im Rahmen von *GASP*, *ESVP* und einer *Gemeinsamen Europäischen Energiesicherheitspolitik* (*GEESP*) sinnvoll erscheint, wie ausführlich im *Kapitel 4* dargelegt werden soll.

---

376 Vgl. Die Welt, 7.6.2000, S. 14.

4. Mittelfristige Perspektiven des deutschen und europäischen Energiebedarfes (bis 2020) und die außenpolitischen Dimensionen der europäisch-russischen Energiepartnerschaft

4.1 Die Energiepartnerschaft zwischen der EU und Russland vom Oktober 2000

Aufgrund des Ausstiegs aus oder zumindest einer zukünftig marginalisierten Rolle der Kernenergie sowie der eingegangenen Verpflichtungen aus dem *Kyoto-Protokoll* zur Reduzierung der Treibhausgase und der begrenzten Alternative regenerativer Energien in *mittelfristiger Perspektive* wird für die EU die Bedeutung der beiden fossilen Energieträger von Erdöl und Erdgas in den nächsten zwei Jahrzehnten noch weiter zunehmen. Dies wirft wiederum zahlreiche Fragen für die europäische Energieversorgungssicherheit und die Risiken der Abhängigkeiten von weltpolitisch instabilen Exportregionen dieser beiden fossilen Energieträger auf.

Abbildung 48: Anteile der Energieträger am Verbrauch der EU-15 in den Jahren 1998 und 2030 (in %)

	1998	2030
Erdöl und Erdölprodukte	41	38
Erdgas	22	29
Kohle (feste Brennstoffe)	16	19
Fossile Energieträger zusammen	*79*	*86*
Kernenergie	15	6
Erneuerbare Energien	6	8
Zusammen	100	100

Quelle: Roland Götz, 'Rußlands Erdgas und die Energiesicherheit der EU', SWP-Studie S 12, Berlin, April 2002, S. 38.

Trotz der Anstrengungen der Europäer zur Diversifizierung von Energieträgern und Exporten, ist die EU schon heute zu 75 Prozent ihres Erdölbedarfs von den *OPEC*-Ländern abhängig. Diese Abhängigkeit könnte sich — auch unter Berücksichtigung einer auf 30 Staaten erweiterten EU bis zum Jahr 2020 auf sogar 86 Prozent erhöhen (siehe *Abbildung 48*). Vor dem Hintergrund der weltweiten klimapolitischen Anstrengungen rückt damit der Ausbau von Erdgas als ein wesentlicher Energieträger der Zukunft verstärkt in die Aufmerksamkeit der europäischen Energiepolitik.[1] So hat z.B. Spanien ein Moratorium für den Bau neuer Atomkraftwerke verkündet und wird das älteste Kraftwerk (*„Zorita"*) von insgesamt neun im Jahr 2006 abschalten. Zugleich will die konservative spanische Regierung den Gasanteil an der Stromversorgung bis zum Jahr 2011 von derzeit 12,2 auf 22,5 Prozent fast verdoppeln. Ab dem Jahr 2006 könnten über eine neugebaute Gasleitung von den algerischen Gasfeldern *Hassi R'Mel* unter dem Mittelmeer zum südspanischen *Almeria* (Projekt: *„Medgaz"*) jährlich etwa 8-10 Milliarden Kubikmeter Erdgas importiert werden.[2]

Abbildung 49: Der europäische Erdgasmarkt (EU-30) 2000-2030

		2000	2010	2020	2030
Mio t. RÖE					
Verbrauch	Mtoe	420	520	590	660
Produktion	Mtoe	260	260	220	210
Importe insgesamt	Mtoe	160	260	370	450
Mrd. m^3					
Verbrauch	Mrd. m^3	467	578	655	733
Produktion	Mrd. m^3	289	289	244	233
Importe insgesamt	Mrd. m^3	177	289	411	500
Importe aus Russland*	Mrd. m^3	125	200	250	300
Importanteil Russlands*	%	70	69	61	60
Veränderung im Zehnjahreszeitraum			*2001-2010*	*2011-2020*	*2021-2030*
Verbrauch	%		2,22	1,3	1,1
Produktion	%		0,0	-1,7	-0,5
Importe	%		5,0	3,6	2,0

* Die Importe aus Russland sind Schätzwerte aufgrund von Angaben im Grünbuch, S. 45, sowie Äußerungen von Kommissionspräsident *Prodi*.

Quelle: Roland Götz, 'Rußlands Erdgas und die Energiesicherheit der EU', SWP-Studie S 12, Berlin, April 2002, hier S. 38.

Im Jahr 1999 wurden in Europa selbst etwa 250 Milliarden Kubikmeter Erdgas gefördert. Davon entfielen 96 Milliarden Kubikmeter auf Großbritannien, 60 Milliarden Kubikmeter auf Norwegen und 50 Milliarden Kubikmeter auf die Niederlande.[3] Nach Schätzungen der *U.S. Energy Information Agency* könnte selbst bei einer konservativen Schätzung einer Zunahme der Energiekonsumption in der EU um 0,4 Prozent bis zum Jahr 2020 der europäische Erdgasbedarf auf bis zu 900 Milliarden Kubikmeter (bcm) Erdgas im Jahr 2020

1 Vgl. auch Torvild Aakvaag/Friedemann Müller (Eds.), 'European Energy Supply at the Turn of the Century: Natural Gas and Electricity', Stiftung Wissenschaft und Politik (SWP), S 415, Ebenhausen, Januar 1997.

2 Vgl. Ute Müller, Die Welt, 16.9.2002, S. 15.

3 Vgl. Carl Graf Hohenthal, FAZ, 17.10.2000, S. 10.

ansteigen (siehe *Abbildung 50*) — weitaus mehr, als die angestrebte Verdoppelung des Erdgasimports aus Russland in den nächsten zwei Jahrzehnten anstrebt.[4] Unabhängig von der Frage nach dem wirklichen Erdgasbedarf der EU im Jahr 2020 scheint Russland mit seinen 48 Billionen Kubikmeter Erdgasreserven — mehr als das 40fache der norwegischen Erdgasreserven — in der mittelfristigen Zukunft der bevorzugte und natürliche Energiepartner der EU.

Abbildung 50: Prognosen des Erdgasverbrauchs der EU-15 im Jahr 2020

EU Natural Gas Usage Projections in 2020 (assumes no enlargement)			
Scenario	No Replacement	If Nuclear replaced	If Nuclear and Coal Replaced
Zero Economic Growth	370 bcm	605 bcm	820 bcm
Slow Economic Growth	405 bcm	665 bcm	900 bcm
Fast Economic Growth	500 bcm	815 bcm	1100 bcm

Quelle: EIA, hier nach: 'Europe's Energy Needs', Stratfor.Com, 6.11.2000 , hier S. 2 f.

Ob regionale und globale Anbieter von Erdgas einen solchen drastischen Anstieg des Erdgasverbrauchs in den EU-Staaten sicherstellen können, hängt jedoch nicht zuletzt von den Investitionen ab, welche die Erdgaskonzerne schon heute für eine erhöhte Produktion in der Zukunft tätigen. Aufgrund des eher niedrigen Ölpreises während der 90er Jahre (insbesondere von Ende 1998 bis Ende 1999) rentierten sich für die westlichen Energiekonzerne jedoch zumeist keine großen neuen Investitionen, die stattdessen drastisch reduziert wurden. Norwegische Energieunternehmen wie *Statoil* befürchteten sogar, dass für viele Ölproduzenten die Nordsee zunehmend unrentabel würde. Diese fehlende Attraktivität der Nordsee war jedoch nicht allein das Resultat hoher Erschließungskosten und eines niedrigen Weltmarktpreises, sondern auch anderer Faktoren, wie z.B. hoher norwegischer Steuern. Daher befürchteten westliche Energiemanager, dass die Zahl der Versuchsbohrungen für das Jahr 2000 auf den niedrigsten Stand seit 1972 fallen würden und weitere Entlassungen unausweichlich seien.[5]

Auch wenn inzwischen der Rohölpreis wieder etwas gestiegen ist und sich die Vorräte in der Nordsee nicht — wie ursprünglich angenommen — bereits im Jahr 2000 würden erschöpft haben, sondern zumindest für eine weitere Förderungsdauer von mindestens 20 Jahren zur Verfügung stehen[6], muss sich eine langfristig ausgerichtete Energiepolitik der EU der Finalität der Nordseeressourcen (insbesondere Erdöl) bewusst sein. Dies gilt um so mehr, als Großbritannien in den Jahren 2006-2007 bereits zum Nettoimporteur von Rohöl mu-

4 Vgl. 'Europe's Energy Needs', Stratfor.Com, 6.11.2000.
5 Vgl. Die Welt, 12.4.1999, S. 21.
6 Vgl. die Studie von Exxon-Mobil, 'Öldorado 2001', Hamburg 2001.

tieren wird und bei Erdgas dies bereits heute ist (wenn auch derzeit noch marginal). Vor diesem Hintergrund will Großbritannien nach der ersten regierungsamtlichen Überprüfung nach mehr als 20 Jahren unter Premierminister *Tony Blair* nun die Lebensdauer seiner Nuklearreaktoren um 5-10 Jahre verlängern, so dass eine Schließung der älteren britischen Atomkraftwerke nicht vor dem Jahr 2015 notwendig wird. Auch der Bau neuer Kernkraftwerke scheint nicht mehr grundsätzlich ausgeschlossen zu sein, wenngleich dies gegenwärtig keine aktuelle Frage für die britische Regierung ist.[7]

Demgegenüber haben die Niederlande — die der größte Erdgasexporteur der EU sind — bereits im Oktober 2000 einen umfangreichen Erdgasimport (mit 74 Mrd. cbm russischen Erdgases) mit *Gazprom* für die nächsten 20 Jahre vereinbart, obwohl der niederländische Gaskonzern *Gasunie* mit 1,77 Billionen Kubikmeter noch Erdgas-Reserven für mehr als 35 Jahre (unter Berücksichtigung des gegenwärtigen Verbrauchs) verfügt.[8] Ansonsten hat in Europa nur Norwegen mit seinen 3,52 Billionen Kubikmetern Erdgas ausreichend Energiereserven, die etwa das 60fache der gegenwärtigen Jahresproduktion ausmachen.

Die Perspektive einer Finalität vor allem der Erdölreserven in der Nordsee betrifft aber nicht nur Norwegen und Großbritannien als Erdöl produzierende Staaten, sondern auch die Erdöl importierenden Staaten Europas, da dies eine verstärkte Importabhängigkeit von den instabilen Weltregionen des Nahen und Mittleren Ostens/Persischen Golfes, Zentralasiens/Kaspischen Beckens sowie Afrikas zur Folge haben wird. Die Kombination der Zunahme des europäischen Primärenergieverbrauchs in einer erweiterten EU, die daraus resultierende Notwendigkeit zu verstärkten Importen fossiler Energieträger (insbesondere Erdgas) bis 2020, der Wunsch nach ökonomischer und politischer Stabilisierung der Russischen Föderation im Rahmen einer wie auch immer zu konkretisierenden europäischen Sicherheitsarchitektur und die zum Teil höheren Kosten des Energieimportes aus anderen Weltregionen machen verstärkte russische Energielieferungen für die EU so attraktiv. Zudem hat sich Russland seit 1973 - — selbst in Zeiten des Kalten Krieges — stets als zuverlässiger Energielieferant für die Bundesrepublik sowie Europa erwiesen und dabei jährlich über drei Milliarden Kubikmeter Erdgas bis 1993 geliefert.[9]

Diese Energiekooperation wurde in den letzten Jahren insbesondere zwischen der Bundesrepublik und Russland weiter vertieft. So war *Gazprom* mit seiner Kooperation bei der deutschen *Wingas* (als Vertriebsgesellschaft von *Gazprom* und der *BASF*-Tochter *Wintershall*) beim Aufbau des größten Erd-

---

7 Vgl. Andrew Taylor, FT, 27.6.2001, S. 8.

8 Vgl. 'Russia Poised to Dominate European Energy', Stratfor.Com, 11.10.2000.

9 Zur ursprünglichen Pro- und Contra-Diskussion über die größere Abhängigkeit Deutschlands von russischen Gaslieferungen Anfang der 80er Jahre, die auch zu transatlantischen Verstimmungen führte, siehe Hanns W. Maull, 'Erdgas und wirtschaftliche Sicherheit. Zukunftsprobleme für die Bundesrepublik und den Westen', Arbeitspapiere zur Internationalen Politik (hrsg. vom Forschungsinstitut der DGAP), Nr. 17, Bonn, Juli 1981. Des Weiteren siehe auch Andrei Kuxenko/Friedemann Müller (Hrsg.), 'Deutsch-russische Energiekooperation unter Globalisierungsdruck', SWP, S 425, Ebenhausen, September 1988.

gasspeicher Europas mit einer Speicherkapazität von über 4 Milliarden Kubikmeter im norddeutschen *Rheden* beteiligt, welche die Liefersicherheit für die winterlichen Bedarfsspitzen erhöht.[10]

Abbildung 51: Potentielle Erdgasexporteure für Europa (mt)

Supplier	Reserves	Current Production	Current Exports
Kazakhstan	1500-2300	7	-0.8
Azerbaijan	310	5.6	0
Nigeria	3500	5.5	0
Saudi Arabia	5800	47	0
Libya	1300	6.5	1.1
Iran	23000	54	2.8
Qatar	8500	20	4.8
Uzbekistan	2100-2500	56	15
Turkmenistan	2900	25	21
Russia	*48000*	*600*	*205*

Quelle: EIA, hier nach: 'Europe's Energy Needs', Stratfor.com, 6.11.2000 , hier S. 4.

Die EU hat sich nicht zuletzt aus diesem Grund und um unabhängiger von der *OPEC* zu werden, für einen ständigen Dialog im Bereich der Energiepolitik mit Russland ausgesprochen, der auch als Teil einer umfassenden europäisch-russischen Partnerschaft im 21. Jahrhundert verstanden wird. Diese langfristige strategische Zusammenarbeit soll auch dazu dienen, Russland innenpolitisch zu stabilisieren, welches im Interesse aller westlicher Staaten ist.[11] Darüber hinaus offeriert eine solche Energiepartnerschaft auch eine Perspektive für die Rückzahlung russischer Schulden im Westen. Daher überrascht es nicht, dass eine solche europäische Energiepartnerschaft mit Russland besonders von Deutschland ausdrücklich begrüßt wird. Doch auch andere europäische Staaten haben inzwischen ein stärkeres Interesse an einer Energiepartnerschaft mit Russland geäußert, wie bereits am 5. Oktober 2000, kurz vor der Proklamation der gemeinsamen Energiepartnerschaft an der neuen Zusammenarbeit zwischen dem russischen Gasmonopolisten *Gazprom* und der *Gasunie* aus den Niederlanden deutlich geworden ist.

Dem stehen jedoch einige grundsätzliche Überlegungen im Wege, die bisher aber weder in der deutschen noch in der europäischen Energiepolitik ausreichend oder überhaupt diskutiert worden sind. Dies gilt vor allem hinsichtlich der russischen Motivationen zum Ausbau der Energiepartnerschaft mit Europa und in Kombination mit den möglichen Auswirkungen der Deregulierungs- und Liberalisierungsanstrengungen innerhalb der EU. Aufgrund des Erfordernisses hoher Investitionen und entsprechender langfristiger Liefervereinbarungen könnte beim Ausbau des europäischen Erdgassektors zugunsten des Um-

10 Vgl. das Interview mit *Gazprom*-Vorstand *Juyi A. Komarov*, in: Die Welt, 5.12.2000, S. 18.

11 Vgl. Amy Myers Jaffe/Robert A. Manning, 'Russia, Energy and the West', in: Survival 2 (Summer) 2001, S. 133-152 (139).

weltschutzes und als Folge des Ausstiegs oder der verringerten Nutzung der Kernkraftenergie auch das Gegenteil der Deregulierung erreicht werden: das Entstehen neuer multinationaler Kartelle. So spricht sich Russland im Zuge der Expansion seiner staatlichen und halbstaatlichen Gaskonzerne (vor allem über *Gazprom*) nach Zentralasien und Europa für die Schaffung einer *Gas-OPEC* aus.[12] Diese aber könnte faktisch die Lieferungen und Transportwege in Europa weitgehend *politisch* kontrollieren und unter Umständen sogar die Preise diktieren, wenn sich die russischen Vorstellungen von faktischen Monopolen und Kartellen durch die Schaffung einer *„Politik der (ökonomisch) vollendeten Tatsachen"* durchsetzen sollte. Vor allem in Krisen- und Konfliktzeiten sind hohe Abhängigkeiten von politisch ambivalenten Erdgasexporteuren jedoch problematisch. Vor allem haben die Erdgasimportstaaten — im Gegensatz bei Erdölimporten — nicht die Möglichkeit, kurzfristig Erdgas über Pipelines oder Flüssiggastransporte in Spezialschiffen aus anderen Staaten zu beziehen. Zudem reduziert sich aufgrund der hohen Investitionskosten und langfristiger Lieferverträge (in der Regel 15-25 Jahre) ohnehin die Möglichkeit, Erdgas über möglichst viele Pipelines zu importieren.[13] Daher muss bei dem zukünftigem Erdgasimport mehr denn je über alle Aspekte der zukünftigen Energieversorgungssicherheit nachgedacht werden, bevor so weitreichende Entscheidungen über langfristige Investitionsprojekte und Verträge getroffen werden.

Gleichzeitig hatte Russland mit der Produktion von Erdgas aus dem *Zapoljarnoe* Feld in Westsibirien — mit 3,2 Billionen Kubikmeter Erdgas eines der größten und vielversprechendsten Erdgasfelder der Welt — begonnen, welches für die zukünftige europäische Erdgasversorgung (nach dem Bau einer neuen *Jamal* 2-Pipeline durch Belarus und Polen nach Deutschland und Westeuropa) eine entscheidende Rolle spielen könnte. Moskau erhofft sich allein von diesem Erdgasfeld Einnahmen in Höhe von etwa 10 Milliarden Dollar pro Jahr.[14]

Auch wenn die Erdöl- und Erdgasexploration in der russischen Arktis technisch weitaus aufwendiger und damit auch erheblich teurer ist sowie die langen Transportwege und den daraus resultierenden Kosten für Europa berücksichtigt werden müssen, so werden dort riesige fossile Energiereserven erwartet, die auch aus Sicht europäischer Energiekonzerne langfristig als profitabel gelten. Das *Timan Pechora*-Gebiet ist z.B. eines der größten bekannten Erdölfelder der Welt. Mit seinen geschätzten mehr als 126 Milliarden Fass Rohöl könnte die gesamte Welt beim gegenwärtigen Verbrauch allein für mehr als 4 Jahre versorgt werden. Bei einem Ölpreis pro Fass von 32 US-Dollar wären diese russischen Rohölreserven allein etwa 4 Billionen US-Dollar wert.[15]

---

12 Vgl. auch Michael Lelyveld, 'Russia: Moscow promoting CIS Integration through Gas Alliance', RFE/RL Analysis, 21.6.2002.

13 Vgl. David Buchan, 'The Threat Within: Deregulation and Energy Security', in: Survival, Autumn 2002, S. 105-116 (109 f.).

14 Vgl. 'Russia Poised to Dominate European Energy'. Inzwischen beginnen auch die russischen Regionen im Polarkreis von der Expansion der sibirischen Gasförderung zu profitieren – siehe hierzu auch A.R. Salechard, NZZ, 7.9.2000, S. 6.

15 Vgl. John Varoli, IHT, 4.10.00, S. 15.

Abbildung 52: Erdgaslieferungen Russlands über Pipelines (brutto) in europäische Länder im Jahr 2000

	Mrd. m³	Anteile (%)
Belgien	0,0	0
Dänemark	0,0	0
Deutschland	34,0	26
Finnland	4,3	3
Frankreich	13,5	10
Griechenland	1,6	1
Irland	0,0	0
Italien	21,1	16
Luxemburg	0,0	0
Niederlande	0,0	0
Österreich	5,1	4
Portugal	0,0	0
Schweden	0,0	0
Spanien	0,0	0
UK	0,0	0
EU-15	*79,6*	*61*
Bulgarien	3,2	2
Kroatien	1,1	1
Polen	6,9	5
Rumänien	3,2	2
Slowakei	7,9	6
Slowenien	0,7	0
Tschechien	7,5	6
Ungarn	7,8	6
*Osteuropa**	*38,3*	*29*
Andere	1,6	1
Schweiz	0,6	0
Türkei	10,3	8
Sonstige	*12,5*	*10*
Europa insgesamt	*130,3*	*100*

* Ohne Baltikum

Quelle: Roland Götz, 'Russlands Erdgas und die Energiesicherheit der EU', SWP-Studie S 12, Berlin, April 2002, hier S. 42.

Russland plant auch mit dem finnischen Unternehmen *Fortum* und den deutschen Erdgasfirmen *Ruhrgas* und *Wintershall* eine direkte Pipeline aus dem Nordwesten Russlands über Finnland, das Baltische Meer (als Unterwasserpipeline) an die deutsche Küste. Dies würde einen direkten Zugang zu den deutschen sowie französischen Märkten offerieren und die Transitgebühren niedrig halten. Die neue Streckenführung über Finnland erlaubt auch eine Erweiterung der Pipelinekapazitäten von 20 auf 30 Milliarden Kubikmeter, da die Unterwasserleitung im Gegensatz zu einem älteren Plan kürzer wäre.[16] Präsident *Putin* lässt dabei auch vermehrt die russischen Öl- und Gasbarone für ein größeres Engagement westlicher Energiekonzerne in Russland werben. [17]

Darüber hinaus hatten zwei weitere Ereignisse in Europa die Proklamation einer strategischen Energiepartnerschaft zwischen der EU und Russland im Herbst 2000 beschleunigt: Zum einen hatte ein neunwöchiger Protest von Demonstranten an der österreichisch-tschechischen Grenze gegen die Inbetriebnahme des umstrittenen Kernkraftwerks von *Temelin* wiederholt zur längeren Schließung der gemeinsamen Grenze geführt. Zum anderen hatten drastischere Erhöhungen des Rohölpreises als Folge des schwachen Euro und der *OPEC*-Politik zu größeren Protesten in mehreren EU-Ländern geführt, die den Verkehrsfluss in den europäischen Hauptstädten erheblich behinderten.[18] In der dann gemeinsamen Deklaration des 6. EU-Russland Gipfels vom 30. Oktober 2000 zur Energiepartnerschaft von EU und Russland wurde proklamiert:

> „[The energy partnership] will provide an opportunity to raise all the questions of common interest relating to the sector, including the introduction of cooperation on energy saving, rationalisation of production and transport infrastructures, European investment possibilities, and relations between producer and consumer countries. The planned ratification of the *Energy Charter Treaty* by Russia and the improvement of the investment climate will be important as in this context."[19]

Auf dem 7. EU-Russland Gipfel am 17. Mai 2001 wurden mehrere Kooperationsfelder der gemeinsamen Energiepartnerschaft spezifiziert:

> „... These include the transparency of the energy markets, an assessment of the reliability of the existing transport infrastructures, issues linked to production sharing agreements, conditions for electricity imports from Russia, co-operation in energy technologies and nuclear safety, adequate measures related to combat climate changes (e.g. foreseen in the Kyoto Protocol), energy saving projects in the residential sector, transfer of modern technologies and procedures for the speedy settlement of disputes. We draw particular attention to energy efficiency as a way to limit the growth in demand and enhance environmental protection. The ratification of the *Energy Charter Treaty* by Russia would help to create a more favourable environment for the

---

16 Vgl. 'Tilting Europe's Energy Map in Russia's Favor', Stratfor.Com, 15.5.2001.

17 Vgl. das Interview mit *Michail B. Chodokorkovskij*, dem 38-jährigen Chef von *AO Yukos*, dem zweitgrößten russischen Ölkonzern, in: Die Welt, 2.1.2002, S. 13. Zum Unternehmen siehe die Web-Seite: www.yukos.com und NZZ, 26.9.2000, S. 12. *Yukos* hat inzwischen auch den deutschen Markt anvisiert und führte Gespräche über den Kauf der Raffinerie *Bayernoil* in Ingolstadt und Tankstellen von *BP* sowie *Aral* – vgl. Die Welt, 4.5.2002, S. 15.

18 Vgl. 'Europe Turns East for Energy', Stratfor.Com, 4.11.

19 Zit n. 'The EU-Russia Energy Partnership' – http://europa.eu.int./comm/external_relations/russia/summit_30_10_00/statement_en.htm.

support of International Financial Institutions and for international investments."[20]

Darüber hinaus versprach der russische Präsident *Vladimir Putin* in einer Rede vor deutschen Unternehmern in Essen nach dem schrecklichen Terroranschlag auf das *World Trade Center* und das amerikanische Verteidigungsministerium sowie den Beginn Militärintervention in Afghanistan durch die USA und Großbritanniens im September 2001, dass im Fall von gewaltsamen politischen Konflikten (wie im Nahen und Mittleren Osten) Russland bereit sei, zusätzliches Mineralöl nach Deutschland und die EU zu liefern, um die wirtschaftliche Stabilität Europas sicherzustellen.[21] Im Oktober 2001 wurden zwei weitere Abkommen zwischen der EU und Russland geschlossen. Das erste Abkommen sieht den wissenschaftlichen Austausch von Atomphysikern erstmals auf vertraglicher Grundlage vor; das zweite Abkommen regelt die Beteiligung Russlands an dem von Kanada, den USA und der EU geplanten Bau eines *Internationalen Thermonuklearen Versuchsreaktors*.[22]

Die europäisch-russische Energiepartnerschaft hat jedoch keineswegs nur ökonomische Bedeutung für die bilaterale Kooperation, sondern kann das gesamte politisch-strategische und ökonomische Beziehungsgeflecht von Asien über Europa bis in den Mittleren Osten im 21. Jahrhundert entscheidend beeinflussen.[23] Dabei bietet diese Partnerschaft für Europa Chancen wie Risiken. Eine Debatte über die außen- und sicherheitspolitischen Auswirkungen dieser angestrebten Partnerschaft hat jedoch bisher weder in Deutschland noch in der EU stattgefunden. So wird in Deutschland die Energiepartnerschaft bisher fast ausschließlich in ökonomischen Dimensionen betrachtet und ist als solche auch institutionell primär im Bundeswirtschaftsministerium verankert. Die deutsche Regierung hat diese Energiepartnerschaft im Sinne der strategischen Einbindung Russlands zwar auch politisch unterstützt, ohne sich jedoch bisher mit den geopolitischen Auswirkungen der deutschen sowie europäischen Energiepolitik detaillierter auseinander zu setzen.

Überhaupt sind in Deutschland während der letzten Jahren die außenpolitischen Dimensionen der deutschen und europäischen Energiepolitik — wie z.B. die Frage der Energieversorgungssicherheit — im Gegensatz zu den USA, Frankreichs oder Großbritanniens kaum nachhaltig diskutiert worden. So richtig das prinzipielle Festhalten an einer langfristigen idealistischen Zielbestimmung der europäischen Energiepolitik in primär ökonomischen Dimensionen für die Zukunft im Zeitalter der Globalisierung ist, so kurzsichtig ist es für die politische Gegenwart, bewusst oder unbewusst zu unterstellen, dass sich auch alle anderen Staaten von ausschließlich ökonomischen Motiven in ihrer Ener-

---

20 'EU-Russia Summit 17 May 2001 - Joint Statement' – http://europa.eu.int/comm/external_rel...ns/russia/summit17_05_01/statement.htm.

21 Vgl. SZ, 27.9.2001, S. 23.

22 Vgl. SZ, 4.10.2001, S. 8.

23 Vgl. Michael Lelyveld, 'Russia: Gas Exports Likely to Surpass Other Suppliers', RFE/RL Analyses, 3.10.2000.

giepolitik leiten lassen. So gilt diese oft unbewusst unterstellte Fokussierung auf die ökonomischen Dimensionen der Energiepartnerschaft keineswegs für Russland, wo die außen- und geopolitischen Auswirkungen der eigenen Energiepolitik stets ausgiebig diskutiert werden und sich in den entsprechenden politischen Motiven sowie außenpolitischen Zielsetzungen Moskaus widerspiegeln. Aus russischer Sicht stehen *Geopolitik* und *Geoökonomie* in keinem Gegensatz, sondern bedingen oft einander und verfolgen dabei oft gemeinsame Ziele, die als *„Kontrolle"* und *„Dominanz"* über andere Staaten (wie im Raum der früheren UdSSR) charakterisiert werden können. Dies spiegelt sich vor allem in der russischen Pipelinepolitik sowohl in Europa als auch in Zentralasien wider.[24] Trotz der verstärkten pro-westlichen Außenpolitik *Putins* nach dem 11. September 2001 hat sich an dieser Ausrichtung der russischen Energie- und Außenpolitik wenig verändert, wie wir in diesem Kapitel sehen werden.

In dieser Hinsicht ist somit die Ausgangssituation zwischen den beiden Kooperationspartnern der EU und Russland trotz der unzweifelhaft gemeinsamen ökonomischen Interessen gleichzeitig in hohem Masse asymmetrisch. Dies zeigte sich auch während der Verhandlungen zwischen der EU und Russland über die angestrebte Energiepartnerschaft. So suchte die russische Regierung von der EU eine offizielle politische Unterstützung für die von ihr vorgeschlagene Umgehungspipeline um die Ukraine und gleichzeitig die EU zur Aufgabe ihrer Unterstützung der von den USA forcierten *Baku-Ceyhan Pipeline*, mit der das Pipelinemonopol Russlands in Zentralasien gebrochen würde, zu überreden. Dabei versuchte die russische Regierung zeitweise sogar beide Forderungen zu einer *conditio sine qua non* einer europäisch-russischen Energiepartnerschaft machen zu wollen.[25] Auch der russische Vorschlag der *Jamal* 2-Pipeline (als Verbindungsstück zwischen der neuen Nord- und der alten Südschiene, um über Südpolen und die Slowakei sowie die Tschechische Republik größere Mengen Erdgas als bisher nach Westeuropa zu exportieren und dabei die Ukraine umgehen soll) war auf Moskauer Seite primär von außen- und sicherheitspolitischen Erwägungen geprägt (vgl. Kap. 4.3.3), zumal vom ökonomischen Standpunkt der Import von Erdgas aus Turkmenistan und Kasachstan eine kostengünstigere Alternative sowohl für *Gazprom* als auch die EU wäre.[26]

Auch in den USA sind die Energiepläne der EU bis zum 11. September 2001 mit Aufmerksamkeit verfolgt worden, da für Washington die Energiepolitik stets auch ein wesentlicher Bestandteil der global ausgerichteten US-Außen- und Sicherheitspolitik ist. So könnte aus amerikanischer Sicht die europäisch-

---

24 Vgl. z.B. Roland Götz, 'Geopolitische Rivalen oder Partner? Russland und China in der Region des Kaspischen Meeres, in: Blätter für deutsche und internationale Politik 10/1998, S. 1200-1209 (1205). Zu den ökonomischen und politischen Zielsetzungen von *Gazprom* in Verbindung mit jenen des Kreml siehe auch Andreas Heinrich, 'Russlands Gazprom. Teil II: Gazprom als Akteur auf internationaler Ebene', Berichte des BIOst, Nr. 34/1999, Köln, 10. September 1999.

25 Vgl. Ahto Lobjakas, 'EU: Europe Facing Hard Choices in Russia Energy Deal' ebda., 13.10.2000.

26 Vgl. Jonathan Stern, 'Will Gazprom Need Yamal before 2010?', in: Petroleum Economist, May 1997, S. 120-114 (110, 112).

russische Energiepartnerschaft indirekt auch das zukünftige transatlantische Verhältnis zwischen beiden Seiten negativ beeinflussen, welches ohnehin gegenwärtig von erheblichen Irritationen, Missverständnissen und auch zunehmend unterschiedlichen Interessenlagen der beiden Seiten geprägt ist. Daher könnte auch diese langfristig strategische Energiepartnerschaft zwischen der EU und Russland nicht völlig ohne ökonomische und politische Risiken sowie Probleme für die Versorgungssicherheit Europas sein, auch wenn die USA selbst gegenwärtig als Folge der geopolitischen Umwälzungen nach dem 11. September 2001 über einen größeren Energieimport aus Russland nachdenken. Daher soll zunächst ein Blick auf den zukünftigen deutschen und europäischen Energiebedarf sowie die strukturellen Herausforderungen und Probleme gerichtet werden, bevor in einem zweiten Schritt die russische Energiepolitik und Moskaus außen- sowie sicherheitspolitischen Interessen im Kontext seiner Energie- und Pipelinepolitik in Europa näher untersucht werden.

4.2 Die energiepolitischen Herausforderungen für die EU und die Bundesrepublik bis zum Jahr 2020/2030

Auch für die Bundesrepublik und die EU stellen sich vor dem Hintergrund des Ausstiegs aus oder einer Verringerung der Kernenergienutzung, der Implementierung der Klimaschutzzielbestimmungen zur Reduzierung der weltweiten Treibhausgase sowie mit dem beabsichtigtem Ausbau von Erdgaslieferungen strategische Weichenstellungen hinsichtlich ihrer Versorgungssicherheit und der Überprüfung der Lehren aus der Energiekrise von 1973/74. Mit Sorge sieht die *EU-Kommission* den Anstieg der Abhängigkeit von Energieimporten auf 70 Prozent bis zum Jahr 2030 und hat eine langfristige Gegenstrategie gefordert, in der erneuerbare Energien, Energiesparen und eine verstärkte Abstützung auf den Energieträger Erdgas für die Zukunft eine zentrale Rolle spielen sollen.[27] So könnten in den nächsten 20-30 Jahren die Erdölimporte von 76 Prozent auf 90 Prozent, die Erdgasimporte von 40 auf 70 Prozent und von Kohle von gegenwärtig über 50 Prozent auf mehr als 70 Prozent ansteigen.[28]

Auch die *Internationale Energie-Agentur* (*IEA*) hat bei ihren jüngsten Langzeit-Projektionen diese steigende Abhängigkeit der EU bestätigt. Während die EU gegenwärtig noch immerhin 23 Prozent ihres Öl-Bedarfs selbst fördert, wird dieser Anteil bis zum Jahr 2030 auf 8 Prozent zurückgehen. Demgegenüber steigt auch der Importbedarf bei Erdgas von 44 auf 81 Prozent im gleichen Zeitraum an.[29] Trotz Ausbaus der regenerativen Energien (vor allem neu-

---

27 Vgl. Europäische Kommission, 'Grünbuch. Hin zu einer europäischen Strategie für Energieversorgungssicherheit (angenommen am 29. November 2000), Luxemburg 2001.

28 Vgl. 'Communication from President Prodi, Vice President *de Palacio* and Commissioner *Patten* to the Commission - The EU-Russia Energy Dialogue', Brussels, May 2001 (via Internet – http://europa.eu.int/comm/energy_transport/russia/comm-final-en.pdf), hier S. 3.

29 Dabei geht die *IEA* von einem eher bescheidenen Wirtschaftswachstum von 1,9 Prozent und einen noch geringeren Anstieg des Energieverbrauchs von lediglich 0,7 Prozent aus – vgl. IEA, 'Global Energy Outlook 2002', Paris 2002.

er Windkraftwerke) wird auch nach Ansicht der *IEA* Erdöl im Jahr 2030 noch mehr als ein Drittel des gesamten Energieverbrauchs ausmachen, während die erneuerbaren Energien noch immer nur 4 Prozent (mit Wasserkraft 6,5%) des gesamten Energieverbrauchs betragen. Dabei ist sie skeptisch, dass bis zum Jahr 2030 Wasserstoff bereits Benzin als Treibstoff abgelöst haben wird.

Abbildung 53:

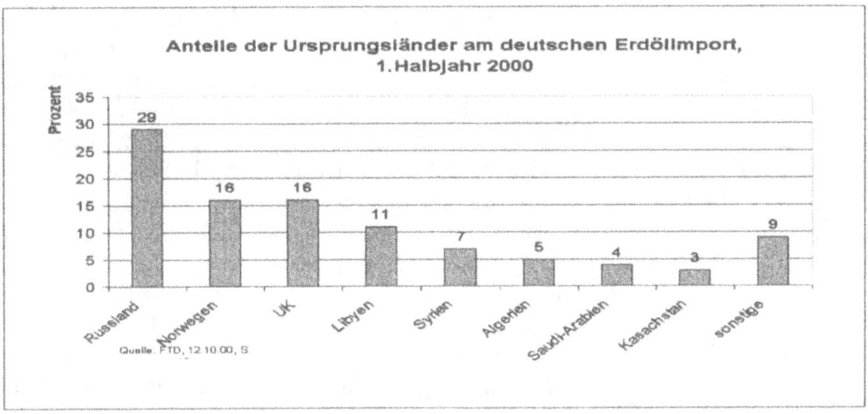

An dieser grundsätzlichen Importabhängigkeit von Energie wird auch die EU-Erweiterung prinzipiell nichts ändern, sondern eher eine Reihe von Problemen der europäischen Energieversorgung noch verstärken. Daher sieht die *IEA* die globale Versorgungssicherheit mit Erdöl mit erheblichen Problemen und Risiken behaftet und plädiert inzwischen ebenfalls für ein neues Nachdenken über die künftige Rolle der Kernenergie, deren Anteil an der weltweiten Stromerzeugung nach den gegenwärtigen Trends von derzeit 17 auf 9 Prozent bis zum Jahr 2030 fallen dürfte.

Vor diesem Hintergrund und der politischen Instabilitäten im Nahen und Mittleren Osten, in West- und Südasien sowie Afrika hat die *EU-Kommission* auch vorgeschlagen, die Erdöllagerbestände der 15 Unionsländer (die in der Regel für mindestens 90 Tage ausreichen sollen) zu vergemeinschaften, um so über neue Interventionsmechanismen zu verfügen, welche die zukünftig erwarteten größeren Preisschwankungen – z.B. als Folge von regionalen politischen Konflikten – begrenzen können. Im Rahmen der stärkeren Koordinierung der EU-Vorratshaltung von Erdöl sollen auch die Rohölreserven der EU-Staaten von 90 auf 120 Tagen erhöht werden und zugleich ein Drittel dieser Vorräte flexibel bei drastischen Ölpreiserhöhungen, „*Panik-Käufen*“ oder entsprechender Drohungen von *OPEC*-Staaten (analog der Währungsreserven der europäischen Zentralbanken zur Stabilisierung der Preise) als Voraussetzung für kontinuierliches wirtschaftliches Wachstum in Europa eingesetzt werden. Eine derartige Vorratshaltung bildet bereits gegenwärtig eine strategische Notwendigkeit für die EU, da die globalen Lagerbestände nach Angaben der *IEA* so stark gesunken sind, dass es zu extremen Preisschwankungen an den Märkten kommen könnte. So lagen die Rohöllagerbestände der *OECD*-Staaten im Juli 2002 um 790000 Fass niedriger als in den Monaten zuvor.[30]

Des Weiteren sollen gemeinsame (zumeist unterirdische) Lagerstätten für Erdgas in der EU, welches zukünftig eine wesentliche größere Rolle in der europäischen Energieversorgung spielen wird, aufgebaut werden. Auch wurde vereinzelt über die Idee von EU-Erdgaslagerstätten in Russland nachgedacht. Aufgrund des Fehlens einer wirklichen Alternative der zukünftig größer werdenden Abhängigkeiten der EU von außereuropäischen Energiemärkten und den daraus resultierenden wirtschaftlichen und außenpolitischen Risiken möchte die EU-Kommissarin für Energie, Frau *Loyola de Palacio* — im Gegensatz zu einigen ihrer Kollegen und vor allem einiger EU-Staaten wie der Bundesrepublik —, auch die Option der Beibehaltung der Kernenergie für eine unbefristete Zukunft offen halten.[31] Währenddessen vollzieht sich die geplante Öffnung und Liberalisierung der Energiemärkte innerhalb der EU bis 2005 auf Druck vor allem Frankreichs und Deutschlands nur langsam und dürfte daher nicht zu dem geplanten Zeitpunkt realisiert werden.

Auch der *Energiebericht des deutschen Wirtschaftsministeriums* hat in diesem Kontext hinsichtlich einer zu ehrgeizigen Klimapolitik, bei der Deutschland (vor allem unilateral) eindeutig über die Verpflichtungen von *Kyoto* hinausgehendes Einsparziel von 40 Prozent gegenüber 1990 verfolgen würde, ausdrücklich vor den Folgen für die Energieversorgungssicherheit Deutschlands gewarnt. Dies gilt insbesondere dann, wenn die heimische Kohlennutzung — analog zum Kernenergieausstieg — aus Umweltschutzgründen massiv eingeschränkt würde und gleichzeitig der Anteil des Energieträgers Gas bei der Stromerzeugung auf 54 Prozent (!) sowie beim Primärenergieverbrauch auf 41 Prozent (!) steigen würde, der nur durch einen noch umfangreicheren Import aus Russland und anderen Weltregionen gewährleistet werden könnte. Die Importabhängigkeit der Bundesrepublik von ausländischen Energieressourcen würde dann auf bis zu 76 Prozent steigen.

Die von Umweltschutzexperten gleichzeitig erhoffte Steigerung der erneuerbaren Energien auf 10 Prozent beim Primärenergieverbrauch und 21 Prozent in der Stromerzeugung — ohnehin ehrgeizige Zielsetzungen der deutschen Energiepolitik — könnte dies jedoch nicht kompensieren, wie der Energiebericht des deutschen Wirtschaftsministeriums ausdrücklich hervorhebt.[32] Mit der damit verbundenen weiteren Erhöhung der Importabhängigkeit Deutschlands aber würden die Versorgungs- und Preisrisiken für die deutsche Wirtschaft und Gesellschaft unverhältnismäßig ansteigen und wären mit erheblichen wirt-

---

30 Vgl. FAZ, 12.9.2002, S. 15.

31 Vgl., David Buchan/Daniel Dombey, FT, 10.6.2002, S. 2.

32 Vgl. Bundesministerium für Wirtschaft und Technologie, 'Nachhaltige Energiepolitik, S. 38 ff.

schaftlichen sowie politischen Risiken verbunden. Dies würde zudem wesentliche Lehren aus früheren Energiekrisen hinsichtlich der Diversifizierung von Energieträgern und Importregionen sowie Reduzierung von Importabhängigkeiten zur Stärkung der Energieversorgungssicherheit auf den Kopf stellen.

Abbildung 54:

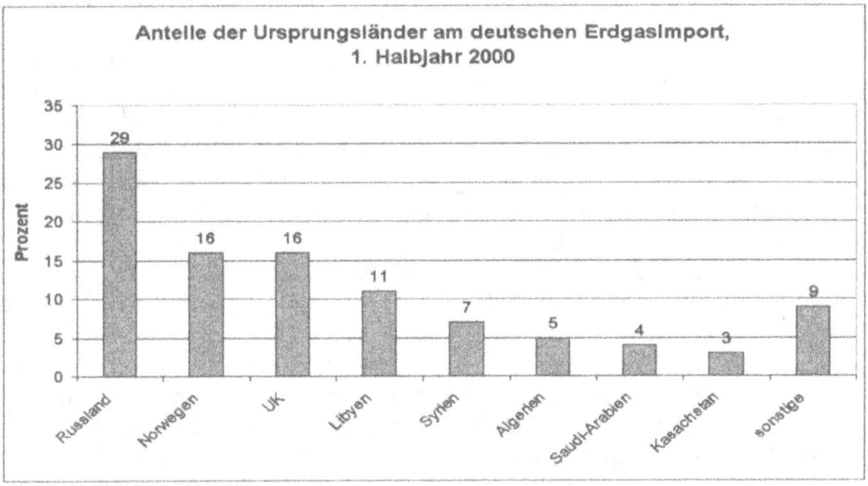

Quelle: FTD, 12.10.2000, S.3.

Vor diesem Hintergrund beabsichtigen Deutschland und die EU, ihre energiepolitische Zusammenarbeit mit Russland wesentlich zu intensivieren. Die russischen Erdölreserven werden auf 6,7 Milliarden Tonnen geschätzt, das sind etwa 4,7 Prozent der gegenwärtig weltweit nachweisbaren Ölreserven. Zugleich ist Russland mit einer Jahresproduktion von 323 Millionen Tonnen im Jahr 2000 der zweit- oder drittgrößte Erdölproduzent nach Saudi Arabien und den USA. Vor allem aber verfügt Russland über nicht weniger als ein Drittel der weltweiten Erdgasreserven, wobei der russische Gasmonopolist *Gazprom* 65 Prozent aller Lizenzen der russischen Erdgasreserven hält. Darüber hinaus beabsichtigt Moskau auch den massiven Ausbau der Stromproduktion von gegenwärtig 876 TWh auf bis zu 1240-1620 TWh. Dieser ist auch für einen verstärkten Stromexport in die GUS-Staaten und vor allem in die EU-Staaten (wie die Bundesrepublik) gedacht.[33] Allerdings ist dieser nur realistisch, wenn Russland in großem Umfang ausländische Investoren zur Modernisierung seiner gesamten Infrastruktur des Strom- und Energiesektors gewinnt. Berücksichtigt man den gesamten Energiesektor Russlands, werden von russischen und westlichen Energieexperten Investitionen in einer Größenordnung von bis zu 600 Milliarden Dollar bis zum Jahr 2020 für notwendig gehal-

[33] Vgl. 'Communication from President Prodi, Vice President *de Palacio* and Commissioner *Patten* to the Commission - The EU-Russia Energy Dialogue', hier S. 10.

ten![34] Dies erklärt zugleich, warum Russland in den letzten Jahren begonnen hat, diesen Schlüsselsektor seiner Wirtschaft sukzessive für ausländische Investoren zu öffnen, gleichzeitig jedoch eine *Renationalisierung* des Energiesektors unter Präsident *Putin* forciert hat, um diese strategische Schlüsselindustrie nicht durch ausländische Aufkäufe zu verlieren und möglicherweise vom westlichen Ausland (insbesondere USA) politisch abhängig oder damit auch erpressbar zu sein.[35]

Vor diesem Hintergrund der gewaltigen russischen Energiereserven an Erdöl und vor allem Erdgas sowie der Beachtung der internationalen Verpflichtungen aus dem *Kyoto-Protokoll* wollen die meisten EU-Staaten vor allem den zukünftigen Energieverbrauch verstärkt auf den Energieträger Erdgas abstützen. Da die europäischen Erdgasbestände jedoch in der Nordsee bis spätestens 2025 weitgehend ausgebeutet sein werden, möchte die EU ihre Erdgasimporte aus Russland in den nächsten 20 Jahren verdoppeln.[36] Gegenwärtig bezieht Europa insgesamt (einschließlich der Ukraine) etwa 20 Prozent (136 Mrd. Kubikmeter) aller Erdgasimporte und etwa 16 Prozent (2-2,5 Mio. b/d) seiner Erdölimporte pro Jahr aus Russland.[37] Nach Angaben der EU werden heute bereits sogar 41 Prozent des Gasverbrauchs (etwa 80 Mrd. Kubikmeter) und 18 Prozent des Ölverbrauchs der EU von Russland sichergestellt.[38] Damit importiert die EU etwa 53 Prozent aller russischen Erdöl- und 62 Prozent aller Erdgasexporte. Diese Öl- und Gasexporte machen nicht weniger als 65 Prozent aller russischen Exporte in die EU aus. Mit der angestrebten Verdoppelung der Erdgasimporte und einer Steigerung der Erdölimporte um 10 Prozent könnte der Anteil der Energieexporte am Gesamtvolumen der russischen Exporte in die dann auf 30 Mitglieder erweiterte EU im Jahr 2020 auf sogar 75 Prozent ansteigen.[39] Gleichzeitig würde eine erweiterte EU dann nicht 20, sondern bis zu 85 Prozent ihrer gesamten Energieimporte allein aus Russland importieren.[40]

Gegenwärtig untersucht Russland zudem, ob zukünftig nicht Erdöl aus Sibirien direkt über eine arktische Seeroute von *Varandei* nach Europa und Asien verschifft werden kann, nachdem die Klimaerwärmung zu einem starken Rückgang des Packeises in der Arktis geführt hat und diese Seeroute inzwischen sieben Monate im Jahr eisfrei ist. So hofft *LUKoil*, zukünftig etwa 300.000 Tonnen Fass pro Tag direkt zum Rotterdamer Hafen zu exportieren. Damit würden teure Ölpipelines über Tausende von Kilometern weitgehend überflüssig werden, was somit auch für den Importeur aufgrund der geringeren

34 Vgl. ebda., S. 6.
35 Zu den Besonderheiten der russischen Liberalisierungsstrategie des Energiesektors siehe ausführlich Kap. 4.3.2 dieser Arbeit.
36 Vgl. auch William Drozdiak, IHT, 21.-22.10.00, S. 1 und 21; Michael Smith/Dan Bilefsky, FT, 30.9.-1.10.00, S. 1; Anna Sherman, ebda., 4.10.00, S. 24.
37 Vgl. Amy Myers Jaffe/Robert A. Manning, 'Russia, Energy and the West', hier S. 136 f.
38 Vgl. Peer H. Lange, 'Die 'Nördliche Dimension', in: IP 1/2001, S. 29-36 (29) und David Buchan, FT, 29. September 2000, S. 3.
39 Vgl. 'Presentation on the EU-Russia Energy Partnership – An Overview, 1 June 2001' – http://europa.eu.int./comm/energy_transport/pres_russie.pdf, hier S. 8 und 31.
40 Vgl. auch William Drozdiak, IHT, 21.-22.10.00, S. 1 und 21 (21).

Transportkosten erheblich billiger werden könnte. Auch könnte die Verschiffung mit ausländischen Tankern erfolgen, so dass Russland auch nicht mehr gezwungen wäre, selbst eine teure Tankerflotte aufrechtzuerhalten.[41]

Eine signifikante Steigerung der europäischen Erdgasimporte aus Russland, welche über die Verdoppelung hinausgehen würde, um so den möglichen Gesamtbedarf an Erdgas von bis zu 900 Milliarden Kubikmeter (bei einem eher geringen Wirtschaftswachstum) anheben zu müssen, ist jedoch zweifelhaft. So produzierte der russische Gasmonopolist *Gazprom* im Jahr 1999 lediglich 545 Milliarden Kubikmeter, wovon wiederum 400 für den eigenen nationalen Verbrauch waren.[42] Damit würde Europa die gesamte Erdgasproduktion Russlands in der Zukunft benötigen. Deutschland ist jedoch bereits heute zu fast 30 Prozent von Erdöl- und sogar zu 35 Prozent von Erdgaslieferungen von Russland abhängig[43], die mit dem sogenannten *Prodi-Plan* auf bis zu 50-70 Prozent anwachsen könnten.[44] Europäische Energiekonzerne sind verständlicherweise an einer Ausweitung der Zusammenarbeit mit dem russischen Erdgasmonopolisten *Gazprom* interessiert, da dieser die Verfügungsgewalt über etwa 25 Prozent der weltweiten Gasreserven hat. Doch wäre in diesem Zusammenhang zu fragen, ob ein derart hohes Importabhängigkeitsverhältnis von Russland aus deutscher und europäischer Sicht politisch sinnvoll ist und vor dem Hintergrund der Größenordnung der sensitiven energiepolitischen Abhängigkeit von Russland nicht eines Tages unter veränderten innenpolitischen Umständen in Russland von Moskau politisch instrumentalisiert werden könnte. Diese *außenpolitische* Debatte ist jedoch bisher auch nicht ansatzweise geführt worden — ein Problem, auf das im folgenden Kapitel noch zurückzukommen ist, wenn insbesondere die außen- und sicherheitspolitischen Motivationen Moskaus bei neuen Pipelineplänen berücksichtigt werden.

Darüber hinaus sind jedoch auch erhebliche Zweifel angebracht, ob die angestrebten Ziele der EU-Russland-Partnerschaft und insbesondere der noch weitergehenden Moskauer Energiepläne, auch wirklich umgesetzt werden können, da dies tiefgreifende und derart umfassende Reformen des russischen Energiesektors und in der gesamten Wirtschafts- sowie Sozialpolitik Russlands voraussetzt, die dieses Land angesichts von über 70 Jahren kommunistischer Planwirtschaft und einer entsprechend weitverbreiteten staatlichen Versorgungsmentalität der russischen Bevölkerung historisch niemals kenngelernt hat. Bisher sind auch unter Präsident *Putin* —von einigen Ausnahmen abgesehen — viele westliche Energiekonzerne vor größeren Investitionen und einem langfristigen strategischen Engagement im russischen Energiesektor zurückgeschreckt. Innenpolitische Unsicherheiten, ein Mangel an Transparenz hinsichtlich der Besitz- und Eigentumsverhältnisse sowie wirtschaftlichen Aktivitäten

---

41 Vgl. 'Russia Tests Arctic Oil Route', Stratfor.Com, 15.8..
42 Vgl. 'Russia's Energy Paradox'. Stratfor.Com, 8.11.2000.
43 *Gazprom* liefert *Ruhrgas* etwa 20 Milliarden Kubikmeter Gas im Jahr.
44 Bei steigendem Verbrauch müsste die Verdoppelung der Importmenge nicht unbedingt auch eine Verdoppelung des Prozentanteils bedeuten.

etc., willkürliche Steuererhebungen und das allgemeine Fehlen eines Rechtsstaates mit seinen unabhängigen Institutionen der Gewaltenteilung, die für ausländische Investoren Rechtssicherheit garantieren, haben hierzu beigetragen. Nicht zuletzt aus diesem Grund hat die EU bisher erfolglos darauf gepocht, dass Russland möglichst schnell den *Vertrag zur Europäischen Energiecharta* von 1994 ratifiziert. Hierzu ist es jedoch bisher trotz vieler entsprechender russischer Bekundungen nicht gekommen, zumal zahlreiche Voraussetzungen auf russischer Seite bisher nicht geschaffen worden sind, auch wenn *Putin* in den letzten beiden Jahren einige Fortschritte erzielt hat.

Angesichts des zukünftigen europäischen Energie- und insbesondere Erdgasbedarfes, muss Russland somit nicht nur ein investitionsfreundliches Klima für ausländische Investoren schaffen, sondern auch die innenpolitischen Energiereformen energisch vorantreiben, wenn der zukünftige eigene Energiebedarf und seine Abstützung auf andere Energieträger als Erdgas (der primär für den Export eingeplant ist) gedeckt werden soll. Angesichts des Unwillens der Regierung, adäquate Verbraucherpreise für Energie innenpolitisch durchzusetzen, um so u.a. auch die eigene Energieeffizienz zu verbessern und die katastrophale Verschwendung von Energie einzudämmen, sowie der weitverbreiteten Kultur einer fragwürdigen Zahlungsmoral bei Energierechnungen in Industrie, dem Staat (einschl. der Streitkräfte) und Privathaushalten sind die Aussichten auf eine derartige Partnerschaft zwischen der EU und Russland sowie die ehrgeizigen Energiepläne des russischen Staates bis heute mit erheblichen Zweifeln hinsichtlich der Umsetzbarkeit behaftet.[45]

Abbildung 55:

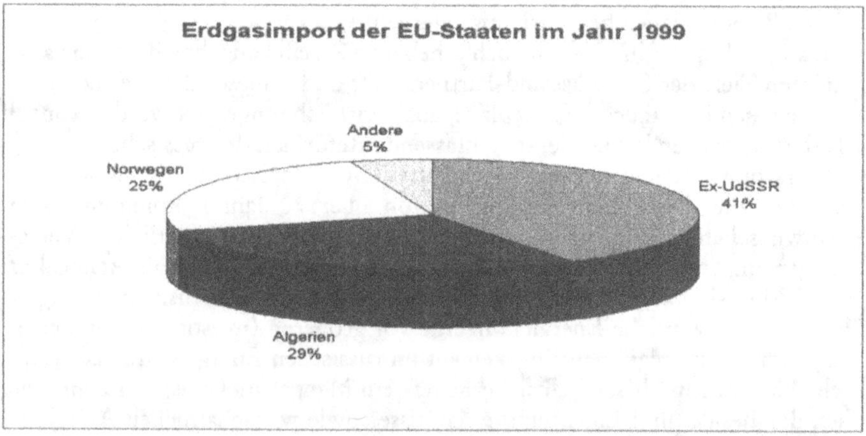

Quelle: ' 'Communication from President Prodi, Vice President de Palacio and Commissioner Patten to the Commission - The EU-Russia Energy Dialogue', Brussels, May 2001 (via Internet – http://europa.eu.int/comm/energy_transport/russia/comm-final-en.pdf), S. 11.

45 Vgl. 'Russia's Energy Paradox'.

Dies gilt insbesondere für weitergehende Liberalisierungs- und Deregulierungspläne der Energiemonopolisten in Russland. So kann der Kreml nicht ohne die Steuereinnahmen von *Gazprom* — bis zu einem Viertel des russischen Staatshaushaltes — auskommen, während die russische Wirtschaft auf absehbare Zeit ohne die vom russischen Staat subventionierte Elektrizität kaum funktionsfähig wäre. Die Folge sind unzureichende Einnahmen für *Gazprom* und den Staat aufgrund zu kurz greifender Liberalisierungspläne, während die Infrastruktur für die Erdöl-, Erdgas- und Stromproduktion zunehmend veraltet und dies während der nächsten Jahre zu immer größeren Produktionsausfällen führen kann. Dieses Problem ist zwar in den letzten beiden Jahren aufgrund des Ansteigens der weltweiten Rohölpreise weniger brisant geworden, an der grundsätzlichen Problematik ändert dies jedoch nichts.

Darüber hinaus ist die staatliche Kontrolle von *Gazprom* und anderen lukrativen Energiemonopolisten in Russland auch unter Präsident *Putin* eher gestärkt als geschwächt worden, welches ebenfalls europäischen Vorstellungen von Liberalisierung und Deregulierung eindeutig widerspricht. In diesem Kontext könnte sich für die EU bald ein zentrales Problem für die anvisierte Energiepartnerschaft im 21. Jahrhundert stellen:

> „If the Kremlin will not invest in – or even reduce taxes on – *Gazprom*, during a period when the company is in obvious decline, then why would it do so if European capital is subsidizing infrastructure, extraction and transport?"[46]

Die seit dem Jahr 2000 zu beobachtende Belebung der russischen Wirtschaft, die allerdings auch wesentlich auf höhere Rohölpreise und damit größere Staatseinnahmen sowie einen schwachen Umtauschkurs des russischen Rubels zurückzuführen ist[47], könnte sich mittel- und langfristig hinsichtlich der dringend notwendigen Strukturreformen sogar eher als kontraproduktiv herausstellen, da unter den derzeitigen eher positiven Rahmenbedingungen sich das Tempo der innenpolitischen Reformen wieder verlangsamen könnte[48], wie dies bei vielen anderen energieexportierenden Staaten in der Welt (Saudi Arabien, Iran, Nigeria, Indonesien und Venezuela) wiederholt im letzten Jahrzehnt beobachtet wurde. Zudem sind die höheren Staatseinnahmen in den letzten beiden Jahren auch verstärkt in den Verteidigungshaushalt geflossen.[49] Auch drohte bereits kurzfristig die sogenannte *„holländische Krankheit"*, da hohe Erdölpreise große Kapitalzuflüsse aus dem Ausland absorbieren. Während der Erdöl- und Erdgassektor zwar dann boomt, kann die Binnenwirtschaft nicht mithalten und droht unter die Räder zu geraten.

---

46 So die Analyse 'Russia's Energy Paradox', hier S. 3.

47 Vgl. David Woodruff, 'Too Much of a Good Thing? High Oil Prices and Russian Monetary Policy', PONARS-Paper No. 175 (Harvard-University), November 2000.

48 Vgl. auch Arkady Ostrovsky, FT, 10.5.2000, S. III (Beilage „Russia").

49 Vgl. hierzu auch F.Umbach, 'Konventionelle oder nukleare Modernisierung – Wohin entwickelt sich die russische Militärmacht?', in: IP 10/2001, S. 41-46 (45).

Abbildung 56:

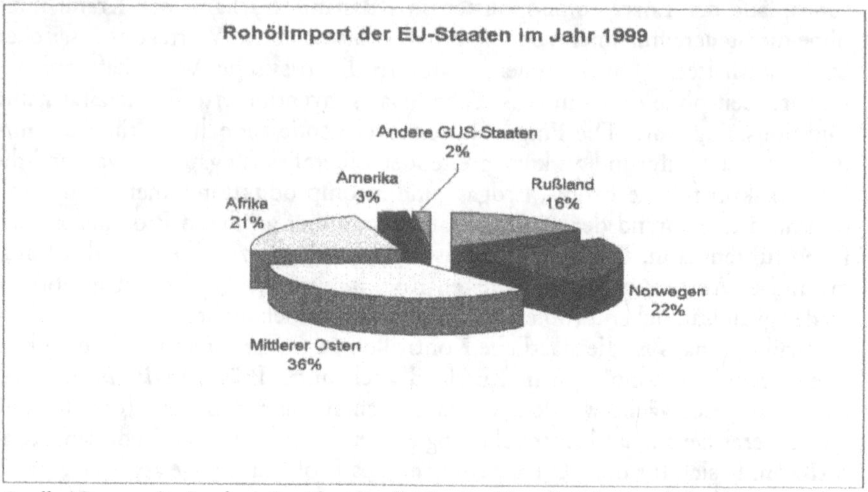

Quelle: 'Communication from President Prodi, Vice President de Palacio and Commissioner Patten to the Commission - The EU-Russia Energy Dialogue', Brussels, May 2001 (via Internet – http://europa.eu.int/comm/energy_transport/russia/comm-final-en.pdf), S. 11.

Doch auch wenn der Rohölpreis über längere Zeit wieder deutlich unter 20 US-Dollar fallen sollte, wäre dies für den russischen Energiesektor in der gegenwärtigen Umstrukturierungsphase, die auf Milliarden Dollar Investitionen angewiesen ist, katastrophal, da dann weder inländische noch ausländische Investitionen getätigt würden, die aber dringend notwendig wären — insbesondere für die Aufrechterhaltung der Produktion und des Transportsektors der russischen Energiewirtschaft. Sollte Russland dagegen auch über einen längeren Zeitraum in der Lage sein, ein hohes Wirtschaftswachstum von sieben Prozent oder mehr zu erzielen, was von *Putins* eigenen Wirtschaftsberatern aber selbst eher als unrealistisch eingeschätzt wird, dann würde Russland immer noch mehr als zwei Dekaden benötigen, um den derzeitigen Lebensstandard der Portugiesen (des ärmsten Landes der EU) zu erzielen.[50]

Das nun angestrebte Partnerschaftsabkommen der EU mit Russland sieht auch ein einheitliches Öl- und Gasleitungsnetz vor, welches zu einem beträchtlichen Teil von der EU finanziert wird. Dabei soll auch eine 2 Milliarden teure Pipeline mit einem zusätzlichen jährlichen Transportvolumen von 60 Milliarden Kubikmeter Gas in die EU-Staaten gebaut werden, welche über Belarus, Polen und die Slowakei führen soll, um so zukünftig ein gesamtes Transportvolumen von 200 Milliarden Kubikmeter im Jahr 2008 zu gewähren. Am 19. Oktober 2000 haben französische, deutsche und italienische Gasfirmen ein Konsortium mit *Gazprom* gegründet, um ein 600 km langes Teilstück (durch

50 Vgl. 'Russia's Energy Paradox', hier S. 3.

Belarus) der insgesamt mehr als 4.200 km langen Erdgaspipeline zwischen der westsibirischen Halbinsel *Jamal* und Europa konkret in Angriff zu nehmen. Während EU-Vertreter ausdrücklich hervorgehoben haben, dass die europäischen Pipelinepläne nach ausschließlich wirtschaftlichen Gesichtspunkten und unter weitgehendem Ausschluss politischer Erwägungen konzipiert würden[51], wird die EU jedoch mit außen- und sicherheitspolitischen Folgen derartiger Pipelinepläne konfrontiert werden, solange der Kooperationspartner derartige gemeinsame Pipelinepläne unter starker Berücksichtigung von außen- und sicherheitspolitischen Zielvorstellungen entwickelt. Daher müssen nicht nur die wirtschaftlichen, sondern auch die politischen Motive Russlands auf Seiten der EU-Politik für die eigene langfristige Energiepolitik berücksichtigt werden — zumindest so lange, wie Russland nicht den *Vertrag der Europäischen Energiecharta* ratifiziert hat *und* sich von den darin kodifizierten Prinzipien einer Energiezusammenarbeit auf der Grundlage ausschließlich wirtschaftlicher Kriterien auch wirklich leiten lässt.

Darüber hinaus wird die Verdoppelung des Erdgasexportes Russlands nach Europa auch wichtige Auswirkungen auf die nationale Energieversorgung und den Energiemix für die Primärenergieversorgung Russlands haben, da Russland fast die gesamte Erdgasproduktion für den Export nach Europa benötigen wird. Das Föderationsgesetz Russlands verpflichtet *Gazprom* jedoch, den russischen Kunden Gas für etwa ein Zehntel des Preises zu verkaufen, welchen *Gazprom* im westlichen Ausland erzielt. Des Weiteren hatte *Gazprom* mit Zustimmung des Kreml bereits für das Jahr 2001 angekündigt, den Erdgasexport um 4,1 Prozent zu steigern. Der russische Strommonopolist *UES* sollte damit nur noch 95 Milliarden Kubikmeter Erdgas für das Jahr 2001 erhalten — gegenüber 127 Milliarden Kubikmetern im Jahr 2000. Mit der Perspektive der Verdoppelung des Erdgases nach Europa wird Russland für die eigene Stromversorgung daher zukünftig gezwungen sein, sich sehr viel stärker auf andere Energieträger — namentlich Kernenergie und Kohlekraftwerke — zu stützen. Letzteres wird jedoch ökologischen Gesichtspunkten in Russland — einschließlich der globalen Bemühungen zur Reduzierung der Treibhausgase (insbesondere CO_2) im Rahmen des *Kyoto-Abkommens* — zuwiderlaufen. Daher hatte der russische Atomminister *Jevgeni Adamov* angekündigt, in den nächsten Jahren 30 neue Atomkraftwerke zu bauen und bei den älteren Kernkraftwerken die Betriebsdauer zu erhöhen.[52] Zudem soll der Ausbau der russischen Kernenergie auch zum Stromexport nach Europa genutzt werden.

Da viele dieser älteren Kernkraftwerke jedoch die bekannten Sicherheitsmängel aufweisen, ist diese Perspektive insbesondere für die europäischen und eurasischen Nachbarstaaten Russlands wenig vertrauensfördernd. Ob zudem der Bau von 30 neuen Atomkraftwerken realistisch ist, muss ebenso bezweifelt

51 Vgl. Ahto Lobjakas, 'EU: Officials Urge Policy Based on Energy Economics, not Politics', RFE/RL Analyses, 27.10.00.

52 Vgl. 'Russia's Nuclear Future', Stratfor.Com, 8.12.2000 .

werden, da die Kosten eines Kraftwerkes allein auf 1,5 Milliarden Dollar geschätzt werden. Darüber hinaus müssen zusätzliche Milliardenkosten für die Lagerung der nuklearen Abfälle in Rechnung gestellt werden. Für derartige große Investitionen fehlt Russland aber das Geld. Auch dürfen die zusätzlichen Proliferationsrisiken nicht übersehen werden, die aus den expansiven Nuklearplänen Russlands resultieren. Nirgendwo auf der Welt existieren aber sonst bis heute derart zahlreiche Sicherheitsrisiken für nukleare Brennstoffe und Abfälle sowie hinsichtlich des Know-hows zur Entwicklung von Nuklearwaffen, welche für bestimmte internationale Terroristengruppierungen, nukleare Schwellenländer und Staaten mit nuklearen Ambitionen (wie z.B. dem Irak oder auch des Iran) von besonderem Interesse sind.[53]

4.3. Der Prodi-Plan einer verstärkten energiepolitischen Zusammenarbeit zwischen der EU und Russland und die außen- sowie sicherheitspolitischen Implikationen

4.3.1 Die ökonomischen und politischen Motive Moskaus

> "[The EU-Russia Energy Partnership] will reshape political relations. In Europe, Russia will be viewed as an important – if temperamental – partner. A Union dependent on Russian energy supplies will be less willing to criticize Moscow; criticism of the Chechen operation has already vanished. Central Europe states may find renewed dependence on Russian energy disconcerting, but they will have little choice in the matter as they are linking their energy grids to Western Europe. The influx of European capital will grant Russia leverage in Central Asia, enabling Moscow to redouble efforts to route regional energy through Russian networks rather than Central Asia ones. China will no doubt find this European-Russian collaboration unwelcome. No state will suffer as much as Ukraine. Ukraine has survived the past few years off of natural gas from Russian pipelines. The new European-funded, Russian built pipelines will bypass Ukraine, robbing it of its primary energy source. Once Ukraine's nuclear plants shut down, Kiev will find it even more difficult to resist Russian control." [54]

Die *wirtschaftlichen* Motive Moskaus bei der angestrebten Energiepartnerschaft zwischen der EU und Russland liegen klar auf der Hand. So machen auf russischer Seite die Energieexporte etwa 20 Prozent des gesamten russischen Bruttoinlandsprodukts (BIP) aus und sind für nicht weniger als 50-60 Prozent aller finanzieller Einnahmen in harter westlicher Währung sowie der Hälfte aller Steuereinnahmen verantwortlich. Hierbei stellt allein der Erdölsektor etwa 25 Prozent der russischen Steuereinnahmen sicher. Darüber hinaus gilt der russische Gasmonopolist *Gazprom* als ein Staat im Staate. Dieser war nach dem

53 Vgl. auch F.Umbach, 'Nuclear Energy Issues', paper presented at the international seminar: 'Nuclear Issues after September 11', 2001 Foundation pour la Récherche Stratégique (FRS), Paris, 26-27 September 2002 (Publikation im Erscheinen).

54 So die US-Analyse: 'Europe Turns East for Energy', hier S. 2.

Zerfall der UdSSR im Zuge einer Reorganisation der Branchenministerien für die Erdöl-, Erdgasindustrie und für Erdölverarbeitung zusammengelegt sowie durch Präsidialerlass vom 5. November 1992 in eine offene Aktiengesellschaft — der *Rossijskoe aktionernoe obščestvo Gazprom* (*RAO Gazprom*) — umgewandelt worden.[55] Der Konzern kontrolliert mit seinen 300.000 Arbeitern nicht weniger als 25 Prozent der weltweiten Gasproduktion, umfasst mit 95 Prozent der Förderung und 100 Prozent des Transports praktisch die gesamte Erdgasindustrie Russlands und verkauft jährlich mehr als 500 Milliarden Kubikmeter Gas im Wert von etwa 80 Milliarden DM. Über sein 149.000 km umfassendes Pipelinenetz werden die Hälfte der Verbraucher in Russland, weite Teile der GUS und ein Drittel des europäischen Gasmarktes versorgt. Dies erklärt, warum jede russische Regierung der Energiepolitik aufgrund der hohen wirtschaftlichen und außenpolitischen Bedeutung so große Aufmerksamkeit schenkt.[56] Der Staat kontrolliert den Konzern mit über 38 Prozent. Nach dem ursprünglichen Statut der Gesellschaft von *Gazprom* dürfen nur 9 Prozent aller Anteile in ausländischer Hand sein. Dieser Anteil soll in den nächsten Jahren erhöht werden, da auch *Gazprom* einen riesigen Investitionsbedarf hat, der nur durch ausländische Investoren geleistet werden kann.

Trotz der staatlichen Beteiligung hatte der Konzern unter Präsident *Boris El'cin* ein zunehmendes Eigenleben geführt. Darüber hinaus hat der Erdgasmonopolist auch aktive Wahlkampfunterstützung betrieben und mit seinen Anteilen an wichtigen Medienunternehmen die russische Berichterstattung in seinem bzw. im Sinne des Kreml nachhaltig beeinflusst.[57] Vor allem aber verfügt er über eine einflussreiche Lobbyarbeit in der *Duma* und im Kreml, die bisher jede Ansätze einer größeren marktwirtschaftlich ausgerichteten Reform schon in den Ansätzen erfolgreich erstickt hat.[58]

Zudem dürfen nicht die politischen Motivationen der russischen Regierung und von *Gazprom* bei der Energiepartnerschaft mit der EU übersehen werden[59], zumal aus Moskauer Sicht die geopolitische Bedeutung der EU mit ihrer und der NATO-Osterweiterung sowie der angestrebten *Gemeinsamen Außen- und Sicherheitspolitik* (*GASP*) und der *Europäischen Sicherheits- und Verteidigungsidentität* der EU (*ESVP*) zukünftig ein neuer Machtfaktor im globalen *„Gleichgewicht der Kräfte"* darstellen wird.

---

55 Vgl. hierzu Heiko Pleines/Kirsten Westphal, 'Russlands Gazprom. Teil 1: Die Rolle des Gaskonzerns in der russischen Politik und Wirtschaft', Berichte des BIOst 33/1999, Köln, 31. August 1999; Andreas Heinrich, 'Russlands Gazprom. Teil II: Gazprom als Akteur auf internationaler Ebene'; Hans-Henning Schröder, 'Jelzin und die „Oligarchen". Materialien zum Bericht des BIOst 40/1998', Sonderveröffentlichung des BIOst, Köln, Oktober 1998, S. 3 ff. und A.Moe/V. Kryukov, 'The New Russian Corporatism. A Case Study of Gazprom, London (RIIA), Mai 1996.

56 Vgl. Amy Myers Jaffe/Robert A. Manning, 'Russia, Energy and the West', hier S. 134.

57 Vgl. hierzu auch Floriana Fossato, 'Russia: Media-MOST Strengthens Partnership with Gazprom', RFE/RL Analyses, 10.12.1999 und Jeanne Whalen, 'Gazprom Criticizes NTV's Coverage of War in Chechnya', in: WSJE, 16.2.2000, S. 3.

58 Vgl. hierzu Heiko Pleines/Kirsten Westphal, 'Russlands Gazprom. Teil 1', S. 20 f.

59 Vgl. auch Andreas Heinrich, 'Russlands Gazprom. Teil II: Gazprom als Akteur'.

Dabei ist die Frage einer außen- oder gar sicherheitspolitischen Instrumentalisierung einer zu starken einseitigen Energieabhängigkeit Europas von Russland nicht zuletzt deshalb nicht völlig auszuschließen, da Russland seine Energiepolitik stets als eines der wenigen effektiven Instrumente seiner Außen- und Sicherheitspolitik (neben dem militärischen Faktor der eigenen Nuklearmacht und der Rüstungsexportpolitik) betrachtet hat. Während Russland nach den USA, der Schweiz, Japan, China und Norwegen der sechsgrößte Handelspartner der EU ist, ist Russlands Außenhandel heute wiederum zu fast 40 Prozent, bei ausländischen Investitionen sogar zu 64 Prozent, von der EU abhängig. Dies gilt vor allem auch hinsichtlich der EU-Investitionen in seine Energieinfrastruktur. Ungeachtet dessen erhoffen sich russische Politiker aus der zukünftigen energiepolitischen Abhängigkeit der EU von Moskau eine *Art "vorauseilenden Gehorsam"* in der jeweiligen Russland-Politik auf deutscher bzw. europäischer Seite, wie die innenpolitischen Diskussionen in Russland deutlich machen. Aus russischer Sicht soll die zunehmende Energieabhängigkeit der EU von Russland möglichst kritische Fragen oder politische Reaktionen auf die Innen-, Außen- und Wirtschaftspolitik Russlands (wie z.B. problematische Rüstungsexporte in potentielle nukleare Schwellenstaaten — Iran, Irak, Libyen, Nordkorea, Indien etc. — oder der Tschetschenienkrieg) im deutschen und europäischen Eigeninteresse Deutschlands von vornherein ausschließen. Bezeichnenderweise erklären bereits einige internationale Beobachter und Kommentatoren die eher schwachen Reaktionen der EU auf die russischen Kriegsaktionen und umfangreichen Menschenrechtsverletzungen in Tschetschenien vor und nach dem jüngsten Geiseldrama in Moskau nicht nur mit dem Nuklearwaffenstatus sowie allgemeinen geopolitischen Stellenwert Russlands für eine zukünftige europäische Sicherheitsarchitektur, die nicht ohne Russland stabil wäre, sondern auch mit der von der EU intendierten engen Energiepartnerschaft mit Russland und den daraus resultierenden politischen Interdependenzen.[60] Dies kann jedoch nur zum Teil bestätigt werden, da zugleich der nicht endende Tschetschenienkrieg die Beziehungen zwischen der EU und Russland bis heute auch belastet und die Kooperationsprojekte, einschließlich der angestrebten Energiepartnerschaft beider Seiten, behindert hat.[61]

Mit der steigenden Energieabhängigkeit der EU (vor allem nach ihrer Erweiterung) von Russland nimmt auch die Bedeutung der russischen Energiekonzerne (wie *Gazprom*) für die Moskauer Außen- und Sicherheitspolitik noch weiter zu. Damit aber droht unter Umständen eine noch stärkere staatliche Kontrolle der russischen Energiefirmen und ihrer Leitung durch den Kreml.[62] Dies wiederum widerspricht jedoch eindeutig den forcierten Liberalisierungs-

---

60 Vgl. 'A Map Redrawn: Eurasia in 2020', Stratfor.Com, 17.11.2000.

61 Vgl. Sophie Lambroschini, 'Russia: EU Summit Stresses Environment, Energy, Chechnya', RFE/RL Analyses, 17.5.2001.

62 Vgl. 'Gazprom: Expanding Into Europe', Stratfor.Com, 15.11.2000.

und Deregulierungsreformen des russischen Energiesektors und auch dem von der EU forcierten *Vertrag zur Europäischen Energiecharta* aus dem Jahr 1994.

4.3.2 Liberalisierung und/oder Renationalisierung der russischen Energiekonzerne unter Präsident *Putin*?

> „*Gazprom's* ability to resist an erosion of its power raises three basic questions that seem to have no easy answers. The first, is, who runs *Gazprom*? The second is, who runs Russia? And the third is whether Russia is more than the sum of its resources. In other words, can the government reform powerful monopolies to promote economic growth?" [63]

> "*Gazprom* is a giant-sized example of what is wrong throughout the Russian economy — the politicization of business dealings. More transparency and less politics is what is needed across the economy." [64]

Die gegenwärtigen Reformen in Richtung Liberalisierung und Deregulierung im russischen Energiesektor sind von Präsident *Vladimir Putin* und seinen Anhängern vor allem als ein Machtkampf erklärt worden, der zur Eliminierung der Machtbasis und des politischen Einflusses der „*Oligarchen*" dienen soll. Während dies durchaus ein wichtiges Element der Motivationen des Kreml bildet, so hat Präsident *Putin* die eingeleitete Liberalisierung und Deregulierung des eigenen Energiemarktes sowohl aus innen- als auch *außenpolitischen* Gründen gestoppt, da er nicht auf dieses *außenpolitische Instrument* und auch potentielle Druckmittel (Ukraine etc.) verzichten will. Zwar haben inzwischen deutsche Energiekonzerne wie *BASF* und *Wintershall* die Gelegenheit an direkten Beteiligungen russischen Energieunternehmen genutzt — so denkt *Wintershall* über eine deutsche Beteiligung an einem Ölfeld in *Archangelsk* bis zu 25 Prozent nach[65] —, doch werden energiepolitische Entscheidungen von Pipelineprojekten in Russland keineswegs nur nach ökonomisch-finanziellen Kriterien gefällt, sondern nach wie vor auch unter starker Berücksichtigung außenpolitischer Gesichtspunkte des Kreml.

Dies gilt um so mehr, als in den letzten beiden Jahren die politische Kontrolle und Interventionen in die Energiepolitik der russischen Energiekonzerne von *Putin* noch forciert wurden. So hat er die Regierungskontrolle durch die Entsendung präsidialer Emissäre in den Aufsichtsräten der russischen Energiekonzerne wie *Gazprom* (darunter auch zwei *FSB*-Offiziere) erheblich gestärkt, welche die staatliche Kontrolle und den politischen Einfluss des Kreml auf die Firmenpolitik und -projekte sicherstellen sollen. Im einzelnen:

- Inzwischen ist der langjährige Vorsitzende von *OAO Gazprom*, *Rem Vjachirev* durch den bis dahin unbekannten Vize-Energieminister *Alexej*

63 Michael Lelyveld, 'Russia: New Hope for Gazprom Reform?', RFE/RL Analyses, 20.2.2002.

64 So das Editorial: 'Grow Up, Gazprom. WTO Membership is a Step in the Right Direction', WSJE, 15.-17.3.2002, S. A8.

65 Vgl. Die Welt, 1.4. 1999, S. 17. Zu den strategischen Partnerschaften von *Gazprom* siehe auch Andreas Heinrich, 'Russlands Gazprom. Teil II: Gazprom als', S. 16 ff.

Miller (40 Jahre alt), einem engen Vertrauten des Staatschefs aus St. Petersburg, ersetzt worden, der selbst über keine unabhängige politische Basis verfügt.[66] Bis dahin hatte *Vjachirev* einen überraschenden Grad an Unabhängigkeit von der jeweiligen Regierungspolitik gezeigt, obwohl der Staat 38,37 Prozent aller Anteile an *Gazprom* kontrolliert. Dennoch hatte *Vjachirev* niemals die Politik des Kreml hinsichtlich politischer Überlegungen und Strategien in Frage gestellt und auch die jüngsten Pipelinepläne unter Umgehung der Ukraine unterstützt, obwohl viele westliche und auch russische Experten die finanzielle Rentabilität der Pipelinepläne in Frage gestellt haben.[67] Zudem sicherte sich der russische Staat auf einer Hauptversammlung im Juni 2001 mit seinen 38,37 Prozent als Hauptaktionär erstmals wieder die Mehrheit im Aufsichtsrat. Von da an sollten sechs staatliche Vertreter der insgesamt elf Sitze die politische Kontrolle sicherstellen.[68] Hiermit und mit der Ernennung *Millers* hat der Kreml die direkte Aufsicht über die Geschäfte und Strategien von *Gazprom* wiedererlangt, welcher gegenwärtig für etwa 8 Prozent des gesamten BIPs Russlands verantwortlich ist. Zugleich ist dieser aber auch der größte Steuerflüchtling in den letzten Jahren gewesen.[69] Zudem soll *Gazprom* nach Auffassung des Aufsichtsratmitglieds *Boris Fjodorov* jährlich etwa 2-3 Milliarden Dollar durch Vetternwirtschaft, Korruption und Diebstahl veruntreuen. Andere Quellen sprechen sogar von jährlich bis zu 9 Milliarden Dollar.[70] Gegenwärtig ist für die absehbare Zeit keine wirkliche marktorientierte Reform von *Gazprom* in Sicht.[71] Allerdings ist das Ausmaß der Korruption und der Veruntreuung von Milliardenbeträgen durch *Vjachirev* und weitere Manager von *Gazprom*, die durch Tarnfirmen in aller Welt systematisch Firmenaktiva an Verwandte und Freunde verschoben hatten, zumindest teilweise aufgedeckt worden.

- Die partielle *Renationalisierungs-* und *Rezentralisierungsstrategie* unter Präsident *Putin* gilt nicht nur für *Gazprom* und die Erdgaswirtschaft, son-

---

66 Vgl. Sophie Lambroschini, 'Russia: Gazprom Shake-Up Signals Kremlin Desire for Greater Control of Gas Giant', RFE/RL Analyses, 31. May 2001.

67 Vgl. 'Kremlin's Grip on Gazprom Tightens', Stratfor.Com, 30.5.2001.

68 Vgl. Jens Hartmann, Die Welt, 30.6.2001, S. 17 und Sophie Lambroschini, 'Russia: Gazprom Shake-up Signals Kremlin Desire for Greater Control of Gas Giant', RFE/RL-Analyses, 31.5.2001.

69 Dies freilich heißt nicht, dass *Gazprom* nicht auch erhebliche Probleme hat. So sinkt seit Jahren die Fördermenge an Erdgas, die Verschuldung beläuft sich auf 9,5 Milliarden Dollar, wovon allein 3,1 Milliarden Dollar in den kommenden 12 Monaten fällig sind und nicht weniger als 2-3 Milliarden Dollar gehen durch Korruption, Vetternwirtschaft und Diebstahl dem Unternehmen verloren gehen – vgl. Jens Hartmann, Die Welt, 30.6.2001, S. 17; Elfie Siegl, FAZ, 29.6.2001, S. 16 und Jeanne Whalen, WSJE, 30.11.2000, S. 2.

70 Vgl. Jens Hartmann, Die Welt, 13.5.2002, S. 24.

71 Michael Lelyveld, 'Russia: New Hope for Gazprom Reform?'; ders., 'Russia: Government Again Delays Gazprom Reform', RFE/RL-Analyses, 5.2.2002; ders., 'Russia: Putin Raises Questions About Gazprom Profits', ebda., 30.11.2001; ders., 'Russia: Divisions Persist Over Energy Reform', ebda., 9.11.2001; ders., 'Russia: Splitting Gazprom Offers Partial Reform', ebda., 17.7.2001; William Browder, WSJE, 25.7.2001, S. 6.

dern auch für den russischen Erdölsektor.[72] Dies zeigt besonders das Beispiel *Transneft* als russischer Ölpipelinemonopolist, den der russische Staat mit 75 Prozent der Eigentumsanteile direkt kontrolliert. *Transneft* transportiert 97 Prozent des gesamten russischen Erdöls. Dies gibt der russischen Regierung mit ihren Stimmanteilen im Aufsichtsrat die Möglichkeit, eine volle Kontrolle über alle Ölexportpipelines sicherzustellen.[73] Nun soll *Transneft* aber nicht nur weiterhin den Öltransport durch die Pipelines monopolisieren, sondern auch selbst seine Geschäfte auf die Ölproduktion ausweiten bzw. dort einsteigen. Dies würde einerseits *Transneft* für westliche Energiefirmen und gemeinsame -projekte besonders interessant machen, da sie nur noch mit einer russischen Firma, die sowohl für die eigentliche Produktion als auch den Transport via Pipelines verantwortlich ist, kooperieren müssten.[74] Andererseits wäre damit die politische Kontrolle und die Interventionen deutlich stärker als in den von Oligarchen kontrollierten anderen Firmen aus dem Energiebereich, auch wenn hier *Putin* die staatliche Kontrolle inzwischen ebenfalls sukzessive verstärkt hat.

- Im November 2000 wurde unter dem Stellvertretenden Ministerpräsidenten *Viktor Christenko* ein neues Komitee ins Leben gerufen, das den Zugang russischer Erdöl- und Erdgasproduzenten zu russischen Exportpipelines kontrolliert und reguliert. Die russische Regierung hatte zuvor den russischen Erdöl- und Erdgasproduzenten erlaubt, bis zu 30 Prozent ihrer Produktion selbständig im Ausland zu verkaufen. Allerdings waren zahlreiche russische Energiefirmen in der Lage, durch Bestechung und spezielle Vereinbarungen mit der Regierung sowie den Ministerien, diesen Anteil zu umgehen und wesentlich mehr im Ausland zu verkaufen, wo ein viel höherer Gewinn als auf dem einheimischen Markt zu erwarten war. Sein neues Komitee, welches sich aus 10 Stellvertretenden Ministern aus anderen Ministerien zusammensetzt, soll faktisch in der Lage sein, jede den Energieexport betreffende Frage zu entscheiden. Gleichzeitig wurde auch ein neues Auktionssystem für den Export von Erdöl eingeführt, um einen unkontrollierten und illegalen Erdölexport zu verhindern. Eigentlich durften die russischen Energiekonzerne nur etwa 30 Prozent ihrer Erdölproduktion ins Ausland exportieren, um so harte Devisen zu erwirtschaften. Doch exportierten die russischen Ölkonzerne 1999 über 41 Millionen Tonnen mehr als der 30 Prozentanteil vorsah. Dementsprechend standen dem nationalen Verbrauch nicht 70, sondern lediglich 56 Prozent zur Verfügung, was zu den nationalen Energieproblemen in jenem Jahr erheblich

72 Vgl. 'Russia Formulates a Hybrid Economy', Stratfor.Com, 12.5.2000.

73 Im Jahr 2000 mussten z.B. alle russischen Erdölfirmen zusätzliche finanzielle Abgaben zur Finanzierung der Umgehungspipeline um Tschetschenien entrichten. Diese Abgaben flossen direkt der Firma zu, die für den Bau der Umgehungspipeline verantwortlich war: *Transneft*.

74 Vgl. hierzu 'Kremlin Signals Intervention in Private Oil Industry', Stratfor.Com, 26.6. 2001.

beitrug.[75] Ob mit dem neuen Exportsystem jedoch die Korruption und die Bestechung hoher Regierungsbeamten sowie Ministerialbürokraten beendet wird, ist mehr als fraglich, auch wenn das neue System mehr Fairness und Transparenz verspricht.[76] Doch auch dieses Kontrollsystem zeigt, wie groß die Unterschiede zwischen Russland und den marktwirtschaftlich orientierten EU-Staaten oder den USA nach wie vor sind.

- *Putins* Renationalisierungsstrategie betrifft auch keineswegs nur den Energiesektor, sondern zunehmend alle größeren Firmen und Konzerne für *„natürliche Rohstoffe"*. So hat das russische Finanzministerium im Jahr 2000 auch die Kontrolle über zahlreiche strategische Metalle, wie z.B. Palladium[77], wiederhergestellt. Das Ministerium kontrolliert mit diesem Renationalisierungsschritt nicht weniger als 80 Prozent der weltweiten Palladiumreserven, wodurch Moskau theoretisch sogar in der Lage wäre, die internationalen Märkte zu manipulieren. Gleichzeitig wurde auch die staatliche Kontrolle über die Platinum- und Diamantenindustrie wiedererrichtet. Das Finanzministerium muss nun alle Verkäufe derartiger strategischer Rohstoffe ins Ausland aufgrund eines Präsidentendekretes prüfen. Gleichzeitig werden die Transparenz über Produktion, Vorräte und Exporte eingeschränkt und derartige Angaben mehr denn je klassifiziert.[78]
- Auch der großangelegte Restrukturierungsplan für den russischen Strommonopolisten *Vereinigte Energiesysteme* (*VES*)[79], der 72 regionale Energieproduzenten Russlands vereinigt, 61 Prozent der Stromerzeugung und das gesamte rund 420.000 Kilometer lange Hochspannungsnetz sowie die Hälfte des Verteilersystems kontrolliert, läuft faktisch auf eine *Renationalisierung* und *Rezentralisierung* dieses Schlüsselsektors der russischen Wirtschaft hinaus. Auch hier hat sich die *Putin*-Regierung mit ihren 10 von 15 Sitzen im Vorstand die Mehrheit und Kontrolle gesichert, die sich zudem nicht allein auf *VES*, sondern auch über ihre Tochterfirmen und sonstige Firmen, die mit *VES* lediglich verknüpft sind, erstreckt. Damit schienen die Tage von *Anatoly Chubais* als *„unabhängiger Broker"* wieder einmal gezählt, der die Rettung vor dem Zusammenbruch der Elektrizitätswirtschaft (der von russischen Experten für das Jahr 2005 prognostiziert wurde) allein in der völligen Liberalisierung gesehen hat. Hierzu gehörte auch sein Plan des Verkaufs von Energiefirmen in Russlands 89 Regionen an ausländische Energiekonzerne[80], da nur diese über das notwen-

[75] Vgl. Michael Lelyveld, 'Russia: Officials Considering Oil Export Regulation', RFE/RL-Analyses, 15.11.2000.
[76] Vgl. 'Russia's Energy Export in New Hands', Stratfor.Com, 16.11.2000 .
[77] Palladium ist für die Hochtechnologieindustrie von entscheidender Bedeutung und wird u.a. für Laptop-Computer und Brennstoffzellen etc. benötigt sowie häufig als chemischer Katalysator (z.B. in Autokatalysatoren) verwendet.
[78] Vgl. 'Russia Tightens Its Grip on Key Mineral Resources', Stratfor.Com, 22.9.2000.
[79] RAO EES Rossii: Rossijskoe akcionernoe obščestvo Edinaja Energetičeskaja Sistema Rossii – vgl. hierzu auch Hans-Henning Schröder, 'Jelzin und die „Oligarchen", S. 7 ff.
[80] Vgl. Ljudmila Romanova/Vladislav Kuz'mic!ev, NG, 11.4.2000, S. 1 und Michael Lelyveld, 'Russia: Government Plans Reform for Electricity Monopoly', RFE/RL-Analyses, 22.5.2001

dige Investitionskapital für die Modernisierung des Elektrizitätssektors verfügen. Für die drei größten Kreditgeber Russlands — die *Europäische Bank für Wiederaufbau und Entwicklung*, der *Internationale Währungsfond* (IWF) und die *Weltbank* — dürfte dies eine ziemlich große Enttäuschung gewesen sein, hatte doch Russlands Minister für wirtschaftliche Entwicklung und Handel, *German Gref*, klargestellt, dass nicht das *VES*-Management, sondern die russische Regierung für die Reform von *VES* verantwortlich ist. Dies könnte zugleich signalisieren, dass die russische Regierung für die *VES*-Reform gegenwärtig offenbar keine größeren ausländischen Investitionen für notwendig hält. Dies widerspricht jedoch eindeutig den Fakten: Nach Angaben des *IWF* hatte Russland insgesamt im Jahr 2000 lediglich 2,7 Milliarden US-Dollar (!) an ausländischen Direktinvestitionen (FDI) erhalten — während z.B. die Tschechische Republik mit einem Vierzehntel ihrer Gesamtbevölkerung die doppelte Höhe an FDI einwerben konnte.[81] Wie unter diesen Umständen die *VES*-Reform und der Expansionsplan vorangetrieben werden kann, da diese allein mindestens 6-11 Milliarden Dollar Investitionen benötigen (während die Aufrechterhaltung des gesamten russischen Stromerzeugungssystem von westlichen Experten sogar auf 70 Milliarden Dollar beziffert wird, ohne dass in dieser Summe ein Modernisierungsbedarf des Stromerzeugungssystems berücksichtigt wurde[82]), ist ausländischen Experten eher ein Rätsel.[83] Dies gilt auch hinsichtlich der ehrgeizigen Pläne des *VES*-Managements, insgesamt 44 neue Wärme- und Wasserkraftwerke zu bauen, deren voraussichtlicher Finanzbedarf auf über 160 Milliarden US-Dollar beziffert wird.[84] Auch diese Pläne sind ohne große westliche Investitionen nicht realistisch.

- Darüber hinaus besitzt der Kreml auch gegenüber privatisierten und unabhängigen Unternehmen weiterhin über genügend Druckmittel, um seine ökonomischen, außen- und sicherheitspolitischen Interessen beim Energieexport durchzusetzen. So hatte der Kreml z.B. der unabhängigen Erdgasfirma *Inneftegazstroi* im Januar 2001 angedroht, ihren Zugang zum Erwerb von Gas zu verlieren, wenn die Firma nicht ihre Gaslieferungen an Georgien einstellt, was diese daraufhin auch tat. Dahinter soll aber auch der russische Strommonopolist *VES* gestanden haben, der Zugang zum georgischen Elektrizitätsleitungsnetz für den eigenen Stromexport erzwingen wollte. Ein Teil des georgischen Leitungsnetzes gehört jedoch inzwischen der amerikanischen Firma *AES*, die einen Vertrag mit *Inneftegazstroi* für Gaslieferungen unterzeichnete und hierfür im Voraus bereits bezahlte.

81 Vgl. 'Russia: Re-Centralizing the Economy', Stratfor.Com, 22.5.2001.
82 Vgl. Rudolf Botzian, 'Produktionsstandorte auf dem europäischen Strommarkt unter Globalisierungsdruck? Ist Verlagerung nach Russland möglich?, SWP-Studie, S-7, Berlin, April 2001, hier S. 11.
83 Vgl. 'Putin Looks to Shift Power over Russian Energy', ebda., 4.12.2000.
84 Vgl. Die Welt, 12.5.1998 S. G3 (Beilage „Welt der Energie").

AES weigerte sich auch nach dem Aussetzen der russischen Gaslieferungen, dem *VES* einen Teil des eigenen Leitungsnetzes zu überlassen.[85]

Auch unter diesen Gesichtspunkten ist die Reform der Deregulierung, Liberalisierung und Privatisierung der russischen Energiemärkte zunächst weitgehend gescheitert und wird von *Putin* auch nur bedingt angestrebt. Dies schließt freilich nicht *Joint Ventures* und gemeinsame Energieprojekte mit westlichen Firmen aus — im Gegenteil. So werden ausländischen Firmen auch Anteile an russischen Firmen und Ölfeldern gewährt, solange die staatliche Kontrolle und der politische Einfluss des Kreml auch unter Berücksichtigung außenpolitischer Gesichtspunkte gewahrt bleiben. So hält *Ruhrgas* inzwischen 5 Prozent an dem weltgrößten Erdgasunternehmen (mit einem Pipelinenetz von 149.000 Kilometern sowie 308.000 Mitarbeitern und einem Viertel der weltweit bekannten Erdgasreserven) und weitere 1,5 Prozent über das Joint-Venture *Gerosgas*.[86] Das russische *Gazprom*-Management sieht selbst die Möglichkeit vor, zukünftig die Anteile der Auslandsinvestitionen am Konzern von gegenwärtig 10,31 auf bis zu 20 Prozent zu erhöhen.[87] *Ruhrgas* will mittelfristig einen Anteil bis zu 8 Prozent erwerben.[88] Darüber hinaus ist auch *Wintershall* (eine Tochter von *BASF*) bei *Gazprom* zur Erschließung russischer Erdöl- und Erdgasfelder eingestiegen.[89] Russland und Deutschland haben u.a. auch über eine Umwandlung der russischen Schulden gegenüber der Bundesrepublik in Höhe von 14 Milliarden Dollar in Anteilen an russischen Energiefirmen verhandelt, so dass Deutschland zu einem der wichtigsten Shareholder im russischen Energiesektor aufsteigen könnte. Dies würde aus Sicht Moskaus die geopolitische Partnerschaft zwischen Russland und Deutschland stärken und könnte zugleich den amerikanischen Einfluss in Deutschland sowie Europas langfristig bedeutsam schwächen.[90] Doch auch hierbei regt sich der Widerstand in der *Duma* gegen den *„Ausverkauf“* strategischer Schlüsselsektoren der eigenen Wirtschaft. Allerdings zeigt das Beispiel von *British Petroleum* (*BP*) auch, dass westliche Energiekonzerne beginnen, sich verstärkt auf Offshore-Projekte in Russland zu konzentrieren (*Sachalin-1*), um so den Kontakt mit russischen Partnerfirmen (die hierfür zumeist nicht das ausreichende Kapital und die Technologie für Offshore-Explorationen haben) und der russischen Bürokratie in Moskau sowie der Regional- und Lokalbürokratie zur Überwachung der *BP*-Aktivitäten zu minimieren. Westliche Energiekonzerne suchen sich inzwi-

---

85 Vgl. Michael Lelyveld, 'Russia: Gas Cuttoff Raises Questions about Delivery Agreements', RFE/RL-Analyses, 18.1.2001.

86 1998 hatte die *Ruhrgas* für insgesamt 600 Millionen Dollar 2,5 Prozent der *Gazprom*-Aktien erworben. Dies war die größte Investition, die jemals ein deutsches Einzelunternehmen in Russland getätigt hatte.

87 Vgl. Erwin Schneider/Heinz-Jürgen Schürmann, WSJE, 9.7.2001, S. 4; Paivi Munter, ebda., 14.2.2000, S. 9 und Alan Cullison/Jeanne Whalen, WSJE, 7.-8.2001, S. 1 und 10.

88 Vgl. das Interview mit dem Vorsitzenden des Vorstands der *Ruhrgas AG*, *Burckhard Bergmann*, in: FAZ, 3.9.2001, S. 15.

89 Als erstes Projekt soll eine Erdöllagerstätte in *Archangelsk* gemeinsam ausgebeutet werden - vgl. Die Welt, 1.4.1999, S. 17.

90 Vgl. 'Shifting Europe's Power Balance', Stratfor.Com, 18.12.2000 .

schen neue Investitionsstrategien, da sie an eine schnelle und effektive Liberalisierung des russischen Energiesektors nur bedingt glauben und nicht gewillt sind, jeglicher Korruption Vorschub zu leisten.[91] Allerdings hat *BP* jüngst auch seinen Anteil an *Sidanco*, Russlands siebtgrößten Ölproduzenten und weitgehend privatisiert, von 10 Prozent aus dem Jahr 1997 nun auf 25 Prozent erhöht und hierfür 375 Millionen US-Dollar gezahlt. Damit signalisiert *BP* ein zunehmendes, wenn auch weiterhin eher partielles Vertrauen in die Verbesserung der Rahmenbedingungen für ausländische Investitionen im russischen Erdölsektor.[92] Auch der französische Ölkonzern *TotalFinaElf SA* verhandelt über eine Mehrheitsbeteiligung an der Exploration des riesigen sibirischen *Vankor-Ölfeldes* (mit geschätzten 900 Millionen Fass an ausbeutbaren Ölreserven und 2 Billionen m^3 Erdgas), dessen Investitionskosten allein auf 2,5 Milliarden Dollar geschätzt werden.[93]

4.3.3 Der Streit über die Umgehungspipeline um die Ukraine und die außenpolitischen Motivationen Moskaus

„By assisting Russia in building pipelines that bypass Ukraine, Europe will get a more secure energy supply, but at the cost of damaging the West's decade-long policy of bolstering Ukrainian independence."[94]

Da etwa 90 Prozent aller Erdgasexporte Russlands nach Europa bisher über die Ukraine verlaufen und Kiev von Moskau wiederholt angeklagt wurde, illegal russische Pipelines anzuzapfen und so russisches Gas zu stehlen, erscheint der Moskauer Vorschlag einer solchen Umgehungspipeline auf den ersten Blick verständlich.[95] So könnte *Gazprom* bis zu 2,5 Milliarden US-Dollar durch die Umgehungspipeline *Jamal-2* als Folge fehlender Transitgebühren und illegalen Anzapfens von Gas einsparen.[96] Darüber hinaus war auch die Türkei — die gegenwärtig 8,8 Milliarden Kubikmeter Erdgas pro Jahr über eine Pipeline durch die Ukraine bezieht — von der illegalen Gasentnahme der Ukraine im Jahr 1999 betroffen, als es nach dem Erdbeben von 1999 zu Versorgungsschwierigkeiten kam.[97] Mit *Jamal-2* wäre Russland in der Lage, seinen Primärmarkt in Zentral- und Südosteuropa zu geringeren Kosten zu beliefern. Demgegenüber ist die Ukraine trotz Diversifizierungsanstrengungen der letz-

---

91 Vgl. 'BP: Still Bullish on the Bear, but More Cautious', Stratfor.Com, 6.12.2000.

92 Vgl. Sabrina Tavernise, New York Times, 17.4.2002 (Internet-Version).

93 Vgl. Bhushan Bahree, WSJE, 24.4.2002, S. A1 und A12.

94 'Europe Hands Ukraine to Russia', Stratfor.Com, 31.8.2000.

95 Zur russischen Sicht siehe Sergej Pravosudov/Denis Prokopenko, NG, 20.10.2000, S. 1-2; Aleksej Popov, ebda., 20.10.2000, S. 5; Sergej Pravosudov, ebda., 2.11.2000, S. 1; Semen Novoprudskij, Izvestija, 26.10.1999, S. 4; Ljudmila Romanova, NG, 10.12.1999, S. 4; Viktor Timošenko, NG, 2.2.2000, S.5; Vladimir Kujerenko, Rossijskaja gazeta, 24.2.2000, S. 1 und 7. das Interview von Ljudmila Romanova mit Jurij Komarov aus dem Vorstand von *Gazprom*, in: NG, 1.3.2000, S. 4 und Viktor Timošenko, NG, 15.6.2000, S. 5.

96 Vgl. 'Russian Pipeline Plans Prevent Pilfering', Stratfor.Com, 17.3.2000.

97 Vgl. auch Michael Lelyveld, 'Ukraine: Russia Intensifies Energy Squabble', RFE/RL-Analyses, 16.12.1999.

ten Jahre weiterhin zu etwa 80 Prozent ihrer Energieimporte von Russland abhängig. Gleichzeitig machen die Transit- und Nutzungsgebühren ihrer Pipelines für die Durchleitung von Erdgas und Erdöl von Russland nach Zentral- und Westeuropa einen zentralen Posten im ukrainischen Staatshaushalt aus. So kann die Ukraine 32 Milliarden Kubikmeter Gas aus Russland pro Jahr frei als Verrechnung der Transitgebühren nutzen, welches 40 Prozent seines nationalen jährlichen Erdgasbedarfs ausmacht.[98] Unter Berücksichtigung des steigenden russischen Energieexportes nach Zentral- und Westeuropa könnte die Ukraine mit dem Bau von *Jamal-2* in 5-7 Jahren einen wirtschaftlichen Verlust von bis zu einer Milliarde US-Dollar erleiden.[99]

Nach russischen Angaben hatte die Ukraine in den letzten Jahren täglich bis zu 150 Millionen Kubikmeter Gas (!) gestohlen. Ihre Energierechnungen an Russland in Höhe von 1-3 Milliarden US-Dollar als Folge unbezahlter Rechnungen sowie des illegalen Gasanzapfens hat Kiev nicht gezahlt und so erhebliche Schulden ausstehen.[100] 1999 hatte die Ukraine zwar einen Teil ihrer russischen Schulden durch den Verkauf ihrer 11 Nuklearbomber vom Typ *TU-160* an Russland begleichen können.[101] Doch ist das Problem der ukrainischen Schulden und des illegalen Anzapfens russischer Erdgaspipelines damit noch nicht aus der Welt. So verlangte Moskau, dass die Ukraine ihre verbleibenden Schulden in Höhe von 1,9 Milliarden US-$ durch einen Verkauf von größeren Anteilen ukrainischer Firmen an Moskau begleichen solle. Damit aber würde der direkte ökonomische Einfluss auf ukrainische Regierungsentscheidungen signifikant steigen, während die Abhängigkeit der Ukraine von russischen Gaslieferungen aufrechterhalten würde. Zugleich würden damit die russischen Energie- und Aluminiummonopolisten ihre Position nicht nur in Russland, sondern in der GUS wesentlich festigen. Bisher konnte Kiev z.T. auf die Erhöhung der Preise russischer Energielieferungen durch die Anhebung seiner Transitgebühren für die Rohrsysteme auf ukrainischem Territorium reagieren. Nicht nur aus ukrainischer Sicht wäre ein Verkauf von rentablen Betrieben ukrainischer Schlüsselindustrien jedoch ökonomisch wie politisch kurzsichtig, sollten die russischen Bemühungen in diese Richtung Erfolg haben.[102] Daher lehnte Kiev dies wiederholt ab, doch sollten zahlreiche Industriebetriebe in offenem Wettbewerb privatisiert werden.[103] Eine russische Übernahme ukrainischer Energieunternehmen oder anderer Industriebetriebe würde jedoch die eigentlichen Probleme der ineffizienten und veralteten Anlagen nicht lösen, wie das Beispiel des russischen Energiesektors selbst zeigt.

---

98 Vgl. 'Russia Raises the Stakes for Energy in Ukraine', Stratfor.Com, 29.11.2000.

99 Vgl. Michael Lelyveld, 'Russia: Questions Linger About Moscow's Natural Gas Plans', RFE/RL Analyses, 12.4.2002, hier S. 1.

100 Vgl. Viktor Timošenko, NG, 13.1.2000, S. 5.

101 Vgl. Ljudmila Romanova, NG, 22.1.2000, S. 5.

102 Vgl. 'Russia Seeks to Expand Control of Ukraine', Stratfor.Com, 25.2.2000; Charles Glover, FT, 24.2.2000 und Michael Lelyveld, 'Russia/Ukraine: Energy Talks May Have Risks', RFE/RL Analyses, 25.2.2000.

103 Vgl. Elfie Siegl, FAZ, 23.2.2000, S. W 4.

Doch spielen tatsächlich auf russischer Seite auch weitergehende außenpolitische Motive beim Vorschlag einer Umgehungspipeline um die Ukraine eine entscheidende Rolle. Bis heute haben zahlreiche russische Politiker die Unabhängigkeit vor allem der Ukraine im Jahr 1991 nicht wirklich akzeptiert, auch wenn diese inzwischen erheblich gefestigter ist als noch während der ersten Hälfte der 90er Jahre. Mit keiner anderen früheren Sowjetrepublik (mit Ausnahme Georgiens) hatte Russland in den 90er Jahren so viele ungelöste politische Konflikte: das Erbe der auf dem ukrainischem Territorium dislozierten strategischen Nuklearwaffensysteme, die Aufteilung der Schwarzmeerflotte, die Zugehörigkeit der Krim zur Ukraine (da die Majorität der Bevölkerung ethnisch russisch ist), die divergierenden Vorstellungen hinsichtlich der Rolle der *GUS* und die Bildung der *GUAAM* als einer strategischen Gegenallianz zur *GUS* unter der Vorherrschaft Russlands etc.[104]

Der politische Druck auf die Ukraine würde sich in der Zukunft zweifellos noch erhöhen, wenn Moskau eine oder mehrere neue Gaspipelines nach Europa bauen sollte, die ukrainisches Territorium umgehen (siehe auch *Abbildung 57*). Russland hatte bereits im Jahr 2000 zum Bau neuer Pipelines die Gebühren und Tarife für Energie sowie allgemeine Transportkosten erhöht, um so *„strategische Projekte"* zu finanzieren.[105]

Während die einseitige Energieabhängigkeit der Ukraine damit aufrechterhalten wird, besitzt Kiev gleichzeitig weniger Möglichkeiten zu politischer Vergeltung, in dem der Öl- und Gastransport durch russische Pipelines über ukrainisches Territorium unterbrochen oder aber substantiell abgezweigt wird.

---

104 Vgl. zum Hintergrund hierzu Kurt W. Spillmann/Andreas Wenger/Derek Müller (Eds.), 'Between Russia and the West'. Foreign and Security Policy of Independent Ukraine', Bern 1999; Oleg Strekal, 'Nationale Sicherheit der unabhängigen Ukraine', Baden-Baden 1999; David Albright/Semen I. Appatov (Eds.), 'Ukraine and European Security', Houndsmill 1999; Leonid Polyakov, 'Current Russian-Ukrainian Rapprochement? A Rejoinder', in: Security Dialogue, June 2002, S. 171-176; Arkady Moshes, 'Russian-Ukrainian Rapprochement of 2001: How Viable?', in: ebda., S. 157-170; Arkady Roritsyn/Eric A. Miller, 'From East to West and Back Again: Economic Reform and Ukrainian Foreign Policy', in: European Security, Spring 2002, S. 102-126; Tor Bukkvoll, 'Off the Cuff Politics – Explaining Russia's Lack of a Ukraine Strategy', in: Europe-Asia Studies, December 2001, S. 1141-1157; Margarita M. Balmaceda, 'Gas, Oil and the Linkages between Domestic and Foreign Policies. The Case of Ukraine,' in: ebda., März 1998, S. 281-286; Paul J. Danieri, Economic Interdependence in Ukrainian-Russian Relations', Albany/N.Y. 1999; F.Umbach, 'Nuklearmacht sein oder nicht sein - Die nuklearen Ambitionen der Ukraine, Weißrußland und Kasachstan - Teil I', in: Österreichische Militärische Zeitschrift (ÖMZ), 1/1994, S. 23-32; Teil II, in: ebda 2/1994, S.141-154; ders., 'The Security of an Independent Ukraine', in: JIR, March 1993, S. 114-116; ders., 'Russia, and the Problems of Ukraine's Cohesion: Results of a Fact-Finding-Mission", Bericht des BIOst 13/1994; ders., 'The Crimean Question', in: JIR, Mai 1994, S. 195-198; ders., 'The External Security Challenges of Ukraine", in: 'Ukraine's Security', JIIA Research Paper, Tokyo, März 1996, S. 73-98 und ders./Heinz Timmermann, 'Der Krim-Konflikt: Hintergründe, Brisanz und Möglichkeiten vorbeugender Diplomatie', Aktuelle Analyse des BIOst 30/1994, Köln vom 31.5.1994.

105 So hatte z.B. *Transneft* seine Ölpipelinegebühren um weitere 12 Prozent erhöht, um so das *Baltische Pipelinesystem* zu finanzieren, welches Russland die Möglichkeit gibt, eine direkte Ölroute über das Baltische Meer zu bauen und nicht mehr von den alten baltischen Häfen und Raffineriebetrieben abhängig zu sein. Auch dies soll zu Einsparungen in Höhe von 3-4 Milliarden US-Dollar pro Jahr führen – vgl. Michael Lelyveld, 'Russia: Pipeline Fees Pay for Government Projects', RFE/RL Analyses, 20.7.2000.

Darüber hinaus würden der Ukraine wichtige Transitgebühren und Gasimporte entgehen, die Kiev für die Reform und Modernisierung des eigenen Energiesektors dringend benötigen würde.

Abbildung 57: Pipelinepläne in Mittel- und Südosteuropa sowie des Baltikums

	Oil/Gas	Capacity (Maximum)	Cost	Status
Russia-Lithuania line	Oil	120,000 bpd	NA	
Kharyaga-Primorsk (Baltic Pipeline System)	Oil	60,000 bpd	$ 800 m	Proposed, 18 months to construct
Tengiz-Novorossiysk	Oil	1.34 Million bpd	$ 2,3 bil	Under construction, planned completion 2001
To Turkey via Bosporus	Gas	9 bcm	NA	
Blue Stream	Gas	16 bcm	$ 2.9 - $ 3 bil	Under construction
Total Ukraine gas lines	Gas	115-120 bcm/year	NA	
Belarus-Poland-Europe	Gas	30 bcm	NA	completed
Belarus-Poland-Slovakia-Europe	Gas	25-30 bcm	$ 700 m - $ 1 bil	proposed
Russia-Germany via Baltic Sea floor	Gas	22-35 bcm	$ 3 bil	proposed
bpd = barrels of oil per day; bcm = billion cubic meters of gas per year				

Quelle: 'Russian Pipeline Plans Prevent Pilfering', Stratfor.Com, 17.03.2000.

Daher könnte der Druck auf die Ukraine zugleich weiter zunehmen, die Abhängigkeiten von Russland noch schneller zu reduzieren. Für Russland wiederum würde dies die Reduzierung der Abhängigkeit des Transits von mehr als 90 Prozent aller *Gazprom*-Exporte durch die Ukraine bedeuten, was Einsparungen in Höhe von 2,5 Milliarden US-$ an Transitgebühren ermöglichen würde. Sollte sich Russland in der Lage sehen, die entsprechende Finanzierung einer solchen neuen Pipeline mit Hilfe Brüssels sicherzustellen, kann Russland folglich nur gewinnen.[106]

---

[106] Vgl. 'Russian Pipeline Plans Prevent Pilfering, Stratfor.Com, 17.3.2000.

Um so überraschender war vor diesem Hintergrund dann das Eingeständnis des neuen russischen Botschafters in Kiev, *Viktor Černomyrdin* (ehemaliger Ministerpräsident und Chef des russischen Gasmonopolisten *Gazprom*) im Juni 2001, wonach die Ukraine nicht — wie zuvor wiederholt von russischer Regierungsseite erklärt wurde — in den Jahren 2000 und 2001 illegal Gas aus der Pipeline, die von Russland durch die Ukraine nach Westeuropa verläuft, abgezweigt habe. Vielmehr sei zwar auf dem Weg durch die Ukraine in der Tat Gas verlorengegangen, welches er aber auf technische Umstände und einen "*complicated operation mode*" des Gastransportsystems durch die Ukraine zurückführte.[107] Damit spielte er offensichtlich auf den schlechten technischen Zustand und mangelnde Wartung der ukrainischen Erdgasleitungen sowie Pumpstationen an. Möglicherweise versuchte *Černomyrdin* damit aber auch vom Faktum abzulenken, dass das von der Ukraine abgezweigte russische Gas unter Involvierung von Direktoren russischer Unternehmen und russischer Offiziere, die inzwischen vor Moskauer Gerichten standen, weiterverkauft wurde.[108]

Tatsächlich hatte Russland in den 90er Jahren wiederholt die Energieabhängigkeit der Ukraine und anderer Nachfolgestaaten von Russland versucht, außen- und wirtschaftspolitisch zu instrumentalisieren. Dies galt insbesondere hinsichtlich der Westorientierung der Ukraine und ihre Zusammenarbeit mit der NATO. In den letzten beiden Jahren war Moskau dabei wiederholt bestrebt, durch den Kauf von Anteilen ukrainischer Energiekonzerne und anderer strategischer Schlüsselindustrien gegen Stornierung der ukrainischen Erdgasschulden in Höhe von 2 Milliarden US-Dollar bei Moskau die wirtschaftliche Abhängigkeit zu erhöhen und weitgehend die Kontrolle über die ukrainische Wirtschaft zu erlangen.[109] Kiev hatte sich diesen Versuchen Moskaus stets widersetzt, wobei der Widerstand allerdings in den letzten Jahren nur teilweise erfolgreich war. Bis heute ist es jedoch Moskau trotz der Zusammenarbeit mit den ukrainischen Oligarchen nicht gelungen, die völlige Kontrolle über den gesamten ukrainischen Energiekomplex zu erhalten. Zudem ist auch der Transit

---

107 See RFE/RF Daily News, 15.6.2001. Siehe auch Michael Lelyveld, 'Russia/Ukraine: Pipeline Controversy Continues Amid Renewed Scepticism', RFE/RL-Analyses, 16.6.2001.

108 Offensichtlich hatte *Gazprom* einen Kredit bei einer westlichen Bank in Höhe von 450 Mio. $ aufgenommen, die dem russischen Staatsbudget überwiesen wurden. Das russische Finanzministerium wies dann die Summe dem russischen Verteidigungsministerium zu. Von dort floss das Geld auf eine in London registrierte Firma, welche die Tochterfirma eines *Dnjepropetrowsker* Konzerns ist. Zuvor waren Verträge geschlossen worden, nach denen die russischen Streitkräfte vom ukrainischen Konzern Baumaterialien und Lebensmittel im Wert von 450 Millionen $ erhalten sollte. Die Londoner Filiale des ukrainischen Konzerns leitete die Summe an *Gazprom* zur Begleichung der Energieschulden weiter. *Gazprom* wiederum beglich dann die 450 Mio. $ bei der westlichen Bank, die ursprünglich den Kredit gewährt hatte. Faktisch hatte das russische Verteidigungsministerium den Löwenanteil der ukrainischen Energieschulden bezahlt, da die ukrainischen Baumaterialien und Lebensmittel nur einen Bruchteil der 450 Mio. $ wert waren. Wegen Manipulationen wurde daraufhin mehreren russischen Generälen aus der Finanzabteilung des Verteidigungsministeriums der Prozess gemacht - vgl. Thomas Urban, SZ, 8.11.2000.

109 Vgl. auch Michael Lelyveld, 'Russia: Gazprom Exerts Increasing Pressure on Ukraine', RFE/RL-Analyses, 26. April 2001; ders., 'Ukraine: Latest Russian Proposal on Gas Debts Turned Down', ebda., 3.7.2001.

durch Belarus unter ökonomischen Gesichtspunkten angesichts der dort ebenfalls steigenden Energieschulden äußerst fraglich.[110]

Im Jahr 2000 war in Kiev zu hören, dass *Putin* zu einer Einigung mit der Ukraine bereit sei, wenn Kiev *Gazprom* die Rohrsysteme auf seinem Territorium an Moskau überschreiben werde. Ein Joint Management zwischen Russland und der Ukraine über die auf dessen Territorium verlaufenden Pipelines war jedoch von der russischen Bedingung abhängig, dem russischen Konsortium eine 51% Mehrheitsbeteiligung zu gewähren.[111] So forcierten *Gazprom* und *Itera* ihre Bemühungen im Jahr 2000, mindestens einen 50 Prozentanteil am nationalen ukrainischen Erdgaskonzern *Naftogaz Ukrainy* zu erhalten, der eine volle Kontrolle des gesamten ukrainischen Gasverkaufs ermöglicht hätte.[112] Damit war eine weitere Zielrichtung russischer Energiepolitik offengelegt, die aber bereits früher erkennbar war: der Einkauf und letztendlich die Kontrolle des ukrainischen Energiemarktes und namentlich der Pipelines.[113] Die Ukraine ist zwar Russland insoweit entgegengekommen, da Kiev einen Teil seiner profitableren staatseigenen Industrie — hauptsächlich Raffinerien und petrochemische Betriebe — privatisiert hat. Doch scheint bisher nicht so sehr *Gazprom* der eigentliche Aufkäufer ukrainischer Energiefirmen zu sein als vielmehr privatisierte russische Öl- und Gasfirmen wie *LUKoil*, *TNK*, *Taftneft* und *Itera*, die allerdings — wie wir bereits gesehen haben — inzwischen wieder stärker staatlich kontrolliert werden. Damit bietet sich für die Ukraine auf den ersten Blick die Chance, weniger von *Gazprom* abhängig zu sein[114], die nicht nur in der Ukraine als direktes außenpolitisches Instrument des Kreml verstanden wird. Doch angesichts der konstatierten Renationalisierungs- und Rezentralisierungstendenzen des Kreml über den russischen Energiesektor ist diese Aussicht bis auf weiteres unsicher. Darüber hinaus hatte Kiev Moskau und der EU angeboten, Anteile an den über ukrainisches Territorium verlaufenden Transitpipelines zu gewähren und so ein gemeinsames Management einzurichten.[115] Darauf war allerdings weder Moskau (aus naheliegenden Gründen) noch Brüssel eingegangen noch war dieser Vorschlag näher geprüft worden.

Bereits zuvor war es zu heftigen innenpolitischen Auseinandersetzungen in der Ukraine gekommen, welche zugleich die außenpolitischen Auswirkungen einer Moskauer Kontrolle des ukrainischen Energiesystems unzweideutig offen legten. Auch die Verhandlungen auf höchster politischer Ebene zwischen der Ukraine und Russland in der ersten Hälfte des Jahres 2000 blieben erfolg-

---

110 Vgl. Michael Lelyveld, 'Russia: Belarus May Offer Little Gas Relief', RFE/RL-Analyses, 1.11.2000.

111 Vgl. Michael Lelyveld, 'Russia: Plans for Energy Routes Gaining Momentum', RFE/RL-Analyses, 26 October 2000. Siehe auch ders., 'Ukraine: Problems Persist in Gas Deal with Russia', ebda., 27.4.2000.

112 Vgl. WSJE, 27.7.2000, S. 3.

113 Vgl. 'Russia Seeks to Expand Control of Ukraine', Stratfor.Com, 25.2.2000.

114 Vgl. 'Gazprom' Influence in Jeopardy?', ebda., 14.11.2000.

115 Vgl. Stefan Wagstyl/Charles Glover, FT, 24.10.2000, S. 3.

los.[116] Moskaus Pipelinevorschläge zur Umgehung der Ukraine waren aus ukrainischer Sicht ein weiterer Versuch, den Druck auf Kiev durch ein attraktives Angebot Moskaus an die EU zu erhöhen, welche selbst an der Verdoppelung der Energieimporte von Russland für die nächsten 20 Jahre interessiert war. Da die Bundesrepublik und auch andere EU-Staaten derartige Energieprojekte mit Russland zumeist nach ausschließlich wirtschaftlichen Rentabilitätskriterien der Marktwirtschaft planen, waren größere Diskussionen über die außenpolitischen Implikationen der Pipelineprojekte für die Sicherheitsarchitektur Europas nicht zu befürchten. In den Worten *Sergej Karaganovs* bot dies Moskau eine einmalige Gelegenheit, den Wunsch der EU nach guten strategischen Beziehungen zwischen Russland und der EU aus Sicht Moskaus für seine geopolitischen Interessen zu instrumentalisieren:

> "It is so rare that fortune smiles on Russia. It is rarer still that Russia takes an opportunity provided by history or fate. Now it seems this country is just about to have yet another chance. ... Western Europe is rapidly running out of its own energy resources. Norwegian gas deposits will be exhausted in the very near future. European Greens have destroyed one of the most promising foundations of the West European energy system: the nuclear power industry. No nuclear power plants are being built nowadays while there is strong pressure for the existing ones to be closed. One sided dependence on the United States' might as a guarantee of energy security appears to be increasingly less reliable and attractive (although no one in Europe is prepared to give up such low-cost support). At the same time, EU countries are ready to start a strategic manoeuver toward a comprehensive rapprochement with Russia — above all, in the sphere of foreign strategy and security policy. In the early 1990s, EU countries, primarily Germany, chose in favor of their expansion through stabilization and integration of Central and East European states while Russia and other CIS countries were 'ceded' to the United States."[117]

Zwar strebt *Karaganov* wie viele andere außenpolitischen Experten auch eine russische Kontrolle der Ukraine an, doch ist er inzwischen — im Gegensatz zu vielen anderen außenpolitischen Experten – gleichzeitig an der wirtschaftlichen und politischen Stabilität der Ukraine interessiert:

> „Mid-term benefits from strategic partnership with the EU in the energy sphere are also obvious. In particular, that would help deal with the Ukrainian issue — not only insofar as it concerns construction of oil and gas pipelines skirting Ukraine, which would now be easier to build. Whatever pledges the Ukrainian leadership might be making, it is politically impossible to effectively control Ukrainian gas pipelines without the involvement of a third party, and these should be EU-supported West European companies. Without such control and modernization, the entire Ukrainian economy ... could

[116] Vgl. Viktor Timošenko, NG, 15.6.2000, S. 5 und Michael Lelyveld, 'Economy: Ukraine Fails to Resolve Energy Debt', RFE/RL-Analyses, 24.7.2000.

[117] Sergei Karaganov, 'Russia's Chance', in: Moscow Times, 15.11.2000 (Internet-Version).

collapse in the end. Meanwhile, Russia is interested in Ukraine's stability and at least relative prosperity."[118]

Vor diesem Hintergrund hatte bereits die überraschende Ernennung des ehemaligen *Gazprom*-Vorsitzenden und russischen Ministerpräsidenten *Viktor Černomyrdin* im Mai 2001 zum neuen russischen Botschafter in der Ukraine für Aufsehen gesorgt, zumal ihm enge persönliche Verbindungen zu den ukrainischen Oligarchen nachgesagt werden. Experten erwarteten fortan weniger offenen russischen Druck als diskretere Versuche Russlands, die ökonomische Integration der Ukraine mit Russland und innerhalb der GUS zu forcieren.[119]

Vor allem in den USA, wo die außenpolitischen Motivationen der russischen Pipelineprojekte im Rahmen einer immer engeren Energiezusammenarbeit zwischen Russland und Europa stets mit Aufmerksamkeit und oft auch mit Misstrauen verfolgt werden, wurden negative Auswirkungen auf die Zukunft der transatlantischen Zusammenarbeit und die Unabhängigkeit der Ukraine im Rahmen der zukünftigen europäischen Sicherheitsarchitektur befürchtet. Vor allem wird auf amerikanischer, aber auch auf polnischer Seite[120] jedoch nicht verstanden, dass sich die EU über die weitergehenden außen- und sicherheitspolitischen Dimensionen der Moskauer Pipelineprojekte auch nicht ansatzweise bewusst zu sein scheint bzw. darüber überhaupt nicht debattiert. Zwar wird auch in den USA anerkannt, dass die Zukunft der Energiepolitik in einer weiteren Liberalisierung, Deregulierung und Privatisierung sowie internationalen Arbeitsteilung liegt, welche die wirtschaftlichen Interdependenzen stärken. So lange aber Staaten wie Russland und China oder einzelne *OPEC*-Staaten (wie Iran, Irak etc.) ihre Energiepolitik auch außen- und sicherheitspolitisch definieren, dürfen für Washington derartige Motivationen aus Moskauer Seite nicht völlig von der EU ignoriert werden.[121]

Vorerst bleibt es auch ein Geheimnis Moskaus, wie der Bau einer Pipeline über Polen in die Slowakei realisiert werden kann, ohne die Kapazitäten der gesamten *Jamal*-Europa-Pipeline erheblich zu erweitern.[122] Bei den Verhandlungen und weitergehenden Erörterungen hatte Russland (wie auch die EU) nicht nur die Ukraine übergangen, sondern auch Polen, das vorab aus klar erkennbaren Gründen nicht konsultiert worden war, obwohl die Pipeline über sein Territorium verlaufen soll.[123] So ist die strategische Partnerschaft zwischen der Ukraine und Polen Moskau ein Dorn im Auge und steht einer regionalen sowie geopolitischen Wiedererstarkung einer Großmacht Russland im Weg.

---

118 Sergei Karaganov ebda.

119 Vgl. 'Chernomyrdin to Bolster Ukrainian Ties', Stratfor.Com, 16.5.2001; Michael Ludwig, FAZ, 16.5.2001, S. 8; Michael Lelyveld, 'Ukraine: Chernomyrdin May Resolve Gas Line Problem', RFE/RL-Analyses, 11.5.2001 und Sophie Lambroschini/Askold Krushelnycky, 'Ukraine: Why is Moscow Sending Chernomyrdin to Kyiv?', ebda., 11.5.2001.

120 Vgl. FAZ, 30.10.2000, S. 17 f. und Thomas Urban, SZ, 8.11.2000.

121 Vgl. 'Tilting Europe's Energy Map in Russia's Favor', Stratfor.Com, Stratfor.Com, 15.5. 2001.

122 Vgl. Bhushan Bahree, WSJE, 19.10.2000, S. 2 und Jan Maksymiuk, 'Russia's Double Bypass', RFE/RL-Analyses, 24.10.2000.

123 Vgl. auch Jan Maksymiuk, 'Russia's Double Bypass', RFE/RL-Analyses, 24.10.2000.

Aber auch einige EU-Beamte (auch von deutscher Seite) sollen Polen angedroht haben, dass bei polnischer Verhinderung oder fehlender Kooperation des Baus der Umgehungspipeline der Beitritt Polens zur EU möglicherweise gefährdet sei. Überdies würden die Beachtung des Gebots der wirtschaftlichen Faktoren des *Vertrages zur Europäischen Energiecharta* sogar soweit gehen, dass die Rechte der Transitländer, über deren Territorium Pipelines gebaut würden, zur Kontrolle des Energieflusses zukünftig beschnitten seien.[124]

Darüber hinaus bestehen jedoch erhebliche Zweifel, inwieweit die neuen russischen Pipelinepläne unter rein ökonomischen Gesichtspunkten überhaupt realistisch sind. So soll der Bau eines neuen Pipelinesystems unter Umgehung der Ukraine bis zu 50mal teurer sein als der Ausbau der auf ukrainischem Territorium vorhandenen Leitungen und Pumpstationen. Das existierende Pipelinenetzwerk durch die Ukraine soll zudem nur zu etwas mehr als 60 Prozent ausgelastet sein.[125] Daher könnte die Auslastung um etwa 30 Prozent gesteigert werden.[126] Auch dies stärkt den Verdacht, dass Moskau sich vor allem von außenpolitischen Motivationen beim Bau der Pipeline leiten lässt. Möglicherweise ist Moskau aber ohnehin weniger am eigentlichen Bau der teuren Pipeline durch Polen interessiert als vielmehr an der Kontrolle über die Pipelines auf ukrainischem Territorium, um so Zugang zu ukrainischem Schlüsselindustrien zu erlangen, mit deren Hilfe auch effektivere Pressionsmittel in der Zukunft zur Verfügung stehen würden.

Im November 2000 bot Russland der Ukraine einen achtjährigen Zahlungsaufschub der Energieschulden an. Auch wenn zunächst unsicher war, ob Kiev dieses Angebot akzeptiert, so signalisierte der Vorschlag doch eine Änderung der russischen Strategie gegenüber Kiev. Gleichzeitig jedoch legte die russische Regierung ein Veto ein, turkmenisches Gas über russisches Territorium in die Ukraine zu liefern, obwohl *Putin* zuvor bei seinem Treffen in *Sochi* mit dem ukrainischen Präsidenten *Kučma* diesem entsprechende Zusicherungen gegeben haben soll. Moskau ist offensichtlich nicht an einer Diversifizierung der ukrainischen Erdöl- und Erdgasimporte aus Drittländern interessiert, befürchtet allerdings auch, dass die Ukraine dann noch weniger gewillt sei, ihre Energieschulden zu bezahlen. Außerdem stand Russland zu jenem Zeitpunkt selbst in Verhandlungen mit Turkmenistan, wie die Ukraine im nächsten Jahr 30 Milliarden Kubikmeter Gas zu kaufen. Während die Ukraine sich bereits mit Turkmenistan über den Preis verständigt hatte[127], hoffte Moskau einen vorteilhafteren Preis zu erhalten und hatte so die Abhängigkeit Turkmenistans von

---

124 Vgl. Ahto Lobjakas, 'EU: Officials Urge Policy Based on Energy Economics, not Politics'.

125 Vgl. FAZ, 30.10.2000, S. 17 f. (17); Michael Lelyveld, 'Poland: Warsaw Negotiates Pact on Pipeline for Russian Gas', RFE/Rl Analyses, 7.11.2000.

126 Vgl. Jan Maksymiuk, 'Russia's Double Bypass', RFE/RL Analyses, 24.10.2000. Siehe auch das Interview mit dem ukrainischen Präsidenten Leonid Kučma in: Trud, 18.4.2001, S. 1 und 3.

127 1999 hatte die Ukraine auch bei Turkmenistan Energieschulden in Höhe von 240-665 Mio. $ - vgl. Michael Lelyveld, 'Ukraine: State Seeks to Reduce Energy Debt to Russia, Turkmenistan', RFE/RL Analyses, 13.9.1999.

seinem Pipelinenetz ausgenutzt.[128] Doch auch die Verhandlungen der Ukraine mit Turkmenistan zogen sich hin, bis *Julija Timošenko*, zu diesem Zeitpunkt die ukrainische Energieministerin (welche zuvor an der Spitze der *„Vereinigten Energiesysteme der Ukraine"*/*JESU* gestanden hatte) und zugleich stellvertretende Ministerpräsidentin, ein 10-jähriges Abkommen im Juli 2000 abschließen konnte. Dies führte jedoch zu energischen Protesten des russischen Präsidenten *Vladimir Putin*, woraus sich ein Machtkampf zwischen Präsident *Kučma* und seiner Energieministerin entwickelte, der schließlich zu ihrem Sturz und sogar ihrer Verhaftung aufgrund zweifelhafter Anklagen wegen Korruption und Steuerhinterziehung führte.[129] Doch war es nach Ansicht westlicher Experten vor allem *Timošenko* zu verdanken, dass die Privatisierung, Entflechtung unübersichtlicher Strukturen, die Reduzierung undurchsichtiger Bartergeschäften und die Modernisierung der ukrainischen Energiewirtschaft endlich vorangeschritten war.[130] Dabei hatte sich die *„ukrainische Jeanne d'Arc"* offensichtlich jedoch gleichzeitig bei *Kučma* den ukrainischen Oligarchen und in Moskau zu viel Feinde mit ihrer Forderung nach umfangreichen Reformen und gleichzeitiger größerer Unabhängigkeit von Russland gemacht.[131]

Nachdem Präsident *Kučma* die Vereinbarung mit Turkmenistan als *„unwirtschaftlich"* abgelehnt hatte, konnte Kiev nur einen 15-monatigen Vertrag für den Import von 30-35 Milliarden Kubikmeter Gas erhalten. Auch dies unterstrich noch einmal den russischen Einfluss, da Turkmenistans Erdgasexporte, einschließlich in die Ukraine, allein durch russische Pipelines verlaufen und Moskau damit ein faktisches Veto-Recht gegenüber allen turkmenischen Erdgasexporten besitzt.[132] Dennoch könnte sich dieses ukrainisch-turkmenische Abkommen auch für Russland als kostspielig erweisen, da die bisherigen turkmenischen Erdgaslieferungen billiger waren und Moskau nun damit rechnen musste, zukünftig ebenfalls mehr für turkmenisches Erdgas zahlen zu müssen.[133] Zudem wurden nun Zweifel laut, ob Turkmenistan seine Verpflichtungen gegenüber Russland (mit 40 bcm) und der Ukraine (30-35 bcm) auch wirklich wahrnehmen kann, da die zentralasiatischen Pipelines lediglich 54 Milliarden Kubikmeter Erdgas im Jahr transportieren, woraus ein Fehl von 16-21 Milliarden Kubikmeter resultieren könnte. Auch wenn Russland einer der größten Erdgasproduzenten der Welt ist, so ist Moskau inzwischen mehr denn je auf den Import turkmenischen Erdgases angewiesen, um seine zugesagten Exportverpflichtungen und den nationalen Verbrauch sicherzustellen. Auch

128 Vgl. Michael Lelyveld, 'Russia: Moscow Moves Closer to Resolving Ukraine's Gas Debt', RFE/RL-Analyses, 21.11.2000.

129 U.a. wurde ihr vorgeworfen, selbst für die Abzweigung von russischem Gas verantwortlich zu sein und Dokumente gefälscht zu haben - vgl. Katya Gorchinskaya, FT, 1.8.2000, S. 2 und Michael Ludwig, FAZ, 16.12.2000, S. 7.

130 Vgl. auch Charles Glover, FT, 30.11.2000.

131 Vgl. auch Thomas Urban, SZ, 30.3.2001, S. 3.

132 Vgl. Ron Synovitz, 'Ukraine: Gas Deal with Turkmenistan Reveals Russian Influence', RFE/RL-Analyses, 5.10.2000.

133 Vgl. Michael Lelyveld, 'Ukraine: Solution to Energy Problems not in View Yet', ebda., 19.10.2000.

damit drohte erneut, dass die Ukraine der eigentliche Verlierer sein könnte.[134] Gleichwohl schlugen die gleichzeitigen russischen Vorschläge fehl, die unbezahlten Energierechnungen Kievs gegen den Verkauf ukrainischer Pipelines zu verrechnen.[135]

Ein weiterer Kompromiss bot sich zunächst insoweit an, als für die *Jamal*-Umgehungspipeline nur zusätzliche russische Gaslieferungen vorgesehen waren. Allerdings hatte die Ukraine bereits im Jahr 1999 7,3 Prozent weniger Erdgas durch ihr Leitungssystem nach Zentral- und Westeuropa befördert, welches von ukrainischen Fachleuten bereits auf die Folge der Inbetriebnahme von *Jamal-1* zurückgeführt wurde.[136] Doch blieb auch fortan die Frage der Stundung ukrainischer Energieschulden gegenüber Garantien in Form ukrainischen Staatsvermögens und rentabler Industrieunternehmen ungelöst, da die neue Regierung unter Ministerpräsident *Anatolij Kinach* dem russischen Druck nach staatlichen Garantien Kievs im Sommer 2000 nicht nachgeben wollte.[137]

Im November 2000 einigten sich Moskau und Kiev schließlich auf einen 10-jährigen Zahlungsaufschub der unbezahlten Energierechnungen. Für den Fall, dass Kiev seinen vereinbarten Ratenzahlungen nicht nachkommt, sollte die russische Seite Anteile am ukrainischen Staatsvermögen erhalten. Dies gilt insbesondere für die Infrastruktur und die Durchleitung von Erdgas über ukrainisches Staatsgebiet, aber auch für ukrainische Erdgasleitungen, Verteilerfirmen oder auch andere rentable Industrieunternehmen.[138] Doch hielt Moskau gleichzeitig weiter an der Umgehungspipeline *Jamal-2* um die Ukraine fest, so dass die eigentlichen Probleme nicht gelöst waren.[139] Moskau wiederum besaß nur theoretisch die Möglichkeit, die Erdgaslieferungen über seine Pipeline in die Ukraine auszusetzen, da über diese Pipelines auch das exportierte Erdgas nach Europa geliefert wird und dann ihr Ruf als verlässlicher Energiepartner der EU auf dem Spiel gestanden hätte.

In dieser Situation appellierte die Ukraine an die EU, als Mittler zwischen ihr und Russland zu fungieren. Doch erhielt sie aus Brüssel erneut keine Antwort[140], während Russland aus offensichtlichen Gründen nicht an einer solchen Mediatorenrolle bzw. Einmischung der EU in den bilateralen Konflikt interessiert ist. Die Beziehungen zwischen Kiev und Brüssel waren inzwischen erheblich abgekühlt, was jedoch nicht allein auf den mangelnden Reformwillen der Ukraine zurückgeführt werden kann, sondern auch z.T. auf doppelte Standards der europäischen Außenpolitik gegenüber Russland und der Ukraine als

---

134 Vgl. ders., 'Central Asia: Gas Supplies for Ukraine, Russia May Fall Short', ebda., 21.12.2000.

135 Vgl. ders., 'Russia: Ukraine Seeks Exchange – Pipelines for Debt Relief', RFE/RL-Analyses, 8.8.2000.

136 Vgl. Michael Ludwig, FAZ, 26.2.2001, S. 6.

137 Vgl. Michael Lelyveld, 'Ukraine: Latest Russian Proposal on Gas Debts Turned Down'.

138 Vgl. FAZ, 4.12.2000, S. 4.

139 Vgl. Jekaterina Vlasova/Elena Jaškina, NG, 26.5.2001, S. 1 ; Michael Lelyveld, 'Ukraine: Moscow Ends Gas Dispute, but Kiev's Energy Problems Remain', RFE/RL-Analyses, 28.12.2000 und ders., 'Ukraine: Russia Persists in Seeking New Gas Routes to Europe', ebda., 1.2.2001.

140 Vgl. 'Russia Raises the Stakes for Energy in Ukraine'.

Folge der angestrebten langfristigen europäisch-russischen Energiepartnerschaft. Zudem hatte der *„Kuchmagate-Skandal“* um den Tod des ukrainischen regierungskritischen Journalisten *Heorhij Gongadze*, der im September 2000 verschwand und dann zwei Monate später tot aufgefunden wurde, das innen- und außenpolitische Vertrauen in Präsident *Kučma* schwer erschüttert, da eine Aufnahme eines Tonbandgerätes auf den ukrainischen Präsidenten als Auftraggeber des Mordes hinzudeuten schien.[141] Auch der jüngere Skandal, wonach ukrainische Rüstungsfirmen offenbar mit Billigung von Präsident *Kučma* illegal Waffensysteme in den Irak verkauft und damit die UN-Sanktionen gegenüber Bagdad gebrochen hatten, konnte selbst in Washington kaum zur Popularität des ukrainischen Präsidenten und seiner Politik beitragen.[142]

Russlands Präsident *Putin* nutzte infolge des *„Kuchmagate-Skandals“* diese für Russland günstige Gelegenheit der außenpolitischen Schwäche und zunehmenden diplomatischen Isolierung der Ukraine, die politischen und ökonomischen Beziehungen mit Kiev wesentlich zu verbessern. Demgegenüber zeigte die EU auch sonst kein strategisches Interesse, die Beziehungen zur Ukraine, der auch hinsichtlich eines Kandidatenstatus für eine EU-Mitgliedschaft die kalte Schulter gezeigt wurde, im eigenen langfristigen Interesse auszubauen. Auch der ukrainische Vorschlag, der im Aufbau befindlichen 60.000 Mann EU-Eingreiftruppe die notwendigen Lufttransportmöglichkeiten zur Verfügung zu stellen, über welche die EU selbst nicht verfügt, wurde von Brüssel nicht aufgenommen.[143] Vor diesem Hintergrund vollzog Präsident *Kučma* eine außenpolitische Annäherung an Russland. Während der Westen ein strategisches Interesse an stabilen und russisch-ukrainischen Beziehungen hat, so hat er gleichzeitig ein strategisches Interesse an einer unabhängigen Ukraine, deren politische und ökonomische Abhängigkeiten von Russland nicht zu groß werden darf. Dies entspricht auch der politisch-wirtschaftlichen sowie ethnischen Ost-West-Teilung der Ukraine. Auch wenn ein EU-Beitritt in der nahen Zukunft ausgeschlossen werden muss, so könnte gleichzeitig die Anbindung der Ukraine an die politischen und ökonomischen Integrationsstrukturen Europas wesentlich verstärkt werden. So ist z.B. die organische Zusammenarbeit zwischen der NATO und der Ukraine in den 90er Jahren weitaus größer als jene sicherheitspolitische Kooperation der EU mit Kiev.[144]

Seit 1999 ist allerdings die pro-NATO-Haltung des Großteils der ukrainischen Bevölkerung in eine anti-westliche Stimmung umgeschlagen, wobei sich hierin auch die Enttäuschung über mangelnde ökonomische Hilfeleistungen

---

141 Vgl. Ahto Lobjakas, 'Ukraine: European Union Expected to Keep Kyiv on Hold', RFE/RL-Analyses, 13.2.2001.

142 Es handelte sich hierbei um drei Radarsysteme des Typs *„Koltšuga“* im Wert von 100 Mio. $, die angeblich auch zur Ortung amerikanischer *Stealth*-Flugzeuge fähig sind – vgl. Michael Ludwig, FAZ, 15.4.2002, S. 6.

143 Vgl. Ahto Lobjakas, 'Ukraine: European Union Expected to Keep Kyiv on Hold', RFE/RL-Analyses, 13.2.2001.

144 Vgl. auch Vladimir Socor, 'Kiev's Internal Crisis is a Euro-Atlantic Problem, Too', WSJE, 11.-12.5.2001, S. 7.

des Westens und die politische Perspektivlosigkeit einer konkreten Annäherung an die EU ausdrückte. Auch wenn viele der neuen ökonomischen und auch militärpolitischen Kooperationsvereinbarungen der Ukraine mit Russland Papier bleiben sollten, so ist die Annäherung zwischen Moskau und Kiev unübersehbar und dabei auch die Folge einer immer größeren wirtschaftlichen und energiepolitischen Abhängigkeit von Russland.[145] Auch wenn hierbei Präsident *Kučma* und seine Regierungen primär die Verantwortung für die wirtschaftliche Misere der letzten Jahre zu tragen haben und damit viele Probleme hausgemacht sind, so wird die geopolitische Bedeutung der Ukraine für die Stabilität Europas und Eurasiens in der EU-Bürokratie häufig nur auf dem Papier wahrgenommen[146], aber nur unzureichend in der strategischen Ausgestaltung der *Gemeinsamen Außen- und Sicherheitspolitik* (*GASP*) und der *Europäischen Sicherheits- und Verteidigungspolitik* (*ESVP*) der EU implementiert. Durch die NATO- und EU-Osterweiterungen droht die Ukraine noch mehr in Richtung Russland abzudriften, wenn nicht auf Seiten der EU-Staaten neue Kooperationsansätze favorisiert werden, die Kiev auch eine konkrete Perspektive für die europäisch-westlichen Integrationsstrukturen bieten. Ob die EU angesichts ihrer angestrebten weitreichenden Energiepartnerschaft mit Russland ihre Beziehungen zur Ukraine neu strategisch ausrichtet oder die Ukraine letztendlich zugunsten russischer Interessen und der EU-Fokussierung auf die sozio-ökonomischen Erweiterungsprobleme *„opfert"*, bleibt abzuwarten, könnte jedoch unter Umständen für die zukünftige europäische Sicherheitsarchitektur von ausschlaggebender Bedeutung sein. Immerhin haben sich in den letzten beiden Jahren nicht nur in Russland, sondern auch in der Ukraine die wirtschaftliche Kennziffern der Ukraine deutlich verbessert.[147] Inzwischen spricht die EU mit der Ukraine immerhin über eine mögliche Zusammenarbeit beim Transport von Energieträgern nach Westeuropa und hat implizit erkennen lassen, dass die EU eigentlich kein Interesse haben kann, dass Russland die Kontrolle des ukrainischen Energiedurchleitungssystem übernimmt.[148]

Drei Wochen nach der vermeintlichen Regelung zwischen den beiden Staaten im Januar 2001 unterbrach der russische Gaslieferant *Itera* (deren Besitzverhältnisse bis heute nicht geklärt sind, hinter der aber *Gazprom* und der russische Staat vermutet werden[149]) seine Gaslieferungen erneut an die Ukraine, da vier ukrainische Stromerzeugungsfirmen offensichtlich ihre Rechnungen in Höhe von 64 Millionen US-Dollar nicht bezahlt hatten. Gleichzeitig stoppte

[145] Vgl. Mark Kramer, 'Ukraine, Russia, and US Policy', PONARS-Papers Harvard-University), No. 191, April 2001; Taras Kuzio, 'Giving Substance to the Ukrainian-Russian 'Strategic Partnership', RFE/RL Analyses, 7.11.2000; ders., 'Ukraine's Security Policy Turns East', JIR, December 2001, S. 44-45 und NZZ, 31.1.2002, S. 7.

[146] Siehe z.B. Gorah Persson/Romano Prodi, 'Ukraine's Progress Should be a Priority for All Europe', IHT, 22.5.2001, S. 8.

[147] Vgl. FAZ, 5.3.2001, S. 18.

[148] Vgl. Michael Ludwig, FAZ, 12.9.2001, S. 7.

[149] Vgl. hierzu auch David Hoffmann, IHT, 25.5.2000, S. 11; Michael Lelyveld, 'Russia: Critics Suspect Links Between Gas Trader Itera and Gazprom', RFE-RL Daily Analysis, 24.4.2001 and ders., 'Russia: Gazprom-Itera Relationship Causes EBRD Concern', ebda., 24 April 2001.

Turkmenistan seine Gaslieferungen an Russland, da Moskau sich weigerte, die letzte Preiserhöhung der Gaslieferung zu bezahlen.[150] Im März 2001 beschuldigte Moskau die Ukraine, noch immer illegal russisches Gas aus seinen Rohrleitungen abzuzapfen.[151] Gleichzeitig empfahl der russische Finanzminister *Aleksei Kudrin* eine 20-prozentige Steuer auf alle großen Pipelines aus der Ukraine zu erheben, um so die eigene Wirtschaft, die bisher weder vergleichbar kostengünstig noch technisch die gleiche Qualität an Pipelines produziert, gegenüber der ukrainischen wettbewerbsfähig zu machen. Doch traf dieser Vorschlag auf wenig Verständnis in den russischen Energiefirmen, die offensichtlich der Qualität der eigenen produzierten Röhren nicht vertraut.[152]

Die von Russland geplante direkte Pipeline aus dem Nordwesten Russlands über Finnland, das Baltische Meer (als Unterwasserpipeline) an die deutsche Küste[153], welche die baltischen Staaten umgehen soll, stärkte im Frühjahr 2001 zugleich den Druck auf die Ukraine, aber auch Polens, da diese eine Alternative zu *Jamal-2* sein könnte, aber nicht wie diese über polnisches Gebiet verlaufen würde. Allerdings wären auch die Kosten der Unterwasserleitung erheblich größer, wenn nicht sogar jenseits aller Wirtschaftlichkeit der notwendigen Investitionen.[154] Bereits im Juli 2000, nachdem die polnische Regierung die Positionen der Ukraine offiziell als *„manifestation of a strategic partnership between Poland and Ukraine"* unterstützt hatte und keine Notwendigkeit für eine *Jamal-2 Pipeline* sah, die ukrainisches Staatgebiet umgehen soll[155], kritisierte der Stellvertretende Ministerpräsident Russlands, *Viktor Christenko*: *„Europe consists not only of Poland, but also of Germany, Italy and France ... this is an economic question, which has to do with the energy security of Europe in the 21st century. It should not be resolved using political methods."*[156]

Im August 2001 wurden neue Umgehungspläne Moskaus bekannt. So versucht *Gazprom* einen bedeutenden Anteil der litauischen Gasfirma *Lietuvos Dujos* zu erwerben, um eine Umgehungspipeline durch den baltischen Staat nach Europa zu bauen. Die russische Gashandelsfirma *Itera* plant zugleich eine riesige unterirdische Speicheranlage für Erdgas in Lettland nahe *Dobele* (70km südwestlich von *Riga*) zu bauen, welche die größte in Europa werden soll.[157] Doch mit der Vereinbarung Polens mit Dänemarks über den Bau einer Unterwasserpipeline zwischen beiden Ländern scheint Polen vorerst auch den russischen Plan einer baltischen Unterwasserleitung an die deutsche Küste blockiert zu haben, da sich beide Unterwasserpipelines dann kreuzen würden, was

150 Vgl. Michael Lelyveld, 'Russia: Gas Cutoff Raises Questions About Delivery Agreements'.
151 Vgl. Denis Petrov, NG, 21.3.2001, S. 4 und Charles Glover, FT, 23.3.2001.
152 Vgl. 'Russia: Creating Turbulence in the Pipe Market', Stratfor.Com.
153 Vgl. 'Tilting Europe's Energy Map in Russia's Favor'.
154 Vgl. Michael Lelyveld, 'Russia: Gazprom Exerts Increasing Pressure on Ukraine', RFE/RL-Analyses, 26.4.2001 und WSJE, 27.7.2000, S. 3.
155 Vgl. auch Michael Lelyveld, 'Russia: Poland-Ukraine Pact Angers Moscow', RFE/RL-Analyses, 27.7.2000.
156 Zit.n. Charles Glover/Christopher Bobinski, FT, 25.7.2000, S. 2.
157 Vgl. Michael Lelyveld, 'Russia: Moscow Seeks Ukrainian Energy Payments', RFE/RL-Analyses, 22.8.2001.

technisch kaum realisierbar wäre.[158] Allerdings verkündete die polnische Regierung im Januar 2002, dass die Pipeline nach Dänemark erst im Jahr 2005 und nicht bereits 2003 fertiggestellt sein werde und den Betrieb aufnehmen könnte. Doch wird mit der Vereinbarung mit dem norwegischen Erdöl- und Erdgaskonzern *Statoil* ab dem Jahr 2008 über die dann nach Norwegen erweiterte neue Pipeline jährlich 5 Milliarden Kubikmeter Gas (insgesamt 74 bcm) bis 2024 geliefert, welches die polnische Abhängigkeit von russischen Gaslieferungen und damit auch den russischen Druck auf Polen hinsichtlich der Umgehungspipeline *Jamal-2* um die Ukraine erheblich verringern könnte.[159] Langfristig jedoch könnte dies nicht nur die norwegischen Gasreserven schneller erschöpfen, sondern damit auch die Abhängigkeit Europas von Russlands riesigen Gasreserven beschleunigen.[160] Doch ist mehr als zweifelhaft, ob der Kreml über die nächsten Jahrzehnte noch in der Lage sein wird, die staatliche Kontrolle über seine Energiekonzerne aufrechtzuerhalten, die sich auf den globalisierten und privatisierten Energiemärkten der Zukunft behaupten müssen.

Gleichzeitig beabsichtigt Kiev mit einem eigenen ehrgeizigen Energieplan, seine 11 zivilen Kernkraftwerke, die mehr als 50 Prozent der eigenen Stromerzeugung sicherstellen (obwohl der letzte Reaktor von *Černobyl* im Dezember 2000 offiziell abgeschaltet wurde)[161], grundlegend zu modernisieren, um so eine größere Unabhängigkeit von Moskaus Erdöl- und Erdgaslieferungen zu erlangen und die eigene Versorgungssicherheit zu stärken.[162] Dies ist jedoch angesichts der bisherigen Abhängigkeit der Ukraine von nuklearen Brennstoffen aus Russland eher zweifelhaft. Damit sich dies nicht grundlegend ändert, sagte Russland im Dezember 2000 der Ukraine Kredite für den Ausbau seiner Atomkraftwerke und für die Lieferung nuklearen Brennstoffs in Höhe von insgesamt 205 Millionen US-Dollar mit einer Laufzeit von 16 Jahren zu. Bis heute ist Russland der einzige Lieferant von Kernbrennstoffen an die Ukraine.[163] Darüber hinaus vereinbarten beide Seiten im August 2001 ihre Stromnetze wieder parallel zu schalten, nachdem die Verbindung 1998 aufgrund der Schulden Kievs in Höhe von 130 Millionen US-Dollar unterbrochen wurde. Dies erlaubt Kiev einerseits billigeren Strom aus Russland zu beziehen, andererseits Russland Strom über die Ukraine nach Moldawien zu exportieren. Ukrainische Kritiker sehen jedoch auch darin eine weitere Stärkung der eigenen Energieabhängigkeit von Russland, da zu den milliardenschweren Gasschulden zukünftig noch zusätzlich größere Stromschulden hinzukommen könnten.[164] Die

---

158 Vgl. Michael Lelyveld, 'Ukraine: Latest Russian Proposal on Gas Debts Turned Down', RFE/RL-Analyses, 3.7.2001.
159 Vgl. ders., 'Russia Suffers Setback in Pipeline Plan to Bypass Ukraine', ebda., 31.8.2001.
160 Vgl. 'Poland: Turning to Norway for Gas', Stratfor.Com, 7.9.2001.
161 Vgl. Michael Ludwig, FAZ, 16.12.2000, S. 7.
162 Vgl. Tony Wesolowsky, 'Ukraine: Nuclear Power Considered Key to Energy Independence', RFE/RL-Analyses, 22.2.1999.
163 Vgl. Michael Ludwig, FAZ, 16.12.2000, S. 7.
164 Vgl. Robert Cottrell/Tom Warner, FT, 21.8.2001, S. 3.

Verstärkung der ukrainischen Energieabhängigkeit von Moskau ist inzwischen aber auch deshalb unübersehbar, weil die russischen Erdölkonzerne *LUKoil*, *TNK* und *Tafneft* mit ihren Beteiligungen an drei Raffinerien rund drei Viertel des ukrainischen Erdölmarktes beherrschen.[165]

Einen Ausweg aus der ukrainischen Energiekrise und den sich eher verstärkenden energieökonomischen und damit auch politischen Abhängigkeiten bieten nur umfassende Strukturreformen und die Modernisierung der ukrainischen Energiewirtschaft. Diese müsste – wie auch Russland – ihren Energieverbrauch durch Energieeinsparungen senken und damit zugleich die Energieeffizienz der Konsumption erheblich verbessern. So verbraucht die Ukraine gegenwärtig mehr als 75 Milliarden Kubikmeter Gas pro Jahr. Dies ist mehr als das Sechsfache des Verbrauchs der Türkei, obwohl die Bevölkerungsanzahl der Ukraine 20 Prozent geringer ist als jene der Türkei. Auch verbraucht die Ukraine im Vergleich etwa 5-8mal so viel Elektrizität in der Industrieproduktion wie die EU-Staaten.[166]

Anfang des Jahres 2002 war die Umgehungspipeline um die Ukraine auch von Seiten *Gazproms* aufgrund der Kosten und einer schleichenden wirtschaftlichen Rezession in Europa noch immer in Frage gestellt. Anstatt mehr als eine Milliarde US-Dollar in den Bau der *Jamal-2-Pipeline* zu stecken, wollte *Gazprom* eher die Kapazitäten der *Jamal-1-Pipeline* bis zum Jahr 2003 verdoppeln. Aber diese Verdoppelung auf 33 Milliarden Kubikmeter Gas ist im Vergleich zu den über ukrainisches Staatsgebiet laufenden Erdgasleitungen mit einer Kapazität von 105 Milliarden Kubikmeter, die nach ukrainischen Angaben sogar auf 170 Milliarden Kubikmeter erweitert werden können, vergleichsweise gering. Selbst wenn sich *Gazprom* und die russische Regierung auf den Bau *Jamal-2* einigen sollten, würde die Gesamtkapazität der *Jamal-Pipelines* bei lediglich 64 Milliarden Kubikmeter liegen — etwa die Hälfte des gesamten gegenwärtig nach Zentral- und Westeuropas exportierten Erdgases.[167]

Im März 2002 wurde jedoch bekannt, dass *Gazprom* über die beiden europäischen Kooperationspartner *Ruhrgas* und *Gaz de France* im Rahmen eines gemeinsamen Konsortiums für 2,7 Milliarden US-Dollar einen 49-prozentigen Anteil am slowakischen Gaskonzern *Slovensky Plynarensky Priemysel* (*SPP*) erwerben will, über dessen Pipelinenetz 70 Prozent des gesamten russischen Erdgasexportes in Richtung Zentral- und Westeuropa verläuft. Jährlich werden über dieses Pipelinenetz 70 Milliarden Kubikmeter russisches Erdgas nach West- und Südwesteuropa transportiert. Offensichtlich hatten sich *Ruhrgas* und *Gaz de France* bereit erklärt, für *Gazprom* die finanziellen Kosten zu tragen und den russischen Konzern in das gemeinsame Konsortium von *SPP* als

---

165 Vgl. NZZ, 31.1.2002, S. 7.

166 Vgl. Michael Lelyveld, 'Ukraine: Russia Intensifies Energy Squabble' und Tuck Wesolowsky, 'Chornobyl Closure Means Search for Storage Sites, New Energy', RFE/RL-Analyses, 8.6.2000.

167 Vgl. Michael Lelyveld, 'Russia: Moscow Puts Direct Energy Export Route on Hold', RFE/RL-Analyses, 6.2.2002.

den zweitgrößten europäischen Gasnetzbetreiber aufzunehmen. Tatsächlich soll der Druck von *Gazprom* auf alle anderen Interessenten am Ende ausschlaggebend gewesen sein und zum Erfolg des Konsortiums geführt haben.[168] Allerdings sollen die vier der sieben Vorstandssitze, die das Konsortium erwirbt, auch nur den beiden westeuropäischen Gaskonzernen zur Verfügung stehen, da *Gazprom* keine Finanzierung leistete.[169] Dennoch wird *Gazprom* und damit auch der Kreml faktisch massiven Einfluss auf die zukünftige slowakische Energiepolitik gewinnen. Denn mit der Materialisierung dieses Geschäftes besteht wenig Hoffnung auf eine zukünftige Diversifizierung des slowakischen Erdgasimportes, obwohl dies — wie die Öffnung des slowakischen Energie- und Erdgasmarktes — ein erklärtes Ziel der EU ist: *„The question is whether the EU will see the deal as a threat to Slovakia's potential membership or overlook it as a way to assure supplies."*[170]

Ungeachtet des undurchsichtigen Finanzarrangements könnte der Leidtragende dieses Geschäftes in erster Line die Slowakei und ihre zukünftige Versorgungssicherheit selbst sein, da damit die 97-prozentige Abhängigkeit von Russland bei den slowakischen Erdgasimporten für die Zukunft zementiert wird. Dies steht im Kontrast zu den ersten erfolgreichen Diversifizierungsbemühungen der Tschechei und Polens während der letzten Jahre. Auch wenn der Erwerb der *SPP*-Anteile noch nicht völlig unter Dach und Fach zu sein scheint, kommentierte dementsprechend eine russische Zeitung den Erwerb der Anteil durch *Gazprom* mit finanzieller Unterstützung durch *Ruhrgas* und *Gaz de France* mit den bezeichnenden Worten: *„The importance for Russia of the success of this 'gas attack' on Slovakia is hard to exaggerate."*[171] In der Tat würde damit die Umgehungspipeline um die Ukraine eine konkrete Perspektive werden. Ob die Ankündigung Russlands vom Juni 2002, einen zehnjährigen Liefervertrag für Erdgas in die Ukraine mit Kiev unterzeichnen zu wollen, einen wirklichen Umschwung in der Pipelinediskussion bedeutet, muss vorerst noch offen bleiben. Es scheint allerdings, dass *Gazprom* finanziell nicht in der Lage ist, die *Jamal-2* Umgehungspipeline um die Ukraine mit dem Verbindungsstück in die Slovakei (Kosten: 1 Mrd. $) allein zu bauen.[172]

Gleichzeitig wurde bekannt, dass Präsident *Vladimir Putin* der weißrussischen Regierung bei einem Treffen des *Höchsten Staatsrats* der Union Russland-Belarus versprochen hatte, dass Belarus ab dem 1. Juni 2002 lediglich denselben Preis für russisches Erdgas zu bezahlen habe wie die russischen Kunden von *Gazprom* selbst. Diese russische Staatssubventionierung der Erdgaspreise in Belarus steht in scharfem Widerspruch zu den Moskauer Ankündigungen der Forcierung marktwirtschaftlicher Reformen des russischen Energiesektors.

---

[168] Vgl. Die Welt, 15.3.2002, S. 11.

[169] Vgl. Hans-Willy Bein, Die Welt, 19.3.2002, S. 26.

[170] So zu Recht Michael Lelyveld, 'Russia: Gazprom Finds Export Route through Slovakia', RFE/RL-Analyses, 21.3.2002.

[171] Zit.n. ebda.

[172] Vgl. Michael Lelyveld, 'Russia: Questions Linger About Moscow's Natural Gas Plans'.

Mit der Vereinbarung beider Staaten Belarus mit 16,5 Milliarden Kubikmeter Erdgas im Jahr 2002 zu beliefern, wird Belarus voraussichtlich bis zu 171,6 Millionen US-Dollar einsparen. Demgegenüber werden andere Nachbarstaaten wie die Ukraine und Georgien (welches Moskau besonders kritisch gegenüber steht) mit wesentlich höheren russischen Erdgaspreisen belastet. So muss Georgien etwa einen dreimal höheren Erdgaspreis an Moskau entrichten, ohne über eine wirkliche Alternative des Erdgasimportes von einem anderen Nachbarstaat bisher zu verfügen. Auch dies unterstreicht einmal mehr, dass Energiepreise auch unter Präsident *Putin* nicht so sehr nach marktwirtschaftlichen, sondern nach außenpolitischen Kriterien und den *„nationalen Interessen"* Moskaus festgelegt werden. Wie *Michael Lelyveld* zu Recht konstatiert:

> „... the [Russian] government often appears to take decisions on interstate gas deliveries either without consulting the company or considering its finances. The subsidy to Belarus raises old questions about whether *Gazprom* should be seen as a commercial enterprise or a policy arm of the Russian state."[173]

Die Leidtragenden dürften auch hierbei wieder einmal die russischen Bürger und die westlichen Energiepartner sein, die eine solche Politik des Kreml mit der Erhöhung ihrer Energiepreise finanzieren müssen anstatt auf reale Energiepreise als ein wesentliches Element marktwirtschaftlicher Reformen und von Energieeinsparmaßnahmen sowie einer signifikanten Effizienzsteigerung des Energieverbrauchs zu dringen.

Im Juni 2002 wurde schließlich bekannt, dass die Ukraine und Russland sich überraschend auf ein 10-jähriges Abkommen für den Zeitraum 2003-2013 geeinigt haben, welches den russischen Gastransport über ukrainisches Territorium in Kiever Pipelines regeln soll. Als Mindestvolumen wurden 110 bcm pro Jahr festgelegt, obwohl die Leitungen bis zu 170 bcm transportieren können. Viele Details dieses Rahmenabkommens müssen jedoch noch ausgehandelt werden. Darüber hinaus wurde dann jedoch bekannt, dass *Gazprom* mit dem russische Verschuldungsplan mit der Ukraine für die 1,4 Milliarden Dollar Energieschulden Kievs in Form von ukrainischen Schuldungsverschreibungen mit einem zuvor nicht bekannten Steuerproblem konfrontiert ist. Danach muss *Gazprom* für 700 Millionen Dollar Einnahmen im Jahr 2001 noch Steuern an den russischen Staat abführen. Das Management *Gazprom* hatte offensichtlich dieses Steuerproblem während der Verschuldungsverhandlungen mit der Kiever Regierung übersehen. Damit aber scheinen die Pläne des Baus einer Umgehungspipeline um die Ukraine vorerst auf Eis gelegt, da *Gazprom* nun für die nächsten Jahre die notwendigen Investitionsmittel fehlen.

Doch bedeutet dies nicht, dass die Energiefragen nicht auch weiterhin ein Spannungsfeld zwischen Kiev und Moskau bilden. So will die Ukraine in Zukunft importiertes Erdgas aus Turkmenistan auf dem europäischen Markt zu

---

173 Ders., 'Russia/Belarus: Energy Agreement Paves Way to Integration', RFE/RL-Analyses, 16.4.2002.

einem höheren Preis mit Zustimmung der Regierung in *Aschgabat* weiterverkaufen. Dies hatte Moskau in der Vergangenheit stets mit Erfolg aufgrund seines Pipelinemonopols verhindert. Durch Anhebung der Transportpreise für turkmenisches Erdgas in die Ukraine durch russische Pipelines besitzt Moskau auch weiter effektive Vergeltungsmittel[174], um seine Marktanteile des europäisches Gasmarktes aufrechtzuerhalten und nach Möglichkeit weiter auszubauen. Diese Abhängigkeitsverhältnisse zwischen zahlreichen Nachfolgestaaten im Raum der früheren UdSSR von Russland werden wohl auch zukünftig den außenpolitischen Interessen Moskaus Rechnung zollen.

4.3.4 Zweifel an Russlands zukünftigen Fördermöglichkeiten von Erdöl und Erdgas

Die Zweifel an Moskaus wirklichen Motivationen betreffen zudem nicht nur die finanzielle Rentabilität der Umgehungspipeline um die Ukraine. Vielmehr befindet sich auch der russische Energiemarkt selbst in einer sich stetig vertiefenden Strukturkrise, die derartige Erhöhungen des Exportes von Erdgas und Erdöl, wie sie der *Prodi-Plan* vorsieht, auf absehbare Zeit in Frage stellen. So fiel die russische Rohölproduktion Ende der 80er Jahre von 12 Millionen Barrel pro Tag auf lediglich 9 Millionen Fass pro Tag im Jahr 1999, bevor die Produktion aufgrund größerer Investitionen in Höhe von 25 Prozent für Reparaturen und die Aufrechterhaltung sowie Sicherstellung der Produktion einen 4,7-prozentigen Produktionsanstieg im Jahr 2000 erlaubten. Eine amerikanische Consulting-Firma schätzte den Investitionsbedarf allein für die Sicherstellung der Produktion auf 140 Milliarden US-Dollar im Zeitraum 2000-2020. Die Gesamtinvestitionen im russischen Energiesektor wurden wiederholt sogar auf 560-600 Milliarden US-Dollar geschätzt.[175]

Demgegenüber beliefen sich die Direktinvestitionen nur für die Explorationsaktivitäten während der gesamten letzten Dekade gerade einmal auf 3,6 Milliarden US-Dollar, welche ein Produktionsvolumen von lediglich 20 Millionen Tonnen oder 6 Prozent der Erdölproduktion von 1999 sicherstellten.[176] Vor diesem Hintergrund überrascht es nicht, dass nach einer amerikanischen Studie jedes Jahr 20 Millionen Tonnen Öl in Russland aufgrund verrosteter und veralteter Pipelines in den Boden sowie in Gewässer versickern sollen.[177] So hat *Gazprom* große Schwierigkeiten das 154.900 km lange Gaspipelinenetz aufrechtzuerhalten und zu modernisieren. Das Durchschnittsalter der Pipelines beträgt 22 Jahre, wobei 14 Prozent der Rohrleitungen sogar älter als 33 Jahre sind. Das gegenwärtige Bauprogramm sieht die Neukonstruktion von 5.000km

---

174 Vgl. ders., 'Ukraine: Kyiv May Re-Export Turkmen Gas to Europe', ebda., 10.9.2002.

175 Vgl. 'The EU-Russia Energy Partnership', S. 1 und Andreas Heinrich, 'Russlands Gazprom. Teil II: Gazprom als Akteur auf internationaler Ebene', hier S. 7 f.

176 Vgl. Amy Myers Jaffe/Robert A. Manning, 'Russia, Energy and the West', hier S. 148.

177 Vgl. Michael Lelyveld, 'EU: Deal Could Pressure Russian Energy Sector', RFE/RL-Analyses, 13.10.2000.

Abbildung 58: Daten der russischen Energiestrategie bis 2020 (*günstigste Variante*)

	Einheit	2000	2005	2010	2015	2020
Produktion						
Erdöl	Mio.t	323	327	335	345	360
Erdgas	Mrd. m^3	584	600	655	690	700
Kohle	Mio.t	258	300	335	370	430
Elektrizität	Mrd. KWh	876	1020	1180	1370	1620
Kernenergie	Mrd. KWh	131	175	205	260	340
Wasserkraft	Mrd. KWh	165	170	177	190	200
Nichtkonventionelle	Mio. t RÖE	1	4	7	12	20
Ausfuhr						
Erdöl	Mio.t	145	175	180	170	165
Erdgas	Mrd. m^3	194	260	275	280	275
Kohle	Mio.t	43	18	20	21	20
Elektrizität	Mrd. KWh	15	25	35	55	75
Binnenverbrauch						
Erdöl	Mio.t	178	152	155	175	195
Erdgas	Mrd. m^3	390	340	380	410	425
Kohle	Mio.t	215	282	315	349	410
Elektrizität	Mrd. KWh	861	995	1145	1315	1545
Binnenverbrauch / Produktion						
Erdöl	%	55	46	46	51	54
Erdgas	%	67	57	58	59	61
Kohle	%	83	94	94	94	95
Elektrizität	%	98	98	97	96	95

Quelle: Roland Götz, 'Rußlands Erdgas und die Energiesicherheit der EU', SWP-Studie S 12, Berlin, April 2002, S. 39.

vor — weniger als ein Viertel der ältesten Sektionen des Pipelinenetzes. Nach offiziellen Angaben von *Gazprom* vom August 2002 sollen 80 Prozent der Einrichtungen für den Gastransport an der Schwelle zum Zusammenbruch sein. Doch die gesetzlichen und betriebswirtschaftlichen Rahmenbedingungen für größere westliche Investitionen sind nach wie vor völlig unzureichend. Während die russische Regierung zwar die einheimischen Gaspreise angehoben hat, spiegelt dies aber noch immer nicht annähernd reale Marktpreise wider, sondern die Regierung subventioniert nach wie vor in erheblichem Ausmaß die nationalen Gaspreise.[178]

Abbildung 59: Daten der russischen Energiestrategie bis 2020 *(ungünstigste Variante)*

	Einheit	2000	2005	2010	2015	2020
Produktion						
Erdöl	Mio.t	323	308	305	305	305
Erdgas	Mrd. m³	584	580	615	640	660
Kohle	Mio.t	258	270	290	320	340
Elektrizität	Mrd. KWh	876	970	1055	1135	1240
Kernenergie	Mrd. KWh	131	155	190	210	235
Wasserkraft	Mrd. KWh	165	165	170	180	190
Nichtkonventionelle	Mio.t RÖE	1	3	5	8	12
Ausfuhr						
Erdöl	Mio.t	145	160	155	155	150
Erdgas	Mrd. m³	194	245	245	260	270
Kohle	Mio.t	43	14	15	15	18
Elektrizität	Mrd. KWh	15	22	30	35	40
*Binnenverbrauch**						
Erdöl	Mio.t	178	148	150	150	155
Erdgas	Mrd. m³	390	335	370	380	390
Kohle	Mio.t	215	256	275	305	322
Elektrizität	Mrd. KWh	861	948	1025	1100	1200
Binnenverbrauch / Produktion						
Erdöl	%	55	48	49	49	51
Erdgas	%	67	58	60	59	59
Kohle	%	83	95	95	95	95
Elektrizität	%	98	98	97	97	97

* Der Binnenverbrauch ist in der ungünstigsten Variante geringer als in der günstigen Variante, da niedriges Wirtschaftswachstum angenommen wird.

Quelle: Roland Götz, 'Rußlands Erdgas und die Energiesicherheit der EU', SWP-Studie S 12, Berlin, April 2002, S. 40.

Somit ist ungewiss, ob sich die EU- und russischen Pipelinepläne wirklich realisieren lassen. Dies hängt zum einen mit den enormen Kosten der Explora-

178 Vgl. ders., 'Russia: Gazprom Seeks Help, Refuses to Share', ebda., 6.9.2002.

tion der Erdöl- und Erdgasfelder in der Arktis zusammen, die um ein Vielfaches höher liegen als bei vielen anderen Erdölfeldern. Zudem sind auch die Transportkosten um ein vielfaches höher. So äußern auch Vertreter von *Gazprom* selbst Zweifel, ob Russland in der Lage sein wird, die angestrebte Energiepartnerschaft mit der EU und vor allem die Verdoppelung des Erdgasexportes nach Europa auch umzusetzen, da gigantische Investitionen in die Förderung, aber auch in die neuen Transportkapazitäten notwendig sind. Allein der Ausbau der technisch und finanziell aufwendigen Förderkapazitäten auf *Jamal* in Westsibirien samt der neuen Trasse werden auf 30-40 Milliarden Dollar geschätzt.[179] So werden u.a. 40 Kompressorstationen benötigt, wovon jede allein etwa 60-80 Millionen US-Dollar kostet.[180] Darüber hinaus baut Moskau einen Rohölterminal bei *Primorsk* im Baltischen Meer sowie eine 450 km lange und 480 Millionen US-Dollar teure Ölpipeline von der *Komi-Republik* in Nordrussland nach *Primorsk*, um so nicht länger von *Ventspils* in Lettland abhängig zu sein.[181] Auch wenn Präsident *Putin* das Projekt *Primorsk* als eine *„matter of national transportation security"* bezeichnete, ist auch dieses aus zahlreichen ökonomisch-finanziellen Gesichtspunkten fragwürdig. So sind u.a. die Gewässer bei *Primorsk* mehr als fünf Monate im Jahr völlig vereist, so dass Eisbrecher für den Tankerverkehr notwendig wären. Dies würde jedoch die Kosten des russischen Erdöls erheblich in die Höhe treiben, so dass dieses kaum noch konkurrenzfähig sein dürfte.[182]

Somit ist zumindest in kurzfristiger Perspektive völlig unsicher, ob Russland wirklich in der Lage ist, seine Rohöl- und Erdgasproduktion substantiell und über einen längeren Zeitpunkt in den nächsten beiden Dekaden zu erhöhen[183], auch wenn die Rohölproduktion im Jahr 2001 um 8 Prozent gesteigert werden konnte.[184] Vor allem die Infrastruktur ist häufig völlig überaltert und es sind dringend notwendige Investitionen erforderlich, die in größerem Ausmaß nur aus dem Ausland getätigt werden können. Zudem müssen diese dringend notwendigen Investitionen in die veraltete Infrastruktur so schnell wie möglich erfolgen, während das Management der Energiefirmen und die russische Regierung gegenwärtig vor allem an der Ausweitung der Energieexporte und an einer Vielzahl neuer Pipelineprojekten interessiert sind. Bis diese allerdings verwirklicht sind und finanzielle Rendite abwerfen, könnte ein Großteil der Infrastruktur des russischen Energiesektors bereits zusammengebrochen sein.[185] Daran ändert prinzipiell auch die beachtliche Erhöhung der Erdölproduktion während der letzten 12 Monate nichts wesentliches. So halten zwar einige Experten eine weitere Erhöhung der Erdölproduktion um mindestens 2 Millionen

179 Vgl. das Interview mit dem *Gazprom*-Vorstand J. A. Komarov, in: Die Welt, 5.12.2000, S. 18.
180 Aleksej Sinizkij, Izvestija, 28.1.2000, S. 3.
181 Vgl. Vijai Maheshwari, FT, 30.3.2000, S. 24 und WSJE, 3.4.2000, S. 9.
182 Vgl. Amy Myers Jaffe/Robert A. Manning, 'Russia, Energy and the West', S. 135.
183 Vgl. hierzu vor allem auch Roland Götz, 'Russlands Erdgas und die Energiesicherheit der EU', hier S. 17 ff.
184 Vgl. Jeanne Whalen, WSJE, 11.6.2001, S. 1.
185 Vgl. 'Troubles Ahead for Russia's Oil Industry', Stratfor.Com, 14.9.2000.

Fass auf bis zu 12 Millionen Fass pro Tag (dem Produktionsniveau der UdSSR Ende der 80 Jahre) im Jahr 2010 für möglich[186], doch wäre diese vor allem auf die Anwendung neuer Technologie zur Erdölförderung zurückzuführen (die früher nicht zur Verfügung stand), während zahlreiche strukturelle Probleme (einschließlich weitverbreiteter Korruption und das Fehlen gesetzlichen Investitionsschutzes für ausländische Firmen oder gesetzliche Steuerregelungen) übersehen werden. Zudem setzt eine langfristige Erhöhung der Erdölproduktion zunächst die Erschließung neuer großer und rentabler Erdölfelder in Russland voraus.[187]

Nach den derzeitigen Berechnungen unter Berücksichtigung von Rentabilitätskriterien steht sogar zu befürchten, dass ab 2010 oder 2015 sogar mit einem deutlichen Rückgang der westsibirischen Fördermenge gerechnet werden muss — also gerade dann, wenn der Importbedarf Europas rapide anwachsen wird. Demnach müssen auch eine Reihe von potentiellen west- und ostsibirischen Gasfeldern aus der Reservestatistik herausgenommen werden, weil sie in absehbarer Zeit kaum unter wirtschaftlichen Gesichtspunkten als förderungswürdig gelten. Folgt man dieser Argumentation, dann betragen die korrigierten russischen Gasreserven nur 18.000-20.000 bcm — die Hälfte der offiziell angegebenen Werte in einer Größenordnung vergleichbar wie die des Iran.[188] Vor diesem Hintergrund sollte die eigentliche Aufmerksamkeit Russlands nicht der fernen Zukunft, sondern der aktuellen Gegenwart und seinen eigentlichen Problemen in der Energiewirtschaft gelten, um kurz- und mittelfristig keine Energiekrise zu riskieren[189] und langfristig nicht noch weit aus größere Probleme lösen zu müssen. Dies gilt vor allem für Russlands Ölbranche. So sind in der zweiten Hälfte der 90er Jahre neue Bohrlöcher praktisch nicht mehr erschlossen worden, während 78.000 der insgesamt 133.000 Bohrplätze nicht mehr ausgebeutet werden. Nicht weniger als 80 Prozent der Ausrüstung gilt als veraltet und etwa 50 Prozent der Erdölpipelines hat ihre vorgesehene Lebensdauer bereits überschritten.[190]

Größere ausländische Direktinvestitionen, vor allem aus der westlichen Privatwirtschaft, setzen jedoch vor allem auch eine weitere Öffnung und Liberalisierung des russischen Energiemarktes voraus, die wiederum dem Kriterium der russischen Kontrolle zur Verhinderung eines nationalen Ausverkaufs und der Übernahme russischer Energiekonzerne durch westliche Konkurrenten zuwider läuft und vor allem im russischen Parlament immer wieder starken politischen Widerstand hervorruft. Zudem stehen gegenwärtig nur etwa 30 Prozent der gesamten russischen Erdölproduktion für den Export zur Verfügung,

186 Vgl. Nikola Krastev, 'Russia: Moscow Impresses but also Worries Oil Investors', RFE/RL-Analyses, 29.3.2002.

187 Vgl. Jeremy Bransten, 'Russia: Boost in Oil Production Grabs World's Attention, but Can it be Sustained?', ebda., 26.3.2002.

188 Vgl. Roland Götz, 'Russlands Erdgas und die Energiesicherheit der EU', S. 22 f.

189 So auch eine Warnung der *OECD*, die den Ausweg nur in beschleunigten, umfangreichen Reformen sieht – Andrew Jack, FT, 13.2.2002, S. 3.

190 Vgl. Jens Hartmann, Die Welt, 26.3.1999, S. 18.

da der Grossteil für den inländischen Verbrauch vorgesehen ist. Die russische Regierung hat es jedoch bisher nicht gewagt, durch eine signifikante Verteuerung der Energiepreise Anreize zum Energiesparen und einer effizienteren Nutzung seiner Energieressourcen in Industrie und privaten Haushalten zu schaffen.[191] Radikale Reformen sind weder bei dem Erdgasmonopolisten *Gazprom* noch für andere Schlüsselbereiche der russischen Wirtschaft in absehbarer Zeit zu erwarten, wie auch russische Regierungsvertreter wiederholt bis zuletzt deutlich gemacht haben.[192] Solange nicht die russische Bevölkerung sich in der Lage sieht, für Erdgas etwa 10 Prozent des weltweiten Durchschnittspreises zu bezahlen, so lange werden *Gazprom* und andere russische Energiefirmen auf Dauer kaum in der Lage sein, auf den weltweiten Märkten wirklich wettbewerbsfähig zu sein.

Abbildung 60: Korrigierte russische Gasreserven in Westsibirien und im nördlichen Eismeer (Mrd. m^3)

Feld	offiziell	korrigiert
Jamburg	3 900	2 000 – 3 000
Urengoj	3 700	3 000
Zapolarnoje	3 000	3 000
Medveschje	640	600
Sonstige Westsibirien (Förderung im Gang)	3 000	1 500 – 2 000
Sonstige Westsibirien (untersucht)	13 000	4 500 – 6 000
Jamal	10 000	0
Schtokmanov	3 200*	0

Quelle: Roland Götz, 'Rußlands Erdgas und die Energiesicherheit der EU', SWP-Studie S 12, Berlin, April 2002, hier S. 41.

Ein Beitritt Russlands zur *WTO* und zum *Vertrag der Europäischen Energiecharta* aus dem Jahr 1994 würde allerdings den außenpolitischen Druck auf eine weitere Liberalisierung, Deregulierung und Privatisierung der russischen Energiewirtschaft verstärken und die staatliche Intervention sowie Kontrolle von Pipeline- und Exportgeschäften von Rohöl und Erdgas mittel- und langfristig in Frage stellen. Ob Russland und auch Präsident *Putin* hierzu wirklich in naher Zukunft bereit sind, kann angesichts einer faktischen Renationalisierung von Firmen für *„natürliche Rohstoffe"* in den letzten beiden Jahren und den gegenwärtigen innenpolitischen Kontroversen bezweifelt werden.

191 Vgl. Michael Lelyveld, 'Russia: Moscow Struggling with Monopoly Agency Issues', RFE/RL Analyses, 7.9.2001; Michael Leyveld, 'Russia: Government Pursues Unclear Energy Policy', ebda., 23.11.2000 und Jeanne Whalen, WSJE, 4.10.2000, S. 1 and 6.

192 Vgl. Michael Leyveld, 'Russia: Gazprom Leaves Doubts on Further Reforms, RFE/RL Analyses, 19.12.2001; ders. 'Russia: Government Again Delays Gazprom Reform', ebda., 14.6.2001 und ders., 'Russia: Decision on Gazprom Signals Caution in Reforms', ebda., 12.12.2000. Siehe auch 'Russians Plan to Jack Energy Prices', Stratfor.Com.

Vor diesem Hintergrund sind für die mittelfristige Zukunft möglicherweise andere Aspekte des *Prodi-Planes* von wesentlich größerer Bedeutung für die gemeinsame Energiepartnerschaft: die Einrichtung eines regulären "*Energiedialoges*" zur Definition der Partnerschaft, Konkretisierung und Implementierung des riesigen Energieeinsparpotentials auf russischer Seite, Rationalisierung von Produktion, Transport und Infrastruktur und überfällige Ratifizierung des *Energiecharta-Vertrags* von 1994 sowie die Verbesserung des Investitionsklimas auf russischer Seite. Dabei sollte vor allem die Frage nach den Möglichkeiten einer engen europäisch-russischen Kooperation bei der Verbesserung der Energieeffizienz und der Energieeinsparmöglichkeiten mit Nachdruck thematisiert werden, da dies keineswegs nur in russischem Interesse sein muss. So arbeiten die russischen Kraftwerke mit einem Wirkungsgrad, der ca. ein Drittel unter dem internationalen technischen Standard liegt und einen 30-prozentigen höheren Anteil an Brennstoffen erfordert. Hierzu müssen auch noch der hohe Eigenverbrauch in den Kraftwerken durch ineffiziente Motoren und durch Dampf-Leckagen gezählt werden. Auch die Verluste im russischen Elektrizitätsübertragungsnetz liegen um das Vierfache höher als in den westlichen Ländern, welche auf veraltete Regeltechnik und überflüssiges Hin- und Herschalten zwischen Volllast und Leerlauf sowie Überlastungen der Leitungen über ihre technische Auslegung zurückgeführt werden müssen. Vor diesem Hintergrund überrascht es auch nicht, dass die russische Bevölkerung in der Nähe von Kraftwerksstandorten mit den neunfachen Schwefeldioxid- und vierfachen Stickoxid-Emissionen konfrontiert ist.[193] Auch dies wirkt sich unmittelbar auf den katastrophalen allgemeinen Gesundheitszustand der russischen Bevölkerung und der in vielerlei Hinsicht hochproblematischen demographischen Entwicklung Russlands aus, deren Dimensionen inzwischen das Niveau von im Krieg befindlichen ärmeren Entwicklungsländern erreicht hat und ein nachhaltiger Begrenzungsfaktor des Wirtschaftswachstums Russlands im nächsten Jahrzehnt sein wird.[194]

4.3.5 Die Pipelineoptionen in Zentral- und Südosteuropa und die Frage nach der europäischen Versorgungssicherheit

Bezeichnend für die europäischen Diskussionen einer engen Energiepartnerschaft ist nicht zuletzt das Faktum, dass viele osteuropäische Staaten und ehemalige Verbündete Moskaus im Warschauer Pakt — wie z.B. Polen und die

[193] Vgl. Rudolf Botzian, 'Produktionsstandorte auf dem europäischen Strommarkt unter Globalisierungsdruck?', hier S. 10.

[194] Vgl. F.Umbach, 'Russia as a 'Virtual Great Power': Implications of Its Declining Role in European and Eurasian Security', in: European Security, Autumn 2000, S. 87-122 (92); ders., 'Russia's Strategic and Military Interests in North- and Southeast Asia', in: Michael H. Crutcher (Ed.), "The Russian Armed Forces at the Dawn of the Millenium", Center for Strategic Leadership/The United States Army War College, Carlisle Barracks, PA, December 2000, S. 261-321 (265 f.) und Odelia Funke, 'Environmental Issues and Russian Security', in: ebda., S. 45-76.

Ukraine — versuchen, ihre hohe energiepolitische Abhängigkeit von Russland zu verringern, auch wenn dies finanziell zuweilen die kostspieligere Option ist. So deckte die Tschechei im Jahr 2001 ihren Erdgasbedarf zu 83 Prozent mit russischem Erdgas (während der gesamte Außenhandel mit Russland auf 5% abgerutscht ist), die Slowakei und Ungarn zu jeweils 60 Prozent und Polen (das inzwischen ein Drittel seines Verbrauchs aus einheimischer Förderung deckt) zu 55 Prozent.[195]

Dabei wird die zukünftige Nachfrage nach Erdgas auch in diesen Staaten steigen. Aufgrund der langfristigen Verträge mit Russland ist Polen aufgrund des 1995 unterzeichneten Jahrhundertvertrages gezwungen, bis zum Jahr 2010 jährlich rund 14 Milliarden Kubikmeter Erdgas (insgesamt 250 Mrd. m^3) von Russland abzunehmen. Polen bezieht gegenwärtig etwa 95 Prozent seines Erdgasimports aus Russland und möchte in Verhandlungen mit Russland eine Verringerung der vereinbarten Liefermenge oder eine zeitliche Streckung des Jahrhundertvertrages bis 2029 erreichen. Da die polnischen Steigerungsraten beim Erdgasverbrauch jedoch voraussichtlich eher geringer (als ursprünglich geplant) sein werden, rechnet sich der Bau einer Pipeline nach Dänemark nur, wenn Russland seinen Erdgasexport nach Polen verringert.[196] Um die ökonomische Abhängigkeit von russischen Energielieferungen zu reduzieren, will Polen dennoch mit dem Bau einer 230 km langen *Baltischen Pipeline*, die etwa 239 Millionen US-Dollar kosten wird, dänisches Erdgas mit einem Volumen von zwei Milliarden Kubikmeter ab 2003 über eine Unterseeleitung von *Rodvig* auf *Seeland* (Dänemark) nach *Niechorze* (bei *Stettin*) zu einem Zeitpunkt beziehen, wenn die EU ihre Erdgasimporte aus Russland drastisch ausbauen will.[197] Die Pipeline soll später nach Norwegen ausgebaut werden und könnte ab 2007 dann jährlich 5 Milliarden Kubikmeter norwegisches Gas transportieren. Allerdings war zunächst unsicher, ob dieses Projekt sich realisieren lässt, da Norwegen auf Garantien der Warschauer Regierung für den polnischen Anteil an den Baukosten und für die Abnahme der ab 2007 geplanten Liefermenge von 5 Milliarden Kubikmeter Erdgas im Jahr besteht sowie Russland wenig Interesse hat, seinen Erdgasexport nach Polen zu verringern. Inzwischen ist auch die polnische Haltung gegenüber *Jamal-2* auch aufgrund der wirtschaftlichen Abhängigkeiten von der EU[198] und dem politischen Druck Moskaus flexibler geworden, wenngleich die Bedenken gegenüber einer Schwächung der Ukraine als *dem* strategischer Partner Polens nicht verschwunden sind.[199]

---

195 Vgl. Michael Ludwig, FAZ, 17.10.2000.

196 Vgl. ders., ebda., 4.7.2001, S. 5.

197 Vgl. Michael Lelyveld, 'Poland Readied to Import Natural Gas from West', RFE/RL-Analyses, 21.6.2001; Michael Ludwig, FAZ, 4.7.2001, S. 5 und Paul Flückiger, FTD, 27.7.2001, S. 12.

198 Zwei Drittel des polnischen Außenhandels erfolgt mit der EU, 36 Prozent seiner Exporte gehen nach Deutschland, während nur 4 Prozent seiner Exporte in die Ukraine gehen – vgl. Michael Lelyveld, 'Russia: Gazprom Schemes to Squeeze Ukraine on Gas Debt', RFE/RL-Analyses, 2.9.2000

199 Vgl. auch Kai-Olaf Lang, 'Ein neues polnisch-russisches Verhältnis?', SWP-Aktuell, Berlin, Januar 2002.

Auch andere osteuropäische Staaten — wie die Slowakei oder auch die Tschechische Republik, die fast ihren Gesamtimport an Rohöl und Erdgas (über 80 Prozent) von Russland beziehen — wollen ihre einseitigen Abhängigkeiten von Moskau so schnell wie möglich verringern, um so den Diversifizierungskriterien einer stabilen Versorgungssicherheit ihrer Energieimporte gerecht werden. Ihr Außenhandel mit Russland ist inzwischen ähnlich strukturiert wie jener Westeuropas mit der Russischen Föderation: er verläuft primär über Energieimporte, während die Handelsstrukturen und ihre Ausrichtung auf die EU sich seit Anfang der 90er Jahre grundlegend verändert haben (siehe *Abbildung 61*).

Im Gegensatz zur Ukraine ist eine außenpolitische Instrumentalisierung der hohen Abhängigkeit der ehemaligen Verbündeten der UdSSR im Warschauer Pakt wesentlich schwieriger, auch wenn Moskau in den letzten Jahren versucht hat, bei der Frage der NATO-Osterweiterung die Karte der Energieabhängigkeit ins Spiel zu bringen. Würde Moskau durch Kürzung oder gar Blockierung der Energielieferungen die zentraleuropäischen Staaten unter politischen Druck setzen, so wären nicht nur diese Staaten betroffen, sondern zugleich auch Westeuropa und insbesondere die Bundesrepublik. Damit aber würde sich Russland wichtiger Deviseneinnahmen berauben und die Energiekooperation zwischen der EU und Russland gefährden.

Abbildung 61: Wandel des Außenhandels Ungarns, Polens, der Slowakei und Sloweniens (1991-1998)

	Percentage of Total Trade		
	UdSSR 1991	CIS 1997	EU 1998
Ungarn	14%	9%	69%
Polen	13%	9%	67%
Slowakia	35%	13%	53%
Slovenia	4% (1992)	3%	67%

The CIS includes Armenia, Azerbaijan, Belarus, Georgia, Kazakhstan, Moldova, Russia, Tajikistan, Turkmenistan, Ukraine and Uzbekistan. The EU includes Austria, Belgium, Denmark, Finland, France, Germany, Greece, Ireland, Italy, Luxembourg, the Netherlands, Portugal, Spain, Sweden and the United Kingdom.

Quelle: 'Central Europe Cuts the Apron Strings', Stratfor.Com, 25.5.2000.

Ein solches Szenario ist zumindest so lange auszuschließen, wie nicht in Russland eine nationalistische Regierung mit einer konfrontativen Außenpolitik an die Macht gelangt. Dies freilich schließt subtilere Formen politischen Druckes und unilaterale außenpolitische Strategien Russlands auf Kosten der Versorgungssicherheit der Nachbarstaaten aufgrund der Energieabhängigkeit Zentraleuropas und der EU von Moskau nicht völlig aus, wie in den letzten Jahren wiederholt beobachtet werden konnte. Dies gilt insbesondere auch hinsichtlich der Privatisierung des Energiesektors und anderer wichtiger Industriezweige in Zentraleuropa. Sollte z.B. *Gazprom* oder ein anderer großer russischer Energiekonzern größere Energiefirmen, einschließlich Verteilerunternehmen und petrochemische Betriebe, in den zentraleuropäischen Ländern aufkaufen, hätte dies nicht nur ökonomische Dimensionen im Zuge von Liberalisierung und Globalisierung. Vielmehr agiert *Gazprom* beim Aufkauf ausländischer Firmen nicht ohne Zustimmung des Kreml. Daher warnten tschechische Experten beim Verkauf der tschechischen Erdgasgesellschaft *Transgas*, die für die Erdgasimporte aus der früheren UdSSR und den innenpolitischen Erdgasverbrauch verantwortlich ist: *„Selling a gas company is not just an issue of economic interest, but also certain geopolitical games.“*[200] So hatte Polen im November 2000 plötzlich entdeckt, dass Russland entlang der *Jamal-Pipeline* auch ein Glasfaserkabel verlegte, ohne Polen hiervon zu informieren. Diese soll — wie von russischer Seite offiziell *post facto* erklärt wurde — zur Überwachung der Erdgaslieferungen der *Jamal-Pipeline* dienen. Diese könnte jedoch auch zur Kontrolle des gesamten Telefonverkehrs Polens missbraucht werden, sollten russische Konzerne auch noch Firmen aus dem Telekommunikationssektor des Landes erwerben, wie polnische Experten mit Nachdruck warnten.

Zudem hatte Moskau in den letzten Jahren wiederholt kleinere Tarnfirmen zum Aufkauf ausländischer Firmen benutzt, die in Wirklichkeit jedoch im Namen von *Gazprom* und anderen großen russischen Energiemonopolisten agierten und vom Kreml direkt oder indirekt kontrolliert werden. Sowohl der Aufkauf ausländischer Firmen wie die russischen Energiekonzerne selbst zeichnen sich aber bis heute durch eine mangelnde Transparenz aus, welche den Kriterien einer EU-Mitgliedschaft oder des *Vertrages zur Europäischen Energiecharta* von 1994 widersprechen.[201]

Demgegenüber planen russische Energiekonzerne, ihre Erdgas- und Erdöllieferungen zu den ehemaligen Verbündeten des Warschauer Paktes und der jugoslawischen Nachfolgestaaten zu verstärken.[202] Dazu soll eine Verbindung zwischen dem *Adria-Pipelinesystem* aus dem Mittelmeerraum über Jugoslawien nach Ungarn mit dem *Družba-Pipelinenetz* (Kapazität: 125.000 bpd) verbunden werden, welches durch Polen, die Ukraine, die Slowakei, die Tschechische Republik und Ungarn verläuft. Die Investitionskosten für das Pipelineverbindungsstück belaufen sich auf lediglich 20 Millionen US-Dollar. Damit aber würden die russischen Energiefirmen wie *Yukos* (Russlands zweitgrößte Ölfirma) sich einen wichtigen Marktanteil auf dem Balkan sichern und zugleich die Voraussetzungen für eine stärkere Expansion nach Ungarn, der Slowakei und der Tschechischen Republik schaffen. Darüber hinaus würde die Verbindungspipeline *Yukos* die Möglichkeit geben, über eine direkte Exportroute in den Mittelmeerraum zu verfügen und so von dem nicht länger mit der Türkei ohnehin umstrittenen Tankerverkehr durch den Bosporus abhängig zu

200 Vgl. 'Czech Republic-Russia: Will the Kremlin Control Central Europe's Energy Supply', Stratfor.Com, 3.5.2001.
201 Vgl. ebda.
202 Vgl. auch Vladimir Kuzneževskij/Aleksej Žižkin, Rossijskaja gazeta, 10.3.2000, S. 5.

sein. So ist der Ölterminal des Adriapipelinenetzes, *Omisalj* (Kroatien), lediglich 60 km von Trieste (einer der größten Raffineriezentren Europas) entfernt. Derartige Pipelinepläne rechnen sich jedoch nur dann langfristig, wenn zugleich die Kapazitäten der *Družba*- und *Adria-Pipelinenetze* erheblich ausgebaut werden. Dies wiederum erfordert ein Multi-Milliarden-Investment, zu dem *Yukos* allein nicht in der Lage ist und daher westliche Kooperationspartner benötigt.[203]

Auch der russische Erdölkonzern *LUKoil* setzt auf Expansion nach Zentraleuropa. Bereits in den letzten Jahren wurden wichtige Hauptanteile an Raffinerien in *Burgas* (Bulgarien mit 124.000 bpd), *Ploiesti* (Rumänien mit 100.000 bpd) und *Odessa* (Ukraine mit 80.000 bpd) erworben. Darüber hinaus hat *LUKoil* 50 Prozent des lukrativen ukrainischen *Oriana-Konzerns* und seiner 14 petrochemischen Betriebe aufgekauft und möchte die Raffinerie in *Novy Sad* wieder aufbauen, welches an der Spitze des *Adria-Pipelinenetzes* steht.

Gleichzeitig verschafft die Wiedereröffnung der Donauschifffahrt im November 2001 in Südosteuropa den sieben Anrainerstaaten nicht nur wirtschaftliche Perspektiven, sondern könnte auch die ohnehin bestehenden Probleme des Schifffahrtsverkehrs durch den Bosporus aufgrund der wirtschaftlichen Erholung Südosteuropas und des zunehmenden Handels über die Donau bis in den Bosporus noch verschärfen. Im Jahr der Unterzeichnung des Vertrages von Montreux 1936, welcher den internationalen Schiffsverkehr durch den Bosporus und die Dardanellen regelt, passierten lediglich 700 Schiffe im Jahr die türkischen Wasserstraßen durch den Bosporus. Im Jahr 2000 durchquerten den Bosporus etwa 150 Schiffe pro Tag bzw. ein Schiff alle 10 Minuten. Insgesamt passierten so fast 50.000 Tanker und Cargo-Transportschiffe die 30 km lange, mit 12 abrupten Wendungen und zahlreichen Schiffswracks versehenen Flaschenhals des *Bosporus*. Dabei werden nicht weniger als 1,7 Millionen Fass Rohöl pro Tag durch den Bosporus transportiert. Die Durchfahrt eines großen Tankers dauert in der Regel etwa eineinhalb Stunden und führt gewöhnlich zu Staus von 20-25 anderen Schiffen, welche die Wasserstraße nicht gleichzeitig passieren können.[204]

Gleichfalls im November 2001 hatte die von Russland, Kasachstan und *Chevron-Texaco* neu gebaute *Tengiz-Novorossijsk-Pipeline* am östlichen Ufer des Schwarzen Meeres ihren Betrieb aufgenommen. Von dort wird das gesamte Erdöl mit bis zu 1,34 Millionen Tonnen Rohöl pro Tag mit Tankern durch das Schwarze Meer und den *Bosporus* sowie die *Dardanellen* verschifft. Die Türkei rechnet damit, dass sich bis zum Jahr 2010 der Öltankerverkehr verdreifachen wird, welches die Gefahr von Unfällen (wie 1994, als 28 Menschen bei einem Tankerunglück ums Leben kamen und 100.000 Fass Rohöl ausliefen sowie eine ökologische Katastrophe verursachten) noch drastischer erhöhen wird.[205] Vor

---

203 Vgl. 'Yukos: Expanding into Europe', Stratfor.Com, 6.11.2000.
204 Vgl. Molly Moore, IHT, 17.11.2000, S. 2.
205 Vgl. auch 'Oil Glut on the Black Sea', Stratfor.Com, 8.8.2000.

diesem Hintergrund wird über verschiedene Pipelinepläne der südosteuropäischen Anrainerstaaten diskutiert, die einerseits die Abhängigkeit von russischen Pipelines und Energielieferungen verringern sollen, andererseits neue wirtschaftliche Perspektiven für die südosteuropäischen Länder, die Türkei und die Ukraine bieten — und sei es auch nur als Transitland der Erdöl- und Erdgaspipelines aus Zentralasien (Aserbaidschan und Kasachstan) sowie dem Gebiet des Schwarzen Meeres. So haben die ukrainisch-iranischen Pläne einer Pipeline vom Iran über die Ukraine nach Europa wiederum die russischen Pipelinepläne in Südosteuropa erheblich beeinflusst und jüngst auch beschleunigt. Dies gilt ungeachtet der Tatsache, dass Moskau gegenüber Teheran und Kiev ein Vetorecht besitzt, da eine solche Pipeline wohl auch über russisches Gebiet verlaufen würde, da alle anderen Routen erheblich kostspieliger sind.

Die Bedeutung Irans wird in den nächsten Jahren und Jahrzehnten als Erdgasproduzent erheblich zunehmen, da Teheran mit 14 Prozent der weltweiten Erdgasreserven (mehr als 20 bcm, davon allein 12 bcm in seinem gigantischen *South Pars* Gasfeld am Persischen Golf) über die zweitgrößten Gasreserven der Welt verfügt. Gegenwärtig jedoch produziert das Land nur 2 Prozent der weltweiten Gasförderung, so dass erhebliche Förderreserven vorhanden sind, sofern die Produktionskapazitäten erheblich ausgeweitet werden können. [206]

Die Donauschifffahrt könnte auch bei Energieimporten aus Zentralasien und der Kaspischen Region eine wichtige Rolle spielen. So hat ein rumänisches Konsortium vorgeschlagen, Rohöl in *Constanta* (Rumänien) auszuladen und dann über die Donau in Ungarn und Slowenien bis nach *Trieste* zu verschiffen. Auch wenn sich die Investitionskosten auf 1,5 Milliarden US-Dollar belaufen, hätte diese Option den Vorteil, dass die Verschiffung über das Territorium stabiler EU-Beitrittskandidaten verlaufen würde.

Darüber hinaus könnte auch eine entsprechende Transportpipeline bis nach Trieste mit einer Kapazität von 660.000 Fass Rohöl pro Tag und einer Länge von 855 km über das Territorium eines Balkanstaates bereits 2004 fertiggestellt sein.[207] Diese würde allerdings über die *Karpaten* verlaufen, was technisch aufwendig wäre und zugleich den Preis in die Höhe treiben würde. Ohnehin ist dieser Plan lediglich einer von vier möglichen Transitrouten in Südosteuropa und zugleich jene, die bisher am wenigsten entwickelt ist. Jede dieser vier Optionen hat seine wirtschaftlichen und politischen Vor- und Nachteile. Im Gegensatz zum *„Großen Spiel“* in Zentralasien sowie des Kaspischen Beckens um Pipelinerouten und fossile Energieressourcen sind diese vier Pipelinerouten in Südosteuropa jedoch von weniger politischen Konfrontationen geprägt. Zum einen ist Iran, gegen den sich — wie gegenüber Irak — die doppelte Eindämmungsstrategie der USA richtet, nicht involviert und auch das außen- sowie sicherheitspolitische Engagement Russlands ist weniger ausgeprägt, wenn-

---

206 Vgl. Michael Lelyveld, 'Ukraine: Talks Continue with Iran on Gas Pipeline for Europe', RFE/RL-Analyses, 8.2.2001

207 Vgl. 'Far-Reaching Effects of Renewed Danube Transport', Stratfor.Com, 30.11.2001.

gleich die russischen Energiekonzerne erhebliche Interessen und entsprechende Strategiepläne auch für diesen Raum verfolgen. Zudem sind die vier Pipelineoptionen kein vergleichbares *„Null-Summen-Spiel"*. Russland exportiert bereits heute etwa 1,3 Millionen Fass pro Tag durch das Schwarze Meer. Diese Kapazität könnte sich in den nächsten Jahren mit dem geplanten Export von kasachischem Rohöl noch verdoppeln.

Am weitesten ist inzwischen die geplante Pipelineroute von *Odessa* (Südukraine) nach *Brody* (Westukraine) entwickelt. Diese Pipelineverbindung wird zwei bereits bestehende Pipelinenetzwerke miteinander verbinden und so erlauben, russisches Rohöl direkt nach Europa zu verschiffen. Ohne erhebliche Investitionen in die nach wie vor bescheidenen und völlig veralteten Raffineriebetriebe in *Odessa* wird die Ukraine aber auf Dauer lediglich ein Transitland bleiben und kein Raffineriestaat werden. Obwohl diese Route in den nächsten beiden Jahren fertiggestellt sein kann, wird die Kapazität voraussichtlich lediglich 180.000 Fass pro Tag betragen. Dies ist jedoch zu wenig, um den Tankerverkehr durch den *Bosporus* signifikant zu entlasten. Ob sich genügend ausländische Investoren für einen Ausbau der Pipelinekapazitäten auf etwa 800.000 Fass pro Tag der 670 km langen *Odessa-Brody-Rohrleitung* und der Raffineriekapazitäten in Odessa finden lassen, ist angesichts der bisher eher langsamen Reformen im ukrainischen Energiesektor und des illegalen Abzweigens russischen Erdgases in der Ukraine jedoch ungewiss.

Abbildung 62: Oil Needs of the Black Sea States (in thousand bpd)

Country	Consumption	Production	Imports	Refining Capacity
Bulgaria	109	1	108	300
Georgia	21	2	19	109
Moldova	20	0	20	0
Romania	275	140	135	522
Turkey	626	69	557	691
Ukraine	357	82	275	1,109
Total	1,408	294	1,114	2,659
Note: Much of the region´s refining capacity lies dormant due to chronic management, supply, and privatization complications.				

Quelle: U.S. Department of Energy, Energy Information Administration, here following 'Oil Glut on the Black Sea', Stratfor.Com, 8.8.2000.

Allerdings geniest diese Pipeline ausdrücklich die Unterstützung nicht nur Polens als dem strategischem Partner der Ukraine, sondern auch die der Slowakei, die ihre Energieabhängigkeit von Russland (ein Fünftel aller Öl- und Petroleumprodukte werden gegenwärtig aus Russland importiert) ebenfalls verringern möchte.[208] Allerdings ist das slowakische Bestreben der Verringerung von russischen Erdöl- und Erdgaslieferungen auch das Resultat eines Ausmaßes an Korruption auf russischer Seite, welche aus slowakischer Sicht derartige Dimensionen angenommen hatte, dass von bilateralen interstaatlichen Beziehungen mit Russland in traditionellem Sinne keine Rede mehr sein könne. Vielmehr seien die staatlichen Beziehungen zur Russischen Föderation faktisch auf Beziehungen zu russischen Energiefirmen degeneriert und korrumpiert.[209] Daher favorisieren zahlreiche außenpolitische Experten in der Slowakei den Bau der neuen Pipeline von *Odessa* nach *Brody*, die über die nicht ausgelastete *Družba-Pipeline* auch Ungarn, die Slowakei, die Tschechische Republik und auch Westeuropa mit Erdöl aus Zentralasien versorgen könnte. Wie *Alexander Duleba*, ein außenpolitischer Experte der Slowakei, im Jahr 1999 konstatierte: *"In Russia, it is very difficult to discern what the difference is between Russia's state interests and the interests of Gazprom or Lukoil, since frequently the chaos that has prevailed in recent years in Russia has resulted in these companies using the state as an instrument in their business dealings."*[210]

Zudem versucht Russland schon heute, derartige Expansionspläne der *Odessa-Brody-Pipeline* zu durchkreuzen, da mit einem Ausbau dieser Pipeline der Ukraine ein direkter Konkurrent des Transits kaspischen Erdöls entstehen würde und die einseitige Abhängigkeit Zentraleuropas von Russland mit einem Schlag beendet werden könnte. Die *Odessa-Burgas-Pipeline* und das *Družba-Pipelinenetz* zusammen würden jedoch den Energieimportbedarf Zentraleuropas übersteigen, da deren gesamte Raffineriekapazität gegenwärtig weniger als eine Million Fass Rohöl pro Tag beträgt. Hätten jedoch auch die EU und weitere Beitrittskandidaten (wie z.B. die Baltischen Staaten) ein strategisches Interesse an Rohöllieferungen aus Zentralasien und dem Kaspischen Becken, dann würde sich der Ausbau der *Odessa-Burgas-Pipeline* und des *Družba-Pipelinenetzwerkes* wieder ökonomisch rentieren.

Stattdessen favorisiert Russland zwei andere Pipelinerouten, die weiter südlich verlaufen: jene von *Burgas* (Bulgarien) nach *Vlore* (Albanien) und jene von *Burgas* nach *Alexandropolis* (Griechenland). In beiden Pipelineprojekte sind russische Energiekonzerne involviert, wobei aus Moskauer Sicht die *Burgas-Alexandropolis-Route* mehrere Vorteile geniest. Dies gilt sowohl hinsichtlich der allgemeinen Investitionskosten der Pipeline selbst als auch des zukünftigen Transitpreises. Vor allem aber bieten die beiden Routen die Möglichkeit, die regionalen Rivalen Ukraine und Türkei zu umgehen.:

> „A completed pipeline along the *Burgas-Alexandroupolis* route would allow Russia to undercut Ukrainian aspirations of energy independence, strengthen

---

208 Vgl. 'Central Europe's Energy Needs and New Caspian Suppliers', ebda., Special Report, 4.2.2000.

209 Vgl. Jolyon Naegele, 'Slovakia: Experts Launch Study of Caspian Oil, Gas Impact', RFE/RL-Analyses, 13.4.1999.

210 Jolyon Naegele ebda.

ties with Greece and ensure Moscow's influence over the Balkan energy sector."[211]

Demgegenüber geniest die *Burgas-Vlore Pipeline* die Unterstützung der amerikanischen Regierung. Bei beiden Pipelines hat die politische Unterstützung jedoch bisher nicht zu einem entsprechender finanziellen Engagement oder gar einer Implementierung der Projekte geführt.

Vor dem Hintergrund dieser Pipelinepläne und den ökonomischen sowie geopolitischen Dimensionen der Pipelinerouten spricht vieles dafür, dass Russland zwar einerseits der wichtigste Energielieferant (vor allem Erdgas) Zentraleuropas bleiben wird und hinsichtlich des Volumens auch ausbauen kann, andererseits jedoch nicht länger die Exportrouten aus dem Raum der früheren Sowjetunion monopolisieren wird. Vor allem Iran als neuer Erdgasexporteur nach Europa und die Türkei als Transitland einer oder mehrerer Erdgas- und Erdölleitungen dürften an außen-, sicherheits- und geopolitischer Bedeutung für die EU in den kommenden Jahrzehnten gewinnen — auch unabhängig von der gegenwärtigen amerikanischen Eindämmungspolitik gegenüber dem Iran. Dabei könnte sich vor allem die sich bereits abzeichnende engere Energie- und vor allem Erdgaskooperation zwischen der Türkei und Griechenland zukünftig positiv auf das bilaterale Verhältnis der beiden Staaten sowie die Beziehungen zwischen der Türkei und der EU auswirken. Dies gilt insbesondere dann, wenn der Plan einer Unterwassererdgasleitung unter der *Adria* implementiert werden sollte, welche eine direkte Exportroute aus dem Raum des Kaspischen Beckens über die Türkei nach Griechenland und von dort nach Italien schaffen würde.[212] Mit dieser Pipeline würde zugleich das strategische Interesse der EU an politischer und wirtschaftlicher Stabilität im Raum Zentralasiens und der Kaspischen Senke erheblich zunehmen. Bisher hat die EU jedoch nicht konkret eine der hier vorgeschlagenen Pipelineprojekte favorisiert, sondern lediglich verlautbaren lassen, dass die EU ausschließlich ökonomisch-finanzielle Kriterien bei der Beurteilung möglicher Pipelineprojekte berücksichtigen werde. Weitere Kriterien, wie jene, die sich aus der Versorgungssicherheit eines Landes ableiten lassen, scheinen aus Sicht der EU offenbar keine Rolle zu spielen, obwohl sich Brüssel gleichzeitig weiterhin für eine Diversifizierung von Importrouten und Importländern sowie -regionen ausspricht. Außen- und sicherheitspolitische Faktoren werden offiziell jedoch nicht berücksichtigt. Dies erscheint nicht nur aus amerikanischer Sicht als kurzsichtig oder gar naiv, wenn die Interessen und Motive der Pipelineprojekte von Russland und zahlreichen anderen Staaten in der Welt berücksichtigt werden.

Trotz des politischen Widerstandes Washingtons ist inzwischen die Erdgaspipeline von *Tabriz* (Iran) nach *Ankara* fertiggestellt worden. Griechenland, welches seinen Energiebedarf zukünftig ebenfalls sehr viel stärker auf Erdgas

---

211 'From the Black Sea to Europe: The Next Contest for Energy Routes', Stratfor.Com, 29.8.2000.

212 Vgl. 'Greece and Turkey Place Caspian Gas Back on the Table', ebda., 28.8.2000.

umstellen möchte, hat den Bau einer Pipeline von Ankara nach *Komotini* vorgeschlagen. Dies würde nicht nur Erdgaslieferungen nach Griechenland sichern, sondern auch die Möglichkeit bieten, dass auch andere EU-Staaten iranisches Erdgas über diese Pipelines erhalten könnten. Dies würde Diversifizierungsanstrengungen entgegen kommen, von Russland nicht zu abhängig zu werden. Damit aber wäre ein möglicher Konflikt zwischen Brüssel und Washington auch bei dieser Pipelineoption nicht ausgeschlossen.

Dennoch ist die amerikanische Energie- und Außenpolitik gegenüber Moskau nach dem 11. September 2001 pragmatisch und flexibler geworden. Nachdem die USA die russische Einwilligung für Militärstützpunkte in Zentralasien zur internationalen Terrorbekämpfung erhalten hat sowie die Ölpipelines von *Baku* nach *Ceyhan* und der Bau der Gasleitung von *Shah Deniz* (Aserbaidschan) noch im Sommer 2002 begonnen wurde, hat Washington seinen früheren Widerstand gegen einen weiteren Ausbau russischer Energieexportrouten über den Balkan zunächst aufgegeben. Nun haben auch Kroatien und Ungarn eingewilligt, dass die russische *Družba*-Pipeline und das *Adria-Pipelinenetzwerk*[213], das die Energieversorgung des früheren Jugoslawiens weitgehend sicherstellte, miteinander verbunden werden. Ein entsprechendes Protokoll wurde am 29. April 2002 zwischen den beiden staatlichen Öltransportfirmen Russlands und Kroatiens, *JANAF* und *Transneft*, unterzeichnet. Damit sichern sich die beiden russischen Ölkonzerne *LUKoil* und *Yukos* einen gewichtigen Anteil des Marktes auf dem Balkan. Die Balkanstaaten Bosnien, Kroatien, Slowenien und Jugoslawien, die bisher ihr Rohöl vor allem aus dem Raum des Mittleren Ostens bezogen und einen Gesamtbedarf an Rohöl von etwa 250.000 Fass pro Tag haben, werden zukünftig ihren Rohölbedarf somit vor allem aus Russland beziehen. Darüber hinaus sollen bereits unmittelbar nach Fertigstellung der neuen Rohrleitung über das neue Verbindungsstück etwa weitere 90.000 Fass Rohöl über den kroatischen Hafen *Omisalj* exportiert werden — ein Volumen, das auf bis zu 275.000 Fass unter Umständen ansteigen könnte. Der große Vorteil dieser Option ist der Tiefwasserhafen *Omisaljs*, in dem auch Supertanker beladen werden können. Damit wäre für Russland auch die Möglichkeit erstmals gegeben, durch den Bau der Verbindungspipeline zwischen dem *Družba*- und dem *Adria-Pipelinenetz* zukünftig auch die USA direkt mit russischem Erdöl zu beliefern. Diese Gasleitung nach *Komotini* sollte ursprünglich bereits 2001 fertiggestellt sein und dann 1,5 Milliarden Kubikmeter Erdgas transportieren können. Sowohl die Türkei als auch Griechenland beabsichtigen jedoch, vom Mittelmeer die von *Komotini* verlängerte Erdgasleitung ans Mittelmeer unter der *Meeresstraße von Otranto* nach Italien auszubauen. Eine solche er-

---

213 Das *Adria-Pipelinenetzwerk* wurde 1979 gebaut. Bereits zu diesem Zeitpunkt versuchte Moskau, mit dem Vorschlag des Baus eines entsprechenden Verbindungsstückes zwischen den beiden Ölpipelinenetzen einen strategischen Zugang zum Balkan zu erhalten. Die frühere jugoslawische Regierung widersetzte sich jedoch den Moskauer Ambitionen, da sie zu große wirtschaftliche Abhängigkeiten von der UdSSR befürchtete, welche in politische Erpressungen hinsichtlich der jugoslawischen Sicherheitspolitik münden konnte.

weiterte Verbindung wäre ein integraler Bestandteil der Idee eines „*Southern European Natural Gas Ring*", dessen Bau auch von Seiten der EU mitfinanziert würde. Sollte zudem das internationale Konsortium des türkischen Energiekonzerns *BOTAS*, *British Petroleum* und der staatlichen Ölfirma Aserbaidschans für eine Pipeline von seinem Erdgasfeld *Shah-Deniz* in die Türkei mit einem Volumen von 6,6 bcm Wirklichkeit werden, so würde die Türkei mit Erdgas derart überschwemmt, das nur ein weiterer Export nach Europa oder anderen Weltmärkten rentabel erscheint.[214]

Währenddessen bereiten sich auch die ehemaligen staatseigenen Energiefirmen in Osteuropa auf die EU-Erweiterung und die Liberalisierung sowie Deregulierung der europäischen Energiemärkte bevor, welches die Konkurrenz innerhalb einer erweiterten EU verstärken wird, da sie zumeist erheblich billiger Energie produzieren — sofern nicht die westeuropäischen Energiefirmen mittels staatlich protektionistischen Maßnahmen und zum Teil vorgeschobenen Gründen des Umweltschutzes versuchen, ihre traditionellen Märkte gegenüber weiterer Konkurrenz abzuschotten, wie dies gegenwärtig in Frankreich und einigen anderen EU-Staaten beobachtet werden kann.[215] Auch hier wird die EU noch lernen müssen, dass sich mit der EU- und NATO-Erweiterung nach Osten auch zusätzlich neue nationale Interessen der bisherigen Beitrittskandidaten die zukünftige gemeinsame Energie-, Wirtschafts-, Außen- und Sicherheitspolitik der EU beeinflussen und nicht alles durch die bisherige westeuropäische Brille definiert werden kann. Dies gilt auch für die zukünftigen Beziehungen einer erweiterten EU gegenüber Russland, der Ukraine, der Türkei und auch geographisch weiter entfernten Staaten sowie Regionen, wie z.B. Zentralasien oder auch der Nahe und Mittlere Osten.

4.3.6 Die Rückkehr der Frage der Versorgungssicherheit auf die außenpolitische Agenda der EU und die Notwendigkeit der Konkretisierung der europäisch-russischen Enerpartnernerschaft für das 21. Jahrhundert

> „The risks of EU dependency on Russian gas could be mitigated by Europe's continuing to secure diverse sources of supply and by ensuring that other sources of natural gas continue be available — from Norway and Algeria, for example, to help compensate for possible interruptions in the Russian supply. Unfortunately, most gas deliveries are tied into long-term sales contracts and there are few prospects for diversion, even in small volumes, to other markets."[216]

---

[214] Vgl. 'Pipeline Linkage to Empower Russian Companies', Stratfor.Com, 2.5.2002.

[215] Vgl. Gene J. Koprowski, WSJE, 11.3.2002, S. A11.

[216] So die Studie: 'The Geopolitics of Energy into the 21st Century', Vol. 1: An Overview and Policy Considerations'. A Report of the CSIS Strategic Energy Initiative, Washington D.C., November 2000, hier S. 16.

Europa muss sich bei der zukünftigen Versorgungssicherheit einer Reihe neuer strategischer Herausforderungen zu Beginn des 21. Jahrhunderts stellen. Diese ergeben sich einerseits aus dem Klimawandel und den daraus resultierenden Verpflichtungen im Rahmen des *Kyoto-Abkommens* zur Reduzierung der weitweiten Treibhausgase; andererseits droht mit der steigenden Energienachfrage in der EU (die bereits heute weltweit der größte Nettoimporteur von Energie ist), der langsam schrumpfenden Eigenproduktion von Erdöl, Erdgas und Kohle sowie dem sukzessiven Ausstieg einiger europäischer Staaten aus der Kernenergie eine drastische Zunahme der Energieimportabhängigkeit, die von gegenwärtig etwa 50 Prozent bis zum Jahr 2020 auf bis zu 90 Prozent bei Erdöl, 70 Prozent bei Erdgas und bei Kohle unter Umständen auf bis zu 100 Prozent zunehmen kann. Dieser Trend wird durch die Osterweiterung der EU noch verstärkt. So könnte diese im Falle einer erweiterten EU bei Erdöl von 90 auf 94 Prozent sowie bei Erdgas von 60 auf 90 Prozent ansteigen.[217]

Dieser Import müsste jedoch vor allem aus den geopolitisch instabilen und mit Regionalkonflikten überfrachteten Regionen des Nahen und Mittleren Ostens bzw. Persischen Golfes, aus Zentralasien und dem Kaspischen Becken sowie Afrika erfolgen. Die Versorgungssicherheit zielt jedoch darauf ab, die Abhängigkeiten und damit auch Verwundbarkeiten sowie Risiken auf das geringst mögliche Niveau zu drosseln bzw. einseitige Abhängigkeiten möglichst zugunsten einer Diversifizierung von Energieträgern und Importregionen zu vermeiden, um so die mit der Energieabhängigkeit verbundenen wirtschaftlichen, geopolitischen und umweltrelevanten Risiken so weit wie möglich zu mindern. Der europäische Binnenmarkt ermöglicht zwar dank des zunehmenden Wettbewerbs als Folge der eingeleiteten Liberalisierung und Deregulierung des europäischen Energiemarktes eine zunehmende Optimierung der Ressourcennutzung und Senkung der Kosten für Industrie und Privathaushalte. Er entkoppelt jedoch nicht den europäischen Markt vom Weltmarkt, der nach wie vor keineswegs ausschließlich von marktwirtschaftlich-ökonomischen Kriterien determiniert wird — auch wenn die Bedeutung der marktwirtschaftlichen Faktoren während des letzten Jahrzehnts deutlich zugenommen hat und im Zuge der Globalisierung weiter gestärkt werden dürfte. Angesichts der derzeitigen weltpolitischen Entwicklungen als Folge des 11. Septembers 2001 und der amerikanischen Entschlossenheit beim Kampf gegen den internationalen Terrorismus sowie der weiteren gewalttätigen Eskalation des israelisch-palästinensischen Konfliktes mit weitreichenden Auswirkungen auf die innenpolitische Stabilität vieler arabischer Staaten gerade in den Räumen, die für die europäische, aber auch weltweite Energieversorgung von zentraler strategischer Bedeutung sind, drohen auch die Instabilitäten der Energieversorgung der EU

[217] Die Zahlen sind allerdings etwas niedriger, wenn Norwegen als Mitglied des gemeinsamen europäischen Wirtschaftsraumes nicht als externer Energielieferant betrachtet wird – 'Die Sicherung der EU-Energieversorgung: Das Grünbuch der EU-Kommission. Bericht über die Veranstaltung mit *Christóbal Burgos* vom 17.1.2002 in Berlin', in: Forum in Berlin/Informationskreis Kernenergie, Bonn 2002, hier S. 1.

durch Lieferunterbrechungen und einer ausgeprägten Preisvolatilität sowie deren negative Konsequenzen für die wirtschaftliche Stabilität Europas und der Welt in den kommenden Jahrzehnten deutlich zuzunehmen.

Vor diesem Hintergrund und der Intention des massiven Ausbaus des klimafreundlichen Energieträgers Erdgas hat die EU ihre Bereitschaft zu einer umfassenden Energiepartnerschaft mit Russland erklärt. Doch auch diese ist keineswegs unproblematisch und ohne politische bzw. außenpolitische Risiken für eine dauerhaft tragfähige, stabile und faire europäische Sicherheitsarchitektur im 21. Jahrhundert. So wäre zwar auch eine quantitative Steigerung von Erdöl- und Erdgasexporten aus Russland in die EU prinzipiell zu begrüßen. Ob sich die EU jedoch zu mehr als 40 Prozent ihrer Erdöl- und Erdgasimporte allein aus Russland verpflichten sollte, dürfte dem Gebot einer Diversifizierung von Energieträgern und –importen im Rahmen der europäischen Versorgungssicherheit eher widersprechen. So besagt eine Regel der traditionellen *OECD*-Politik zur Aufrechterhaltung und Stärkung der eigenen Versorgungssicherheit, dass ein Mitgliedsland nicht von einem einzigen Nicht-Mitglied mehr als 30 Prozent seines Energiebedarfes importieren darf. Gegen derartige vermeintliche EU-Regeln (die es aber innerhalb der EU faktisch so nicht gibt) hatte der russische Präsident *Vladimir Putin* bereits im Jahr 2001 offiziell Protest erhoben: *„If we are talking about a common economic space, we should take measures and change the rules, and put Russia in the picture, too.“*[218]

In diesem Zusammenhang zeigt sich besonders bei der deutschen Energiepolitik und den wirtschaftlichen Interessen an einer engen Energiekooperation mit Russland, dass diese weder in eine umfassende politische Konzeption eingebunden ist noch die außen- sowie sicherheitspolitischen Dimensionen sowohl für Russland (legitime versus illegitime russische Sicherheitsinteressen) als auch die EU unter Berücksichtigung transatlantischer Sicherheits- und Bündnispolitik adäquat einschließt oder gar integraler Bestandteil einer gesamtstrategisch konzipierten europäischen Energiepolitik ist. Auch wenn die EU sich weitgehend selbst nur von wirtschaftlichen Kriterien in ihrer Energiepolitik leiten lässt, so wird Europa nicht nur von den Entwicklungen auf den Weltenergiemärkten geopolitisch betroffen und beeinflusst werden, sondern auch mit den außen- und sicherheitspolitischen Folgen der Energiepolitik Moskaus bis hin zur möglichen Determinierung der europäischen und eurasischen Sicherheitsarchitektur konfrontiert. Diese sind unter Berücksichtigung der gegenwärtigen außenpolitischen Motive Moskaus nicht im langfristigen strategischen Interesse Europas, welches sich auch keineswegs allein in einer *„strategischen Partnerschaft“* mit Russland im Rahmen einer zukünftigen stabilen europäischen Sicherheitsarchitektur erschöpft.[219] Dies gilt insbesondere dann, wenn diese auf Kosten der Versorgungssicherheit und außenpolitischen Unabhängigkeit zahlreicher europäischer Nachbarstaaten in Zentraleuropa und

---

218 Hier zit.n. Michael Lelyveld, 'Russia: Questions Linger about Moscow's Natural Gas Plans'.
219 Vgl. auch 'A Map Redrawn: Eurasia in 2020', Stratfor.Com.

im Raum der früheren UdSSR aufgebaut wird. So ist die Versorgungssicherheit der EU auch von der Versorgungssicherheit und innenpolitischen sowie regionalen Stabilität der Nachbarstaaten Russlands abhängig. Dies wäre weitaus weniger ein Problem, wenn der *Kreml* seine Kontrolle über die russischen Energiekonzerne sowie Pipelinefirmen aufgeben und diese wirklich privatisieren würde, so dass diese ebenfalls nach ausschließlich marktwirtschaftlichen Kriterien ihre Firmenpolitik bestimmen könnten. Dies ist jedoch gegenwärtig eindeutig nicht der Fall. So ist die politische Kontrolle und der politische Einfluss des *Kreml* unter Berücksichtigung unilateraler außen- und sicherheitspolitischer Konzeptionen auf die Energiepolitik der russischen Energiemonopolisten (insbesondere *Gazprom*) unter Präsident *Putin* nicht geschwächt, sondern signifikant gestärkt worden. Dies aber widerspricht eindeutig jeglichen Bekundungen Moskaus zu marktwirtschaftlichen Reformen, zu denen sich Russland verpflichtet hat und damit auch dem *Vertrag zur Europäischen Energiecharta*.

Eine langfristige Energiepartnerschaft mit Russland ist für die EU sowohl aus ökonomischen als auch politischen Gründen notwendig und wünschenswert. Allerdings ist auf europäischer Seite eine Debatte über die Rahmenbedingungen, den Umfang und die Zielrichtung einer solchen Partnerschaft im 21. Jahrhundert eine elementare Voraussetzung und hinsichtlich der zukünftigen Risiken der europäischen Versorgungssicherheit vor dem Hintergrund der Ereignisse des 11. September 2001 notwendiger denn je. Dies schließt auch die Berücksichtigung der außenpolitischen Motivationen Moskaus ausdrücklich mit ein und darf den Versorgungsrisiken der osteuropäischen EU-Beitrittskandidaten und ihren Diversifizierungsbemühungen nicht völlig widersprechen. Sollte es Moskau z.B. gelingen, weitere Pipelinepläne aus Zentralasien in die Türkei oder nach Südost- und Mitteleuropa erfolgreich zu verhindern, würde dies die Abhängigkeiten der EU von Russland weiter verstärken und den originären strategischen EU-Interessen zuwiderlaufen, die politischen wie ökonomischen Beziehungen zu den Staaten Zentralasiens und den Kaukasusstaaten auszubauen.[220] Bisher ist es der *GASP* der EU nicht gelungen, die notwendige Balance zwischen den sich zum Teil offen widersprechenden oder konkurrierenden strategischen Interessen in der eigenen Energie- und Außensowie Sicherheitspolitik zu finden. Diese Problematik zeigt sich auch bei den energiepolitischen Problemen und Optionen der EU-Beitrittskandidaten hinsichtlich ihrer Versorgungssicherheit und der Frage der Pipelineoptionen in Zentral- und Südosteuropa, die ebenfalls für die zukünftige Versorgungssicherheit der EU-Staaten von entscheidender Bedeutung sein werden. Dies alles unterstreicht, dass eine nationale Energiepolitik in Europa immer weniger Antworten und Sicherheiten für eine stabile Energieversorgung bietet und nur im EU-Rahmen im 21. Jahrhundert adäquate Lösungen verspricht.[221]

---

220 Vgl. Michael Lelyveld, 'Russia: Gas Exports Likely to Surpass Other Suppliers'.
221 Vgl. auch Ulrich Hartmann, 'Eine europäische Energiepolitik ist gefragt', in: IP 1/2001, S. 17-23.

5. Die *OPEC* als wiedererstarkender strategischer Akteur in der zukünftigen Weltpolitik?

5.1 Die Entwicklung der OPEC bis Ende der 90er Jahre

„Apart from the Gulf War, the steep decline in *OPEC*'s power is mainly due to the short-sighted policies of its members, who have often proved to be their own worst enemies. But other events beyond '*OPEC*'s' control have helped to render the producers' 'cartel', if not completely obsolete, then at the very least a shadow of its former self."[1]

Für mehr als 40 Jahre haben die *OPEC-Staaten*[2] Rohöl zu einem durchschnittlichen Preis von 20 US-Dollar verkauft, während die vergleichbaren durchschnittlichen Produktionskosten bei lediglich 2-3 US-Dollar lagen. Durch die gleichzeitige Beschränkung des Zugangs zu ihren Erdölreserven durch ausländische Konzerne waren die *OPEC*-Staaten vor allem im Mittleren Osten und des Persischen Golfes in der Lage, moderne Volkswirtschaften aufzubauen, die sich im wesentlichen jedoch an den nationalen Rohölexportstrukturen orientierten und so in vielerlei Hinsicht bis heute eindimensioniert sind.

Das Ölembargo im Jahr 1973/74 wurde entgegen weitläufiger Meinung jedoch nicht durch die *OPEC* verhängt, wie noch heute in zahlreichen Darstellungen zu lesen ist, sondern lediglich durch die *Organisation der arabischen Erdöl exportierenden Länder* (*OAPEC*) als Antwort auf den israelisch-arabischen Krieg vom Oktober 1973. Die Folge war ein starker Anstieg der Ölpreise – ein Umstand, der sich nach der iranischen Revolution von 1979, am Beginn des iranisch-irakischen Krieges 1980 und unmittelbar nach der irakischen Invasion in Kuwait im Jahr 1990 wiederholen sollte.[3] Damit versuchten die *OAPEC*-Länder[4], ihren politischen Einfluss auf die westlichen Industriestaaten geltend zu machen. Ihr vermeintlicher Erfolg war jedoch eher ambivalent.[5]

Nachdem die westlichen Staaten sich vom Ölschock 1973/74 erholt hatten, wurde die Suche, Förderung und Produktion von Erdöl in Gebieten derjenigen ölproduzierenden Staaten forciert, die nicht der *OPEC* angehörten. Seit 1980 investierten die westlichen Ölkonzerne etwa 350 Milliarden Dollar in neue Fördergebiete, die fast alle außerhalb der *OPEC*-Länder lagen.[6]

---

1 Fadhil J. Chalabi, '*OPEC*: An Obituary', in: Foreign Policy, Winter 1997-98, S. 126-140 (127).

2 Die "*Organisation of Petroleum Exporting Countries*" (*OPEC*) wurde am 13.-14.9.1960 in Bagdad gegründet. Die Gründungsmitglieder waren Venezuela, Iran, Irak, Saudi Arabien und Kuwait. Später kamen Qatar (1961), Indonesien (1962), Libyen (1962), Abu Dhabi (1967), Algerien (1969), Nigeria (1971), Ecuador (1973), Vereinigte Arabische Emirate (1974) und Gabun (1975). Ecuador und Gabun traten später aus. Der *OPEC* gehören heute 11 Länder an: Algerien, Indonesien, Iran, Irak, Kuwait, Libyen, Nigeria, Qatar, Saudi Arabien, the Vereinigten Arabischen Emirate und Venezuela. Dabei ist die Mitgliedschaft Iraks jedoch ausgesetzt und bei den Abstimmungen für die Förderquoten ausgenommen.

3 Vgl. 'The Geopolitics of Energy into the 21st Century. Vol. 3', hier S. 2 (Fn. 2).

4 Während Venezuela und Nigeria Mitglieder der *OPEC*, nicht aber der *OAPEC* sind, gehören der *OAPEC* auch Nicht-*OPEC*-Staaten wie Ägypten, Oman und Syrien an.

5 Vgl. auch Hanns W. Maull, 'Energy and Resources: the Strategic Dimensions', in: Survival, November-December 1989, S. 500-518 (505).

6 Vgl. Fadhil J. Chalabi, '*OPEC*: An Obituary', hier S. 134 f.

Abbildung 63:

Zur Geschichte der OPEC (Organization of Petroleum Exporting Countries)
- *1960:* Gründung der *OPEC* als Gegengewicht zur dominierenden Marktmacht der sieben großen westlichen Ölgesellschaften.
- *1973:* Die *OPEC* wird bedeutsam, da sie als Reaktion auf den israelisch-arabischen Krieg ein Ölembargo gegen die Industriestaaten verhängt – der Ölpreis erreicht ein beispiellos hohes Niveau.
- *1978/79:* Wegen der Förderausfälle der iranischen Ölindustrie als Folge der Islamischen Revolution erlebt die Welt den zweiten Ölpreisschock der 70er Jahre.
- *1985/86:* Während der Ölpreis in den frühen 80er Jahren kontinuierlich steigt, fällt der Ölpreis plötzlich. Mehrere *OPEC*-Staaten überschreiten massiv die Förderquoten, was Saudi Arabien zunächst zu einer Reduktion der Exporte von 7 Mio. Barrel/Tag auf 2,6 Mio. Barrel pro Tag zwingt. Die Versuche den saudischen Marktanteil durch Überproduktion wiederzuerlangen, verursachen einen weiteren Preisverfall.
- *1990/91:* Nach der irakischen Invasion in Kuwait erfolgen Panikkäufe und lassen den Ölpreis in die Höhe schießen. Die Zunahme der saudischen Exporte und der kurze Einsatz der *Strategischen Ölreserven* des Westens verhindern eine dritte Ölpreiskrise.
- *1998/99:* Wegen permanentem Überschreiten der *OPEC*-Förderquoten und der Wirtschaftskrise in Asien fällt der Ölpreis unter 10 $ pro Fass.
- *1999/2000:* Die *OPEC* antwortet mit einer Reihe tiefgreifender Produktionsbeschränkungen, die den Abwärtstrend abfangen und eine lang anhaltende, steigende Tendenz des Ölpreises auslösen.
- *2000:* Weitverbreitete Ängste, die Welt werde von ausreichenden Ölreserven für das weitere Wirtschaftswachstum abgeschnitten und um entstehende Engpässe der globalen Ölwirtschaft, treiben den Ölpreis auf ein neues Zehn-Jahres-Hoch. Drei Produktionserhöhungen der *OPEC* versagen beim Unterdrücken dieser Ängste und veranlassen die USA ein zweites Mal zur Freigabe eines Teils ihrer *Strategischen Ölreserven*.

Gleichzeitig wurden vor allem in Europa und Japan erhebliche Anstrengungen zur effektiven Nutzung der Energie und zur Energieeinsparung unternommen. So lag der Ölbedarf der westlichen Welt im Jahr 1984 um fast 10 Millionen Fass pro Tag niedriger als fünf Jahre zuvor.[7] Dementsprechend ging der Marktanteil der *OPEC* von 54 Prozent im Jahr 1973 (der historische Höhepunkt) auf 29 Prozent Mitte der 80er Jahre zurück, bevor er wieder auf gegenwärtig etwa 35-40 Prozent anstieg.[8]

---

7 Vgl. Ingrid Hielle, 'Öl ist auf absehbare Zeit kein knappes Gut', in: FAZ, 21.6.2000, S. 14.

8 Vgl. Shokri Ghanem, 'Future Challenges for *OPEC* and its Members in the Global Petroleum Sector', in: *OPEC* Bulletin, May 2001, S. 8-10 (8); Fadhil J. Chalabi, '*OPEC*: An Obituary', in: Foreign Policy, Winter 1997-1998, S. 126-140; Bernard Mommer, 'Global Oil and the Nation

Abbildung 64:

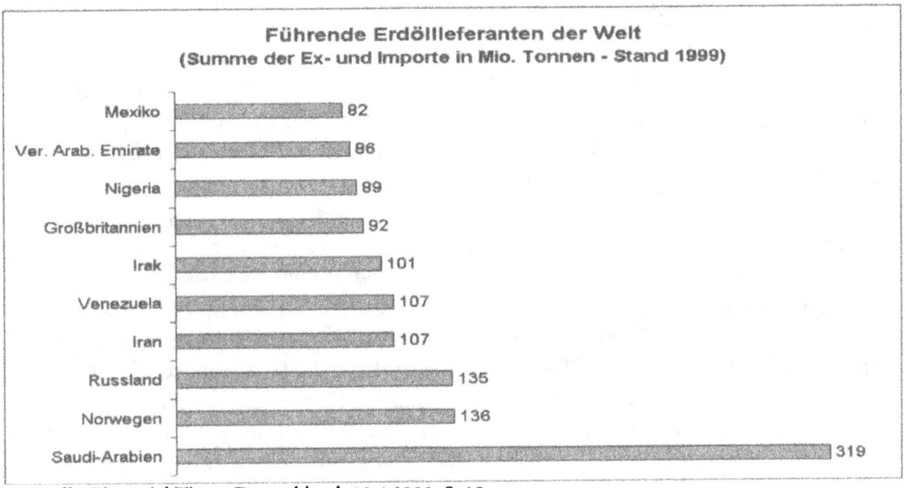

Quelle: Financial Times Deutschland, 10.4.2002, S. 18.

Die *OPEC*-Staaten hatten von Anfang der 70er Jahre bis etwa Mitte der 80er Jahre versucht, sich stärker an marktwirtschaftlichen Strukturen zu orientieren. Doch war diesen Versuchen nur ein zweifelhafter Erfolg beschieden. Dies galt zumeist ebenso für die Versuche, ihre Volkswirtschaften zu diversifizieren, um so weniger von Erdölexporten abhängig zu sein. Demgegenüber hatten sie seit den Tagen der iranischen Revolution im Jahr 1979 einigermaßen erfolgreich versucht, interne Produktionsquoten festzulegen, um so den internationalen Rohölpreis auf einem sowohl für die Erdöl exportierenden als auch Rohöl importierenden Staaten akzeptablen Niveau zu stabilisieren.

Die relativ hohen Ölpreise der *OPEC* führten allerdings dazu, dass die internationalen Energiekonzerne und *Nicht-OPEC-Staaten* ihre Anstrengungen zur Suche neuer Ressourcen vor allem in Staaten, die nicht der *OPEC* angehörten, forcierten. Dabei konnten auch die zumeist höheren Förder- und Produktionskosten der *Nicht-OPEC-Staaten* weitgehend abgedeckt werden, so dass auch ihr Erdöl wirtschaftlich rentabel und auf dem Weltmarkt wettbewerbsfähig war. Bereits während der 60er und 70er Jahren wurden so ungewöhnlich große Ölvorkommen in *Alaska* (10 bbd), der *Nordsee* (15,8 bbd), im *Golf von Mexiko* (wo die Produktion von 1,2 mbd im Jahr 1978 auf 2,75 im Jahr 1985 und 3,5 mbd im Jahr 1999 anstieg), *Westsibirien* (Russland, mit dem Höhepunkt der Erdölproduktion im Jahr 1988 von 11,5 mbd) entdeckt, die zudem durch technologischen Innovationen in den 70er und 80er Jahren wirtschaftlich

State', Oxford-New York 2002; Michael C. Lynch, 'Blood or Gold? Politics, Economics and Energy Security', Cam./Mass, January 1999 und Fadhil J. Chalabi, '*OPEC*. At the Crossroads', New York 1989.

rentabel abbaubar waren.[9] Später in den 90er Jahren war es vor allem Venezuela, das als *OPEC*-Mitglied Saudi Arabien zunehmend herausforderte. Obwohl *Caracas* zu jenem Zeitpunkt eine *OPEC*-Quote von 2,3 mbd hatte, wollte Venezuela seine Förderkapazität verdreifachen und öffnete seinen Energiesektor für ausländische Investitionen. Saudi Arabien reagierte mit eigener Erhöhung der Rohölproduktion im Rahmen seiner Reservekapazitäten. Diese politisch brutale, aber effektive Aktion führte zwar zu einem drastischen Preissturz, aber erreichte das Hauptziel der Aktion:

> „Saudi Arabia reasserted its *OPEC* leadership, reestablished itself as the prime supplier of oil to the United States, and induced *non-OPEC* producers Mexico and Norway to support *OPEC's* revenue-maximizing goals."[10]

Da jedoch die relative Hochpreispolitik der *OPEC* zu einem Verlust an globalen Marktanteilen führte und die Nicht-*OPEC*-Erdölförderstaaten die eigentlichen Profiteure dieser Hochpreispolitik der *OPEC* waren, wechselte die *OPEC* ab 1985 hin zu einer mehr marktgerechten Strategie. Dessen ungeachtet wurde das Fördervolumen ausgeweitet, um so wenigstens einige der *Nicht-OPEC*-Förderstaaten mit ihren höheren Rohölproduktionskosten aus den Markt zu drängen. Die Folge war ein erheblicher Preissturz im Jahr 1986.

Abbildung 65:

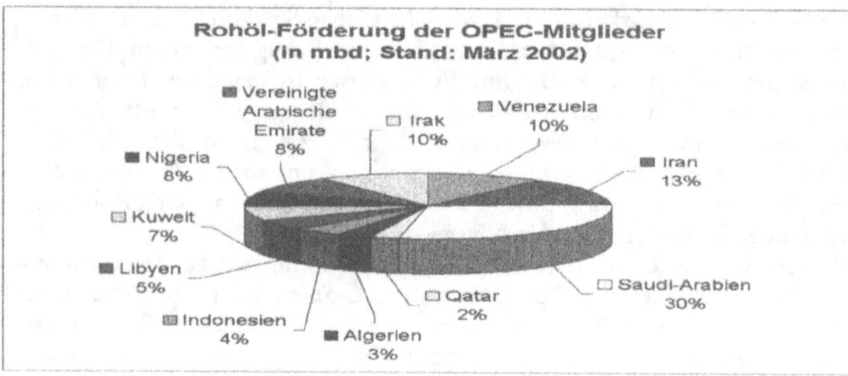

Quelle: FAZ, 11.4.2002, S. 15.

Dennoch war nicht zu übersehen, dass bereits seit Mitte der 80er Jahre bis zum Ausbruch der Asienkrise im Sommer 1997 das interne Management der

9 Vgl. 'The Geopolitics of Energy into the 21st Century. Vol. 2: The Supply-Demand Outlook, 2000-2020', hier S. 2

10 So Edward L. Morse/James Richard, 'The Battle for Energy Dominance', in: Foreign Affairs, March-April 2002, S. 16-31 (20).

Festlegung der Rohölförderquoten zur Stabilisierung des internationalen Ölpreises immer wieder durch nationale Interessendivergenzen geschwächt wurde. Damit aber hatte die *OPEC* einen erheblichen Teil ihres früheren politisch-wirtschaftlichen Einflusses zunächst verloren, wenngleich noch größere Marktverluste durch die Festlegung der Produktionsquoten verhindert wurden.

Erst mit der Asienkrise ab Sommer 1997, die noch einmal zu einem drastischen Preissturz aufgrund der fehlenden globalen Rohölnachfrage zeitweise von 30 auf bis zu 10 US-Dollar führte, nachdem die *OPEC* ursprünglich Schritte zur Erhöhung ihrer Produktionsquoten unternommen hatte, war wieder plötzlich eine größere Disziplin bei der internen Festlegung der Förderquoten zu konstatieren. Im Zeitraum 1998-1999 war sie in der Lage, eine Kürzung der Gesamtproduktion von 4 mbd durchzusetzen, die von ihren Mitgliedern zunächst auch weitgehend eingehalten wurde.

Abbildung 66:

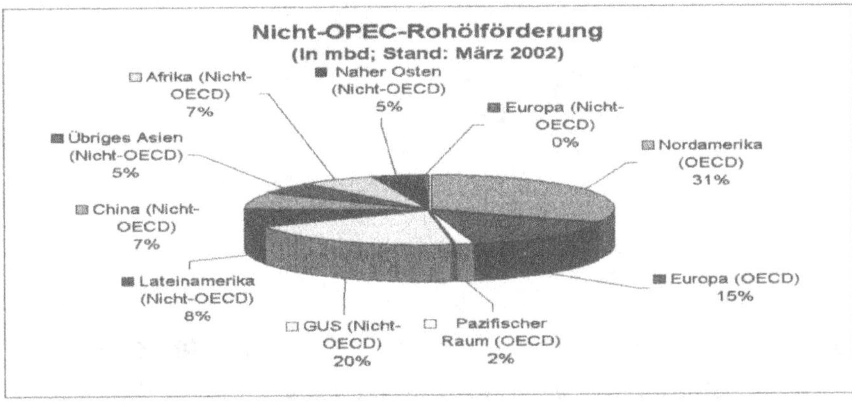

Quelle: FAZ, 11.4.2002, S. 15.

Ungeachtet der politischen Probleme bildet der Persische Golf noch immer die Weltregion, die über die größten Rohölvorkommen verfügt (siehe *Abbildung 67*). Daher wird diese Region auch in der mittelfristigen Zukunft nicht nur von strategischer Bedeutung für die Weltenergieversorgung sein, sondern auch für die regionale und globale politische Stabilität. Innerhalb der Region des Persischen Golfes gibt es jedoch erhebliche wirtschaftliche, sozio-ökonomische und demographische Unterschiede: *Abu Dhabi* verfügt z.B. mit seinen 100.000 Einwohnern in etwa über den gleichen Umfang an Erdölressourcen wie der Iran mit seinen 70 Millionen Einwohnern und übersteigt damit zugleich jene Russlands und Zentralasiens sowie des Kaukasus zusammengenommen.[11] Dies wirkt sich entsprechend mit weiteren Faktoren (z.B. freie

[11] Vgl. Fereidun Fesharaki, 'Energy and the Asian Security Nexus', in: Journal of International Affairs, Fall 1999, S. 85-99 (97).

Produktionskapazitäten) auf die jeweilig spezifisch nationalen Interessen bei der Festlegung des Ölpreises innerhalb der *OPEC* aus und erklärt, warum einige Mitgliedsstaaten des Erdölkartells bei der Preisgestaltung pragmatischer und flexibler sind, andere wiederum kaum Spielraum für eine Produktionserhöhung oder Senkung mit entsprechenden Auswirkungen auf das Preisniveau sehen.

Abbildung 67:

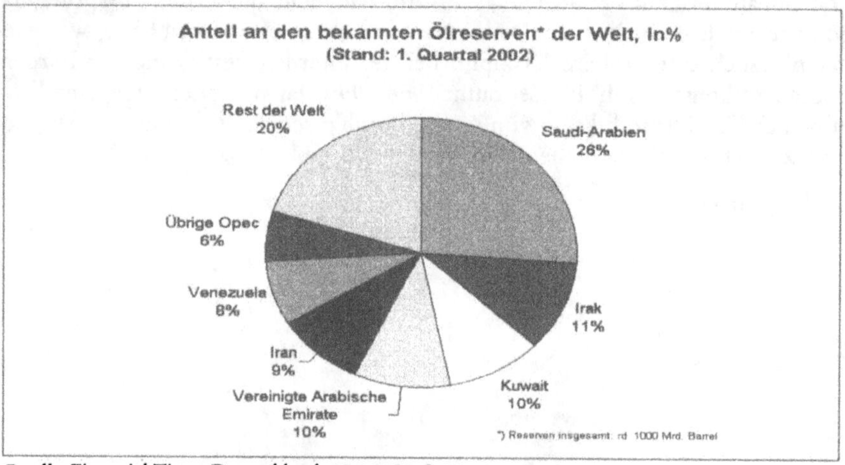

Quelle: Financial Times Deutschland, 10.4.2002, S. 18.

5.2 Zur zukünftigen Rolle der OPEC: Wiedererstarkender politisch-strategischer Akteur der Weltpolitik?

> „Öl wird der wichtigste 'strategische Rohstoff' bleiben. Aber es hat nicht mehr so viel Einfluss auf die einzelnen Volkswirtschaften wie früher."[12]

> "The war against terrorism, with its roots in the Middle East, has raised questions about the desirability of *OPEC*'s influence on the world market, as well as its ability to exercise it."[13]

Nach dem Ausbruch der Asienkrise im Sommer 1997 hatte die *OPEC* nach anfänglichen Zögern und internen Konflikten in den Jahren 1999 und 2000 zu einer bemerkenswerten Preisdisziplin (im Bereich von 22-28 US-Dollar) zurückgefunden, die ihr die meisten Experten in den 90er Jahren nicht mehr zugetraut hatten. So kam eine Analyse vom März 2000 zum Ergebnis:

> „The *Organization of Petroleum Exporting Countries* is back in the driver's seat. The cartel of major crude-oil producers has regained its clout over world oil markets in the past year by showing uncharacteristic discipline in adhering

[12] So Daniel Yergin, 'Leise tröpfelt der Hahn', in: Die Zeit, Nr. 18, 25.4.2002, S. 5.
[13] So David Buchan, FT, 13.11.2001, S. 17.

to its own production quotas and by broadening its influence through deals with non-member export nations. ... In any case, the high level of international interest in the meeting underlines the reality that *OPEC* is dominating world oil markets to the greatest degree in two decades."[14]

Der Anteil der *OPEC* an der weltweiten Rohölproduktion ist zwar seit 1973 von 55 Prozent auf gegenwärtig etwa 35-Prozent zurückgegangen. Doch könnte ihr Anteil auf 45 Prozent im Jahr 2010 und etwa 53 Prozent im Jahr 2020 anwachsen, wobei nach derzeitigen Kalkulationen die *OPEC*-Produktion von derzeit rund 30 Millionen Fass auf 103 Millionen Barrel ansteigen wird.[15] Vor diesem Hintergrund stellt sich die Frage, inwieweit die *OPEC* zukünftig nicht wieder doch ihre Erdöl- und Erdgasressourcen als politische Waffe gegenüber den westlichen energieimportierenden Staaten politisch instrumentalisieren könnte und wie ihre zukünftige Rolle sowie ihr politisches Gewicht insbesondere für die Region des Nahen und Mittleren Ostens aussehen kann. Zudem kann die Preisentwicklung Ende der 90er Jahre – mit einem Abfall auf lediglich 10 US-Dollar Anfang des Jahres 1999 (der geringste Rohölpreis seit 1973) und der Anstieg bis auf 38 US-Dollar im September 2000 – als Indikator für inhärente Unsicherheiten und Probleme auf dem weltweiten Rohölmarkt und der internationalen Energiepolitik gewertet werden.[16] Für die Beantwortung der Frage nach dem zukünftigen wirtschaftlichen Gewicht der *OPEC* und ihres politischen Einflusses ist es daher sinnvoll eine kurz- und mittelfristige Perspektive von einer mittel- bis langfristigen Aussicht zu unterscheiden.

5.2.1 Die Herausforderungen für die *OPEC* nach ihrem 40. Jahrestag zu Beginn des 21. Jahrhunderts

„Throughout its 40-year history, *OPEC* can be credited with a number of major accomplishments. ... The Organisation co-ordinated the petroleum production and pricing policies of its Member Countries, brought about a more rational use of energy resources, and encouraged exploration activities, leading to increased oil reserves. Through more realistic crude oil pricing, the diversification of energy mix has been encouraged. More importantly, *OPEC* has become a crucial actor in stabilizing the world oil market at critical moments during the last decade, such as during the price turmoil seen in 1998 and early 1999."[17]

„The broader question is how long oil producing nations will hang together. For years, *OPEC* looked more like a bazaar than a cartel, with non-stop haggling and rampant cheating undercutting public pledges of cooperation. But Saudi Arabia, the heavyweight of the oil-producing world, brokered a recon-

14 So Martha M. Hamilton/William Drodziak, IHT, 27.3.2000, S. 1 und 13.

15 Vgl. das Interview mit dem Leiter der Forschungsabteilung des Wiener *OPEC*-Sekretariats, *Shokri Ghanem*, in: Die Welt, 3.7.2001, S. 12.

16 Vgl. Pier Giorgio Gawronski, 'Trends in the Oil Market and a Common European Response', in: The International Spectator, October-December 2000, S. 13-20.

17 So der Direktor der *OPEC* Research Division, Dr. Shokri Ghanem, 'Future Challenges for *OPEC* and its Members in the Global Petroleum Sector', hier S. 8.

> ciliation during the Asian economic slump in 1998, after oil prices had collapsed."[18]

An ihrem 40. Jahrestag im Jahr 2000 stand die *OPEC* bezeichnenderweise nicht zum ersten Mal vor einem Preiskrieg zwischen zwei Ihrer Mitglieder: Saudi Arabien und Venezuela. Der südamerikanische Staat hatte sich zuvor wiederholt nicht an die vereinbarten Förderquoten gehalten und suchte nach der Wahl des neuen populistischen Präsidenten *Hugo Chavez* den Erdölsektor des Landes für massive ausländische Investitionen zu öffnen, während er gleichzeitig die Stärkung der staatlichen Kontrolle über die nationale Energiewirtschaft anstrebte. Bereits im Frühjahr 1999 betrug die Einhaltung der vereinbarten Förderquoten innerhalb der *OPEC* nach Angaben der *IEA* lediglich 75-85 Prozent.[19] Dies setzte die *OPEC* unter Druck und stärkte gleichzeitig die Notwendigkeit, ein Übereinkommen mit den *Nicht-OPEC-Förderstaaten* zu suchen, wenn die internationalen Rohölpreise nicht erneut wieder in den Keller fallen sollten. Gleichzeitig warnte die *OPEC* die westlichen Staaten, ihre strategischen Ölreserven für den Markt freizugeben, um so einen eher niedrigeren Ölpreis durchzusetzen. In diesem Fall schloss die *OPEC* weitere eigene Kürzungen der Rohölproduktion nicht aus. Durch die weltweit sinkende Erdölförderung im Jahr 2001 um fast 5 Prozent auf 3.414 Millionen Tonnen, die im wesentlichen auf das Konto der *OPEC* ging, verringerte sich auch ihr Marktanteil von 41,6 Prozent im Jahr 2000 auf 38 Prozent in 2001.[20]

Der internationale Rohölpreis wird jedoch heute nicht so sehr direkt durch Angebot und Nachfrage auf dem Weltmarkt, sondern vorrangig über den Handel mit Derivaten in *London* oder an der *Wall-Street* bestimmt. Dabei spielen vor allem Zukunftsgeschäfte, bei denen zumeist eher Spekulationen als die eigentlichen Marktdaten den Preis bestimmen, die entscheidende Rolle, wie inzwischen auch von hohen *OPEC*-Vertretern bestätigt wird:

> „Oil's nature as a strategic resource allows speculators to take advantage of political and military conflicts to make profits. Thus, political and military instability, and the uncertainty it generates, is immediately reflected on future markets via significant price spikes."[21]

Dies unterstreicht auch das Phänomen der Globalisierungstendenzen von Liberalisierung, Privatisierung, Deregulierung und Dezentralisierung, bei denen die Rolle und das Gewicht des Staates zunehmend abnimmt, während dieses politische Vakuum der Macht zunehmend von nicht-staatlichen Akteuren (wie den internationalen Erdöl- und Energiekonzernen) zunimmt.[22] Dies aber erschwert die Kooperation und Preisbildung innerhalb der *OPEC* zusätzlich zu den ohnehin unübersehbaren immanenten Interessensgegensätzen der staat-

---

18 So Joseph Kahn, IHT, 22.2.2000, S. 1 und 4 (4).

19 Vgl. hier nach Robert J. Samuelson, IHT, 24.2.2000, S. 6.

20 Vgl. FAZ, 21.6.2002, S. 11.

21 So der *OPEC*-Generalsekretär Ali Rodriguez Araque, '*OPEC* and the Geopolitics of the International Oil and Gas Industry', in: *OPEC* Bulletin, May 2001, S. 5-7 (6).

22 Siehe Jessica T. Mathews, 'Power Shift', in: Foreign Affairs, January-February 1997, S. 50-66.

lichen Akteure als Mitglieder der Organisation. So gestand der Generalsekretär der *OPEC*, Dr. *Ali Rodriguez Araque*, im Jahr 2001 ein:

> „Thus, the relationships between states, between these and international and national companies, and between the institutions that represent producers and consumers, have defined and continue to define the shape of the world's oil industry."[23]

Insofern spielen politische Krisen und psychologische (Über-)Reaktionen heute auf bestimmte politische Phänomene — und hierbei besonders bei Krisen und Konflikten — eine noch größere Rolle als früher und können leicht zu Dominoeffekten bei der Preisgestaltung führen. Dies erklärt zugleich auch die Erwartung vieler internationaler Energieexperten, dass in Zukunft sehr viel häufigere und größere Preisschwankungen die Folge sein werden.

Abbildung 68:

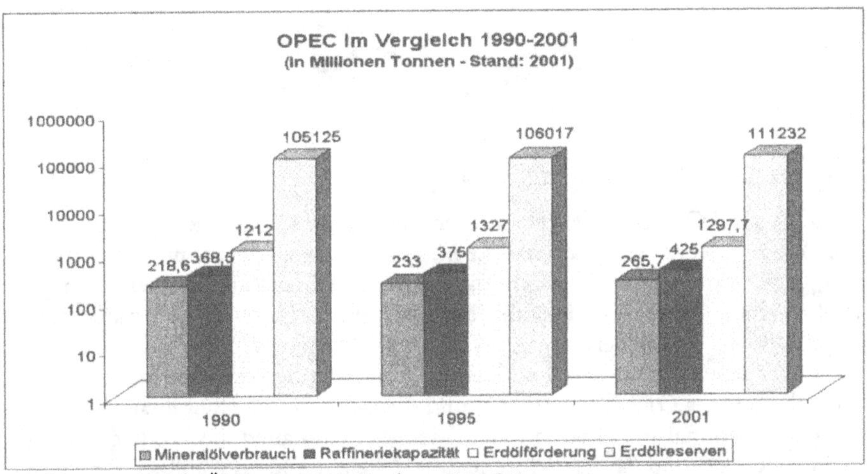

Quelle: Exxon-Mobil, 'Öldorado 2002', Hamburg 2002, S. 7.

Bereits Ende des Jahres 2001 war die Förderdisziplin der *OPEC*-Staaten wieder gesunken. So wurden die vereinbarten Förderquoten auch in den letzten Jahren sogar nur zu 60-70 Prozent von ihren Mitgliedsstaaten erfüllt. Damit aber war abzusehen, dass die im November 2001 vereinbarte Produktionsreduzierung von 1,5 Millionen Fass Rohöl pro Tag wieder nicht eingehalten wurde und statt dessen lediglich eine Reduzierung der Erdölförderung um eine Million Fass Rohöl pro Tag realistisch war. [24] Dies zeigte, dass auch der im März 2000 beschlossene *„automatische Preisbandmechanismus"* der *OPEC* zur Stabilisierung des internationalen Rohölpreises zwischen 22-28 Dollar pro Fass nur bedingt funktionierte und daher bereits im November 2000 schon wieder zeitweise abgesetzt wurde. Tatsächlich schien die *OPEC* eher auf Markt- und

23 Ali R. Araque, '*OPEC* and the Geopolitics of the International Oil and Gas Industry', S. 6.
24 Vgl. 'Asia, Middle East Face off Over Oil Premiums', Stratfor.Com, 12.11.2001.

Preisentwicklungen nur noch reagieren anstatt sie antizipieren und verbindlich festlegen zu können.[25]

Abbildung 69:

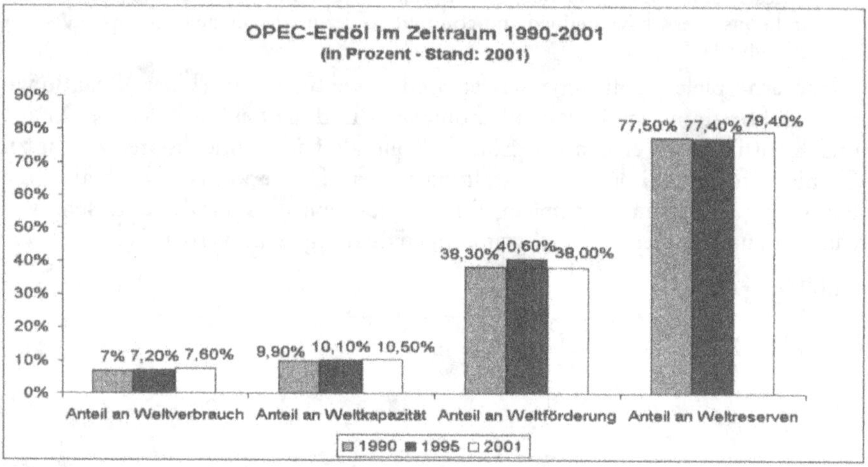

Quelle: Exxon-Mobil, 'Öldorado 2002', Hamburg 2002, S. 7.

Einige *OPEC*-Staaten hatten währenddessen versucht, einen hohen Ölpreis von 30 Dollar pro Fass durchzusetzen, konnten sich jedoch mit dieser Forderung nicht durchsetzen. Dies gilt insbesondere für den Iran, der bereits im Jahr 2000 versucht hatte, eine Produktionserhöhung zugunsten eines moderateren Ölpreises zur Stabilisierung der Weltwirtschaft zu verhindern. Dies erklärte sich nicht nur aus dem Faktum, dass der Iran einer der verwundbarsten Volkswirtschaften der *OPEC*-Staaten hat und die ökonomische Stabilität für 70 Millionen Einwohner garantieren muss. Vielmehr sind auch die Produktionsanlagen der Rohöl- und Erdgasindustrie durch die amerikanischen Sanktionen und fehlenden ausländischen Investitionen in seinen Energiesektor veraltet und es fehlt an moderner technischer Ausrüstung. Daher ist der Iran nicht wie Saudi Arabien und einige andere *OPEC*-Staaten in der Lage, seine Rohölförderung kurzfristig zur Stabilisierung eines gewissen Preisniveaus zu erhöhen. Werden entsprechende Beschlüsse innerhalb der *OPEC* durchgesetzt, kann der Iran hiervon nicht profitieren und verliert dabei wichtige Marktanteile. Daher ist Teheran an einem möglichst hohen Ölpreis interessiert und prinzipiell gegen eine Ausweitung der *OPEC*-Förderung, der zu einem geringeren Preisniveau führt. Ein derart hoher Preis ist jedoch nicht im Interesse derjenigen *OPEC*-Staaten, die wie Saudi Arabien über große Erdölreserven verfügen und somit noch viele Jahre in der Lage sind, Rohöl auf den Weltmarkt zu exportieren. Zudem droht bei hohen Rohölpreisen eine verstärkte Suche nach alternativen

25 Vgl. Julian Lee, 'Die *OPEC* und die Ölpreise', in: IP 1/2001, S. 24-28.

Erdölimporten auf Seiten der Erdöl importierenden Staaten, die einen mittelfristigen Verlust von Marktanteilen zur Folge haben könnte, wie die Ölkrise 1973/74 lehrt. Insofern war der zu beobachtende Konflikt zwischen Saudi Arabien und Iran im Frühjahr 2000 keine Momentaufnahme, sondern ein prinzipieller Interessensgegensatz, wie von iranischer Seite auch eingeräumt wurde.[26]

Die wachsende Divergenz zwischen denjenigen *OPEC*-Staaten, die über große Ölreserven verfügen (und daher an langfristig stabilen Lieferverträgen und -beziehungen mit den Erdöl importierenden Staaten interessiert sind und aus diesem Grund einen eher moderaten Ölpreis favorisieren, wie z.B. Saudi Arabien) und denjenigen Mitgliedsländern, die nur noch wenige Jahre in der Lage sein werden, Rohöl in ausreichendem Maß zu produzieren und zu exportieren (und daher auf einen möglichst hohen Ölpreis drängen wie Libyen und Algerien), hat in den letzten Jahren stetig zugenommen. Dieser strategische Trend dürfte zukünftig intern die Auseinandersetzungen um den *„richtigen"* Ölpreis und die Förderquoten weiter verstärken. Langfristig werden wohl diejenigen Mitgliedsstaaten die *OPEC* dominieren, die über entsprechend große Erdölvorräte verfügen. Dies sind vor allem Saudi-Arabien, der Irak, Iran, Kuwait, die VAE und Venezuela. Vor diesem Hintergrund kommt der britische Energieexperten *Julian Lee* zur Schlussfolgerung:

> „Diese 'neue' *OPEC* wird in wachsendem Maße mit einer Stimme sprechen und eine Politik verfolgen, die darauf abzielt, das Bedürfnis nach Gewährleistung eines langfristigen Marktes für Öl auszugleichen. Selbst dann wird es im wohlverstandenen Interesse der Organisation liegen, moderate Preise anzustreben."[27]

Allerdings dürfe diese Annahme nicht unwesentlich von den innen- und regionalpolitischen Rahmenbedingungen abhängen, welche später in dieser Studie noch analysiert werden (siehe *Kap. 6*). Auch wenn gegenwärtig eine politische Erpressung des Westens und Asiens durch die *OPEC* oder einzelne Erdöl produzierende Staaten vorerst gering ist, da sie selbst in hohem Maße von den Einnahmen ihrer fossilen Energierohstoffe abhängig sind, so kann dies nicht für alle Zukunft völlig ausgeschlossen werden, zumal eine Reihe der Golf-Staaten beginnen, ihre Wirtschaft verstärkt zu diversifizieren, um zukünftig weniger einseitig vom Energieexport abhängig zu sein. Andererseits wird jedoch mittel- und langfristig auch ein größerer Anteil des weltweiten Energieverbrauchs durch die regenerativen Energieträger abgedeckt werden und damit die Erdöl sowie Erdgas importierenden Staaten weniger abhängig von den beiden fossilen Energieträgern machen. Kurzfristig jedoch darf nicht nur das klassische Beziehungsgeflecht zwischen Erdöl exportierenden und den Erdöl importierenden *OECD*-Staaten übersehen werden. Denn bei Preisschwankungen und -erhöhungen sind vor allem die Entwicklungsländer betroffen. Im Zuge des Aufbaus von Kleinindustrie in den Entwicklungsländern während der letz-

26 Vgl. Der Tagesspiegel, 30.3.2000, S. 24.
27 Julian Lee, 'Die *OPEC* und die Ölpreise', S. 28.

ten 20 Jahre ist auch ihr Erdölbedarf stetig gestiegen, ohne das sie eine vergleichbare Energieeffizienz wie die Industriestaaten besitzen. So verbrauchen sie etwa zwei Mal so viel Öl um Energie zu produzieren wie diese. Werden deren Interessen aber nicht berücksichtigt, drohen noch größere wirtschaftliche und politische Instabilitäten in der Dritten Welt, die wiederum größere Entwicklungs- und Katastrophenhilfeprogramme der Industriestaaten und der UN zur Folge haben, wie *Kofi A. Annan* zu Recht warnte.[28]

Dennoch sieht sich die *OPEC* in der kurz- und mittelfristigen Perspektive eher der Herausforderung gegenüber, weitere Marktanteile zu verlieren. So wird die größere Rohölförderung des kaspischen Erdöls durch Russland, Aserbaidschan und Kasachstan ab dem Jahr 2005 die Position der Nicht-*OPEC*-Förderländer stärken und damit die *OPEC* schwächen. Kasachstan könnte im Jahr 2010 nicht weniger als 3 Millionen und Aserbaidschan eine Million Fass Rohöl pro Tag fördern.[29] Dennoch versucht die *OPEC* aus naheliegenden Gründen die Bedeutung des kaspischen Erdöls noch herunterzuspielen:

> „Langfristig wird uns das kaspische Erdöl nicht treffen. Dafür sind dort die Ölvorkommen zu gering und die Förderkosten zu hoch. Wenn sie kurzfristig jedoch 2 bis 3 Millionen Faß am Tag mehr fördern, würde das den Ölpreis schon beeinflussen. Langfristig aber haben wir die größeren Vorteile, mit unserem direkten Marktzugang über die Meere, den größeren Reserven und den geringeren Produktionskosten."[30]

Die strategische Stellung Saudi Arabiens in der *OPEC* und in der globalen Energiepolitik ist zukünftig allerdings auch noch durch den Irak herausgefordert. Sollten die internationalen Sanktionen gegenüber dem Irak weiter gelokkert werden und *Bagdad* in der Lage sein, seine Rohölförderung im größeren Umfang (etwa 2-3 mbd, dies sind etwa 4-5 Prozent des weltweiten Rohölexports) zu steigern, dann könnte der Irak innerhalb von fünf Jahren in der Lage sein, seine gegenwärtige Förderquote auf 6 mbd mehr als zu verdoppeln. Dies würde den jetzigen Rohölpreis erheblich unter Druck setzen und eine Reduzierung zur Folge haben. Saudi Arabien hat daher gegenwärtig — wie fast alle anderen *OPEC*-Mitglieder — kein Interesse an der Aufhebung der UN- Sanktionen hinsichtlich der Produktionsquoten für den Irak im Rahmen des UN-Programms *„Öl für Nahrungsmittel"*, welches im Juni 2003 neu ausgehandelt werden muss. *Riad* müsste daher *Bagdad* bei einer Aufhebung der UN-Sanktion zu einer Begrenzung der Erhöhung der irakischen Förderquote überreden. Dies aber würde der Interessenlage des Irak widersprechen, das Land so schnell wie möglich wirtschaftlich wiederaufzubauen. Realistisch wäre ein solcher Wiederaufbau aber nur über hohe Erdöl- sowie Erdgaseinnahmen und unter Annahme eines politischen Regimes ohne *Saddam Hussein*. So prognostizierte *Julian Lee* bereits im Januar 2001:

---

28 Kofi A. Annan, 'Where the Oil Price Really Hurts', in: IHT, 3.10.2000, S. 10.

29 Vgl. Lynne Kiesling/Joseph Becker, 'Russia's Role in the Shifting World Oil Market', hier S. 4.

30 So der Ölminister der Vereinigten Arabischen Emirate, *Obeid bin Saif Al Nasseri*, im Interview – siehe FAZ, 19.6.2002, S. 14.

„Kurzfristig wird sich der Irak daher weiterhin wie ein 'schurkisches Element' auf dem Ölmarkt verhalten. Saddam Hussein wird sein Öl als Waffe benutzen, um die USA und ihre Verbündeten zu schlagen, wenngleich dies weniger leicht sein wird, wenn die Preise fallen, als dies während der Preissteigerungen in den vergangenen Monaten der Fall war."[31]

Abbildung 70:

Die größten Erdölproduzenten der Welt, in Mio. Barrel pro Tag (Sept. 2001)	
OPEC-Produzenten	
Saudi Arabien	7,7
Iran	3,5
Venezuela	2,7
Irak[1]	2,6
Nigeria	2,2
Vereinigte Arabische Emirate	2,1
Kuwait	2,0
Libyen	1,3
Indonesien	1,2
Algerien	0,8
Qatar	0,7
Nicht-OPEC-Produzenten	
USA	7,7
Russland[2]	6,5
Mexiko[2]	3,5
Norwegen[2]	3,4
China	3,2
Kanada	2,7
Vereinigtes Königreich	2,7

[1]Nicht Gegenstand von *OPEC*-Förderquoten
[2]Länder, die die *OPEC* zur Produktionsdrosselung ermuntert
Quelle: '*OPEC* Price War Won't Sink Russia', Stratfor.Com, 15.11.2001.

Anfang Juni 2001 hatte der Irak aus Protest gegen die UN-Sanktionen, seine Ölexporte zeitweise eingestellt, so dass der ohnehin hohe Ölpreis auf sogar 29 Dollar stieg.[32] Dies hätte die internationalen Rohölpreise sogar noch weiter in die Höhe treiben können, wenn nicht vor allem Saudi Arabien durch die Erhöhung seiner Erdölförderung den Ausfall von 2,2 mbd weitgehend kompensiert hätte. Hierzu war aber in erster Linie nur *Riad* in der Lage, welches allein mit seinen potentiell zusätzlichen 3-3,5 Millionen Fass Rohöl pro Tag über nicht

31 Julian Lee, 'Die *OPEC* und die Ölpreise', S. 8.
32 Vgl. William Drozdiak, IHT, 6.6.2001, S. 1 und 15.

weniger als zwei Drittel der freien Produktionskapazitäten in der *OPEC* verfügt, und somit weitgehend allein vom Exportstopp Iraks profitierte. Dies aber war nicht unbedingt im Interesse der anderen *OPEC*-Staaten, die nur über geringe Möglichkeiten verfügen, einen Ausfall in dieser Größenordnung durch eigene Erhöhungen der Rohölproduktion auszugleichen. Allerdings wollen gegenwärtig auch Algerien und Nigeria ihre Förderquoten innerhalb der *OPEC* erhöhen, da sie über vermehrte Förderquellen verfügen.[33]

Abbildung 71:

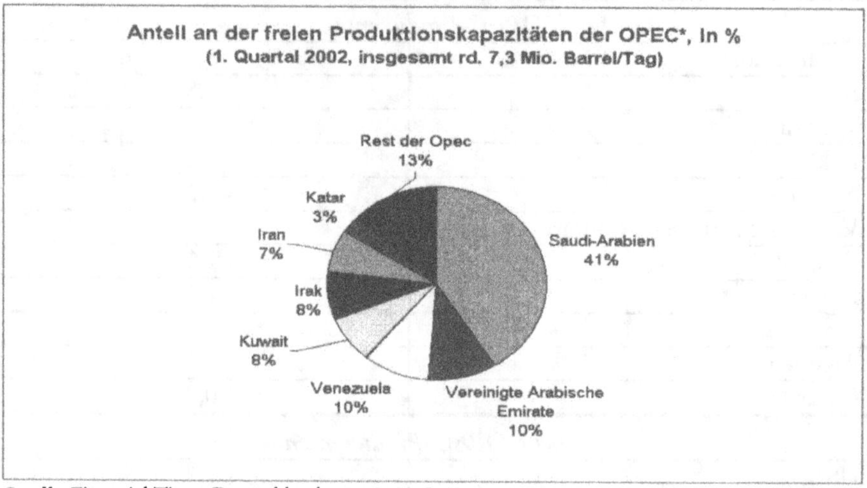

Quelle: Financial Times Deutschland, 10.4.2002, S. 18.

Während sich Saudi Arabien durch seine Erhöhung zudem als treuer Alliierter der USA und Europas präsentieren konnte, welches die Stabilität der Weltwirtschaft durch moderate Rohölpreise garantiert, führte dies innerhalb der *OPEC* zu Misstrauen gegenüber *Riads* Motiven und einer Vertrauenskrise innerhalb des Erdölkartells. Dies aber dürfte das eigentliche Motiv *Bagdads* gewesen sein. Denn die zu diesem Zeitpunkt diskutierten alternativen UN-Sanktionen gegen den Irak dürften für Bagdad eher noch schmerzlicher sein. Denn die neuen *„smart sanctions"* sehen zwar die Aufhebung fast aller zivilen Handelsbeschränkungen vor, einschließlich der beschränkten Rohöl- und Erdgasproduktion. Gleichzeitig aber wären sehr viel stringentere Restriktionen gegen alle Güter verhängt worden, die militärischen Nutzen versprechen, einschließlich der *Dual-Use* Güter.[34] Dies aber setzt eine sehr enge, wenn nicht sogar beispiellose Kooperation unter Berücksichtigung der Privatwirtschaft zwischen der UN, den USA und den Nachbarstaaten des Irak (Jordanien, Syrien und der Türkei) voraus. Hieran kann aber *Bagdad* (wie im Prinzip auch

---

33 Vgl. Karin Kneissl/Michael Fabricius, Die Welt, 19.9.2002, S. 21.
34 Vgl. auch William Drzdiak, IHT, 6.6.2001, S. 1 und 10.

seine Nachbarstaaten) noch weniger Interesse haben, da der Irak erfolgreich während der letzten Jahre in der Lage war, durch Schmuggel von etwa 800.000 Fass Erdöl pro Tag vor allem über Syrien und Jordanien erhebliche Mehreinkünfte zu erzielen, die *Bagdad* an der UN vorbei auch für die Modernisierung der Streitkräfte und geheimer Programme für Massenvernichtungswaffen verwenden konnte. Dabei setzte der unilaterale Lieferstopp Iraks die wirtschaftliche Stabilität vor allem Jordaniens unter erheblichen Druck, da *Amman* fast völlig von irakischen Erdöllieferungen abhängig ist. Daher dürfte der irakische Exportstopp primär gegen Saudi Arabien und Syrien gerichtet gewesen sein, einem solchen veränderten UN-Sanktionsregime nicht zuzustimmen als gegen die traditionelle Embargopolitik der USA und Großbritannien.[35]

Während es so auf den ersten Blick eher unwahrscheinlich ist, dass die arabischen *OPEC*-Mitglieder sich auf eine neue gemeinsame Embargopolitik gegen die USA und den Westen verständigen können, so kann andererseits eine solche Politik dennoch langfristig nicht ganz ausgeschlossen werden, wenn Massenproteste in den arabischen Staaten eine unzweideutige Antwort ihrer regierenden Regime auf die westliche Politik erfordern. Dies war im April 2002 bereits zu beobachten, als nicht nur Irak[36], sondern auch der Iran sich für eine Embargopolitik gegen die USA aussprach, um so gegen *Washingtons* Unterstützung der israelischen Unterdrückung der Palästinenser massiv zu protestieren. Auch in anderen arabischen Staaten kam es zu jener Zeit zu Massenprotesten, bei denen es teilweise auch zu blutigen Auseinandersetzungen mit der Polizei kam. So drohte der iranische *Ayatollah Ali Khamenei*: *„The oil belongs to the people and can be used as a weapon against the West and those who support the savage regime of Israel."*[37]

Auch wenn dieser Aufruf zu jenem Zeitpunkt kein nachhaltiges positives Echo bei den Regierungen der anderen arabischen Staaten fand, so kann dies unter Berücksichtigung veränderter innenpolitischen Rahmenbedingungen sowie eskalierender regionaler Krisen und Konflikte keineswegs für alle Zukunft ausgeschlossen werden – auch dann nicht, wenn absehbar die arabischen Staaten selbst unter einem solchen Embargo am meisten leiden sollten. Allerdings hätte die Durchsetzung eines solchen Embargos zu jenem Zeitpunkt nicht so sehr den Westen und die USA getroffen, die inzwischen viel weniger abhängig sind vom Erdöl als zu Zeiten des ersten Ölembargos 1973/74 (während 1980 Erdöl noch bis zu 60% des Energiebedarfes der *OECD*-Staaten sicherstellte, waren es im Jahr 2000 nur noch 45% – Tendenz sinkend - und der Energieverbrauch in Relation zum BIP durch die Ausweitung des Dienstleistungssektors zulasten der Schwerindustrie abgenommen hat[38]). Vielmehr wären die Auswirkungen eines solches Ölembargos vor allem in Asien spürbar gewesen,

35 Vgl. 'Iraq: Refusal to Export Oil will Hurt *OPEC*', Stratfor.Com, 5.6.2001.
36 Vgl. 'Iraqi Oil Embargo Could be Opportunity for U.S.', ebda., 8.4.2002.
37 Hier zit. n. IHT, 6-7.2002, S. 4.
38 Vgl. PierGiorgio Gawronski, 'Trends in the Oil Market and a Common European Response', hier S. 16.

einschließlich der muslimischen Staaten in der Region, die viel härter von der globalen wirtschaftlichen Rezession des Jahres 2001 getroffen worden wären.[39]

Allerdings sieht sich die *OPEC* im nächsten Jahrzehnt zunächst durch die Ausweitung der Erdölproduktion in Angola, Nigeria und anderen afrikanischen Staaten sowie im Raum der früheren UdSSR mit einem Verlust von Marktanteilen und politischen Einfluss konfrontiert, da damit der weltweite Anteil der Erdölproduktion der *OPEC* eher weiter zurückgehen dürfte. Kurzfristig droht vor allem ein Preiskrieg der *OPEC* und vor allem Saudi Arabiens mit Russland, das bestrebt ist, nicht nur zum global größten Gas-, sondern auch zum weltweit größten Erdölproduzenten aufzusteigen.

5.2.2 Die russische Herausforderung

> „We at *OPEC* have the reserves and the capacity to respond to any eventual price war with Russia. We don't want a price war, but also we don't want to lose a war declared by others."[40]

> "... the war has led many Americans to feel that Saudi Arabia is not the best of allies. The Saudi regime — undemocratic, an exporter of fundamentalism that is also hated by some of its own fundamentalists, like *Osama bin Laden* — is important to the West because of its oil. Accordingly, to lessen Western dependence on Saudi (not to mention Iraqi) oil can only be to the good."[41]

Vor allem Russland hat in jüngster Zeit bereits vermehrt Anstrengungen unternommen und die Gelegenheit nach dem 11. September 2001 genutzt, seinen Marktanteil als *Nicht-OPEC-Mitglied* auf Kosten des Erdölkartells zu vergrößern.[42] Russland hofft mittelfristig, den früheren Marktanteil der UdSSR Ende der 80er Jahre von 15,6 Prozent der weltweiten Rohölproduktion zurück zu gewinnen. Seinerzeit hatte die UdSSR mehr als 12,5 Millionen Fass Rohöl pro Tag gegenüber den gegenwärtigen 7,3 mbd (etwa 9,1% der globalen Rohölförderung im Jahr 2001) gefördert.[43] Kurzfristig scheint eine weitere Produktionserhöhung der russischen Erdölförderung kein größeres Problem darzustellen, zumal in den nächsten Jahren Erdöl und Erdgas von *Sachalin* (siehe *Abbildung 72*) sowie dem *Kaspischen Meer* zur Verfügung steht und Russland

---

39 Vgl. 'Oil Embargo Threats Carry More Weight', Stratfor.Com, 5.4.2002; 'Arab Oil Threats Empty, Could Serve to Bolster Prices', ebda., 4.3.2002 und Jerry Taylor/Peter VanDoren, WSJE, 12.-14.4.2002, S. A6.

40 So der Präsident der *OPEC*, *Rilwanu Lukman*, im Juli 2002 zum drohenden Preiskrieg der *OPEC* und Russlands – hier zit.n. Michael Lelyveld, 'Russia: Oil Exports Spark Anger and Warnings of Price War', RFE-RL Analyses, 23.7.2002, hier S. 1.

41 So der frühere *UNSCOM*-Chef im Irak, *Richard Butler*, zur Bedeutung der gemeinsamen Kooperation Russlands und der USA im Afghanistan- Krieg - siehe idem, IHT, 19-20.1.2002, S. 6.

42 Zum Hintergrund siehe auch Edward L. Morse/James Richard, 'The Battle for Energy Dominance'; Amy Myers Jaffe/Robert A. Manning, 'Russia, Energy and the West', in: Survival, Summer 2001, S. 133-152 und dies., 'Energy and Russian Foreign Policy: Implications for Global Security and U.S. Policy', in: Michael Crutcher (Eds.), 'Russian National Security: Perceptions, Policies, and Prospects', Carlisle Barracks, PA, November 2001, S. 183-203.

43 Vgl. 'Moscow's Oil Export Promise' Opens Policy Doors', Stratfor.Com, 22.3.2002.

inzwischen auch seinen Marktanteil auf dem Balkan erheblich stärken konnte.[44]

Abbildung 72: Ausländische Investoren auf der *Sachalin-Insel*

SACHALIN 1	
Ölreserven: *2,3 Mrd. Barrel; Gasreserven: * 17 Bio. m³	
Investor	*Beteiligung*
ExxonMobil	30%
Japanische Sakhalin Oil & Gas Development Co.	30%
Indische ONGC Videsh Ltd.	20%
Russische Sakhalinmomeftegaz	11,5%
Russische RN-Astra	8,5%
SACHALIN 2	
Ölreserven: * 1,02 Mrd. Barrel; Gasreserven: * 408 Mrd. m³	
Investor	*Beteiligung*
Royal Dutch/Shell	62,5%
Mitsui & Co.	25%
Mitsubishi Diamond Gas	12,5%
SACHALIN 3	
Ölreserven: * unbekannt; Gasreserven: * unbekannt	
Investor	*Beteiligung*
ChevronTexaco	33%
ExxonMobil	33%
Russische Sakhalinmomeftegaz	33%
*SACHALIN 4***	
Ölreserven: * unbekannt; Gasreserven: * unbekannt	
Investor	*Beteiligung*
British Petroleum	49%
Rosneft und Russische Sakhalinmomeftegaz	51%
*SACHALIN 5***	
Ölreserven: * unbekannt; Gasreserven: * unbekannt	
Investor	*Beteiligung*
British Petroleum	49%
Rosneft und Russische Sakhalinmomeftegaz	51%

* Geschätzte Reserven
** Investoren haben sich geeinigt, ein Angebot für die Lizenzen dieser Projekte abzugeben; sie haben jedoch bisher die Lizenzen noch nicht erworben.

Quelle: Wall Street Journal Europe, 13.12.01, S. 3.

44 Vgl. auch 'Oil Prices Will Sag, Not Sink as Russia Abandons *OPEC* Curbs', Stratfor.Com, 17.5.2002 und Jeanne Whalen, WSJE, 13.12.2001, S. 3.

Sollten auch die UN-Sanktionen und Rohölexportbeschränkungen für den Irak aufgehoben werden und der Irak seine Rohölproduktion ausweiten, dann würde dies Moskaus Stellung noch weiter stärken, da die russischen Ölkonzerne eine marktbeherrschende Stellung im Irak haben. Darüber hinaus baut Russland seine Stellung auch in anderen Ländern, wie z.B. dem Sudan, stetig aus.[45] Unter Berücksichtigung seiner Erdöl- und Erdgasreserven wird Russland daher bereits heute von einigen internationalen Energieexperten als *die* führende Energienation der Welt angesehen. Dies erklärt zugleich auch die Anstrengungen der *OPEC* in den letzten Jahren, Moskau zum Beitritt zur Organisation zu überreden. Damit würde die *OPEC* ihren Marktanteil von durchschnittlich 38 auf 48 Prozent (Stand: September 2001) ausweiten können. An einem solchen Beitritt hat Russland jedoch kein Interesse, wie von Seiten Moskaus wiederholt klargestellt wurde.[46]

Allerdings schränken die gegenwärtig bestehenden Pipelinekapazitäten Russlands einen größeren Export ein, zumal sich diese Infrastruktur in den letzten Jahren zunehmend verschlechtert hat, da kaum Investitionen in die Aufrechterhaltung älterer Pipelines und Raffinerien getätigt wurden. So wurden von den 2,2 Millionen Fass des Rohölexportes pro Tag im Jahr 2000 nur 850.000 Fass pro Tag (etwa 40%) direkt von russischen Häfen mit Tankern hauptsächlich aus dem Schwarzen Meer exportiert.[47] Obwohl Russland mehr als die doppelten Erdölreserven im Vergleich mit den USA hat, machte die Rohölförderung Russlands selbst auf ihrem Höhepunkt während der 90er Jahre lediglich 75 Prozent der amerikanischen Erdölproduktion aus. Die mangelnde Effektivität der bisherigen Rohölförderung Russlands ist aber zugleich auch ein Indikator für das potentielle Wachstumspotential der russischen Ölproduktion, sofern die entsprechenden innen- und wirtschaftspolitischen Rahmenbedingungen für größere westliche Investitionen im russischen Erdölsektor vorhanden sind.[48] Durch die unter Präsident *Putin* eingeleiteten Reformen und eine — wenn auch vorsichtige — Internationalisierung der russischen Erdölfirmen ist russisches Erdöl heute konkurrenzfähiger auf dem Weltmarkt als noch in den 90er Jahren. Während zudem die russische Rohölproduktion weiterhin steigt, stagniert diese seit 20 Jahren im Mittleren Osten. Darüber hinaus ist Moskau mit einem Viertel der weltweiten Gasreserven als das *„Saudi Arabien von Erdgas"* bestrebt, dieses ebenfalls vermehrt auf den Weltmarkt zu bringen. So sind in den letzten Jahren vor allem größere Lieferverträge an Rohöl und Erdgas mit Indien und China als die beiden größten Energiewachstumsmärkte der Welt vereinbart worden, so dass Moskau seine Marktanteile stetig ausbauen konnte. Daher ist seine Stellung auch gegenüber der *OPEC* heute gestärkt und gegenüber einem drohenden Preiskrieg im Prinzip weniger verwundbar.

---

45 Vgl. 'Sudan and Russia forging New Ties Around Oil and Arms', Stratfor.Com, 22.1.2002.
46 Vgl. 'Russia to Spurn *OPEC*'s Advances', Statfor.Com, 28.9.2001.
47 Vgl. Amy Myers Jaffe/Robert A. Manning, 'Russia, Energy and the West', hier S. 134.
48 Vgl. hierzu auch Lynne Kiesling/Joseph Becker, 'Russia's Role in the Shifting World Oil Market', Caspian Studies Program Policy Brief, No. 8, Harvard University, May 2002, hier S. 4 f.

Zudem besitzt Russland einen wesentlich größeren einheimischen Markt und ist trotz der Abhängigkeiten seines Staatshaushaltes von den internationalen Energiepreisen[49] doch weniger abhängig als die Golf-Staaten, einschließlich Saudi Arabiens. Während Erdöl etwa 93 Prozent aller saudischen Exporte ausmacht, sind dies für Russland etwa 24 Prozent (zusammen mit Erdgas allerdings bereits 48%).[50] Vor diesem Hintergrund überrascht es dann weniger, wenn der Chef des größten russischen Ölkonzerns, *Michael Chodorkovskij*, bereits der *OPEC* mit den Worten im Jahr 2002 droht: *„Die OPEC muss akzeptieren, dass ihre glorreichen Tage vorbei sind.“*[51]

In der Tat sind in den ersten fünf Monaten des Jahres 2002 die russischen Erdölexporte um 15 Prozent gegenüber den Monaten des Vorjahres gestiegen.[52] Bereits im Jahr 2001 war die Rohölförderung um 6,1 Prozent ausgeweitet worden.[53] Russland ist gegenwärtig bereits zum zweitgrößten Erdölproduzenten nach Saudi Arabien (und noch vor den USA) aufgestiegen. Im Februar-März 2002 hatte Russland mit einer täglichen Rohölproduktion von 7,28 mbd zeitweise sogar Saudi Arabien überflügelt, nachdem der russische Staat mit 3,16 mbd im Jahr 1994 noch den absoluten Tiefstand erreicht hatte.[54] Mit dem politischen *Rapprochement* zwischen Russland und den USA nach dem 11. September 2001, die Russland auch einen größere Stimme in der NATO eingebracht hat, hat sich die strategische Interessenlage sowohl für Russland als auch die USA im Kampf gegen den internationalen Terrorismus und islamischen Fundamentalismus verändert. Dies hat sich auch auf die internationale Energiepolitik ausgewirkt, wie *Patrick E. Tyler* zu Recht hervorhebt:

> „This strategic partnership is based on mutual interest, the two-way street of any relationship. And just as the United States and Europe welcome the freedom of action they get from Russia's more muscular presence in the oil market, *Mr. Putin* welcomes new opportunities for Russia, above all that Russian interests should be taken into account on the big issues of war and commerce.“[55]

Vor diesem Hintergrund haben sich die Beziehungen zwischen der *OPEC* und Russland verschärft, nachdem Moskau es weitgehend abgelehnt hat, den Förderquoten der *OPEC* zu folgen, um so den internationalen Rohölpreis zwischen 22-28 Dollar zu halten.[56] Als im November 2001 der internationale Rohölpreis bei 16 Dollar pro Fass lag und die *OPEC* beschloss, den eigenen

---

49 Vgl. Michael Lelyveld, 'Russia: *OPEC*'s Production Cut Brightens Outlook for Economy', RFE/RL-Analyses, 31.7.2002.

50 Vgl. Jürgen Krönig, 'Barrel außer Kontrolle', in: Die Zeit, Nr. 50, 6.12.2001, S. 25.

51 Hier zit.n. dem Artikel in: Die Welt, 21.5.2002, S. 11.

52 Michael Lelyveld, 'Russia: Oil Exports Spark Anger and Warnings of Price War'.

53 Vgl. Lynne Kiesling/Joseph Becker, 'Russia's Role in the Shifting World Oil Market', hier S. 3.

54 Vgl. Patrick Tyler, New York Times. Week in Review, 4.8.2002, S. 1 f. (Section 4) und 'Moscow's Oil Export Promise' Opens Policy Doors', Stratfor.Com, 22.3.2002.

55 Patrick Tyler ebda., hier S. 2.

56 Vgl. hierzu Edward L. Morse/James Richard, 'The Battle for Energy Dominance' und Michael Lelyveld, 'Russia: Lower Prices May be Good for Economy, But Warning for *OPEC*', RFE-RL Analysis, 1.2.2 002.

Rohölexport um 500.000 Fass zu kürzen und weitere 500.000 Fass die Nicht-*OPEC* Förderländer begrenzen sollten, bot Russland mit lediglich 30.000 Barrel ein Zehntel der von Saudi Arabien anvisierten 300.000 Fass Rohöl an.[57] Bereits im Zeitraum 1998-1999 hatte Russland nach Ausbruch der Asienkrise versprochen, seine Ölproduktion im 7 Prozent zu drosseln. Diese stieg aber statt dessen an, so dass auch die Exporte um 400.000 Fass pro Tag zunahmen.[58] Im Januar 2002 war schließlich der Anteil der *OPEC* an der weltweiten Rohölproduktion auf lediglich 32 Prozent gefallen — der niedrigste Stand seit Mitte der 80er Jahre.[59] Tatsächlich hatte Russland lediglich seine Exporte beschränkt, nicht aber seine gesamte Rohölproduktion. Zudem betraf die Exportbeschränkung nur den staatlichen Ölpipelinemonopolisten *Transneft*.[60]

Abbildung 73: Reduzierungen der globalen Erdölproduktion —Anspruch und Wirklichkeit (Ende 2001)

Producer	Producer Pledge Cut (barrels/day) 4th Quarter 2001	Production Estimate (barrels/day)
OPEC	Combined 1.5 million	29,300,000
Russia	150,000	7,200,000
Norway	150,000	3,400,000
Mexico	100,000	3,000,000
Oman	40,000	940,000
Angola	22,500	710,000

Quelle: 'Russian Oil To Flood Markets, Sabotage *OPEC* Production Cuts', Stratfor.Com, 24.01.2002.

Zudem wollen die USA ihre *Strategischen Ölreserven* von 545 Millionen auf die derzeit bestehende Kapazitätsobergrenze von 700 Millionen bis zum Jahr 2005 (welche allerdings lediglich für etwa 60 Tage ausreichen[61]) und später sogar auf 1 Milliarde Fass angesichts der politischen Unsicherheiten nach dem 11. September 2001 und des Kampfes gegen den internationalen Terrorismus in der Region des *„Größeren Mittleren Ostens"* aufstocken. Aufgrund des niedrigen Ölpreises zu diesem Zeitpunkt hätte eine solche Aufstockung 11 Milliarden Dollar gekostet — 8 Milliarden Dollar weniger als ein Jahr zuvor bei wesentlich höheren Rohölpreisen.[62] So wurde im Mai im Vorfeld des Gipfel-

57 Vgl. Thaddeus Herrick/Bhushan Bahree, 15.11.2001, S. 1 und 11 und '*OPEC* Price War Won't Sink Russia', Stratfor.Com, 15.11.2001.

58 Vgl. Bhushan Bahree, WSJE, 16.-17.11.2001, S. 1 und 4 (4).

59 VGl. Michael Lelyveld, 'Russia: Moscow Breaks Pledge to Curb Oil Production', RFE/RL Analysis, 23.1.2002.

60 Vgl. 'Moscow's Oil Export Promise' Opens Policy Doors'.

61 1999 hatte die amerikanischen *Strategische Ölreserve* ihren 10-jährigen Tiefstand erreicht. Ein Jahr später sollte dieser Tiefstand noch einmal um 20 Prozent geringer sein - vgl. 'Tight Supply, Logistical Bottlenecks to Push Oil Prices Higher', Statfor.Com, 20.9.2000.

62 Vgl. '*OPEC* Unable to Drive Prices Up', Stratfor.Com, 8.10.2001 und David Buchan, FT, 8.8.2002, S. 5 und ders., ebda., 6.8.2002, S. 3.

treffens der *OPEC*-Staaten mit Russland beschlossen, die zuvor freiwillig mit der *OPEC* abgestimmten Exportbeschränkungen von 150.000 Fass Rohöl pro Tag aufzuheben. Bei einem Preis von 20-25 Dollar pro Fass wird auch der russische Rohölexport in die USA wirtschaftlich rentabel.[63] Nach Angaben der russischen Ölbarone könnte Russland kurzfristig durchaus seine Rohölproduktion von zur Zeit 7 auf 9 Millionen Fass pro Tag erhöhen.[64] Zudem zielte Moskau bisher auf einen geringeren internationalen Ölpreis, der bei etwa 18-22 Dollar liegen soll, während die *OPEC* weiterhin das Ziel eines stabilen Preises von 22-28 Dollar anvisiert.[65]

Doch strebt Russland nun — vor dem Hintergrund der politischen Annäherung zu den USA nach dem 11. September 2001 — auch größere Rohöl- und Erdgasexporte in die USA an. Dementsprechend haben die *Putin*-Regierung und die russischen Energiekonzerne ihre Reformanstrengungen intensiviert, um so die Rahmenbedingungen sowohl für größere Importe als auch größere westliche Investitionen in den russischen Energiesektor deutlich zu verbessern. Durch Bau und westliche Finanzierung soll die Modernisierung russischer Häfen und der Infrastruktur für Erdöl- und Flüssiggasexporte vorangetrieben werden, um so einen größeren Zugang auf die Weltmärkte zu finden. Russland hofft, in den nächsten drei Jahren seine Ölexporte um nicht weniger als 20 Prozent auf 4,3 Millionen Fass pro Tag zu steigern und bietet dafür die größere innenpolitische Stabilität als der Mittlere Osten und die Golf-Staaten an.

Auch wenn Russland nicht wie Saudi Arabien den größten Teil seiner Rohölproduktion ins Ausland exportieren kann, so macht die Ausfuhr von weniger als 5 Millionen Fass Rohöl bei einer Gesamtproduktion von etwa 7,7 Millionen Fass (Stand: August 2002) Russland zum zweitgrößten Rohölexporteur der Welt. Dabei sehen neueste Pläne auch den Ölexport von *Murmansk* an der *Barents-See* über eine eisfreie arktische Route in die USA vor. Über diese Schiffspassage sollen mittelfristig bis zu einer Million Fass Rohöl pro Tag in die USA (10% aller amerikanischen Ölimporte) verschifft werden. Dank seines Tiefwasserhafens kann *Murmansk* auch die Beladung von Supertankern bis zu 300.000t sicherstellen. Hierzu soll auch eine neue 1.500 km lange Erdölpipeline aus der *Tuman-Pechora* Region nach Murmansk gebaut werden, die etwa 1,5 Milliarden US-Dollar kosten würde.[66] Nach Angaben von *LUKoil* würden sich so Transportkosten von weniger als 28 Dollar pro Tonne ergeben und damit ein Preis, der auch gegenüber dem billigeren Rohöl aus dem Persischen Golf auf dem Weltmarkt bestehen könnte.[67] Zudem war ursprünglich die Inbetriebnahme einer derartigen Route auch gegen die von den USA favorisierte Öl-

63 Vgl. Miriam Neubert, SZ, 27.5.2002, S. 24.

64 Vgl. Michael Lelyveld, 'Russia: Prospects for Becoming Key U.S. Oil Supplier', RFE/RL Analysis, 8.5.2002.

65 Vgl. Lynne Kiesling/Joseph Becker, 'Russia's Role in the Shifting World Oil Market', hier S. 3.

66 Vgl. Michael Lelyveld, ‚Russia: Oil Companies to Seek Closer Ties to U.S., RFE/RL Analysis, 17.9.2002 und Peter Baker, IHT, 9.9.2001, S. 1.

67 Vgl. Michael Lelyveld, 'Russia: Companies May Join Forces to Export Oil to U.S. from Murmansk', RFE-RL-Analyses, 16.8.2002.

pipeline von *Baku* nach *Ceyhan* gerichtet, die russischen Interessen widerspricht, nun aber nicht mehr aufzuhalten war.

Abbildung 74: Globale Erdölproduktion 1997-2001: *OPEC* und *Nicht-OPEC-Staaten* im Vergleich

Ölproduktion in Mio. Barrel Pro Tag					
	1997	1998	1999	2000	2001*
OPEC:					
	27,20	27,92	26,61	27,92	25,62
Wichtigste Nicht-OPEC Produzenten:					
Russland	6,12	6,12	6,16	6,50	7,02
Mexiko	3,41	3,50	3,35	3,45	3,56
Norwegen	3,28	3,14	3,14	3,32	3,41
Gesamtproduktion aller Nicht-OPEC Staaten:					
	44,42	44,65	44,69	45,89	46,51

*Schätzung, bei *OPEC*: Produktion vom 01/2001 bis 09/2001
Quelle: Wall Street Journal Europe, 15.11.2001, S. 1.

Auch wenn zukünftig verstärkt auch russisches Erdöl nach Amerika exportiert wird, so wenig kann Russland in längerfristiger Perspektive Saudi Arabien und die Golf-Staaten ersetzen. So verfügen die Golf-Staaten nicht nur über 60 Prozent aller bisher weltweit nachweisbaren Rohölreserven – davon allein Saudi Arabien 25 Prozent (oder 261 Milliarden Fass). Vielmehr importieren die USA gegenwärtig etwa 22-24 Prozent ihrer Erdölimporte aus jener Region, wobei die USA allein 31 Prozent aller weltweiten Rohölimporte auf sich vereinen. Demgegenüber beträgt der amerikanische Rohölimport aus Russland nicht mal ein Prozent der gesamten US-Ölimporte. Zudem ist russisches Erdöl viel teurer und der Transport kostspieliger, so dass auch viele amerikanische Energieexperten derzeit noch häufig skeptisch sind.[68] Somit wird für Russland auch in der Zukunft weniger der amerikanische als der europäische Markt von größter wirtschaftlicher Bedeutung sein, wenngleich größere Erdölexporte in die USA nicht länger ausgeschlossen sind.

Die *OPEC* hat Russland wiederholt vor einem ruinösen Preiskrieg gewarnt, bei dem beide Seiten nur verlieren können. So hatte Russland offensichtlich zwar mehrfach Kompromissbereitschaft gegenüber der *OPEC* signalisiert, sich aber faktisch während der letzten Monate an keine Zusicherungen der Begrenzung der eigenen Rohölproduktion gehalten. So hatte Russland in der ersten Hälfte des Jahres 2002 zusammen mit Norwegen, Mexiko und anderen Län-

68 Vgl. auch Michael Lelyveld, 'U.S./Russia: Experts Question Energy Cooperation Plans', RFE/RL-Analyses, 29.5.2002.

dern, die ebenfalls nicht dem *OPEC*-Kartell angehören, vereinbart, den angestrebten Ölpreis der *OPEC* zwischen 22 und 28 Dollar pro Tonne zu halten.

In der Tat haben die USA offenbar Russland ermuntert, die Produktion und die Exporte auf einem hohen Niveau zu halten, da diese eine Alternative zu den von der *OPEC* fixierten Ölpreis und eine Versicherungspolice gegenüber der politischen Instabilität im Mittleren Osten darstellten.[69] Ein solche Begrenzung der russischen Rohölproduktion ist tatsächlich nicht unbedingt im Moskauer Interesse, da Russland versucht, seinen Marktanteil zu vergrößern. Gleichzeitig ist Russland aber auch an einem gewissen Preisniveau seiner Rohölexporte interessiert, auch wenn seine Abhängigkeit vom Energieexport geringer als in den Golf-Staaten ist. Wenn der Preis für ein Fass Rohöl unter den im russischen Staatshaushalt veranschlagten 18 Dollar fällt, geriet dieser unter Druck, wie in den letzten Jahren wiederholt festgestellt werden konnte. Allerdings ist eine Exportdrosselung für Russland im Winter in Sibirien insofern ein Problem, als dann die Bohrlöcher zufrieren. Um so die Exportbeschränkungen der Regierung zu umgehen, liefern die russischen Ölkonzerne mit stillschweigender Genehmigung des *Kreml* das Erdöl nach Weißrussland und die Ukraine, die nicht als Exporte gelten.[70]

In den USA wird inzwischen auch zunehmend über die Möglichkeit einer *„strategischen Energiepartnerschaft"* mit Russland nachgedacht. Hierzu wurden inzwischen bereits auch konkrete Vorschläge gemacht. Russland wiederum hat u.a. angeboten, eine strategische Rohölexportreserve mit westlicher Finanzhilfe aufzubauen, die in Krisen- und Konfliktzeiten den USA und Europa zur Verfügung stehen könnte. Gegenwärtig verfügt der staatliche russische Ölkonzern *Transneft* über eine Ölreserve von etwa 18 Millionen Fass, die jedoch durch mindestens weitere 62 Millionen Fass aufgestockt werden müsste (zum Vergleich: die eingelagerten strategischen Ölreserven der USA betragen 600 Millionen Fass, die ausschließlich für den nationalen Verbrauch gedacht sind). Dennoch stellen auch derartige Pläne, sollten sie umgesetzt werden, eine direkte Bedrohung für die *OPEC*-Staaten dar, die globalen Ölpreise zukünftig weitgehend selbst durch Produktionsquoten festzulegen. Insofern musste auch dieser Vorschlag des russischen Präsidenten massive Kritik der *OPEC* hervorheben. Zudem ist die *OPEC* mit den russischen Vorstößen vor ein grundlegendes Problem bei einem Preiskrieg mit Moskau gestellt: nur Saudi-Arabien besitzt gegenwärtig eine Möglichkeit, seine Erdölproduktion bei einem Preiskrieg mit Russland signifikant um bis zu 3,3 Millionen Fass pro Tag zu erhöhen. Da alle anderen *OPEC*-Staaten hierzu nicht vergleichbar in der Lage sind, würden sie global und innerhalb der *OPEC* an Marktanteilen verlieren, während im Preiskrieg zugleich die Gewinne erheblich reduziert würden.[71] Insofern droht weniger ein Preiskrieg zwischen *der OPEC* und Russland als vielmehr zwischen

---

69 Vgl. Matthew Jones/Robert Cottrell, FT, 20-21.7.2002, S. 4.
70 Vgl. FAZ, 5.4.2002, S. 14.
71 Vgl. 'Oil-Stockpile Plans Yields Political Benefits for Russia', Stratfor.Com, 4.6.2002.

Saudi Arabien und Russland. Dabei kann *Riad* vor allem seine zusätzlichen Förderkapazitäten einsetzen und damit die reguläre tägliche Rohölproduktion von derzeit etwa 7,4 mbd auf bis zu 10,7 mbd entsprechend erhöhen. So konstatierten zwei amerikanische Energieexperten im Frühjahr 2002:

> „Saudi Arabia's *OPEC* partners must also cooperate with the kingdom in part to prevent *Riyadh* from producing a glut and having prices collapse; spare capacity also serves to pressure key non-*OPEC* producers to cooperate with Saudi Arabia when necessary. But unlike the nuclear deterrent, the Saudi weapon is actively used when required. The kingdom has periodically (and brutally) demonstrated that it can use its spare capacity to destroy exports from countries challenging its market share. This tactic is the weapon that Saudi Arabia could use if *Moscow* ignores *Riyadh's* requests for cooperation."[72]

Da der staatliche Einfluss auf die Ölfirmen und Ölpolitik seitens Saudi Arabiens inzwischen größer ist als in Russland (mit Ausnahme der Pipelinepolitik), sind auch die Moskauer Möglichkeiten in Wirklichkeit begrenzt, einen solchen Preiskrieg kurzfristig mit Saudi Arabien erfolgreich durchzustehen. Von daher kann angenommen werden, dass *Moskau* in Zukunft einerseits sicherlich vorsichtig agieren wird, andererseits immer wieder Gelegenheiten sucht und nutzt, seinen weltweiten Marktanteil auszubauen. Daher ist der potentielle Preiskrieg zwischen *Moskau* und *Riad* keineswegs beendet, auch wenn gegenwärtig die Töne leiser geworden sind.

Die strategische Interessenlage beider Seiten ist insofern nicht komplementär, sondern eher antagonistischer Natur. Allerdings ist ein *modus vivendi* zwischen beiden Seiten keineswegs ausgeschlossen und lässt Raum, dass beide Seiten von größeren Marktanteilen profitieren könnten. Dies gilt um so mehr, als auch *Riad* weiss, dass weder ein Preiskrieg noch ein Preisanstieg aus politischen Gründen Saudi Arabien nutzen würde. Eine derzeitige politische Instrumentalisierung — z.B. für eine größere Unterstützung der Palästinenser im Konflikt mit Israel — würde wie in den 70er Jahren mittelfristig zum Verlust an Marktanteilen führen, ausländische Investitionen nach Russland und die zentralasiatischen Staaten am Kaspischen Meer verlagern, die *Riad* jedoch selbst dringend benötigt und einen Einbruch der Weltwirtschaft nach sich ziehen könnte. Doch auch für Russland und seinen Präsidenten gilt:

> „Eine Niederlage gegen die *OPEC* würde die russische Ökonomie wie seine Präsidentschaft zerstören; ein Erfolg bedeutet mehr Einfluss in Zentralasien und in Amerika. Weshalb es darauf ankommt, einen Kompromiss als Sieg darzustellen."[73]

Während der Preiskrieg zwischen Saudi Arabien und Russland keineswegs beendet ist und im Hintergrund stets droht, so darf Saudi Arabien ebenso wenig übersehen, dass auch die Vereinbarungen zu Förderquoten *innerhalb* der *OPEC* während der letzten Monate keineswegs eingehalten wurden und somit

---

72 So Edward L. Morse/James Richard, 'The Battle for Energy Dominance', hier S. 20.
73 Vgl. Jürgen Krönig, 'Barrel außer Kontrolle', in: Die Zeit, Nr. 50, 6.12.2001.

die Disziplin der Mitgliedsstaaten, einmal vereinbarten Förderquoten nachzukommen, auch in Zukunft mehr als zweifelhaft ist.[74] Darüber hinaus muss sich die *OPEC* und Saudi Arabien stets bemühen, auch die wichtigsten anderen *Nicht-OPEC-Förderländer* zu Produktionskürzungen zu überreden, wenn die Preise bei fallender Nachfrage in der Preisspanne zwischen 22-28 Dollar pro Fass stabil gehalten werden sollen. Dies gilt insbesondere für Mexiko (welches etwa 3,5 mbd Rohöl produziert und 1,5 mbd exportiert) und Norwegen (welches mit 3,1 mbd im Rahmen seiner Gesamtproduktion von 3,3 mbd drittgrößter Rohölexporteur der Welt ist). [75]

Zudem darf nicht übersehen werden, dass durch die Veränderung des Energiemixes in der Welt Rohöl heute eine weitaus geringere Rolle bei der Produktion von elektrischem Strom als Folge der Ausweitung des Erdgas- und Kernenergiesektors spielt als noch in den 70er Jahren. Vor diesem Hintergrund bemühen sich die *OPEC*-Staaten, auch ihren Erdgassektor auszubauen, welches die derzeit eher weiter erodierende Rolle der *OPEC* auf den Weltenergiemarkt im 21. Jahrhundert aufhalten und wenn möglich sogar umkehren soll. So verfügen die *OPEC-Staaten* über 44 Prozent der weltweiten Erdgasreserven, sind jedoch gegenwärtig nur für 15 Prozent der weltweiten Erdgasproduktion verantwortlich.[76] Es versteht sich von selbst, dass die *OPEC* anstrebt, diesen unbefriedigenden Zustand in ihrem langfristigen strategischen Interesse zu verändern. Dies gilt um so mehr, als Russland sich im Jahr 2002 zeitweise als weltgrößter Rohölproduzent etablieren könnte — eine Position, die Moskau seit den Tagen der UdSSR nicht mehr inne hatte.[77] Doch auch wenn Russland nicht Saudi Arabien als weltgrößter Erdölproduzent überflügeln sollte, so kann Russland energiepolitisch nach dem 11. September 2001 eindeutig zu den Gewinnern des Krieges gegen den internationalen Terrorismus gezählt werden.

---

74 Vgl. u.a. auch Mark Baker, '*OPEC*: Ministers Leave Output Cutbacks in Place', RFE/RL Analysis, 15.3.2002.

75 Vgl. '*OPEC*'s Woes Continue', Stratfor.Com, 29.10.2001.

76 So Shokri Ghanem, 'Future Challenges for *OPEC* and its Members in the Global Petroleum Sector', S. 10 und Gawdat Bahgat, 'Erdgasreserven in der Golf-Region', in: IP 1/2001, S. 49-58.

77 Vgl. 'Russia: Developing New Capacity to Sink *OPEC*', Stratfor.Com, 16.1.2002.

Abbildung 75:

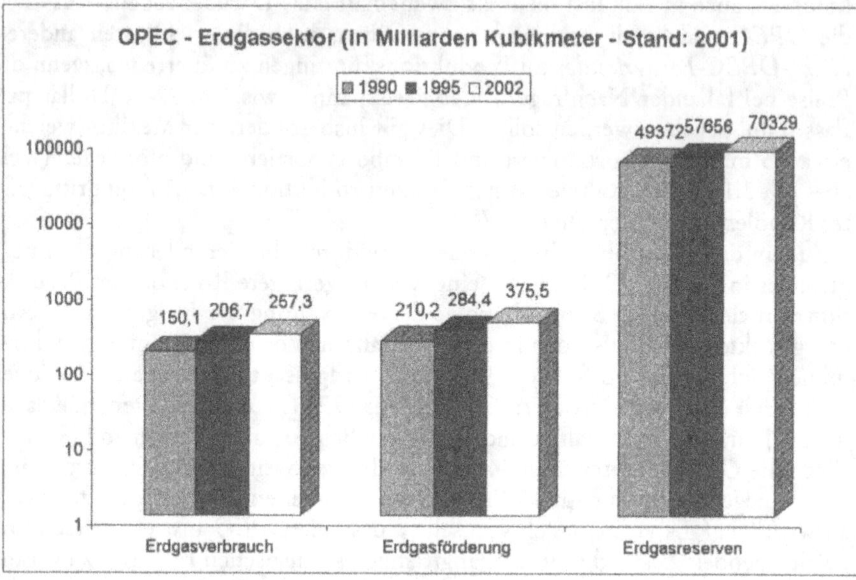

Quelle: Exxon-Mobil, 'Öldorado 2002', Hamburg 2002, S. 7.

Abbildung 76:

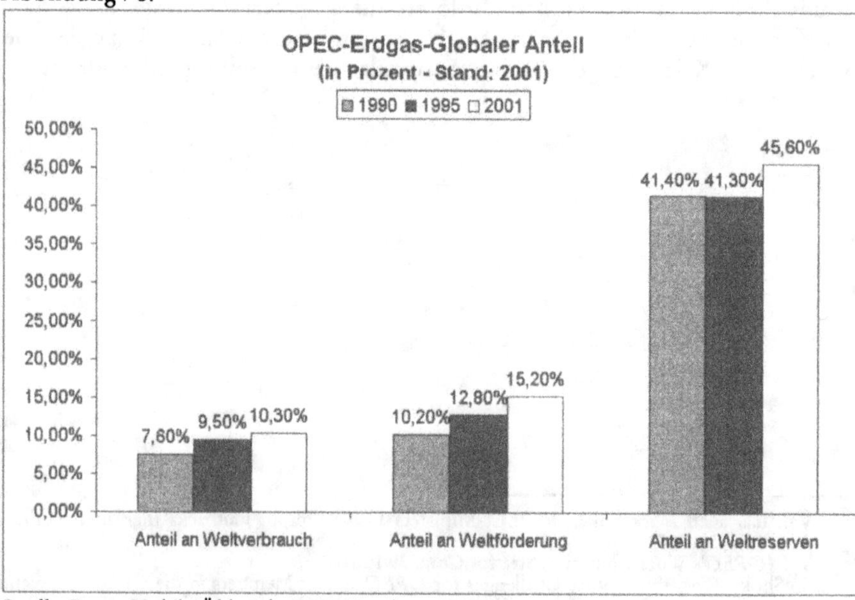

Quelle: Exxon-Mobil, 'Öldorado 2002', Hamburg 2002, S. 7.

6. Regionale Entwicklungen im „*Größeren Mittleren Osten*" und die innen- und außenpolitischen Risikofaktoren für die Weltenergieversorgung

6.1 *Einleitung und Hintergrund zu den strategischen Trends vor und nach dem 11. September 2001*

Bis heute sehen die USA den Persischen Golf mit etwa 65 Prozent der derzeit weltweit nachweisbaren Erdölreserven und etwa 36 Prozent der globalen Erdgasreserven als eine Region von größter globalstrategischer Bedeutung und halten daher enge bilaterale sicherheitspolitische Beziehungen mit Saudi Arabien, Kuwait, Qatar, den Vereinigten Arabischen Emiraten (VAE) und Oman aufrecht. Die Dislozierung eigener Truppen in dieser Region als Folge vor allem des zweiten Golf-Krieges und die militärischen Vorbereitungen für einen potentiellen militärischen Konflikt kosten den amerikanischen Steuerzahler jedoch jährlich bis zu 50 Milliarden US-Dollar.[1] Da die Golf-Staaten schon heute vor schwierigen innenpolitischen Herausforderungen stehen, kann die Zukunft der amerikanischen Präsenz in dieser Schlüsselregion der Weltpolitik keineswegs als gesichert angesehen werden. Auch könnte sich die zukünftige energiepolitische Abhängigkeit der USA vom Persischen Golf (22-24% beim Rohölimport) signifikant verringern, welche militärische Interventionen in dieser Region aufgrund veränderter strategischer Interessenlagen der USA in Krisen- und Konfliktszenarien weniger wahrscheinlich werden lassen. Dies gilt insbesondere dann, wenn sich die europäischen und asiatischen Alliierten, die wesentlich mehr als die USA von Rohölimporten aus dieser Region abhängig sind, auch zukünftig weigern sollten, eine größere politische und auch militärische Verantwortung für diese Schlüsselregion der globalen Energieversorgung zu übernehmen.[2]

Zudem ist unsicher, ob die Erdölproduktion in dieser Schlüsselregion der Weltenergieversorgung wirklich um bis zu 80 Prozent (im Fall Saudi Arabiens

---

1 Vgl. T.S. Gop Rethinaraj/Clifford Singer, 'US Energy Security', in: JIR, July 2001, S. 48-51(49).

2 Zu den Persischen Golf-Staaten und der regionalen politischen, wirtschaftlichen und militärischen Entwicklungen sowie der strategischen Bedeutung siehe Geoffrey Kemp/Robert E. Harkavy, 'Strategic Geography and the Changing Middle East', Washington D.C. 1997; Potter, Lawrence G./Sick, Gary G. (Eds.), 'Security in the Persian Gulf. Origins, Obstacles, and the Search for Consensus', New York 2002; Anthony H. Cordesman, 'Saudi Arabia, the US and the Structure of Gulf Alliances', in: Yoichi Funabashi (Ed.), 'Alliance Tomorrow. Security Arrangements after the Cold War', Tokyo 2001, S. 140-177; Salameh Ne'matt, 'Keeping the Options Open. Regional Briefing Gulf States', in: JDW, 7.3.2001, S. 49-57; Robert Harkavy, 'Strategic Geography and the Greater Middle East', in: Naval War College Review, Autumn 2001, S. 37-53; M.H. Ansari, 'Security in the Persian Gulf: The Evolution of a Concept', in: Strategic Analysis, September 1999, S. 857-871; Gawdat Bahgat, 'Persian Gulf Security at the Turn of the Century', in: Defense Analysis 1/1999, S. 79-92; Geoffrey Kemp, 'The Persian Gulf Remains the Strategic Prize', in: Survival, Winter 1998-1999, S. 132-149 and L. Carl Brown, 'Diplomacy in the Middle East. The International Relations of Regional and Outside Powers', New York-London 2001.

von gegenwärtig 8 auf dann 22 Millionen Fass pro Tag[3]) ausgeweitet werden kann, wenn die weltweite Nachfrage nach Rohöl um 50 Prozent in den nächsten 20 Jahren ansteigen sollte. Dies aber ist nur realistisch, wenn die Golf-Staaten in wesentlich größerem Umfang direkte ausländische Investitionen in ihrem Erdölsektor erlauben, was einen teilweisen Verzicht von Souveränität und nationaler Kontrolle voraussetzt. So wird der Investitionsbedarf der sechs Mitgliedsstaaten des *Golf-Kooperationsrates* auf etwa 300 Milliarden Dollar für die Erschließung der Erdöl- und vor allem der Erdgasfelder geschätzt.[4]

Abbildung 77: The Middle East: Proven Reserves and Production, 1996

	Barrels (bn)	Share of World Total	Production tonnes (m)	R/P ratio
Saudi Arabia	261.5	25.2%	428.8	83.4
Iraq	112	10.8%	28.8	+
UAE	97.8	9.4%	117.3	+
Kuwait	96.5	9.3%	107.2	+
Iran	93	9%	183.8	69.1
Oman	5.1	0.5%	44.3	15.8
Qatar	3.7	0.4%	21.8	22.5
Yemen	4.0	0.4%	17.5	30
Syria	2.5	0.2%	31.4	11.3
Other	0.2	#	2.4	12.1
Total	676.3	65.2	983.3	93.1

Quelle: Ibrahim A. Karawan, 'The Islamist Impasse', New York-London, Adelphi Paper 314 (IISS, London), 1997, S. 44.

Angesichts der konservativ-klerikalen Oppositionskräfte in Saudi Arabien, Kuwait und dem Iran sowie eines allgemeinen, wenn auch unterschiedlich ausgeprägten gesellschaftlichen Immobilismus sind aber die mittelfristigen Aussichten so lange unsicher, wie sich die eher reformfreudigen politischen Kräfte in diesen Ländern nicht innenpolitisch durchsetzen können. Doch auch dann ist die Erhöhung der Rohölproduktion der Golfstaaten um 80 Prozent nur realistisch, wenn bis dahin die Sanktionen der UN und USA gegenüber Irak sowie Iran aufgehoben worden sind. Insofern ergibt sich aus dieser Problematik ein Zielkonflikt für die mittelfristige amerikanische Außen- und Sicherheitspolitik in diesem Raum und für die zukünftige globale Energieversorgung.[5]

Obwohl der Anteil der *OPEC* auf dem Rohölweltmarkt nach 2010 aufgrund seiner großen Reserven wieder stetig zunehmen und im Jahr 2020 auf 55 Prozent ansteigen (gegenwärtig weniger als 37%) könnte, ist die große Bedeutung

3 Vgl. Jeff Gerth, IHT, 19.12.2002, S. 4.
4 Vgl. Karin Kneissl, Die Welt, 5.1.2002, S. 12.
5 Vgl. auch Ed Blanche, 'Oil is Thicker than Blood in Saudi-Arabia-US Relations', in: JIR, September 2001, S. 36-37 (37).

des Erdöl- und Erdgassektors für die Golf-Staaten nicht nur Segen, sondern zugleich auch Fluch. So ist es ihnen im vergangenen Jahrzehnt nicht gelungen, ihre Wirtschaft zu diversifizieren, um so weniger von Erdöleinnahmen und den Preisschwankungen auf dem Weltmarkt für Rohöl abhängig zu sein.

Abbildung 78: Importance of Oil Revenues (1995)

	Oil as % of Exports	Oil as % of Government Revenues
Iran	97	64
Iraq	97	n.a.
Saudi Arabia	87	76
Kuwait	95	84
UAE	56	n.a.
Qatar	77	90

Quelle : EIA (1995b), hier nach: John V. Mitchell (Ed.), 'The New Geopolitics of Energy', London-Washington D.C. 1996, S. 50.

Abbildung 79: External Sector of Oil-Exporting Economies (1995)

	Foreign Assets in $ bn	Foreign Debt $ bn	Current Account $ bn
Iran	6	16	1
Iraq	5	23	0
Saudi Arabia	56	19	-14
Kuwait	4	10	1
UAE	7	11	0
Qatar	1	2	0

Quelle: EIA (1995b), hier nach : John V. Mitchell (Ed.), 'The New Geopolitics of Energy', London-Washington D.C. 1996, S. 50.

Die amerikanische Politik ist nach dem 11. September 2001 im Raum des „*Greater Middle East*" und hinsichtlich der militärischen Intervention in Afghanistan zur Zerschlagung des *Al-Qaida* Netzwerkes bei den US-Alliierten des *Golf-Kooperationsrates* — Saudi Arabien, Bahrain, Kuwait, Oman, Qatar und die VAE — mit Ambivalenz und Besorgnis aufgenommen worden. Saudi Arabien ging dabei so weit, den USA nicht zu erlauben, von seinen Militärbasen in Saudi Arabien direkte Angriffe nach Afghanistan zu fliegen. Die USA waren daraufhin gezwungen, ihre Anti-Terrorismus-Strategie neu zu planen und sich auf Basen vor allem in Pakistan und Zentralasien zu stützen.[6] Zudem hat nicht nur Saudi Arabien, sondern auch andere arabische Alliierte haben eine erneute militärische Invasion im Irak eher abgelehnt. Auf der anderen Seite haben allerdings nicht nur die sechs Mitgliedsstaaten des *Golf-Kooperationsra-*

6 Vgl. auch Ed Blanche, 'Saudi Arabia's Dilemma', in: JDW, 3.10.2001, S. 27.

tes die USA nach dem 11. September 2001 unterstützt (ohne dies weitgehend publik zu machen), sondern auch Syrien, Libyen und Sudan, die in der Vergangenheit der Unterstützung terroristischer islamischer Gruppierungen bezichtigt wurden, haben mit Washington bedingt kooperiert und dabei auch Geheimdienstinformationen ausgetauscht.[7]

Dieses Kapitel will vor dem Hintergrund der energiepolitische Bedeutung der Golf-Region, des Mittleren Ostens und Zentralasiens sowie des Kaspischen Beckens vor allem die innen- und außenpolitischen Dimensionen der regionalen Stabilität und potentiellen Instabilitäten im Gesamtraum des *„Größeren Mittleren Ostens"* für die globale Energiesicherheit analysieren. Zunächst soll ein kurzer regionaler Überblick über die innen- und sicherheitspolitischen Herausforderungen der arabischen Golf-Staaten gegeben werden. Danach sollen diese vertiefter am Beispiel des saudischen Könighauses analysiert werden, da Saudi Arabien mehr als jeder andere *OPEC*-Staat eine herausgehobene strategische Stellung nicht nur für die regionale, sondern auch die globale wirtschaftliche und politische Stabilität einnimmt. Schließlich sollen abschließend auch die regionalen Entwicklungen und Instabilitätspotentiale in Zentralasien und des Kaspischen Beckens untersucht sowie die Frage beantwortet werden, inwieweit die dort vermuteten Erdöl- und Erdgasressourcen die zukünftige globale und europäische Energieversorgungssicherheit stabilisieren können.

6.2 Ein regionaler Überblick über die innen- und außenpolitischen Sicherheitsherausforderungen und potentiellen Instabilitäten des Persischen Golfes

> „Unsere Haltung zu den Angriffen auf Amerika ist zögernd und zurückhaltend gewesen. Das kann ich nicht rechtfertigen. ... Kuwait hätte dankbarer sein müssen, was auch unseren Traditionen und Sitten entsprochen hätte, aber leider — ich sage dies mit äußerster Bitterkeit — waren wir der historischen Aufgabe wieder einmal nicht gewachsen. Für das Verhalten der Regierung Kuwaits kann ich nur einen Grund erkennen. Sie will sich das Wohlwollen der in Kuwait aktiven islamischen Gruppen erkaufen. Mit großem Schmerz stelle ich fest, dass mein Land die Geisel von Gruppen geworden ist, die sich 'islamisch' nennen, die aber den Islam nur benutzen, um ihre politischen Ziele zu bemänteln. Unter dem Banner des Islam wollen sie die politische Führung an sich reißen. Zu den entscheidenden Grundlagen guter Regierung gehört weltweit die Trennung von Staat und Religion. Leider gibt es in der arabischen Welt in dieser Hinsicht eine große Verwirrung. Die Politik schleicht sich in die Religion ein, und die Religion drückt der Politik den Stempel auf. ... In Kuwait beeinflussen die Islamisten offen die Politik, leider mit stillschweigender Duldung des Regimes. In der gegenwärtigen Regierung besetzen Islamisten die Mehrzahl der Ministerposten. Die einfachen Bürger

---

7 Vgl. auch Ed Blanche, 'Adversaries Become Allies', in: JIR, February 2002, S. 50-51.

sind darüber nicht glücklich, aber sie schweigen aus Respekt vor dem Emir und dem Kronprinz. Die Situation ist gespannt, wie kurz vor einem Vulkanausbruch."[8]

In den vergangenen Jahrhunderten wurden die wichtigsten strategischen Entwicklungen im Raum des Mittleren Ostens zumeist durch die Großmächte außerhalb der Region bestimmt. Gegenwärtig verfügen allein die USA über die politischen, wirtschaftlichen und militärischen Fähigkeiten, maßgeblichen Einfluss auf die strategischen Entwicklungen zu nehmen, wie an den aktuellen Diskussionen zum Irakkonflikt einmal mehr deutlich wird. Doch auch die USA sind auf die konkrete Kooperation der Regionalstaaten mit Washington angewiesen. Die *„doppelte Eindämmungspolitik"* Washingtons gegenüber Iran und Irak sowie die politisch-militärische Allianz mit Israel schränken zudem den regionalen Handlungsspielraum Washingtons ein. Sieht man einmal von der irakischen Kuwait-Invasion 1990 ab, die zum zweiten Golf-Krieg 1991 führte, so gab es in den letzten Jahren zwar keine größeren militärischen Konflikte zwischen den Golf-Staaten, doch bleibt das Misstrauen gegenüber den jeweiligen größeren Nachbarstaaten und ihren regionalen politischen Hegemonialambitionen nach wie vor groß. Dies gilt nicht zuletzt auch deshalb, weil auch in dieser Region territoriale Grenzstreitigkeiten keineswegs dauerhaft gelöst sind (siehe *Abbildung 80*) und der Zugang zu Wasser- sowie Ölressourcen nicht einvernehmlich geregelt ist. Außerdem dürfen auch die persönlichen Machtambitionen der Herrschereliten nicht übersehen werden. Zudem ruft die vielfach ungelöste Nachfolgeregelung der arabischen Staatschefs und Präsidenten inner- und außerhalb der Region viele Unsicherheiten über die zukünftige politisch-wirtschaftliche Entwicklung der Region hervor.[9]

Diese innerarabischen Konflikte, der ungelöste israelisch-palästinensische Dauerkonflikt und der zweite Golf-Krieg können zugleich für die regionale Aufrüstung in den vergangenen Jahrzehnten verantwortlich gemacht werden. Keine andere Region in der Welt hat vor allem in der ersten Hälfte der 90er Jahre mehr Geld für den Kauf von hochmodernen Waffensystemen ausgegeben wie die Region des Mittleren Ostens und besonders jener der Golf-Staaten. Dabei war Saudi Arabien in den 90er Jahren zeitweise der weltgrößte Importeur von Rüstungstechnologie. Im Zeitraum 1996-2000 hat Saudi Arabien nach Taiwan weltweit die meisten Waffensysteme eingeführt und ist erst in den letzten Jahren (Zeitraum 1997-2001) nach China auf den dritten Platz der weltgrößten Rüstungsexporteure zurückgefallen.[10] Auch für die Zukunft werden

---

8 So die bemerkenswerte Kritik des früheren Öl- und Informationsminister Kuwaits und zur Zeit des Golf-Krieges Botschafter seines Landes in den USA, Scheich *Saud Nasser Al-Sabbah*, in: Die Welt, 25.10.2001, S. 8.

9 Vgl. hierzu auch J.E. Peterson,'The Nature of Succession in the Gulf', in: Middle East Journal, Autumn 2001, S. 580-601 und ders., 'Succession in the States of the Gulf Cooperation Council', in: Washington Quarterly, Autumn 2001, S. 173-186.

10 Vgl. SIPRI, 'Yearbook 2002: Armaments, Disarmament and International Security', Oxford-New York 2002, hier S. 403.

keine gravierenden Veränderungen hinsichtlich der Waffenimportpolitik der Golf-Staaten erwartet.[11]

Abbildung 80: Typology of Middle East Conflicts in the 1990s

Interstate	Causes / Issues
Arab-Israel	Territory / ideology
Armenia-Azerbaijan	Territory (Nagorno-Karabakh)
Egypt-Sudan	Water
India-Pakistan	Territory / religion
Iran-Irak	Territory / ideologie
Turkey-Syria	Territory / water
Internal / cross-border	**Causes / Issues**
Afghanistan	Civil war / tribal
Algeria	Civil war / unrest (Government-Islamists-Berbers)
Bahrain	Unrest (Sunni-Shia)
Egypt	Insurgency (Government-Islamists-Copts)
India	Insurgency (Government-Sikhs-Muslims)
Iraq	Insurgency (Government-Kurds-Shias)
Iran	Insurgency (Government-Exile groups)
Israel	Terrorism (Government-Palestinian-Lebanese Islamists)
Lebanon	Insurgency (Christians-Hezbollah)
Somalia	Civil war (tribal)
Sudan	Civil war (ethnic-religion)
Turkey	Insurgency (Government-Kurds)

Quelle: Geoffrey Kemp/Robert E. Harkavy, 'Strategic Geography and the Changing Middle East', Washington D.C. 1997, hier S. 84.

Besondere Aufmerksamkeit in den westlichen Staaten hat in den letzten Jahren vor allem die Proliferation von Massenvernichtungswaffen und ballistischer Raketen gefunden (siehe *Abbildung 81*). Die Frage, warum z.B. der Iran trotz seiner großen Erdöl- und Erdgasreserven ein ziviles Kernkraftenergieprogramm massiv vorantreibt, ist bisher von Teheran ebenso wenig überzeugend beantwortet worden wie jene nach seinen ballistischen Raketenprogrammen, die im nächsten Jahrzehnt Reichweiten bis nach Mitteleuropa (und nicht nur Israel) haben werden. Dennoch muss vor allem für den sicherheitspolitischen Diskurs in Europa konstatiert werden, dass die damit verbundenen Proliferationsgefahren von Massenvernichtungswaffen im Mittleren Osten kaum ange-

---

11 Vgl. auch Paul Mann, 'Near East Arms Sales Appear Largely Stable', in: Aviation Week & and Space Technology, 29.10.2001, S. 92-94 und Ed Blanche, 'Getting Smart — Gulf States Go for US 'Wonder Weapons', in: The Middle East, October 2002, S. 22-24.

messen diskutiert werden oder aber vor dem Hintergrund der wirtschaftlichen Interessen Europas im Mittleren Osten bewusst verdrängt werden.[12]

Abbildung 81: Kurz- und Mittelstreckenraketen im Mittleren Osten

Country	System	Range
Algeria	Scud B	300 km
Egypt	Scud B Scud C	300 km 500 km
Iran	CSS-8 Scud B Scud C Shehab III Shehab IV	150 km 300 km 500 km 1,300 km 2,000 km
Iraq	Ababil 100 All Samoud Al Hussein*	100 km 150 km 650 km
Israel	Jericho I Jericho II	500 km 1,500 km
Libya	Al Fatah Scud B	200 km 300 km
Saudi Arabia	CSS-2	2,600 km
Syria	SS-21 Scud B Scud C Scud D	100 km 300 km 500 km 700 km
UAE	Scud B	300 km
Yemen	SS-21 Scud B	100 km 300 km

* modified Scud; Note: This table does not assess the operational status of the system

Quelle: http://ceip.org/files/Publications/ProliferationBrief403.asp?from=pu

Besonders auffällig war dies in den letzten Jahren in der europäischen Politik gegenüber dem Irak und dem Iran zu beobachten. Dies heißt nicht, dass ein kritischer Dialog mit den Reformkräften im Iran nicht sinnvoll und notwendig ist. Aber die Entscheidung über die Forschungsprogramme und den Bau von Massenvernichtungswaffen wird nicht von jenen Reformkräften vorangetrieben, sondern von den anti-westlichen Kräften im *Wächterrat* entschieden, wo die Reformkräfte kaum vertreten sind und daher keinen entscheidenden Einfluss haben.[13] Diese Widersprüchlichkeit in der europäischen Politik, stets auf das *„best-case"*-Szenario zu setzen, war ein Kontinuum der EU-Politik bei den

12 Vgl. Shai Feldmann, 'Nuclear Weapons and Arms Control in the Middle East', Cambridge-London 1997 und Joseph Cirincione/Jon B. Wolfsthal/Miriam Rajkumar, 'Deadly Arsenals. Tracking Weapons of Mass Destruction', Washington D.C. 2002.

13 Vgl. Hierzu auch A William Samii, 'Iran's Guardians Council as an Obstacle to Democracy', in: Middle East Journal 4 (Autumn) 2001, S. 643-662.

Konflikten im früheren Jugoslawien, wo diese Politik wiederholt an den harten politischen und militärischen Realitäten gescheitert war, ist aber auch bei anderen außen- und sicherheitspolitischen Herausforderungen bis heute charakteristisch. So ist das weitgehende Scheitern der EU als Friedensstifter im Nahen und Mittleren Osten nicht nur auf die kompromisslose Politik der israelischen Regierung unter Ministerpräsident *Scharon* zurückzuführen, sondern wirft grundsätzliche Fragen auf.[14] Dies gilt insbesondere auch hinsichtlich der bisher weitgehend unkritisch gewährten und nicht-kontrollierten Finanzhilfen der EU an die Autonomiebehörde *Arafats*, die von ihm nicht so sehr zum wirtschaftlichen Aufbau und der Milderung der Leiden seines Volkes, sondern zur direkten und indirekten Finanzierung des Terrorkampfes eingesetzt wurden.[15]

Da die Bedeutung außereuropäischer Schlüsselregionen der Weltpolitik wie der Mittlere Osten oder Asiens auch für die europäische Politik an strategischer Bedeutung kontinuierlich zunimmt, spielen diese Regionen und die jeweilige Politik auf beiden Seiten des Atlantik für die zukünftigen transatlantischen Beziehungen und die zukünftige Rolle der NATO eine wesentlich größere Rolle als in der Vergangenheit. Hieraus ergibt sich auch ein größerer Bedarf gemeinsamer Analysen, des kontinuierlichen Informationsaustausches, einer institutionalisierten Diskussion über die zunehmend divergierenden Ansichten und die Ausrichtung der jeweiligen konkreten Regionalpolitik sowie eine größere Abstimmungs- und Koordinierungsnotwendigkeit im Zuge der wirtschaftlichen und sicherheitspolitischen Globalisierung.[16]

Im Gegensatz zu Europa scheinen die USA offenbar weitgehend die Hoffnung auf innenpolitische Veränderungen zugunsten einer Demokratisierung und Pluralisierung der arabischen Länder und namentlich der *„Schurkenstaaten"* Irak, Iran, Libyen und Syrien jedoch aufgegeben zu haben. Daher überrascht es nicht, dass in den letzten Jahren eine zunehmende Kluft zwischen der EU- und der US-Politik im Mittleren Osten zu beobachten war. Dies gilt besonders im Zuge der Verstärkung der politischen, wirtschaftlichen und kulturellen Beziehungen der EU mit den Regionalstaaten im Mittleren Osten.

Darüber hinaus ist das multilaterale Beziehungsgeflecht auch in dieser Schlüsselregion der Weltpolitik weitgehend unterentwickelt. Die Rivalitäten der Staaten behindern bis heute z.B. die *Arabische Liga* wirklich mit einer Stimme zu sprechen und auch jenseits der Region politischen Einfluss auf die internationalen Beziehungen zu nehmen. Der *Golf-Kooperationsrat* — dem Saudi Arabien, Kuwait, die Vereinigten Arabischen Emirate, Qatar, Oman und

---

14 Vgl. auch Peter Hort, FAZ, 6.4.2002, S. 3.

15 Vgl. Thomas Kleine-Brockhoff/Bruno Schirra, 'Arafat bombt, Europa zahlt', in: Die Zeit, Nr. 24, 6.6.2002, S. 13-16. Siehe im Kontext auch Jörg Bremer, FAZ, 7.12.2001, S. 7; Günter Lerch, ebda., 16.5.2002, S. 12 und Norbert Jessen, Die Welt, 9.11.2001, S. 7.

16 Vgl. auch Rita Hauser u.a., 'Elusive Partnership: U.S. and European Policies in the Near East and the Gulf', The Atlantic Council of the United States/The German Marshall Fund of the United States, Policy Paper, September 2002; Philip H. Gordon, 'The Transatlantic Allies and the Changing Middle East', IISS-Adelphi Paper No. 322, Oxford-New York 1998 und Joseph N. Yackley, 'Politikkoordination im Nahen Osten', in: IP 12/2002, S. 45-50.

Bahrain angehören — ist zudem durch das Übergewicht Saudi Arabiens politisch gehemmt. Dieser war 1981 als eine lose politische, ökonomische und militärische Allianz gegründet worden, ohne dass dieser fortan eine größere politische oder militärische Bedeutung erlangt hat.

Die gewaltige militärische Aufrüstung der Golf-Staaten während des letzten Jahrzehnts hat zudem nicht unbedingt dazu geführt, dass auch die nationalen militärischen Fähigkeiten automatisch zugenommen haben. Auch ist diese Aufrüstung im Rahmen des *Golf-Kooperationsrates* weitgehend nicht koordiniert, so dass auch die Interoperabilität der sechs nationalen Streitkräfte zu gemeinsamen Verteidigungsoperationen nach wie vor gering ist. Daran ändert vorerst auch nichts der gemeinsame Beschluss des Rates vom 31. Dezember 2001, die 1986 bereits geschaffene gemeinsame Brigade („*Peninsula Shield*") von 5.000 Mann auf eine 20.000 Mann starke mechanisierte Infanteriedivision zu erhöhen. Zwar soll außerdem ein gemeinsames Frühwarn-, Aufklärungs-, Kontroll- und Kommunikationssystem beschafft werden. Auch haben sie sich zugleich gegenseitig versprochen, im Falle einer Aggression gegen einer seiner Mitglieder diesem militärisch zu Hilfe zu kommen.[17] Ob daraus jedoch eine wirklich politisch-militärische Allianz in kurz- und mittelfristiger Perspektive entstehen wird, ist äußerst fraglich. Bisher hat die eindeutige Forcierung der Entwicklung nationaler Militärstrukturen und Streitkräfte jedenfalls nicht die politischen und ökonomischen Kooperationsstrukturen signifikant gestärkt, sondern eher die regionalen Sicherheitsdilemmas und Asymmetrien vertieft.

Die gemeinsame militärische Integration steht bisher im wesentlichen auf dem Papier. In der realpolitischen Praxis haben sich die einzelnen Golf-Staaten vielmehr auf ihre bilaterale Kooperation mit den USA verlassen. Auch hier sind die Mitgliedsstaaten nicht bereit, ihre Souveränität und nationale politische Kontrolle ihrer Streitkräfte zugunsten multilateraler Strukturen einzuschränken. Zudem haben die Streitkräfte der Golf-Staaten, bei denen — wie in der Wirtschaft ihrer Staaten — der Ausländeranteil besonders hoch ist, erhebliche Probleme mit dem Auffüllungsgrad an Soldaten und der Loyalität der ausländischen Soldaten und Offiziere in Krisen- und Konfliktzeiten. Inzwischen haben der Jemen, Jordanien und Ägypten allerdings signalisiert, dass sie an einer Mitgliedschaft oder zumindest engeren wirtschaftlichen und militärischen Kooperation mit dem *Golf-Kooperationsrat* interessiert sind. Eine Mitgliedschaft des Jemen ist bisher jedoch stets von Saudi Arabien blockiert worden, da die bilateralen Beziehungen beider Staaten historisch von Grenzstreitigkeiten belastet sind und Riad dem Jemen noch immer vorwirft, 1990-91 den Irak unterstützt zu haben. Immerhin soll sich nun der gemeinsame höchste *Verteidigungsrat* jährlich treffen sowie bei akuten Krisen- und Konflikten auch auf der Ebene der Außenminister zusammenkommen. Doch viele Regionalexperten

---

17 Vgl. Ed Blanche, 'Gulf-Cooperation Council to Boost Joint Defence', in: JDW, 9.1.2002, S. 18; 'Gulf Cooperation Council Endorses Mutual Defense Pact', Stratfor.Com, 2.1.2002 und Ed Blanche, 'Facing Up to the Harsh Realities', in: JDW, 18.8.1999, S. 23-31.

sehen auch in diesen neuen Absichtserklärungen vom 31. Dezember 2001 eher einen symbolische als substantielle Bedeutung für die nächsten Jahre.[18]

Abbildung 82: Foreign Military Presence in the Middle East, 1997

Foreign Military Presence
Bahrain *UK:* 40 Royal Air Force (RAF) personnel (*Operation Southern Watch*) *US:* Periodic detachments of fighter and support aircraft Headquarters, Navy Central Command and 5th Fleet
Egypt *Multinational Force and Observers (MFO-Sinai)* 1,900 troops (Australia, Canada, Colombia, Fiji, France, Hungary, Italy, New Zealand, Norway, Uruguay, US)
Iraq *UN Iraq-Kuwait Observer Force (UNICOM)* Some 936 troops (Bangladesh, Denmark, Norway) and 197 observers (various countries)
Kuwait *UNICOM* Some 902 troops (Bangladesh, Denmark, Norway) and 197 observers (various countries) US : 250 troops; pre-positions equipment for 1 armoured brigade; 1,000 Navy personnel
Morocco *UN Mission for the Referendum in Western Sahara (MINURSO)* Some 27 troops, 200 military observers, 9 civilian police officers (various countries) in Western Sahara
Qatar *US:* 50 troops; pre-positions equipment for 1 armoured brigade (forming)
Saudi Arabia *Peninsular Shield Force* Estimated 7,000 personnel; 1 infantry brigade (with elements from Gulf Cooperation Council (GCC)) *France:* 130 personnel; 6 *Mirage* 2000C, 1 C 135FR, 1 N-262 *UK:* Estimated 200 personnel, 6 *Tornado* GR-1A *US:* Estimated 5,000 personnel; 274 Army plus 1,250 on temporary duty; Air Force estimated 1,500 plus 2,900 on temporary duty, aircraft presence varies
Syria *UN Disengagement Observer Force (UNDOF)* 1,053 personnel (Austria, Canada, Japan, Poland) *Russia:* Estimated 50 advisers, mainly air defence

Quelle: Ibrahim A. Karawan, 'The Islamist Impasse', Adelphi Paper 314 (IISS), New York-Oxford 1997, S. 54-55.

[18] Vgl. Ed Blanche, 'Gulf-Cooperation Council to Boost Joint Defence'.

In diesem Sinne gilt: *„The GCC's [Golf-Cooperation Council] security pact does not reflect a radical change in the region's security situation, and there is no common goal that can override members' individual security concerns.“* [19]

Diese Schlussfolgerung bestätigt sich auch in der Frage der Benutzung der amerikanischen Militärbasen in der Region für eine erneut bevorstehende militärische Intervention der USA, Großbritanniens und anderer Staaten im Irak. Bereits die Verlegung von Teilen des amerikanischen Hauptquartiers von Saudi Arabien nach Qatar signalisierte trotz des ausgeübten politischen Drucks von Saudi Arabien und Iran auf Qatar, dass eine einheitliche Position der Mitgliedsstaaten des *Golf-Kooperationsrates* bei dieser Frage wieder einmal nicht zustande kommt. Danach sollen die amerikanischen Streitkräfte nun von derzeit noch 2.000 auf 9.000 Mann aus Saudi Arabien verstärkt werden. Gleichzeitig werden die amerikanischen Militärbasen in Kuwait, Bahrain und Oman zahlenmäßig und materiell verstärkt.[20]

Doch die eigentlichen Herausforderungen für die Golf-Staaten liegen in den innenpolitischen und sozio-ökonomischen Entwicklungen begründet.[21] Die darin erkennbaren Dimensionen und Erklärungsfaktoren für die zahlreichen wirtschaftlichen und politischen Misstände sind eindrucksvoll in dem Bericht *„Arab Human Development Report 2002“* des *Entwicklungsprogramms der Vereinten Nationen* (*UNDP*) aufgelistet und analysiert. Hierzu gehören die dramatische Rückständigkeit im Bildungswesen und der Wirtschaft, wozu auch der vielfach eingeschränkte Zugang zum Internet gehört, die Benachteiligung, Ausgrenzung und Unterdrückung der Frauen und die politischen Defizite bei den Grundfreiheiten. Zudem ist in keiner anderen Region der Welt der Reichtum so ungleich verteilt. So muss ein Fünftel der Bevölkerung von 280 Millionen in 22 arabischen Ländern mit weniger als zwei Dollar pro Tag auskommen. Die durchschnittliche Arbeitslosigkeit mit derzeit 15 Prozent steigt mit der rapide zunehmenden Bevölkerungszahl weiter an und vergrößert die Heere der Unzufriedenen und zu kurz gekommenen. Bis zum Jahr 2010 werden nicht weniger als 50 Millionen neue Arbeitsplätze benötigt. Falls die Arbeitslosenquote im nächsten Jahrzehnt gleich bleibt, wird die Zahl der Nichtbeschäftigten auf mindestens 25 Millionen steigen. Gleichzeitig wandern die hochqualifizierten Araber zunehmend in die westlichen *OECD-Staaten* aus.

---

[19] So die Analyse 'Gulf Cooperation Council Endorses Mutual Defense Pact', hier S. 2.

[20] Vgl. Robin Hughes, 'USA Addresses Basing Options in Gulf Region', in: JDW, 25.9.2002, S. 5; Michael Sirak/Neil Barnett, 'USA Looks to Expand Bases in Oman and Qatar', in: ebda., 17.4.2002, S. 15 und 'Qatar Signals Continued Cooperation with U.S. Military', Stratfor.Com, 1.10.2002.

[21] Vgl. auch Volker Perthes, 'Geheime Gärten. Die neue arabische Welt', Berlin 2002.

Abbildung 83: International Comparisons of Defence Expenditure and Military Manpower, 1985, 2000 and 2001: Middle East and North Africa

	Defence Expenditure									Numbers in Armed Forces		Estimated Reservists	Para-military
	US$m			US $ per capita			% of GDP						
	1985	2000	2001	1985	2000	2001	1985	2000	2001	1985	2001	2001	2001
Algeria	1,441	2,989	3,149	66	99	102	1.7	5.5	6.3	170.0	14.0	150.0	181.2
Bahrain	228	322	364	547	474	520	3.5	4.7	4.8	2.8	11.0	n.a.	10.2
Egypt	3,905	4,099	4,318	81	66	62	7.2	4.2	4.7	445.0	443	254.0	325.0
Gaza/Jericho	n.a.	n.a.	n.a.	n.a.	n.a.	n.a.	n.a.	n.a.	n.a.	n.a.	n.a.	n.a.	35.0
Iran	10,736	3,957	4,698	241	56	66	18.0	5.4	5.8	610.0	513.0	350.0	40.0
Iraq	14,031	1,400	1,372	916	60	58	37.9	9.1	9.3	1,000.0	424.0	650.0	43.0
Israel	7,638	9,509	10,375	1,804	1,534	1,673	21.2	8.8	9.5	142.0	163.5	425.0	8.0
Jordan	910	792	740	260	159	145	15.9	10.4	8.5	70.3	100.2	35.0	10.0
Kuwait	2,715	3,695	5,029	1,588	1,7927	2,154	9.1	11.1	12.1	12.0	15.5	23.7	5.0
Lebanon	302	578	576	113	158	160	9.0	3.6	3.5	17.4	71.8	n.a.	13.0
Libya	2,041	423	546	542	78	101	6.2	3.2	4.1	73.0	76.0	40.0	0.5
Mauritania	79	24	25	46	9	9	6.5	2.8	2.9	8.5	15.6	n.a.	5.0
Morocco	969	1,429	1,315	44	48	43	5.4	4.3	4.2	149.0	198.5	150.0	48.0
Oman	3,261	2,099	2,831	2,038	846	1,089	20.8	11.9	14.4	29.2	43.4	n.a.	4.4
Qatar	454	1,183	1,243	1,440	1,712	2,072	6.0	7.2	7.1	6.0	12.3	n.a.	n.a.
Saudi Arabia	27,156	22,050	24,266	2,353	1,070	1,156	19.6	11.9	14.1	62.5	201.2	n.a.	16.0
Syria	5,266	1,483	1,884	501	91	114	16.4	10.8	10.9	402.5	321,0	354.0	108.0
Tunisia	630	357	377	88	38	39	5.0	1.7	1.9	35.1	35,0	n.a.	12.0
UAE	3,089	2,997	3,070	2,206	1,176	1,137	7.6	5.1	4.6	43.0	65,0	n.a.	1.0
Yemen	739	499	531	73	27	28	9.9	7.8	8.1	64.1	54,0	40.0	70.0
Total	85,589	59,882	66,707	787	507	584	11.9	6.8	7.2	3,342.4	2,888.0	2,471.7	935.3

Quelle: IISS, 'The Military Balance 2002-2003', New-York-Oxford 2002, S. 333.

Inzwischen sind zwar durchaus auch Fortschritte bei der Frauenausbildung seit 1970 zu verzeichnen. Doch ist ihre Analphabetenquote mit immer noch mehr als 50 Prozent international sehr hoch. Auch die Analphabetenrate bei den Erwachsenen ist zwar von 60 Prozent im Jahr 1980 auf 43 Prozent Mitte der 90er Jahre gefallen. Doch liegt auch sie noch höher als selbst die Durchschnittsrate in den Entwicklungsländern. Mit 5 Prozent der Weltbevölkerung machen die Araber nur ein halbes Prozent bei der Nutzung des Internet aus.

Besonders frappierend ist das Faktum, dass jährlich nur etwa 330 ausländische Bücher ins Arabische Übersetzt werden — gerade einmal ein Fünftel dessen, was allein in Griechenland pro Jahr übersetzt wird! Dies steht auch in einem auffallendem Kontrast zu der Blütezeit des Orients zu Zeiten des *Kalifen Mamun* von 813-833, als nicht weniger als 100.000 Bücher übersetzt wurden — fast doppelt so viel wie durchschnittlich pro Jahr heute in Spanien.[22] Wie unter diesen erschreckenden Umständen eine aufgeklärte Zivilgesellschaft entstehen kann, die sich aktiv an den politischen, wirtschaftlichen und kulturellen Globalisierungsprozessen teilnimmt und ihre Werte sowie und Erfahrungen einbringen kann und nicht in Resignation, Isolation und Extremismus verfällt, ist somit ungewisser denn je. Hierbei sind es nicht so sehr die fehlenden Ressourcen, die für die heutige Situation verantwortlich sind, sondern vielmehr das allgemeine geistige und entwicklungspolitische Niveau. Gegenwärtig geben nur die Entwicklungen in Kuwait, Katar und Bahrain Anlass zu gewisser Hoffnung, da dort zumindest Parlamentswahlen abgehalten und bürgerliche Rechte in den Verfassungen verankert sind — auch wenn die Demokratisierung nicht mit europäisch-amerikanischen Maßstäben verglichen werden kann.

Dieser UN-Bericht kann von den zumeist autoritären arabischen Regimen schon deshalb nicht als weitere westliche Verschwörungstheorie disqualifiziert werden, weil ihre Autoren zumeist selbst als wissenschaftlich ausgewiesene Experten, darunter auch einige in höheren politischen Positionen, aus der Region selbst stammen. Er bestätigt indirekt auch jene Analysen politikwissenschaftlicher Regionalexperten, dass für die arabischen Staaten — in Kontrast zu anderen Regionen — es sich empirisch nachweisen lässt, dass der Ölreichtum nicht zu vermehrtem Reichtum, der Herausbildung von Demokratie, einer pluralistischen und weltoffenen Gesellschaft sowie zur Ausbildung einer breiteren politisch aufgeklärten Mittelschicht führt, sondern das Gegenteil dessen bewirkt: der Ölreichtum ist in diesen Staaten vielmehr ein Hindernis auf dem Weg zu Demokratie und einer sozialen Marktwirtschaft. Diese These ist allerdings keineswegs nur auf die arabischen Staaten des Mittleren Ostens zutreffend, sondern auch auf Indonesien, Malaysia, Mexiko, Nigeria. Auch für die zentralasiatischen Staaten werden derartige negative politische Entwicklungs-

[22] Vgl. die Studie UNDP (Ed.), 'Arab Human Development Report 2002. Creating Opportunities for Future Generations', New York 2002 (Internet: www.undp.org/ahdr). Zu Zusammenfassungen siehe Wolfgang Köhler, FAZ, 15.7.2002, S. 10; Barbara Crossette, New York Times, 2.7.2002 (Internet-Version); NZZ, 3.7.2002, S. 10 und Roula Khalaf, FT, 2.7.2002, S. 6.

prozesse befürchtet.[23] Kurzfristig bildet jedoch besonders das beschleunigte Bevölkerungswachstum ein sozio-ökonomisches Entwicklungshindernis und verschärft die ohnehin zahlreichen innenpolitischen Strukturprobleme (siehe auch *Abbildungen 85-88*). Dies hat Auswirkungen sowohl für die zukünftige regionale Stabilität als auch für die westliche Energieversorgungssicherheit.[24]

Abbildung 84: Schiefe Verteilung: Wirtschafts- und Sozialdaten ausgewählter islamischer Staaten

	Pakistan	Iran	Türkei	Jemen	Oman	Jordanien	Syrien	Ägypten	Sudan
Bruttoinlandsprodukt[1] pro Kopf in US$	1834	5531	6380	806	-	3955	4454	3420	-
Anteil des ärmsten Fünftel der Bevölkerung am Einkommen/ Konsum	9,5	-	5,8	7,4	-	7,6	-	9,8	-
Unterernährte in Prozent der Bevölkerung	20,0	6,0	-	35,0	-	5,0	-	4,0	18,0
Analphabetenrate[2]	55,0	24,3	15,4	54,8	29,7	10,8	26,4	-	-
Öfftl. Gesundheitsausgaben[3]	0,9	1,7	-	-	2,9	5,3	0,8	-	-
Öfftl. Bildungsausgaben[3]	2,7	4,0	2,2	7,0	4,5	7,9	4,2	4,8	1,4
Militärausgaben[3]	4,4	2,7	5,0	5,6	10,1	10,0	5,6	2,7	2,6
Ausländische Direktinvestitionen[3]	0,9	0,1	0,4	-2,2[4]	0,7	2,0	0,5	1,2	3,8
Entwicklungshilfe pro Kopf in US$	5,4	2,6	-0,2	26,8	17,0	90,7	14,5	25,2	8,4
Entwicklungshilfe[3]	1,3	0,1	-	6,7	-	5,3	1,2	1,8	2,5
Schuldendienst[3]	5,2	4,2	7,4	2,3	4,2	8,0	1,9	1,9	0,6

1) Berechnet nach Kaufkraftparität;
2) Anteil in Prozent an der Bevölkerung ab 15 Jahre;
3) in Prozent des Bruttoinlandsprodukts und
4) Negativer Wert bedeutet, dass abfließende Mittel größer als einfließende sind

Quelle: Entwicklungsprogramm der Vereinten Nationen (UNDP), hier nach : Die Zeit, 27.9.2001, S. 20.

23 Vgl. hierzu Michael L. Ross, 'Does Oil Hinder Democracy?', in: World Politics, April 2001, S. 325-361.

24 Vgl. hierzu auch Patrick Clawson, 'Oil Resources: Markets, Polictics, and Policies', in: S.J.Flanagan/E.L.Frost/R. L. Kugler, 'Challenges of the Global Century — Report of the Project on Globalization and National Secuirty', INSS/NDU, Washington D.C. 2001, S. 727-742.

Abbildung 85: GDP and Population Change, 1985-1993

	Real GDP (%)*	Population (%)
Iran	+ 15	+ 34
Iraq	- 77**	+ 25
Saudi Arabia	+ 38	+ 35
Kuwait	+ 28	- 17
UAE	+ 12	+ 33
Qatar1	+ 17	+ 56

* In constant local currency; ** - 23% to 1989.

Quelle: IEA (1995b), hier nach : John V. Mitchell (Ed.), 'The New Geopolitics of Energy', London-Washington D.C. 1996, S. 50.

Abbildung 86: Share of Expatriate Workers on the Labour Force of the Gulf Arab States in 1990

	Point of Origin	
	Native	Expatriate
Bahrain	43%	57%
Kuwait	16%	84%
Oman*	31%	69%
Quatar	18%	82%
Saudi Arabia*	30%	70%
UAE	15%	85%

Quelle: The Central Intelligence Agency, Atlas of the Middle East (Washington: United States Government Printing Office, 1993), 14 – here following Saideh Lotfian, 'A Regional Security System in the Persian Gulf, in: Potter, Lawrence G./Sick, Gary G. (Eds.), 'Security in the Persian Gulf. Origins, Obstacles, and the Search for Consensus', New York 2002, S. 70.

Des Weiteren stellt der zumeist sehr hohe Anteil ausländischer Gastarbeiter in den Wirtschaften der Golf-Staaten sowohl ein wirtschaftliches als auch ein zunehmend innenpolitisches Problem dar. In Saudi Arabien, z.B. sind 60 Prozent aller Arbeitskräfte Gastarbeiter. In der Privatwirtschaft des Landes sind es inzwischen sogar 90 Prozent. Zusammen mit ihren Familien stellen sie mit etwa 6-7 Millionen Ausländern bis zu 40 Prozent der gesamten Bevölkerung des Landes. Ihre Löhne machen jährlich etwa 27,14 Milliarden Dollar aus — dies sind ca. 15 Prozent der saudischen Wirtschaft. Diese Gastarbeiter senden aber bis zu 70 Prozent ihrer Löhne, etwa 19 Milliarden Dollar, direkt an ihre Familienangehörigen in ihren Heimatländern zurück, ohne dass dieses Geld jemals eine saudische Bank gesehen hat und so der saudischen Wirtschaft zugute kommen kann.[25]

25 Vgl. 'Saudis Avoid Tough Economic Reforms', Stratfor.Com, 13.8.2001.

Abbildung 87: Points of Origin of the Inhabitants of the Gulf Arab States in *1990*

Point of Origin	Native	Indian Ocean Rim	Continental Mid-East	Other
Bahrain	47%	17%	3%	33%
Kuwait	27%	36%	30%	7%
Oman*	73%	21%	1%	5%
Quatar	27%	42%	11%	20%
Saudi Arabia*	65%	23%	11%	1%
UAE	20%	66%	10%	4%

Quelle: The Central Intelligence Agency, Atlas of the Middle East (Washington: United States Government Printing Office, 1993), 14 – hier nach Saideh Lotfian, 'A Regional Security System in the Persian Gulf, in: Potter, Lawrence G./Sick, Gary G. (Eds.), 'Security in the Persian Gulf. Origins, Obstacles, and the Search for Consensus', New York 2002, S. 70.

Abbildung 88: Points of Origin of the Inhabitants of the Gulf Arab States (*2001 Estimate*)

Point of Origin	Native	Indian Ocean Rim	Continental Mid East	Other
Bahrain	45%	24%	3%	28%
Kuwait	24%	53%	13%	10%
Oman	61%	34%	1%	4%
Quatar	28%	49%	9%	14%
Saudi Arabia	42%	48%	5%	5%
UAE	18%	68%	10%	4%

Note: Other includes American, Canadian, European, and Slav.

Quelle: M.R. Izady, 'The Gulf's Ethic Diversity. An Evolutionary History', in: Potter, Lawrence G./Sick, Gary G. (Eds.), 'Security in the Persian Gulf. Origins, Obstacles, and the Search For Consensus', New York 2002, hier S. 71.

Zusammen mit diesen strukturellen Entwicklungshemmnissen, der Fehlentwicklungen der letzten Jahrzehnte und den Herausforderungen der wirtschaftlichen, politischen und kulturellen Globalisierung sehen sich viele arabische Führer und ihre Gesellschaften an den weltpolitischen Rand gedrängt, ohne einen politischen Ausweg im Sinne größerer innen- und wirtschaftspolitischer Reformen zu wagen. Werden diese aber nicht in den nächsten Jahren intensiv vorangetrieben und von politischen Reformen begleitet, dann droht ein irreversibler Abstieg im 21. Jahrhundert. Dieser könnte zudem mit erheblichen regionalen Instabilitäten, Krisen und Konflikten begleitet sein, deren Auswirkungen als erstes Europa treffen könnten, aber auch darüber hinausgehende Implikationen für die globale politische und wirtschaftliche Stabilität zur Folge haben würden. Dies gilt insbesondere hinsichtlich der globalen und regionalen Energieversorgung. Dabei fällt der innenpolitischen Stabilität Saudi Arabiens eine Schlüsselrolle zu.[26]

Abbildung 89:

Major Assumptions about the Persian Gulf Security System:
- The vulnerability of the five smallest littoral states of the Persian Gulf is such that they are not in a position to defend their territories by themselves in the event of a large-scale war.
- The three largest and most populous states (Iran, Iraq, and Saudi Arabia) have military aspirations to dominate the regional security system.
- Iraq's expansionist foreign policy is the main obstacle to building a long-lasting peaceful security system in the Persian Gulf for as long as *Saddam Hussein* rules.
- The reduction of the likelihood of future outbreak of wars and instability necessitates democratic reforms by the regional governments.
- A viable regional defense system is not feasible without direct involvement of major powers.
- As long as the regional governments do not show a commitment to solve their disputes peacefully, there is little that the major powers can do to advance regional security.
- A major cause of tension is the regional arms race, and as long as these states have income, they will continue to divert national resources to military buildup and arms imports.
- Given the oil wealth and the strategic importance for the major powers, the prospect of demilitarization in the region is unlikely.
- Long-term security in the Persian Gulf is contingent upon active participation of all regional states, the promotion of regional trade, closer political links, and respect for territorial integrity.
- A stable and favorable sociopolitical condition is associated positively with lower level of regional disparities.

Quelle: Lotfian, Saideh, 'A Regional Security System in the Persian Gulf, in: Potter, Lawrence G./ Sick, Gary G. (Eds.), 'Security in the Persian Gulf. Origins, Obstacles, and the Search for for Consensus', New York 2002, hier S. 110.

[26] Vgl. auch Eric Rouleau, 'Trouble in the Kingdom', in: Foreign Affairs, July-August 2002, S. 75- 89 und Scott Macleod, 'How to Bring Change to the Kingdom', in: Time, March 2002, S. 2002, S. 24-29.

6.3 Saudi Arabien am politischen und wirtschaftlichen Scheideweg auf dem Weg ins 21. Jahrhundert

6.3.1 Innenpolitische Krisenpotentiale und außenpolitische Unberechenbarkeiten

„Saudi Arabia at heart is a conservative and introvert country. ... If the business community and many of the young want reforms, at least half the country, the traditionalists, do not. They see oil as a divine gift to compensate for centuries of a harsh, impoverished existence. Deep down they are convinced that in 10 years time they, and Abu Dhabi, Kuwait, and Iraq, will be back in the driving seat. With this mindset, structural reforms are simply another form of undesirable western import."[27]

Wie bereits in den vorangegangen Kapiteln angeführt wurde, resultiert die einzigartige Stellung Saudi Arabiens für die westliche und globale Energiesicherheit nicht allein aus dem Faktum der riesigen fossilen Energievorräte, sondern vor allem aus der Fähigkeit, je nach Marktlage oder einer internationalen Krisensituation, die zum Ausfall der Erdölproduktion von einem oder mehreren Erdölexporteuren führt, seine eigene Produktion von etwa täglich 7-8 Millionen Fass jederzeit um mindestens 1,5-2 Millionen auf bis zu 10,2 Millionen Barrel pro Tag (mb/d) erhöhen zu können. Über diese Fähigkeit zur Produktionsausweitung (theoretisch sogar bis zu 3,3 mb/d) verfügt kein anderer Erdöl fördernder Staat der Welt.

Darüber hinaus ist nicht so sehr die Abhängigkeit der USA von Saudi Arabien von Bedeutung, zumal diese in den letzten 20 Jahren eher zurückging, sondern der kontinuierlich zunehmende Anteil Asiens an den saudischen Exporten. Dieser Anteil beträgt gegenwärtig etwa 40 Prozent und wird in den nächsten Jahren und Jahrzehnten weiter drastisch zunehmen.[28]

Die Ereignisse des 11. September 2001 haben die innenpolitischen Herausforderungen und die Widersprüchlichkeit zwischen einer aggressiv puristischen Version des Islam, dem *Wahhabismus*[29], und dem weltlichen Herrschaftsanspruch des saudischen Königshauses als Wächter der beiden heiligen Stätten von *Mekka* und *Medina* einerseits und dem inneren sowie äußeren Modernisierungsbedarf andererseits besonders ins Rampenlicht der westlichen Staaten gerückt. Für die Außenwelt war Saudi Arabien bis zum 11. September 2001 der wichtigste westliche Verbündete in dieser geopolitisch so bedeutenden Weltregion, der die internationalen Rohölpreise maßgeblich bestimmte und dabei weltwirtschaftliche Stabilitätsgesichtspunkte zumeist beachtete. Aus

---

27 So ein saudischer Banker 1998 – zit. n. Robert Corzine/Robert Allen, FT, 11.12.1998, S. 13.

28 Vgl. auch David Buchan, FT, 29.10.2001, S. III (Beilage: Survey Saudi Arabien).

29 Der *Wahhabismus* ist eine Lehre, dessen Anspruch auf der Reinheit des Islam basiert und sich explizit gegen jede Art fremden kulturellen Einfluss richtet. Dies gilt auch gegenüber anderen Richtungen des Islam oder hinsichtlich des kulturellen Erbes des islamischen Orients, dessen Charakteristikum eher die Vielfalt ist.

Sicht der saudischen Regierung war die „*Ölwaffe*" gegen den Westen, kein geeignetes politisches Instrument Mittel zur Beilegung oder auch Deeskalation des blutigen israelisch-palästinensischen Konfliktes. Solange der Ölpreis nicht über 30 Dollar steigt, sieht offenbar auch die neue US-Regierung unter Präsident *George W. Bush* keinen Anlass, politisch in Riad zu intervenieren, wie dies noch die *Clinton*-Regierung (sogar öffentlich) getan hatte.[30]

Im Zuge des zweiten Golf-Krieges 1990/91 nach dem Überfall *Saddam Husseins* konnten so die alliierten Streitkräfte der UN unter maßgeblicher Führung der USA saudische und US-Militärstützpunkte in Saudi Arabien als logistischen Aufmarschraum benutzen, von der die Invasion des Irak geplant und durchgeführt wurde. Die Aufrechterhaltung der strategischen Beziehungen zwischen Saudi Arabien und den USA seit den 50er Jahren bildet einen Schlüsselfaktor für die regionale Stabilität und ist im beiderseitigen Interesse. Doch die überraschenden tiefen Preisstürze bei Erdöl in den Jahren 1986 und 1998 sowie die Kosten des zweiten Golf-Krieges gegen den Irak in Höhe von etwa 60 Milliarden sowie die fehlgeschlagenen Diversifizierungsversuche der saudischen Wirtschaft, um auf mehr als einem (Erdöl-)Bein zu stehen, haben zu einem erheblichen Defizit des Staatshaushaltes geführt und zunehmende Besorgnis über die zukünftige wirtschaftliche Stabilität sowie innenpolitische Sicherheit hervorgerufen. Die Erdöleinnahmen sind so in den letzten 15 Jahren stetig zurückgegangen (siehe *Abbildung 90*). Da vor allem die Golf-Staaten bis zu 95 Prozent ihrer Staatshaushalte von hohen Erdölexporteinnahmen abhängig sind (der Durchschnitt der sechs Mitglieder des *Golf-Kooperationsrates* beträgt etwa 70 Prozent), sind sie zumeist in größere wirtschaftliche Schwierigkeiten geraten. Nach dem Fall der Rohölpreise auf 10 Dollar im Jahr 1998 wurde bereits befürchtet, dass sich das Staatsdefizit innerhalb eines Jahres von 4,8 auf 15 Milliarden Dollar (12% des BIP) verdreifachen würde.[31] Zu jenem Zeitpunkt bedeutete jeder Dollar, den der internationale Rohölpreis hinter dem im Staatshaushalt veranschlagten Ziel zurückbleibt, einen Devisenverlust von 2,5 Milliarden Dollar. Insgesamt hatte Saudi Arabien durch das Ölgeschäft im Jahr 1998 etwa 40 Prozent oder um 20 Milliarden Dollar geringere Einnahmen. Das Staatsdefizit belief sich auf 13 Milliarden Dollar am Ende jenes Jahres — drei Mal so hoch wie Anfang 1998 veranschlagt.[32] Da die saudischen Staatseinnahmen zu rund 90 Prozent aus dem Erdölexport stammen, nehmen mit Sinken der Ölpreise gleichzeitig die wirtschaftlichen Schwierigkeiten zu, die zukünftig auch in zunehmend politischen Instabilitäten münden können.[33]

Saudi Arabien benötigt aber einen Ölpreis von etwa 25 Dollar, um seinen Haushalt zu finanzieren und die Schulden zurückzuzahlen. So müssen nicht nur die teuren Rüstungsprogramme finanziert werden, sondern auch die zahl-

---

30 Vgl. auch Ed Blanche, 'Oil is Thicker than Blood in Saudi-Arabia-US Relations', hier S. 36.
31 Robert Corzine/Robert Allen, FT, 11.12.1998, S. 13.
32 Vgl. Douglas Jehl, IHT, 22.3.1999, S. 2.
33 Vgl. auch Amy Myers Jaffe/Robert A. Manning, 'The Shocks of Cheap Oil', in: Foreign Affairs, January-February 2000, S. 16-29.

reichen innenpolitischen Subventionen, um so die Bevölkerung innenpolitisch zu pazifizieren und am politischen Willensbildungsprozess weitgehend auszuschließen. Diese Subventionen beliefen sich im Jahr 1998 allein auf zwei Milliarden Dollar, während weitere 2,4 Milliarden Dollar für neue Projekte im Gesundheitswesen, in Infrastruktur und Bildung investiert werden sollten. Allein die Hälfte des saudischen Haushaltes verschlingen die Ausgaben für die staatlichen Bediensteten — zu einem Zeitpunkt, wo jährlich 200.000 weitere Jugendliche auf den Arbeitsmarkt drängen.[34] 45 Prozent aller 22,7 Millionen Einwohner des Landes sind 14 Jahre oder jünger. Das jährliche Bevölkerungswachstum beträgt etwa 3,5 Prozent. Unter diesen sich verändernden Rahmenbedingungen wird der bisherige *„Sozialvertrag"* zwischen Regierung und der eigenen Bevölkerung zunehmend in Frage gestellt. Gegenwärtig sollen etwa 15-30 Prozent der saudischen Arbeitnehmer arbeitslos sein.[35] Das durchschnittliche Einkommen liegt zwar noch immer über 7.000 Dollar, ist damit aber inzwischen geringer als jenes von Anfang der 80er Jahre.[36] Die öffentliche Verschuldung ist seit den 90er Jahren stetig angestiegen und macht gegenwärtig mit 167 Milliarden US-Dollar fast 95 Prozent des geschätzten BIP im Jahr 2001 aus.[37] Für das Jahr 2002 war ein Staatsdefizit von weiteren 5 Milliarden US-Dollar eingeplant worden.[38] Insgesamt ist Saudi Arabien mit einer Auslandsverschuldung von 21 Prozent eines der weltweit größten Schuldnerstaaten. Nach Auskunft der amerikanischen *Energy Information Agency (EIA)* und des *Internationalen Währungsfonds (IMF)* sind Budgetdisziplin und Strukturreformen dringender denn je.[39] Die Schere zwischen der forcierten Entwicklung der Infrastruktur und Bevölkerung einerseits und der ausgebliebenen Zunahme des BIP andererseits bedroht zunehmend die traditionelle saudische Fortschritts- und Wachstumstheorie. Während kurzfristig vor allem die galoppierende Staatsverschuldung eingedämmt und umgekehrt werden muss, gilt es langfristig die nirgendwo weltweit schneller wachsende Bevölkerung mit sechs Millionen neuer Arbeitsplätze zu versorgen. Diese können aber nicht mehr wie in der Vergangenheit durch den Staatssektor geschaffen werden, sondern mittelfristig nur durch Liberalisierung und Deregulierung der Wirtschaft. Bereits in den vergangenen sieben Jahren haben von den 820.000 jungen saudischen Arbeitskräften nur 580.000 einen Job gefunden. Gleichzeitig ist zwar nur jeder vierte Einwohner des Landes auch Ausländer, aber bereits jeder zweite Beschäftigte.[40]

Ausufernde Korruption und strukturelle Misswirtschaft in anderen Wirtschaftssektoren als im Energiebereich komplementieren das Bild einer Gesellschaft, deren strukturelle Probleme sich stetig in Richtung einer größeren in-

---

34 Vgl. Udo Ulfkotte, FAZ, 27.11.1998, S. 15.
35 Vgl. Andrea Nüsse, Tagesspiegel, 14.5.2002, S. 18.
36 Vgl. Roula Khalaf, FT, 29.10.2001, S. I (Beilage: Survey Saudi Arabia) und 'Saudi Arabia's Future Stability Questionable', Stratfor.Com., 28.4.2000.
37 Vgl. NZZ, 27.11.2001, S. 9.
38 Vgl. Roula Khalaf, ebda., S. II.
39 Vgl. Karin Kneissl, Die Welt, 5.1.2002, S. 12 und Roula Khalaf, FT, 23.10.2002, S. 8.
40 Vgl. Rainer Hermann, FAZ, 3.6.2002, S. 16.

nenpolitischen Krise auszuweiten drohen. Zudem treffen selbst die bescheidenen innenpolitischen und wirtschaftlichen Reformen auf den vielfachen Widerstand einer archaisch-konservativen Bürokratie, zahlreichen Rivalen im Königshaus und einflussreichen Persönlichkeiten, die primär um ihre Privilegien und Monopolstellungen fürchten.[41] Das saudische Gesetzessystem, das in erheblichem Ausmaß auf religiösen Interpretationen basiert, kompliziert jegliche internationale Geschäftsaktivitäten in Saudi Arabien. Zudem sind die innenpolitischen Entscheidungsprozesse und die Machtkämpfe häufig durch wechselnde politische Allianzen und Intrigen mit direkten sowie indirekten Auswirkungen auf die Reform- und Außenpolitik des Landes gekennzeichnet, die dem Erfordernis politischer Berechenbarkeit zuwider laufen.[42]

Abbildung 90: Rückgang der Erdöleinnahmen in den Krisenjahren 1997-1998

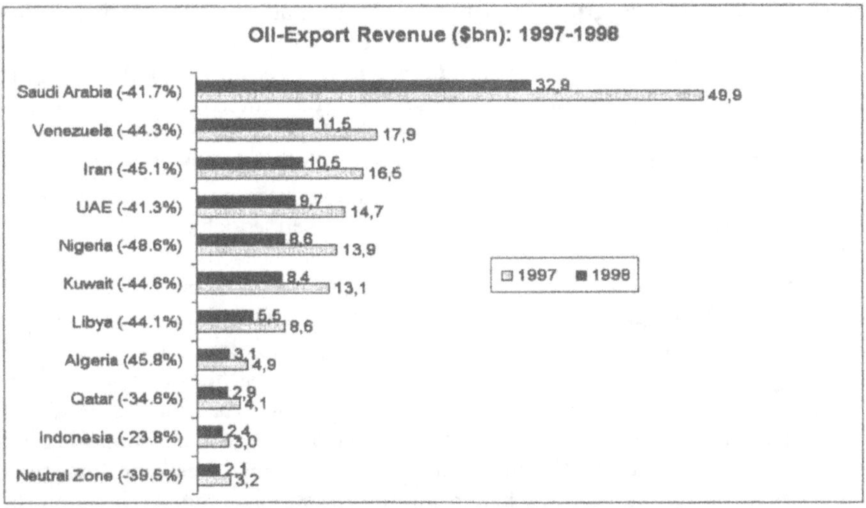

Quelle: Financial Times, 11. 12.1998, S. 13.

Immerhin treibt Saudi Arabien nun vor dem Hintergrund zunehmender wirtschaftlicher und sozialpolitischer Probleme die Öffnung der Wirtschaft für westliche Investitionen und andere wirtschaftliche Strukturreformen voran. Doch für Saudi Arabien gilt dasselbe wie für China und viele andere Reformstaaten: Die wirtschaftlichen Reformen müssen durch politische Reformen in Richtung größerer demokratisch-pluralistisch verfasster Gesellschaftssysteme begleitet werden. Eine Abkoppelung der Wirtschafts- von den politischen Reformen ist allenfalls für einen kürzeren Übergangszeitraum möglich. Adäquate politische Rahmenbedingungen sind jedoch entscheidend für die zukünftige wirtschaftliche Entwicklung. Vor diesem Hintergrund sehen nicht wenige Be-

41 Vgl. Roula Khalaf, FT, 29.10.2001, S. I (Beilage: Survey Saudi Arabia).
42 Vgl. 'Saudi Royal Politics are Quicksand for U.S.', Stratfor. Com, 26.9.2001.

obachter in dem 81-jährigen *König Fahd Bin Abdul-Aziz*, der 1982 seinem Bruder auf dem Thron folgte und vor sieben Jahren einen Schlaganfall erlitt, von dem er sich nicht mehr erholte, ein Symbol für den Zustand des Landes, dessen Familienstreit ihn noch immer auf den Thron hält, weil Reformer (wie Prinz *Abdallah*, bereits 79 Jahre) und Antireformer (wie neuerdings Prinz *Sultan*, 74 Jahre, der inzwischen sowohl den USA als auch innenpolitischen Reformen feindlich gegenüber steht) einander blockieren. Die ungelöste Thronfolge trägt so zu zusätzlichen politischen Unsicherheiten über den weiteren innen- und außenpolitischen Kurs des Landes bei.[43]

Währenddessen haben die innenpolitischen Zustände zu einem Zulauf der islamistischen Opposition geführt, die sich nicht länger eindeutig vom offiziellen saudischen Islam abgrenzen lässt und nur aus dem Untergrund agiert.[44] Der 20. November 1979, als 200 fanatische Gotteskrieger (in der überwiegenden Mehrheit Saudis) die große Moschee besetzten und zwei Wochen auf alles schossen, was sich bewegte, bevor sie mit Hilfe einer Spezialeinheit und Nervengas überwältigt wurden, ist mehr denn je in Erinnerung. Auch Anschläge in den Jahren 1995 und 1996 auf Amerikaner (bei letzterem kamen 19 um und 372 wurden verletzt) dokumentieren die potentielle Instabilität in einem Land, dessen Pro-Kopf-Einkommen nur noch halb so hoch ist wie 1981.[45] Vor allem in den niederen Offiziersrängen werden viele Sympathisanten für einen Sturz des Hauses Saud vermutet. Auf der anderen Seite hinken jedoch die Vergleiche mit dem Iran oder Gerontokratie der *Brešnev-Ära*, wie sie nach dem 11. September 2001 vermehrt in der westlichen Presse zu lesen waren. Denn die Frage nach Stabilität und Sicherheit ist ein Kontinuum höchster Staatsaufmerksamkeit des saudischen Königshauses seit der Staatsgründung *Ibn Sauds* im Jahr 1932.[46]

Für Saudi Arabien sind die USA aber nicht nur sicherheitspolitisch weitgehend unersetzlich. Auch die wirtschaftlichen Beziehungen sind für Riad von großer Bedeutung, welche in jüngster Zeit eher noch weiter zugenommen hat. Obwohl der Erdölsektor für amerikanische und sonstige westliche Investitionen immer begrenzt blieb, so haben die wirtschaftlichen Schwierigkeiten des Landes in jüngerer Zeit zu einem gewissen Umdenken geführt. So sind inzwischen auch für die Aufrechterhaltung und Modernisierung der Erdölproduktionsanlagen und Raffinerien ausländische Investitionen zunehmend erwünscht und für die Modernisierung sowie Ausbau des saudischen Energiesektors unerlässlich. Dies gilt noch mehr für die Entwicklung des Erdgassektors, der bisher eher unterentwickelt war und nun massiv ausgebaut werden soll. So wird der Investitionsbedarf auf 50 Milliarden US-Dollar geschätzt, den das Land nicht länger allein aufbringen kann und daher nach ausländischen (vor allem ameri-

---

43 Vgl. auch Yaroslav Trofimov, WSJE, 25.9.2002, S. A3.

44 Gleichwohl dürfen die islamistischen Gefahren auch nicht überbewertet werden, da sie einerseits keine monolithische und politisch kohärente Bewegung darstellen; andererseits auch die arabischen Staaten sehr unterschiedlich auf derartige innenpolitische Gefahren reagieren - vgl. Ibrahim A. Karawan, 'The Islamist Impasse', IISS-Adelphi Paper No. 314, London 1997.

45 Vgl. Christian Schmidt-Häuer, 'Die Saudi-Connection', in: Die Zeit, 15.11.2001, S. 17-20.

46 Vgl. Nadav Safran, 'Saudi Arabia — The Ceaseless Quest for Security', Ithaca-London 1988.

kanischen) Investoren Ausschau hält. Die Investitionen sollen der integrierten Entwicklung von drei riesigen Erdgasfeldern dienen, die einen Umfang von 440.000 km^2 haben und das weltweit größte Gebiet zur Ausbeutung fossiler Energieträger und zugleich das größte ausländische Investitionsprogramm in der Geschichte des Landes sind. Mit 6,6 Billionen Kubikmetern Erdgas verfügt Saudi Arabien zugleich über die viertgrößten Erdgasreserven der Welt.[47] Mit den gegenwärtigen Investitionen in Höhe von 25-30 Milliarden Dollar, die von einem internationalen Konsortium (angeführt von *Exxon-Mobil* und *Marathon)* eingeplant wurden, sollte die Gasproduktion von 4 auf 5,4 Milliarden *cubic feet* (100 *cubic feet* = 1 Registertonne/RT) im Jahr 2001 durch *Saudi Aramco* erhöht werden. Ende 2003 soll die Gasproduktion dann bereits 7 Milliarden *cubit feet* und im Jahr 2025 12-14 Milliarden *cubit* feet produzieren, wovon 5-7 Milliarden *cubic feet* von ausländischen Ölgesellschaften gefördert werden sollen. Dabei hofft die saudische Regierung, dass mit jeder Milliarde US-Dollar an Investitionen etwa 20.000 neue Arbeitsplätze geschafft werden. Dies aber ist vermutlich viel zu optimistisch, zumal die ausländischen Investoren an der Maximierung von Profiten und nicht Arbeitsplätzen (wie die saudische Regierung) interessiert sind.[48] Gleichzeitig kündigte Riad Anfang Mai 2002 an, einige Unternehmenszweige seines staatlichen Ölproduzenten *Aramco*, der 12 Prozent zur globalen Ölproduktion beiträgt, privatisieren zu wollen.[49]

Auf der anderen Seite darf nicht übersehen werden, dass der öffentliche Druck der eigenen Bevölkerung auf ihre Regierung hinsichtlich der Eskalation des israelisch-palästinensischen Konfliktes auch in Saudi Arabien während der letzten Jahre zugenommen hat. Auch hat das politische *Rapprochement* zwischen Saudi Arabien und dem Iran in Washington Stirnrunzeln verursacht, bildet dieser doch aus Sicht der USA ein „*Schurkenstaat*", der den internationalen Terrorismus finanziell, materiell und logistisch unterstützt, nukleare Ambitionen hat sowie ein umfangreicheres ballistisches Raketenprogramm unterhält.

Bereits seit Mitte der 90er Jahre war unter Kronprinz *Abdallah* jedoch ein fundamentaler Paradigmenwechsel in der saudischen Sicherheitspolitik zu konstatieren. Danach wurde die primäre Sicherheitsbedrohung nicht mehr in äußeren Invasionsgefahren durch den Irak und den Iran, sondern vor allem in innenpolitischen Instabilitäten gesehen. Vor diesem Hintergrund begann eine vorsichtige, sukzessive Distanzierungspolitik gegenüber den USA[50], ohne jedoch die sicherheitspolitischen Beziehungen und die ökonomischen Interdependenzen in Frage zu stellen. Seitdem war zumindest eine Reduzierung der amerikanischen Truppenpräsenz aus Sicht Riads gegenüber den innenpolitisch-religiösen Kritikern und Gegnern der Außenpolitik des Landes grundsätzlich erwünscht. Für das Königshaus ist dabei offenbar nichts so gefährlich, wie der

47 Vgl. Ed Blanche, 'Oil is Thicker than Blood in Saudi-Arabia-US Relations', hier S. 37.
48 Vgl. David Buchan, FT, 29.10.2001, S. III (Beilage: Survey Saudi Arabien); Christopher Cooper/Thaddeus Herrick, WSJE, 30.7.2001 und Robin Allen, FT, 15.2.2002, S. 5.
49 Vgl. FAZ, 3.5.2002, S. 20.
50 Vgl. auch David Ignatius, IHT, 5.11.2001, S. 8.

Vorwurf autorisierter Theologen, mit Ungläubigen zu paktieren. Im November 2001 sah sich Kronprinz *Abdallah* jedoch gezwungen, die eigenen Prediger in einer beispiellosen Rede nachdrücklich zu ermahnen, sich in ihren antiamerikanischen Reden zu mäßigen.[51] Dennoch hat sich der panarabische Akzent der saudischen Außenpolitik unverkennbar verstärkt.[52]

Doch die Vorwürfe der islamischen Kritiker des saudischen Königshauses betreffen nicht nur die Beziehungen mit den USA, sondern betreffen faktisch alle Lebensbereiche von Staat und Gesellschaft. Im Kern geht es nicht weniger als um die Bedeutung einer rigiden, konservativ bis islamistischen Interpretation des Islam in der saudischen Gesellschaft und Staatspolitik. Damit steht Saudi Arabien am politischen Scheideweg, ob es zukünftig einer pragmatischen und zunehmend weltoffenen, pluralistisch-demokratischeren Auslegung des Islam folgt oder einer eher rückwärtsgewandten Ideologie des Islamismus, welcher ein weitgehend abgeschlossenes und nicht-weltoffenes, religiös-autokratisches politisches System zur Folge hätte und alle anderen Konfessionen sowie islamischen Richtungen als Ungläubige disqualifiziert, gegen die und ihre westlichen Unterstützer ein *„heiliger Krieg"* geführt werden muss. Die bisherige Politik auf die Globalisierungsherausforderungen für den saudischen Staat und seine Gesellschaft spiegelt das problematische Verständnis Riads wider. Während sich das saudische Königshaus einerseits zur wirtschaftlichen Globalisierung bekennt und hiervon auch profitiert, wird die kulturelle und politische Ausprägung der Globalisierung als Bedrohung wahrgenommen, abgelehnt und offen bekämpft. So unterliegt die Presse weiterhin strenger Zensur und religiöser Kontrolle, auch wenn inzwischen hier unverkennbar zaghafte Liberalisierungserscheinungen erkennbar sind.[53] Auch die Verbreitung des Internet wird — wie in zahlreichen anderen Regionalstaaten — kontrolliert und blockiert.

Zu einer grundlegenden Richtungsentscheidung bedarf es aber an weitaus mehr innenpolitischen Reformen als die bisherigen diplomatischen Erklärungen gegenüber den Westen, wonach das Land keine extremistische Bedrohung für die USA darstelle, seine diplomatischen Beziehungen zu den *Taliban* abgebrochen habe und Versprechungen, dass die Finanzierung terroristisch-islamistischer Gruppierungen eingestellt werde. Die Ereignisse des 11. September 2001 und die Verstrickung Saudi Arabiens in die Anschläge durch Beteiligung eigener Bürger als auch durch die erhebliche finanzielle Unterstützung der Koranschulen, der afghanischen *Taliban*-Regierung und *Osama bin Ladens* haben erhebliche Fehleinschätzungen des saudischen Königreichs für die politische Stabilität des eigenen Landes und die Außenpolitik offengelegt. Bis zu 25.000 saudische Männer sollen seit der sowjetischen Invasion in Afghanistan 1979 bis heute in den Lagern der afghanischen *Mudschahedin* und *Osama*

---

51 Vgl. Rudolph Chimelli, SZ, 20.11.2001, S. 7.
52 Vgl. auch Rainer Hermann, FAZ, 3.11.1998, S. 16.
53 Vgl. auch Stephan-Götz Richter, Die Welt, 5.10.2001, S. 7.

bin Ladens militärisch ausgebildet und politisch indoktriniert worden sein.[54] Ohne politische Unterstützung der religiösen Vertreter im eigenen Land wird es aber in der Zukunft wahrscheinlich sehr viel schwerer für das saudische Königshaus, ein Gleichgewicht zu den außen- und wirtschaftspolitischen Interessen und namentlich hinsichtlich der Beziehungen zu den USA herzustellen — insbesondere zu einer Zeit, wo die USA mit Afghanistan und Irak zwei moslemische Länder bombardieren. Obwohl Riad im November 2001 endlich die *UN-Konvention zur Unterdrückung der Finanzierung des Terrorismus* vom Dezember 1999 unterzeichnete[55], sind viele Experten skeptisch, ob Riad wirklich alle Konten von religiösen Organisationen und von Privatleuten, die der Unterstützung des internationalen Terrorismus verdächtigt werden, einfrieren lassen kann und wird.[56] Bei dem schrecklichen Terroranschlag in *Kuta* auf *Bali* am 12. Oktober 2002 sollen noch im Frühjahr des Jahres 74.000 Dollar bereitgestellt worden sein.[57] Inzwischen gibt es jedoch auch in Saudi Arabien zunehmend Stimmen, die sich für eine politische Demokratisierung des Landes aussprechen, auch wenn sie selbst noch skeptisch sind, ob dies in den nächsten Jahren bereits realisierbar ist.[58] Dabei wird auch die traditionelle Rolle der Frau in der saudischen Gesellschaft mit ihren zahlreichen Restriktionen zunehmend kontrovers diskutiert. Doch die konservativen Religionswächter werden einen schnellen und substantiellen Wandel zu verhindern wissen.[59]

Ungeachtet dieser innenpolitischen Unsicherheiten und potentiellen Instabilitäten sind die USA für Saudi Arabien weiterhin der wichtigste militärische Partner und Rüstungsexporteur. Diese sicherheitspolitische Abhängigkeit des Landes von den USA wird von Riad durch eine moderate und die westlichen Interessen berücksichtigende Ölpreispolitik honoriert. Sowohl Washington als auch Riad sind sich der gegenseitigen Abhängigkeiten sehr bewusst, so dass Kritikern und offenen Gegnern der engen bilateralen Beziehungen zwischen Saudi Arabien und den USA bisher kein wirklich maßgebender Einfluss eingeräumt wurde. Dennoch war unterschwellig eine gewisse Entfremdung in den bilateralen Beziehungen bereits *vor* den Ereignissen des 11. September 2001 unverkennbar, wie an zahlreichen kritischen Äußerungen des saudischen Kronprinzen *Abdallah* gegenüber der amerikanischen Politik im Nahen und

---

54 Saudi Arabien war z.B. eines von lediglich drei Ländern, welches die *Taliban*-Regierung 1997 diplomatisch anerkannt hatte. Seit Sommer 1998 versuchte Riad, *Osama bin Laden* in Afghanistan aufzuspüren und festzunehmen sowie vor ein islamisches Gericht zu stellen. Aber erst im Jahr 2001, mit dem bevorstehenden Krieg in Afghanistan wurden von Riad die diplomatischen Beziehungen mit der Taliban-Regierung wieder aufgelöst. Zugleich gestand Saudi Arabien ein, dass die *Taliban* und *Osama bin Laden* nicht mehr von Seiten Riads beeinflusst werden könnten - vgl. auch Howard Schneider, IHT, 16.10.2001, S. 2.

55 Vgl. Neil MacFarquhar, New York Times, 6.11.2001 (Internet-Version).

56 Vgl. hierzu auch die neue Studie von Maurice R. Greenberg/William F. Wechsler/Lee S. Wolosky, 'Terrorist Financing'. Report of an Independent Task Force sponsored by the Council on Foreign Relations, New York 2002.

57 Dies sagte ein verhafteter *Al-Qaida* Kämpfer aus - vgl. Udo Ulfkotte, FAZ, 17.10.2002, S. 3.

58 Eine solche Stimme ist z.B. Prinz *Walid ibn Talal*, ein milliardenschwerer saudischer Investor - vgl. Douglas Jehl, IHT, 29.11.2001, S. 5.

59 Vgl. auch Roula Khalaf, FT, 30.10.2002, S. 16

Mittleren Osten wiederholt ablesbar war.[60] Die amerikanische Unterstützung der konservativen Monarchien in den Golf-Staaten hat bisher zumeist nicht zur Stärkung der Demokratie in den Ländern geführt. Zudem mutierten einstmals gefeierte *Mudschahedin* zu Anhängern und Terroristen von *Al-Qaida*, deren Ziel nicht nur die Vernichtung der USA und Europas ist, sondern vor allem der Sturz der autokratischen pro-westlichen Regime der Golf-Staaten. Das Schweigen Washingtons zum Schicksal der Palästinenser hat wiederum die islamistischen Oppositionsbewegungen in den letzten Jahren gestärkt.

6.3.2 Auswirkungen des 11. September 2001 auf die bilateralen Beziehungen Saudi Arabiens mit den USA

> "A balancing of opposing forces and truths has been a hallmark of the Saudi-U.S. relationship. The royal family welcomes U.S. protection and patronage while rejecting American political and social values that threaten the monarchy and Saudi society, as they exist today."[61]

> "The 11 September attacks have had a profound impact on US foreign policy perceptions. This only serves to exacerbate the Saudi dilemma — to side with the international guarantor of its security, or to appease the groundswell of domestic resistance to the perceived encroachment of US hegemony."[62]

Seit den Terroranschlägen des 11. September 2001 sind die engen amerikanisch-saudischen Beziehungen auf beiden Seiten zunehmend innenpolitisch in Kritik geraten. So fühlt sich das saudische Königshaus gleich an mehreren Fronten herausgefordert sowie Druck ausgesetzt und fürchtet dabei vor allem negative Auswirkungen auf die innenpolitische Stabilität. Nach dem zweiten Golf-Krieg hatte sich eine beiderseitige Kooperation zwischen Saudi-Arabien und den USA herausgebildet, die einerseits den USA erlaubte, in Saudi Arabien eigene Militärbasen zur Eindämmung und Abschreckung der beiden *„Schurkenstaaten"* Irak und Iran zu errichten; andererseits akzeptierte Washington eine Mediatorenrolle im palästinensisch-israelischen Konflikt als *„ehrlicher Makler"* und lehnte zudem eine Einmischung in die inneren Angelegenheiten Saudi Arabiens als wichtigstem Verbündeten in der Golf-Region ab. Dies gilt gerade auch hinsichtlich zahlreicher Menschenrechtsverletzungen. Diese pragmatische, aber zugleich nicht unproblematische Außen- und Sicherheitspolitik der USA im Mittleren Osten sowie die saudisch-amerikanische Allianz sind jedoch mit dem 11. September 2001 zunehmend in schweres Fahrwasser geraten.

Im Unterschied zum zweiten Golf-Krieg 1990-91 sieht sich Riad gegenwärtig nicht einer äußeren Bedrohung durch den Irak oder anderen Nachbarstaaten ausgesetzt, welches in der Vergangenheit die amerikanische Truppenpräsenz von 5000 Mann in Saudi Arabien legitimiert hat. Dies erklärt zum Teil die

---

60 Vgl. auch Susan Sachs, IHT, 5.12.2000, S. 7.
61 So Jim Hoagland, IHT, 12.11.2001, S. 8.
62 Ed Blanche, 'Saudi Arabia's Dilemma'.

Vorbehalte, die Riad seit dem 11. September 2001 gegenüber der amerikanischen Außen- und Sicherheitspolitik gegenüber Afghanistan und Irak wiederholt angemeldet hat. Dementsprechend ist das saudische Königshaus besonders sensitiv gegenüber der Stationierung amerikanischer Truppen im eigenen Land sowie der Nutzung amerikanischer Militärbasen auf saudischem Boden für Militäroperationen gegen andere islamische Länder.[63] Dabei sind die innen- und außenpolitischen Herausforderungen miteinander eng verbunden und zeigen den enormen Reformbedarf des Landes auf, wenn der zukünftige Lebensstandard in einer zunehmend vernetzten und globalisierten Weltwirtschaft, die von innen- wie außenpolitischer Stabilität abhängig ist, aufrechterhalten werden soll. Die politische Repräsentation des Volkes ist noch immer auf den 120-köpfigen *Schura-Rat* begrenzt, welcher eine konsultative Versammlung ist, ohne legislative Macht zu besitzen. Da die wichtigste Quelle der Gesetzgebung in einem Staat, wo Religion und Staat nicht getrennt sind, ohnehin der Islam ist, beanspruchen die Mitglieder der *Schura*, die noch immer vom König ernannt werden, auch nicht, ein derartiges legislatives Organ zu sein. Gleichwohl unterhält die *Schura* Kontakte zu den Parlamenten der Nachbarstaaten.[64] Auch wenn ihre Mitglieder aus der Wirtschaftselite des Landes, den Provinzen und der Intellektuellenschicht neue Gesetze ausgiebig und kontrovers diskutieren dürfen, um so die Interessen der Bevölkerung zu berücksichtigen, so besitzt das politische System Saudi Arabiens keine wirklich institutionalisierten „*checks and balances*", um ein demokratisches Gleichgewicht zwischen Exekutive, Legislative und Judikative herzustellen.

Auf amerikanischer Seite musste besonders der Umstand irritierend sein, dass 15 der 19 Terroristen, die für die Anschläge auf das *World Trade Center* in New York sowie auf das *Pentagon* verantwortlich waren (wie der Anführer der *Al-Qaida, Bin Laden)*, aus Saudi Arabien stammen und zumeist wohlhabenderen Familien angehören sowie von dort maßgebliche finanzielle Unterstützung erhielten. So sollen in den 90er Jahren mindestens 300 Millionen Dollar von Mitgliedern des saudischen Könighauses an *Al-Qaida* und die *Taliban*-Regierung in Afghanistan im Rahmen eines Abkommens bezahlt worden sein, damit die Terrororganisation von *Osama Bin Laden* Saudi Arabien von Terroranschlägen verschont.[65] Nun aber klagen die amerikanischen Familien der bei den Terroranschlägen am 11. September 2001 umgekommenen Familienmitglieder im Rahmen einer öffentlichen Multi-Milliarden Klage gegen namhafte Mitglieder des saudischen Könighauses, während saudische Geschäftsleu-

---

63 Vgl. auch Ed Blanche, 'Saudi Arabia's Dilemma'. Allerdings tragen noch andere Faktoren hierzu bei. Vor allem die Anwesenheit amerikanischer Soldatinnen in lockerer, nicht verkleideter Kleidung ist stets als Provokation in der saudischen Bevölkerung angesehen worden. Zum Hintergrund siehe auch Steffen Hertog, 'Kooperation hinter den Kulissen. Die Doppelbödigkeit der amerikanisch-saudischen Allianz', in: Blätter für deutsche und internationale Politik, Oktober 2002, S. 1217-1226.

64 Vgl. auch Rainer Hermann, FAZ, 3.5.2002, S. 7.

65 Vgl. 'Saudi Official May be Representing Other Interests in U.S. Visit', Stratfor.Com, 26.8.2002.

te ihre Geschäfts- und Privatkonten von amerikanischen Banken zurückziehen und auf andere ausländische Banken transferieren. Zudem hatten zum ersten Mal auch einige US-Sicherheitsexperten Saudi Arabien als offenen *„Feind"* betrachtet, da das Land den internationalen Terror gegen die USA maßgeblich finanziell unterstützt habe. Demgegenüber beschweren sich saudische Geschäftsleute, dass sie alle wie potentielle Terroristen in den USA behandelt würden. Selbst prominente Saudis müssen sich einem zeitraubendem *„persönlichen Gespräch"* mit US-Konsulats-Sachbearbeitern stellen.[66] Zudem wurden Auszüge von abgehörten Gesprächen einiger Mitglieder des saudischen Königshauses im Oktober 2001 in den USA publiziert. Dabei wurden auch Spekulationen von Experten der amerikanischen *National Security Agency (NSA)* bekannt, wonach das Haus *Saud* vor dem Zusammenbruch stehen könnte. Dies wiederum führte zu einem weiteren harschen offiziellen Protest Riads gegen *„the vicious campaign being waged against the kingdom in the Western media"*.[67] Daraufhin sah sich Präsident *Bush* gezwungen, in einem persönlichen Telefongespräch die guten Beziehungen beider Länder erneut zu unterstreichen.

Doch auch die USA waren verärgert, hatte Riad doch unmittelbar nach den schrecklichen Terroranschlägen am 11. September 2001 die saudische Regierung zahlreiche Angehörige des Königshauses (darunter auch 27 Familienmitglieder *Osama bin Ladens*) aus den USA ausgeflogen, um so die US-Befragungen zu möglichen Zeugen zu verwehren.[68] Dafür konnten die USA mit dem stillschweigenden Eingeständnis des saudischen Königreiches die amerikanischen Führungs- und Kontrollbasen in Saudi Arabien zur Unterstützung der militärischen Operationen in Afghanistan nutzen, wenngleich diese nicht direkt für Angriffe in Afghanistan zur Verfügung standen.[69] Obwohl Saudi Arabien nun auch die *Internationale Konvention zur Unterdrückung der Finanzierung des Terrorismus* vom Dezember 1999 im November 2001 endlich ratifizierte, so sind bisher keine Details über die Anzahl, die Eigentümer und religiösen Organisationen der geschlossenen Konten bekannt geworden, da Riad sich weigert, dies publik zu machen. Ohne politischen Druck von außerhalb auf Saudi Arabien ist die finanzielle Unterstützung des *Al-Qaeda* Netzwerkes im saudischen Königreich nach mehr als einem Jahr seit den Anschlägen offenbar nicht wirklich beendet oder signifikant eingedämmt worden, wie eine neue Untersuchung des amerikanischen *Council on Foreign Relations* hervorhebt.[70] Zudem wurde auch von zahlreichen Mitgliedern des saudischen Königshauses nicht *Osama bin Laden*, sondern der israelische Geheimdienst *Mossad* und die *CIA* im Sinne bekannter Verschwörungstheorien für die Anschläge in New

66 Vgl. Die Welt, 28.8.2002, S. 6.
67 Zit.n. David Ignatius, IHT, 5.11.2001, S. 8.
68 Vgl. Rudolph Chimelli, SZ, 20.11.2001, S. 7.
69 Vgl. Roula Khalaf, FT, 29.10.2001, S. I (Beilage: Survey Saudi Arabia) und 'Saudi Royal Politics are Quicksand for U.S.', Stratfor. Com, 26.9.2001.
70 Siehe auch Maurice R. Greenberg/William F. Wechsler/Lee S. Wolosky, 'Terrorist Financing' und Douglas Farah, IHT, 18.10.2002, S. 3.

York und Washington verantwortlich gemacht. Umfragen zufolge sollen 90 Prozent der saudischen Jugendlichen für *Osama bin Laden* schwärmen.[71]

Saudi Arabien war jüngst auch lange Zeit öffentlich gegen eine Militärintervention der USA und Großbritanniens im Irak eingestellt und hatte die Benutzung der eigenen sowie der US-Basen für eine erneute Invasion im Irak kategorisch verweigert. So sollte Mitte November 2002 der im August 2001 zurückgetretene, aber nach wie vor sehr einflussreiche Geheimdienstchef Saudi Arabiens, Prinz *Turki ibn Faisal*, erklären, das Riad keine Beweise über direkte Verbindungen zwischen *Osama bin Laden's Al-Qaeda* Netzwerk und *Saddam Hussein* habe. Das beste Mittel zum Sturz des irakischen Diktators sei nicht eine militärische Intervention, sondern ein innenpolitischer Staatsstreich.[72]

Allerdings trug Riad die Forderung Washingtons nach einem unbegrenzten Zugang der internationalen Waffeninspekteure der *IAEA* zu allen verdächtigen Einrichtungen im Irak stets mit, mit denen festgestellt werden soll, ob der Irak noch immer Massenvernichtungswaffen besitzt oder während der Abwesenheit der UN-Inspekteure seit 1998 erneut versucht hat, derartige Waffen oder sensitive Technologien zur Herstellung von MVW unter Umgehung und Verletzung der UN-Resolutionen zu erlangen. Vor allem stand Riad nicht zuletzt wegen der Eskalation des israelisch-palästinensischen-Konfliktes den militärischen Irak-Plänen Washingtons ablehnend gegenüber, da die USA aus Sicht Saudi Arabiens und aller anderen arabischen Staaten nicht genug Einfluss auf die israelische Politik nahm.[73] Gleichzeitig schlug Saudi Arabien auf einem Gipfel der arabischen Staaten im März 2002 einen neuen Friedensplan vor, Israel als Nachbar anzuerkennen, wenn die israelische Regierung die folgenden drei Forderungen erfülle: (1) Rückzug von allen besetzten Gebieten; (2) die Schaffung eines palästinensischen Staates mit der Hauptstadt Jerusalem und (3) die Rückkehr der palästinensischen Flüchtlinge in die Gebiete, wo sie von Israel vertrieben wurden.[74] Obwohl der Vorschlag nicht grundsätzlich neu war und zudem auch von einigen anderen arabischen Staaten mit Vorbehalten aufgenommen wurde, lehnte ihn vor allem die israelische Regierung unter Ministerpräsident *Scharon* kategorisch ab.

Die Auswirkungen der gegenseitigen Polemiken im bilateralen Verhältnis zwischen Saudi Arabien und den USA haben sicherlich zu einer weiteren Abkühlung der bilateralen Beziehungen geführt, doch reichen die eigentlichen Ursachen tiefer. Bereits im August 2001 hatte Kronprinz *Abdallah*, der gegenüber *König Fahd* mehr national-arabischer gesinnt und in seiner Lebensweise auch

---

71 Vgl. auch Peter Münch, SZ, 23.-24. März 2002, S. 3 und Douglas Jehl, New York Times, 10.12.2001 (Internet-Version).

72 Vgl. Douglas Jehl, IHT, 22.11.2001, S. 4.

73 Vgl. David E. Sanger, New York Times, 28.8.2002 (Internet-Version) und Elisabeth Bumiller, ebda., 26.4.2002 (Internet-Version).

74 Die Rede des saudischen Kronprinzen *Abdallah* auf dem Gipfeltreffen der Arabischen Liga in Beirut am 27.3.2002 in Auszügen wiedergegeben in: New York Times, 28.3.2002 (Internet-Version). Siehe auch Neil MacFarquhar, ebda. Zum Hintergrund siehe auch Angelika Volle/Werner Weidenfeld (Hrsg.), 'Frieden im Nahen Osten. Chancen, Gefahren, Perspektiven', Bonn 1997.

volksnäher ist, Präsident *Bush* in einem Brief konstatiert, dass die nationalen und strategischen Interessen beider Länder in naher Zukunft zunehmend divergieren würden. Dabei drohte er, die Beziehungen mit Washington zu revidieren, falls die USA nicht bereit seien, eine Lösung des Nahostproblems erfolgreich zu forcieren. In dem Brief heißt es wörtlich:

> „Es ist Zeit, dass die USA und Saudi Arabien auf ihre unterschiedlichen Interessen schauen. Regierungen, die nicht den Puls des Volkes fühlen und darauf achten, werden das Schicksal des Schah von Iran erleiden."[75]

Gleichzeitig hatte er einen Washington-Besuch abgesagt. Auch das spätere Gespräch mit dem Kronprinzen nach dem 11. September 2001 konnte die grundlegenden Meinungsverschiedenheiten zwischen beiden Seiten nicht ausräumen.[76] Ein aufmerksamer Kommentator konstatierte:

> „Prince Saud's visit may have helped stop the ticking of the time bomb that Saudi-U.S. relations have become. But I left our talk thinking that the hands of the clock still say five minutes to midnight in a region now in thrall to war and change."[77]

Mitte September erklärte der saudische Außenminister *Prince bin Feisal* dann plötzlich, dass im Falle einer UN-Resolution für einen Angriff der USA und ihrer Alliierter gegen den Irak auch die saudischen Militärbasen und jene der USA im eigenen Land zur Verfügung stehen würden.[78] Diese Erklärung war wahrscheinlich nach der Ansprache von US-Präsident *George Bush* vor der UNO nicht nur eine Reaktion auf den internationalen Stimmungsumschwung und eine sich inzwischen abzeichnende UN-Resolution für den Irak-Konflikt[79], die auch Frankreich, Russland und China nicht verhinderten, sondern wohl auch der Tatsache geschuldet, dass bei einem schnellen militärischen Sieg der USA, Riad im Falle einer eigenen Obstruktionspolitik auf die politische Nachkriegsordnung im Irak keinen Einfluss haben werde. Es ist nicht zuletzt dank der Erfahrungen aus dem zweiten Golf-Krieg politisch klüger, sich am Ende im Lager des Siegers wiederzufinden statt in einer politischen Isolation zu verharren, die letztendlich außenpolitisch kurzsichtig und kontraproduktiv ist. Zudem war die Erklärung auch Teil einer Kampagne der arabischen Staa-

---

75 Hier zit.n. Rudolph Chimelli, SZ, 20.22.2001, S. 7. Siehe auch das Editorial in WSJE, 31.10.2001, S. 10.

76 Vgl. Die Welt, 28.8.2002, S. 6.

77 So Jim Hoagland, IHT, 12.11.2001, S. 8. Auch ein in Deutschland lebender türkischer Dichter und Schriftsteller forderte jüngst nicht nur den Sturz *Saddam Husseins*, sondern auch des saudischen Königshauses:

> „Die amerikanische Politik hat immer noch nicht begriffen, dass es im Kampf gegen den Terror nicht um die Sicherung von Ölinteressen geht und auch nicht um die Sicherheitsinteressen einzelner mit dem Westen verbündeter Staaten in der Region, sondern um die geistige Lufthoheit, um eine konzertierte Aktion freier demokratischer Gesellschaften gegen den Geist des Totalitarismus. Wenn es um die Verteidigung der Zivilisation geht, um Menschenrechte, um die Gleichstellung der Frau, kurz um die Verteidigung der Werte der freien Welt, wie können dann die Saudis mit im Boot sitzen, die eines der grausamsten und undemokratischsten Regime in der islamischen Welt repräsentieren?" – Zafer Senocak, Die Welt, 24.10.2002, S. 9.

78 Vgl. Washington Times, 16.9.2002 (Internet-Version).

79 Vgl. auch Matthias Rüb, FAZ, 17.9.2002, S. 6.

ten, den politischen Druck auf *Saddam Hussein* selbst zu erhöhen, damit er in der Inspektionsfrage einlenkt und einen erneuten Krieg mit den USA vermeidet, der auch für die anderen arabischen Staaten innenpolitisch destabilisierend sein könnte.[80] Zudem könnte auch die amerikanische Ankündigung, einen Teil des Hauptquartiers des *US Central Command* von Saudi Arabien nach Qatar zu verlegen und dabei möglicherweise nicht nur temporären, sondern endgültigen Charakter habe, zum saudischen Umschwenken geführt haben.[81] Um so überraschender ist daher die neueste Erklärung von Anfang November, wonach die Militärbasen auf seinem Territorium nun doch nicht für einen Angriff gegen den Irak zur Verfügung stehen würden.[82] Diese widersprüchlichen Erklärungen lassen einerseits auf erhebliche Meinungsverschiedenheiten im Königshaus, andererseits auf Ängste vor erheblichen innenpolitischen Destabilisierungen infolge einer internationalen Militärintervention im Irak schließen. Einige Beobachter sehen bereits vorrevolutionäre Verhältnisse voraus, wie sie bei dem Sturz des Schah und der Ausrufung der islamischen Revolution 1979 im Iran charakteristisch gewesen sind.[83] In der Tat war in der ersten Hälfte des Jahres 2002 eine bisher nicht zu beobachtende Welle politischer Proteste vom Nordosten bis zum Südwesten Saudi Arabiens zu beobachten, welche eine neue innenpolitische Dynamik an Destabilisierungen zu signalisieren scheint.[84]

Damit stehen sowohl die saudisch-amerikanischen Beziehungen als auch der innenpolitische Weg Saudi Arabiens an einem Scheideweg, wie ein *Editorial* im *Wall Street Journal Europe* von Ende Oktober 2002 zum *„saudischen Widerspruch"* unzweideutig klarstellte:

> „If a more radical regime is going to take hold in Saudi Arabia, better to face that fact sooner rather than later. Coping with an overtly hostile Saudi government would at least have the virtue of clarity that doesn't exist today. It would also force a decision on whether to take over the Saudi oilfields, which would put an end to OPEC. ... This contradictory relationship is not the fault of the Saudis alone: they get away with such behavior because Washington lets them. ... The U.S. is so fearful of 'instability' that it's afraid to criticize the current regime, much less encourage it to move in a more democratic direction. But the status quo is hardly stable. ... Above all, it is in the interest to encourage the Saudis to enter the 21st century, now that they've missed the 20th. That includes a more open politics, so that the only dissenting voice is not radical Islam. Bahrain, newly liberalizing under a young emir, is proving that this can work. Five years ago that Arab nation faced political unrest, but after its democratic reforms Bahrain has had to confront relatively little anti-American sentiment now. It's past time Saudi Arabia learned a similar lesson. Yes, the U.S.-Saudi relationship is at a crossroads. But so is the House of Saud."[85]

80 Vgl. auch FAZ, 17.9.2002, S. 6.
81 Vgl. auch Roula Khalaf, FT, 17.9.2002, S.
82 Vgl. Esther Schrader, The Age, 5.11.2002 (Internet-Version).
83 Vgl. 'Changes in Saudi Arabia Mirror Pressures in Pre-Revolution Iran', Stratfor.Com, 4.11.2002.
84 Vgl. 'Circle of Opposition Forming Around Saudi Government', ebda., 16.4.2002.
85 Editorial, WSJE, 31.10.2001, S. 10.

Gleichwohl versuchte Prinz *Turki al Faisal*, der ehemalige Geheimdienstchef Saudi Arabiens, noch einmal die gemeinsame bilaterale strategische Partnerschaft mit den USA zu beschwören:

> „There are those in America who condemn all Saudi Arabians as uncivilized, close-minded and barbaric. But such blanket accusations are not worthy of the American people. Let us refuse extremists the victory of undermining our partnership. Instead, let us remain strong, and, whatever shortcomings we see in each other, let us confront them and overcome them in a spirit of mutual respect and openess."[86]

Doch eine bevorstehende militärische Irak-Intervention und die politische Annäherung zwischen den USA und Jemen, die zukünftig den amerikanischen Marines zusammen mit lokalen Kräften erlauben wird, verstärkt militärischen Schutz für die amerikanischen Kriegsschiffe im Hafen von *Aden* zu gewähren, können die saudisch-amerikanischen Beziehungen zusätzlich belasten. So hat Saudi Arabien während der letzten Jahrzehnte den Jemen zumeist als Bedrohungsfaktor für seine nationale Sicherheit gewertet, nachdem in Zeiten des Kalten Krieges die Sowjetunion und Ägypten (vor allem unter *Nasser*) politisch-militärische Allianzen mit *Sanaa* gegen *Riad* geschmiedet hatten.[87]

Ein unübersehbares Zeichen der Erosion der saudisch-amerikanischen Sicherheitsallianz ist die Verlegung eines Teil des militärischen Hauptquartiers der USA vom Luftwaffenstützpunkt *Prince Sultan* in Saudi Arabien nach Qatar (*Al-Udeid*). Zudem sollen die USA und Großbritannien die Einstellung ihrer Militärexporte nach Saudi Arabien als Drohung benutzt haben, Riad zu einer größeren politisch-militärischen Kooperation mit Washington und London zu bewegen. Angesichts der hohen Abhängigkeit der saudischen Streitkräfte insbesondere bei Ersatzteilen, der Aufrechterhaltung des Betriebs und der Einsatzbereitschaft sowie bei Reparaturen seines zumeist amerikanischen und britischen Waffenarsenals ist in der Tat Riad in erheblichem Maße von der Zusammenarbeit mit diesen beiden Ländern abhängig.[88] Gleichzeitig stehen jedoch auch die USA vor einer Vielzahl neuer politischer und militärischer Herausforderungen als Resultat der Veränderung zahlreicher innen- und außenpolitischer Rahmenbedingungen in der Golf-Region während der letzten Jahre und der Folgen des 11. September 2001 sowie des aktuellen Irak-Konflikts.[89]

---

86 Prince Turki al Faisal, 'The U.S. and Saudi Arabia: a Partnership that Works', in: IHT, 18.9.2002, S. 7.

87 Vgl. 'U.S. Alliance with Yemen Threatens Saudi Arabia', Startfor.Com, 9.4.2002.

88 Vgl. 'U.S. Putting Squeeze to Saudis?', Stratfor.Com, 28.3.2002.

89 Vgl. Anthony H. Cordesman, 'The U.S. Military and the Evolving Challenges in the Middle East, in: Naval War College Review, Summer 2002, S. 72-111

6.4 „Blut für Öl?" — Anmerkungen zur Irak-Debatte und die Perspektiven für Europa

Die gegenwärtige Irak-Debatte in Deutschland und Europa, die eher an Stereotypen und Verschwörungstheorien eines amerikanischen *„Ölimperialismus"* aus den 70er sowie 80er Jahren leidet und die Diskussionen über die amerikanischen Motive bei einer Irak-Militärintervention auf eine Kontrolle der weltweit zweigrößten Ölressourcen (11% der Weltölreserven) durch US-Ölkonzerne, von der *Bush*-Administration unterstützt, zumeist verkürzt[90], verkennt nicht nur die eigentlichen Fakten und Motive der Außenpolitik Washingtons[91], sondern vor allem auch die strategischen Herausforderungen der zukünftigen globalen Energieversorgungssicherheit.[92] Zunächst zu den Fakten und Motiven:

- Zunächst sei daran erinnert, dass die USA, wenn das eigentliche Ziel einer präventiven Militärinvasion die US-Kontrolle der irakischen Ölfelder sei, hierzu bereits im ersten Golf-Krieg 1990/91 die Möglichkeit hatten, doch offenbar die Gelegenheit nicht nutzten. Bereits damals ging der Schlachtruf der internationalen Friedensbewegung *„Blut für Öl"* an den Fakten vorbei und wurde sowohl durch den Kriegsverlauf als auch durch die weiteren politischen Entwicklungen im Irak-Konflikt widerlegt.
- Bereits gegenwärtig beziehen die USA den größten Teil der irakischen Ölproduktion und könnten durch die Aufhebung der UN-Sanktionen im Rahmen des Programms *„Öl für Nahrungsmittel"* wesentlich mehr Öl importieren, um so den internationalen Rohölpreis zu drücken und die Abhängigkeit der USA von Öleinfuhren aus Saudi Arabien und anderen arabischen Golf-Staaten zu verringern. Dies wäre auf jeden Fall politisch und militärisch erheblich risikoloser. Zudem würde eine militärische Invasion im Irak zumindest 50-100 Milliarden US-Dollar kosten und damit auch unter wirtschaftlich-finanziellen Erwägungen keinen Sinn machen.
- Der vermeintliche Hinweis auf Nordkorea, das ebenfalls Massenvernichtungswaffen hat, der weltweit größte Proliferateur an ballistischen Raketen sowie sensitiven Technologien von Massenvernichtungswaffen (MVW) ist und sogar im Oktober 2002 eingestand, über ein aktives Nuklearwaffenprogramm auf Plutoniumbasis zu verfügen, obwohl es sich zur nuklearen

---

90 Vgl. u.a. Michael Ehrke, 'Brennpunkt Irak. Erdöl und Strategie. Zur politischen Ökonomie eines angekündigten Krieges', Internationale Politikanalyse, FES, Dezember 2002.

91 Das eigentliche Motiv der harten amerikanischen Irak-Politik der *Bush-Administration* ist auf die terroristische Anschläge des 11. September 2001 und seinen Auswirkungen zurück zu führen. Dies gilt insbesondere hinsichtlich eines neuen Bedrohungsbildes: der Verknüpfung von internationalem Terrorismus (staatlich geförderter und nicht-staatlicher) und Massenvernichtungswaffen. Zum Hintergrund siehe auch Bernd W. Kubbig (Hrsg.), 'Brandherd Irak. US-Hegemonialanspruch, die UNO und die Rolle Europas', Frankfurt/New York 2003.

92 Vgl. auch F.Umbach, 'Europäische Energiesicherheit. Die Problematik internationaler Ordnungspolitik zu Beginn des 21. Jahrhunderts', in: Reader Sicherheitspolitik (hrsg. vom Streitkräfteamt, Informations- und Medienzentrale der Bundeswehr) 10/2002, S. 41-56; Friedemann Müller, 'Das Öl des Irak', SWP-Aktuell, Nr. 36, September 2002; Valery Marcel, 'Oily Business', in: The World Today, November 2002, S. 8-9 und Jürgen Krönig/Fritz Vorholz, Die Zeit, 19.9.2002, S. 21.

Abrüstung im Genfer Abkommen von 1994 verpflichtet hatte und hierfür im Rahmen der *Korean Energy Development Organisation* (*KEDO*) durch Bau von zwei Leichtwasserreaktoren auf Kosten der internationalen Gemeinschaft (vor allem Südkoreas, Japans, der USA und EU) honoriert wurde, schlägt aus mehreren Gründen fehl. Die Begründung einer diplomatischeren US-Außenpolitik gegenüber Pjöngjang liegt einerseits in der prinzipiellen Kooperationsbereitschaft und den eigentlichen Zielen der (bisher sehr erfolgreichen) Erpressungsstrategie Nordkoreas begründet, andererseits am Umstand, dass militärische Optionen kaum zur Verfügung stehen.[93]

- Es ist zwar richtig, dass der Anteil des von den USA eingeführten Erdöls von gegenwärtig 52 Prozent auf 62-70 Prozent im Jahr 2020 ansteigen könnte, doch werden sie gleichzeitig ihre Rohölimporte weiter verstärkt diversifizieren und jene aus dem Raum des Persischen Golfes reduzieren; statt dessen werden zukünftig die amerikanischen Rohölimporte vor allem aus der westlichen Hemisphäre und dem Atlantischen Becken gedeckt werden (Südamerika, Golf von Mexiko, Kanada und Westafrika). Zudem ist die Abhängigkeit der USA von Rohölimporten aus dem Persischen Golf mit 14 Prozent des gesamten Ölverbrauchs (und 22-24% aller Rohölimporte) erheblich geringer gegenüber jener der EU (mit 22 Prozent seines gesamten Ölverbrauchs) und vor allem gegenüber der Region Asien-Pazifik (mit derzeit etwa 55% und Japans sogar mit über 70%). Inzwischen beziehen die USA aus Kanada mehr Öl (17% des Rohölverbrauchs) als aus Saudi Arabien oder allen anderen Staaten des Mittleren Ostens.
- Wenn der Ölfaktor ein bestimmendes Element im Irak-Konflikt sein sollte, dann gilt dies nicht so sehr für die amerikanische, sondern eher für die russische und französische Irak-Politik, da sich deren halbstaatliche Erdölkonzerne wichtige Vorverträge zum Erwerb und der Ausbeutung irakischer Ölfelder in Milliardenhöhe mit Bagdad gesichert haben und bei einer amerikanischen Militärinvasion sowie einer neuen irakischen Regierung befürchten müssen, dass diese Verträge nicht mehr gültig sind und die erworbenen Ölkonzessionen neu vergeben würden.[94] Beide Länder hatten in

93 Bereits 1994, nach Aufkündigung des *NPT*-Vertrages, war auf US-Seite über präventive Luftschläge zur Zerstörung von nordkoreanischen Nuklearwaffen und Nukleareinrichtungen nachgedacht worden. Doch wurde diese Option schnell fallen gelassen, weil einerseits die USA hierzu die politische Einwilligung Südkorea, Japans und anderer Regionalstaaten benötigt hätte, diese aber nicht erhielt. Zum anderen besitzt Nordkorea mit seinen eine Million Mann starken Streitkräften gegenüber dem 40 km von der gemeinsamen Grenze befindlichen 20-Millionen Hauptstadt Südkoreas, Seoul, effektive Vergeltungsmittel, da die Streitkräfte Nordkoreas auch über große Mengen biologische und vor allem chemische Massenvernichtungswaffen verfügt, die sie nicht nur mit Kurzstreckenraketen, sondern auch mit zahlreichen Artilleriesystemen direkt auf Seoul schießen können – vgl. hierzu F.Umbach,'US-Foreign and Security Policy of the Bush-Administration: Unilateralism, Bilateralism, Multilateralism or Minilateralism vis-à-vis North Korea and its Nuclear Ambition?", paper presented at the *Asia-Pacific Security Forum 2000*, Hawaii, 9.-10.11.2002 (zugänglich über www.dgap.org u. www.inpr.org.tw).

94 Siehe Andrian Kreye, SZ, 19.-20.10.2002, S. 15 und Rainer Hermann, FAZ, 2.12.2002, S. 16; Markus Wehner, ebda., 10.10.2002, S. 6; 'War in Iraq: What's at Stake for Russia?', Stratfor.Com, 22.11.2002.

den 90er Jahren wiederholt härtere UN-Sanktionen verhindert und sich für die Aufhebung aller oder des großen Teils der UN-Sanktionen ausgesprochen. Dies hatte seinerzeit bereits zu „*Appeasement*"-Vorwürfen geführt. Die *Bush*-Administration hatte bereits im letzten Jahr beiden Ländern versichert, dass diese Verträge auch von einer neuen irakischen Regierung beachtet werden müssten, um so die französische und russische Kooperationsbereitschaft mit den USA im Irak-Konflikt sicher zu stellen.[95]

- Die *OPEC* wie die USA haben ein originäres Interesse an einer stabilen Ölversorgung und Rohölpreisen zwischen 22 und 28 US-Dollar, da dieser Preis die weltwirtschaftliche Entwicklung genauso wenig gefährdet wie die notwendigen Investitionen in neue Erdölfelder und für die Suche sowie Exploration, die sich bei niedrigeren Preisen nicht mehr rentiert und damit mittel- sowie langfristig die weltweite Erdölversorgung gefährden würde. Zudem sind vor allem die meisten arabischen *OPEC*-Staaten an nicht zu niedrigen Ölpreisen interessiert, da ihr Staatshaushalt teilweise bis zu 95 Prozent von stabilen Erdölpreisen in der entsprechenden Preisspanne abhängig sind. Sollte der Ölpreis jedoch für längere Zeit unter 20 oder 15 Dollar fallen, müssen auch größere sozio-ökonomische Probleme mit innenpolitischen Destabilisierungen der Regime in der Region befürchtet werden. Hieran aber haben auch die USA und Europa kein Interesse.
- Die irakischen Ölquellen sind zumindest kurzfristig für die USA kein wirklicher Ersatz für saudisches Erdöl. Aufgrund der UN-Sanktionen besteht ein erheblicher Modernisierungsbedarf der irakischen Produktionsanlagen und Pipelines. So produzieren derzeit lediglich 24 der 73 irakischen Ölfelder.[96] Nach seriösen Schätzungen ist eine Verdoppelung von gegenwärtig 2 auf 4-5 Millionen Fass Pro Tag (mb/d) der irakischen Erdölproduktion nach einem Regimewechsel frühestens nach fünf Jahren möglich, weitere Produktionssteigerung auf 7 mb/d (das derzeitige Fördervolumen Saudi Arabiens) wohl erst ab dem Jahr 2010 realistisch. Daher kommt der „*Economist*" auch zum Ergebnis: „*In practice, ..., the second Bush to take on Mr Hussein will probably be long gone from the White House before the oil markets are transformed by Iraqi oil. Don't write off Saudi Arabia, or OPEC, just yet.*"[97]
- Darüber hinaus dürfen die Interessen der zumeist privaten internationalen Ölkonzerne nicht einfach mit jenen ihrer Regierungen gleichgesetzt werden. Die Energiekonzerne sind primär an betriebswirtschaftlichen Gewinnen zur Befriedigung ihrer Aktionäre interessiert. Ihre Geschäftspartner werden daher vor allem nach wirtschaftlich-finanziellen und nicht politischen Kriterien ausgesucht. Von ihren Regierungen erwarten sie lediglich, dass sie vernünftige politische und rechtliche Rahmenbedingungen schaf-

---

95 Allerdings sind auch für die französische und russische Politik die eigenen Ölinteressen nicht der alleinige oder primäre Entscheidungsfaktor, der die jeweilige Irak-Politik determiniert.
96 Vgl. David Buchan, FT, 14.-15.9.2002, S. 6.
97 'Don't Mention the O-Word', in: The Economist, 14.9.2002, S. 23-25 (25)

fen (rechtsstaatliche Verhältnisse, niedrige Steuern und Zölle, transparente innerstaatliche Strukturen und Geschäftsgrundlagen etc.), sich aber ansonsten aus der Konzernpolitik heraushalten. Durch den gewaltigen Modernisierungsbedarf des Irak werden Milliarden US-Dollar für den Wiederaufbaus des Landes benötigt, die nur durch den Rohölexport gewährleistet werden können. Damit bestehen realistischerweise im Irak — im Gegensatz zu anderen Ländern und profitablen Investitionsprojekten — zumindest für die nächsten 10 Jahre kaum größere Gewinnerwartungen für die ausländischen (einschließlich der amerikanischen) Ölkonzerne.

Tatsächlich wird eine präventive Militärinvasion zur Beseitigung der Massenvernichtungswaffen und eines (in der Tat völkerrechtlich problematischen) Regimewechsels nicht *wegen* Öl, sondern *trotz* des Erdöls nicht ausgeschlossen, da die USA und die Weltgemeinschaft unter Umständen mit erheblichen Preiserhöhungen und einer Verlangsamung des weltwirtschaftlichen Wachstums oder gar einer globalen Rezession rechnen müssen — Gründe, die im übrigen auch die Bundesregierung als Argument ihrer Politik der Ablehnung einer Militäroption im Irak wiederholt angeführt hat. Der Ölfaktor spielt aber insoweit bei den US-Kalkulationen eine wichtige Rolle, als die riesigen Ölreserven des Landes *Saddam Hussein* befähigen, bei Aufkündigung oder erneuter Erosion der UN-Sanktionen (wie bereits in den 90er Jahren) innerhalb von 5-10 Jahren wieder zur stärksten Militärmacht mit ABC-Waffen in der gesamten Region aufzusteigen und seine machtpolitischen Ambitionen sowie territorialen Gebietsansprüche mit Gewalt militärisch (wie 1990) durchzusetzen. Verfügt er aber nicht nur über B- und C-Waffen, sondern auch über einsetzbare Nuklearwaffen, dann stellt sich die Kardinalfrage, wer ihn dann militärisch noch aufhalten soll. Dies gilt insbesondere für Europa und Deutschland, die kaum gegen eine regionale Nuklearwaffenmacht zu Felde ziehen werden, zumal in diesem Fall selbst die USA davor zurückschrecken könnten.

Zudem ist für die Diskussion des Ölfaktors beim Irak-Konflikt noch ein anderes Faktum zu beachten: Im Gegensatz zu den USA wird die Abhängigkeit der EU (zu 29% vom Persischen Golf, 43% vom Mittleren Osten und 51% von der *OPEC*) und Asiens (zu fast 70%) von Rohölimporten aus dem Persischen Golf und dem Mittleren Osten weiter zunehmen[98], obwohl diese schon heute größer ist als jene der USA. Dabei könnte die europäische Abhängigkeit auf mehr als 50 Prozent und jene Asiens auf sogar mehr als 80 oder gar 90 Prozent vom Mittleren Osten ansteigen.

Ob unter diesen veränderten strategischen Rahmenbedingungen einer deutlich Abhängigkeit des Rohölimports von der Golf-Region die USA aber wie in der Vergangenheit bereit sein werden, nicht nur für sich selbst, sondern auch für die globale Rohölversorgung und weltweite wirtschaftliche Stabilität politisch und notfalls auch militärisch zu intervenieren, wird bereits heute von zahlreichen amerikanischen außen- und sicherheitspolitischen Experten in Fra-

---

98 Siehe Amy Myers Jaffe/Robert A. Manning, 'The Myth of the Caspian 'Great Game', S. 123.

ge gestellt oder zumindest von Bedingungen abhängig gemacht. So warnte z.B. *Geoffrey Kemp* bereits im Winter 1998/99:

> „The *Clinton* administration's rapid withdrawal from Somalia in 1993 following the deaths of 18 US Army personnel demonstrated that America's tolerance for casualties in peacekeeping operations is limited. The Gulf is not Somalia, but any President will have difficulty sending US forces into harm's way if no allies are willing to fight alongside them. This difficult would be compounded if nuclear weapons were held by Iran, Iraq or non-state terrorist organisations. Furthermore, while economic and strategic analysts understand, why Gulf oil's security is vital to the US economy, even if most is bound for Asia, the American public and some members of Congress may not be so well-informed. US leaders must present a more compelling and coherent strategic rationale for an open-ended Gulf commitment that is credible and accepted by key allies."[99]

Auch *Amy Myers Jaffe* und *Robert A. Manning* werfen die Frage auf:

> „... these new patterns of oil flow raise many geopolitical questions. First, however, global and fungible oil my be in the international marketplace, the composition of the 'club' of Persian Gulf-oil importers leaves open the question of burden-sharing and the problem of free-riders. As US oil imports from the Persian Gulf decline, domestic opposition to the country's expensive military presence in the region may grow. Can the US continue to justify the human and material costs of protecting the Persian Gulf, while its allies – the EU, Japan and others – play virtually no military role? Such questions have become part of the debate over defining NATO's post-Cold War role, with some arguing that Alliance responsibilities should encompass areas on its periphery, in particular the Persian Gulf."[100]

Die unterschiedlichen strategischen Abhängigkeiten bei der zukünftigen Energieversorgungssicherheit innerhalb der NATO könnte zu einer weiteren Aufweichung der gemeinsamen strategischen Interessen zwischen den USA und der EU gegenüber dem Mittleren Osten und der Golf-Region führen. Während Europa und insbesondere Deutschland gegenwärtig die USA vor *„militärischen Abenteuern"* im Irak und vor einer zu einseitigen Ausrichtung und Abstützung der Außenpolitik auf das militärische Instrument warnen, könnte demnach bereits die mittelfristige Perspektive der EU eher die begründete Befürchtung sein, ob sich die USA noch ausreichend genug politisch und wenn notwendig auch militärisch im Mittleren Osten und der Golf-Region engagieren und die europäischen sowie asiatischen Alliierten nicht sich selbst überlassen, da sich die strategischen Interessen der USA und die internationalen Rahmenbedingungen im Persischen Golf nachhaltig verändern werden.

---

99 Geoffrey Kemp, 'The Persian Gulf Remains the Strategic Prize', S. 147.
100 Vgl. Amy Myers Jaffe/Robert A. Manning, 'The Myth of the Caspian 'Great Game', S. 124.

6.5 Die Krisenregionen Zentralasien und Kaspisches Becken

„From the West and NATO's perspective, ..., while the emergence of the Caspian Sea region as an important source of global energy will contribute to improved energy security, Caspian energy supplies are unlikely to become critical to the West's security and prosperity, or a potential strategic vulnerability. Even under the most optimistic scenario, the role of Caspian energy supplies in world oil markets will be overshadowed by the Persian Gulf."[101]

Viele internationale Kommentatoren und Beobachter haben seit Mitte der 90er Jahre in Anlehnung an das 19. Jahrhundert erneut ein *"Great Game"* um Macht, politische Einflusssphären und die Kontrolle der Öl- sowie Gasreserven in Zentralasien und des Kaspischen Beckens identifiziert.[102] An diesem neuen *„großen Spiel"* sind die Groß- und Supermächte wie Russland, USA und China ebenso involviert wie zahlreiche Anrainerländer (Iran, die Türkei, die Ukraine etc.) und die fünf zentralasiatischen (Usbekistan, Kasachstan, Tadschikistan, Turkmenistan und Kirgistan) sowie drei transkaukasischen Regionalstaaten (Armenien, Aserbaidschan und Georgien) selbst. In dieser Perzeption konkurrieren alle Staaten um die Absicherung und die Transportwege potentieller riesiger Energievorräte für das 21. Jahrhundert. Gleichzeitig sind alle Regionalstaaten als Nachfolgestaaten der früheren UdSSR jedoch mit zahlreichen innenpolitischen Problemen und Herausforderungen konfrontiert, die ein hohes Instabilitätspotential aufweisen und die zukünftige wirtschaftliche Prosperität sowie regionale politische Stabilität in Frage stellen können.[103] Daher halten zahlreiche internationale Experten die Fixierung auf diese Region in energiepolitischer Hinsicht sowohl unter kommerziellen wie geopolitischen Gesichtspunkten für überzogen und warnen daher vor zu großen Erwartungen und außenpolitischen Risiken, die unnötige politische Konflikte und Konfrontationen mit Russland oder dem Iran riskiere.[104]

---

101 So das Ergebnis einer Studie von Richard Sokolsky/Tanya Charlick-Paley, 'NATO and Caspian Security. A Mission Too Far?', Santa Monica/RAND-Corporation, 1999, hier S. 73.

102 Der historische Vergleich ist in vielerlei Hinsicht unzutreffend. Das *„große Spiel"* im 19. Jahrhundert war im wesentlichen ein Kampf um Macht, Einflusssphären und Hegemonie zwischen dem britischen Empire und Russland auf Kosten der zentralasiatischen Völker mit der Zielrichtung der Kontrolle des indischen Subkontinents – vgl. Karl E. Myer/Shareen Blair Brysac, 'Tournament of Shadows: The Great Game and the Race for Empire in Central Asia', Washington D.C. 1999.

103 Vgl. Roy Allison/Lena Jonson (Eds.), 'Central Asian Security. The New International Context', Washington D.C. 2001; Gennady Chufrin, 'The Security of the Caspian Sea Region', Oxford-New York 2001; Alexei Arbatov u.a. (Eds.), 'Managing Conflict in the Former Soviet Union. Russian and American Perspectives', Cambridge/Mass.-London 1997; Kenneth Weisbrode, 'Central Eurasia: Prize or Quicksand? Contending Views of Instability in Karabagh, Ferghana and Afghanistan', IISS-Adelphi-Paper No. 338, Oxford-New York, May 2001; Sherman W. Garnett/Alexander Rahr/Koji Watanabe, 'Der Kaspische Raum vor den Herausforderungen der Globalisierung. Die Verantwortung der Trilateralen Staaten für die Stabilität der Region'. Ein Bericht an die Trilaterale Kommission, Berliner Schriften zur Internationalen Politik (hrsg. vom Forschungsinstitut der DGAP, Berlin), Opladen 2001.

104 Vgl. Amy Myers Jaffe/Robert A. Manning, 'The Myth of the Caspian 'Great Game': The Real Geopolitics of Energy', in: Survival, Winter 1998-99, S. 112-129.

Vor allem aus Sicht zahlreicher amerikanischer Experten wurden bereits vor dem 11. September 2001 große Hoffnungen mit Zentralasien verbunden, da diese energiereiche Weltregion die hohe Abhängigkeit von Erdöl- und Erdgasimporten der USA und der internationalen Staatenwelt vom Mittleren Osten sowie der Golf-Region verringern könnte. Daher soll zunächst ein Blick auf die bisher tatsächlich nachweisbaren fossilen Energieträger gerichtet werden, bevor die jeweilige Politik der Großmächte und Regionalmächte sowie die regionalen Instabilitäten analysiert werden.

6.5.1 Der Kaspische Raum ein zweiter Persischer Golf?

> „Amerikas geopolitischer Hauptgewinn ist Eurasien. Ein halbes Jahrtausend lang haben europäische und asiatische Mächte und Völker in dem Ringen um die regionale Vorherrschaft und dem Streben nach Weltmacht die Weltgeschichte bestimmt. Nun gibt dort eine nichteurasische Macht den Ton an — und der Fortbestand der globalen Vormachtstellung Amerikas hängt unmittelbar davon ab, wie lange und wie effektiv es sich in Eurasien behaupten kann. ... Eurasien ist der größte Kontinent der Erde und geopolitisch axial. Eine Macht, die Eurasien beherrscht, würde über zwei der drei höchstentwickelten und wirtschaftlich produktivsten Regionen der Erde gebieten. Ein Blick auf die Landkarte genügt, um zu erkennen, daß die Kontrolle über Eurasien fast automatisch die über Afrika nach sich zöge und damit die westliche Hemisphäre und Ozeanien gegenüber dem zentralen Kontinent der Erde geopolitisch in eine Randlage brächte ... . Nahezu 75 Prozent der Weltbevölkerung leben in Eurasien, und in seinem Boden wie auch Unternehmen steckt der größte Teil des materiellen Reichtums der Welt. Eurasien stellt 60 Prozent des globalen Bruttosozialprodukts und ungefähr drei Viertel der weltweit bekannten Energievorkommen ... ."[105]

Im Jahr 1997 hatte das *US Department of State* optimistisch geschätzt, dass Zentralasien und das Kaspische Becken über bis zu 200 Milliarden Fass Rohölressourcen verfügen könnte. Diese Größenordnung wurde seitdem von amerikanischen und anderen internationalen Experten in den Diskussionen der folgenden Jahre wiederholt genannt. So überraschte es daher nicht, dass Kasachstan bereits als das nächste Saudi Arabien angesehen wurde und andere Mythenbildungen die strategische Bedeutung Zentralasiens für die USA überbewerteten.[106] Tatsächlich wurde fortan häufig kaum die Unterscheidung zwischen bisher tatsächlich nachgewiesenen Energiereserven und potentiellen Energieressourcen gemacht.[107] Die Ende der 90er Jahre tatsächlich nachweisbaren Ressourcen betrugen jedoch lediglich zwischen 15-30 Milliarden Fass Rohöl. Dies sind weniger als 3 Prozent der weltweit nachweisbaren Rohölre-

---

[105] So *Zbigniew* Brzezinski in seinen Ausführungen zum *„eurasischen Schachbrettes"* aus dem Jahr 1997 — siehe ders., 'Die einzige Weltmacht. Amerikas Strategie der Vorherrschaft', Frankfurt/M.- ²1999, hier S. 54.

[106] Siehe auch Martha Brill Olcott, 'The Caspian's False Promise', in: Foreign Policy, Summer 1998, S. 295-113 und 'Caspian Oil: Not the Great Game Revisited', in: IISS, 'Strategic Survey 1997/98', Oxford-New York 1998, S. 22-29.

[107] Siehe hierzu noch einmal Kap. 3 dieser Studie (hier S. 53).

serven und keineswegs mit jenen des Persischen Golfes (65% der nachweisbaren Weltrohölreserven) vergleichbar. Damit entspricht der Umfang der Rohölreserven eher jenen Norwegens und Libyens, ist jedoch nicht mit jenen des Persischen Golfes (mit 600 Milliarden Fass) gleichzusetzen. Auch wenn optimistische Schätzungen von ausbeutbaren Rohölreserven im Umfang von 50-140 Milliarden Fass sich in Zukunft bestätigen sollten, dann ist auch dies noch immer erheblich weniger als jene Saudi Arabiens mit 269 Milliarden Fass.[108] Allerdings hat die geologische Untersuchung der tatsächlich nachweisbaren Energieressourcen erst in der zweiten Hälfte der 90er Jahre eingesetzt und wird sich noch über ein weiteres Jahrzehnt erstrecken, bevor genaue Erkenntnisse vorliegen. Einige neuere Schätzungen, basierend auf enttäuschende Ölbohrungen und geologischen Untersuchungen, scheinen jedoch mit etwa 7,8 Milliarden Fass an nachweisbaren Erdölreserven in der Tat eher die Größenordnung der Nordsee für die kaspischen Ölressourcen zu bestätigen.[109]

Darüber hinaus gilt es zu beachten, dass die Förderkosten des Rohöls in dieser Weltregion zumeist erheblich höher und zudem von den Weltmärkten sehr weit entfernt sind. Da die Region Zentralasien und des Kaspischen Beckens keinen direkten Zugang zu den Weltmärkten über ein Meer hat, muss das Rohöl über teure Pipelines und das Territorium von Transitstaaten, die zur Gewährung des Baus von Rohrleitungen und für den Erdöl- sowie Erdgastransport über ihr Gebiet finanziell honoriert werden müssen, an die fernen Häfen zur weiteren Verschiffung in Supertankern transportiert werden. Auch dies macht den Preis des auf dem Weltmarkt zu verkaufenden Rohöls erheblich teurer als jenes im Persischen Golf. Dies gilt zumindest dann, wenn der Preis des Rohöls nach ausschließlich marktwirtschaftlichen Kriterien festgelegt würde, was aber nur bedingt der Fall ist. Da der internationale Ölpreis während der letzten Jahr jedoch zumeist über 20 Dollar lag und die Produktionskosten zentralasiatischen Erdöls einen Preis oberhalb von 10-12 US-Dollar notwendig machen, wenn Gewinne erzielt werden sollen[110], wird das Interesse westlicher, russischer und asiatischer Energiekonzerne an der Ausbeutung von Erdölressourcen in Zentralasien verständlich. Allerdings ist dieses Interesse noch von einer Reihe anderer Rahmenbedingungen abhängig. Zudem möchten die USA und asiatischen Staaten ihre hohe Abhängigkeit von Rohölimporten aus dem Persischen Golf reduzieren. Dies gilt insbesondere vor dem Hintergrund, dass der Rohölimport der USA von rund 72 Millionen Fass pro Tag (mb/d) im Jahr 1999 auf etwa 103 mb/d im Jahr 2010 steigen könnte.[111] Da gewaltige Investitionskosten bis dahin getätigt werden müssen, dürfte der Anteil des Kaspischen

---

108 Vgl. auch IEA, 'Caspian Oil and Gas. The Supply Potential of Central Asia and Transcaucasia', Paris 1998; Amy Myers Jaffe/Robert A. Manning, 'The Myth of the Caspian 'Great Game', S. 114 und Geoffrey Kemp, 'The Persian Gulf Remains the Strategic Prize', S. 142.

109 Vgl. Michael Lelyveld, 'Caspian: Sea's Oil Reserves Estimate Revised Downward', RFE/RL, 10.4.2002.

110 Vgl. Amy Myers Jaffe/Robert A. Manning, 'The Myth of the Caspian 'Great Game', S. 118.

111 Vgl. Richard Sokolsky/Tanya Charlick-Paley, 'NATO and Caspian Security. A Mission Too Far?, 'S. 73.

Beckens an der globalen Rohölproduktion in mittelfristiger Perspektive bis zum Jahr 2010 jedoch lediglich drei Prozent betragen, könnte aber ab dem Jahr 2015 immerhin etwa 4-5 Prozent, unter Umständen sogar 7 Prozent der Weltrohölproduktion ausmachen.[112] Auch wenn dies noch immer nicht mit der Ölproduktion im Persischen Golf vergleichbar ist, könnte Zentralasien dennoch einen signifikanten Beitrag zur Stabilität der Weltrohölnachfrage leisten.

Abbildung 91:

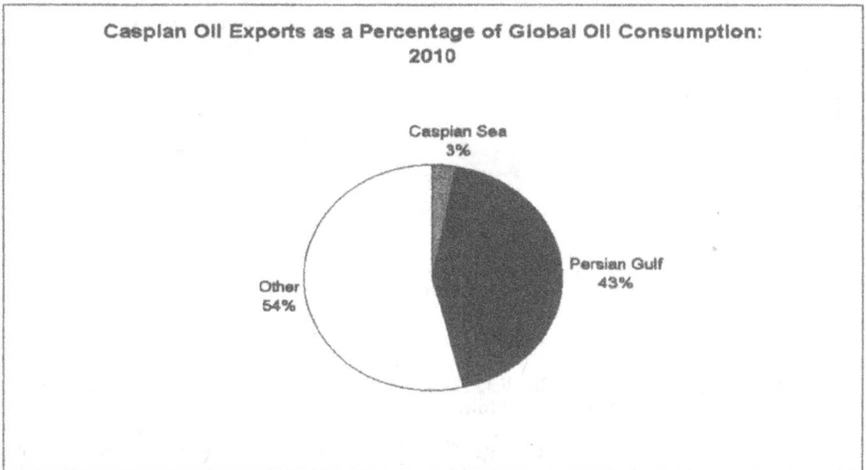

Quelle: Richard Sokolsky/Tanya Charlick-Paley, 'NATO and Caspian Security. A Mission Too Far?', RAND-Corporation, Santa Monica 1999, hier S. 70.

Eine größere Bedeutung könnte Zentralasien bei der Nachfrage nach *Erdgas* einnehmen, das in den nächsten zwei Jahrzehnten den stärksten Anstieg der Produktion aller Energieträger verzeichnen wird. Auch wenn die Erdgasproduktion in den nächsten 20 Jahren noch schwieriger zu prognostizieren ist und die infrastrukturellen Voraussetzungen sowohl finanziell als auch technisch aufwendiger und damit teurer sind, so könnte die zentralasiatische Erdgasproduktion nach Schätzungen der *IEA* immerhin einen Beitrag von mindestens 5-6 Prozent zum Weltverbrauch leisten. Die potentiellen Erdgasressourcen werden auf etwa 279 Billionen Kubikmeter geschätzt. Die Transportmöglichkeiten vom Produzenten bis zum Endverbraucher beschränken sich jedoch im wesentlichen auf Pipelines. Gegenwärtig sind aber nur Pipelines bis zu einer Entfernung von weniger als 6.000 km rentabel. Daher gibt es keinen mit dem Erdöl vergleichbaren wirklichen Weltmarkt für Erdgas, sondern nur regionale Märkte bzw. globale Teilmärkte.[113] Die investitionskostenreiche Infrastruktur kann daher durch die zentralasiatischen Staaten auch nicht allein, sondern nur

[112] Vgl. ebda., S. 71 und Friedemann Müller, 'Energiepolitische Interessen in Zentralasien', in: APuZ B 8/2002, S. 23-31 (26).
[113] Vgl. Friedemann Müller ebda., S. 24 ff.

durch Kooperation mit ausländischen Staaten und vor allem internationalen Konsortien unter Involvierung großer westlicher, russischer und asiatischer Firmen realisiert werden.

Abbildung 92:

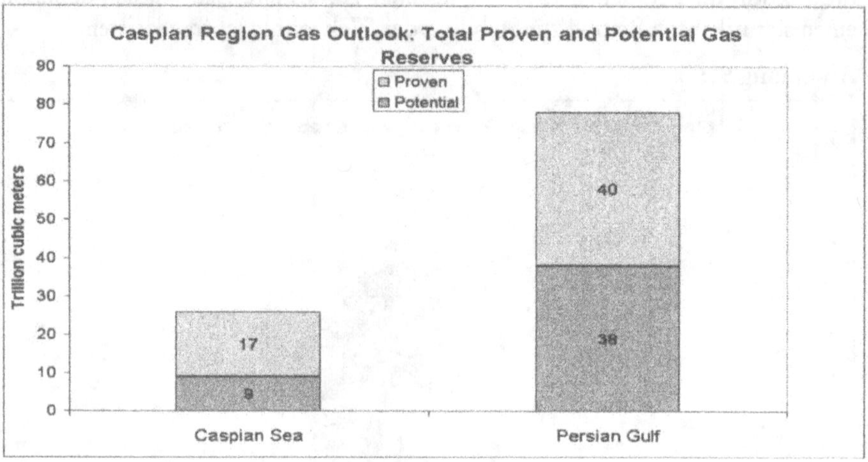

Quelle: Richard Sokolsky/Tanya Charlick-Paley, 'NATO and Caspian Security. A Mission Too Far?', RAND-Corporation, Santa Monica 1999, S. 72.

Da Europa schon heute der größte Netto-Importeur (Produktion minus Verbrauch) der Welt ist und mehr importiert als alle anderen Regionen zusammen sowie diese Importmenge sich bis zum Jahr 2020 vervierfachen dürfte, könnte Zentralasien für Europa in den nächsten zwei Jahrzehnten bei der Erdgasversorgung eine Schlüsselrolle einnehmen, wenn das ohnehin schon heute beträchtliche Abhängigkeitsrisiko (insbesondere von Russland) nicht noch weiter ansteigen sollte. Bisher verfügt aber weder die zentralasiatische noch die Golf-Region über einen direkten Zugang zum europäischen Markt — mit Ausnahme der russischen Pipelines. Dieses russische Pipelinemonopol garantiert aber nicht nur ein erhebliches einseitiges Abhängigkeitsverhältnis der zentralasiatischen Staaten von Russland, sondern verhindert auch den Aufbau eines weltweit internationalen Wettbewerbsmarktes, auf dem sich ein freier Preis aufgrund eines fairen Wettbewerbs herausbilden kann. Dies aber ist nicht nur im amerikanischen, sondern muss vor allem auch im europäischen Interesse sein. Daher soll im nächsten Kapitel nach der EU-Politik gegenüber Zentralasien gefragt werden sowie den außen- und sicherheitspolitischen Strategien der Großmächte sowie der Regional- und Anrainerstaaten.[114]

---

114 Als Einführung siehe u.a. Boris Rumer, 'The Powers in Central Asia', in: Foreign Affairs, Autumn 2002, S. 57-68.

Abbildung 93:

Öl- und Gasreserven der Regionalstaaten in der kaspischen Region							
Land	*Nachgewiesene Ölreserv en (Mrd. Barrel)*	*Geschätzte Ölreserven (Mrd. Barrel)*	*Gesamt-ölreserve (Mrd. Barrel)*	*Nachgewiesene Gasreserven in Bill. cm³*	*Geschätzte Gasreserven*	*Gesamt-gasreserve*	*Quelle*
Aserbaidschan	3,6-11,0 11,0 7,3	27,0	31,0-38,0 51,3-58,6	0,33 0,9	1,05	1,38	EIA SOCAR BPSR
Kasachstan	10,0-16,0 8,1	85,0	88,0-101,0	1,59-2,49 1,95	2,64	4,23-5,13	EIA BPSR
Turkmenistan	1,4-1,5	32,0	34,0	2,94-4,65 3,06	4,77	7,71-9,42 15,0	EIA BPSR Regierung
Russland* Gesamt RF	0,2 49,1	5,0	5,0	 51,5			EIA BPSR
Iran* Gesamtiran	 93,0	12,0	12,0		0,33	0,33	EIA API
Gesamtmengen	17 28 15,4-29,0	 163,0	178,0 70,0-200,0 171,0-191,0	 7,5 7,1-10,1	 9,84	 16,9-20,0	API MacKenzie EIA
Persischer Golf Saudi-Arabien Irak Emirate Kuwait	600 259 112 98 94						API

Bemerkungen: * nur kaspischer Anteil; EIA-Energy Information Agency, Washington October 1997; SOCAR-State Oil Company Azerbaijan Republic; BPSR-British Petroleum Statistical Review January 1997; API-American Petroleum Institute February 1998; Wood-MacKenzie Research 1997.

Quelle: Helmut Udo Napiontek, *'Erdölpoker am Kaukasus'*, in: Reader Sicherheitspolitik, Ergänzungslieferung 9/98, S. 20

6.5.2 Die strategischen Interessen und Strategien der Hauptakteure in Zentralasien und dem Kaspischen Becken

Sowohl der ungeklärte Rechtsstatus des Kaspischen Meeres als auch die traditionell ungelösten ethnisch-nationalen Konfliktherde wie *Nagorni-Karabach*, der georgisch-abchasische Konflikt, die Tschetschenienfrage oder die Instabilitäten des *Fergana-Tales* (Georgien) mit ihren Auswirkungen auf die Nachbarregionen haben durch die Involvierung von Russland und Außenmächten wie den USA einerseits zur Versteifung der nationalen Positionen der zentralasiatischen Staaten geführt, andererseits auch die Konflikte eingedämmt oder zumindest nicht über eine bestimmte Schwelle eskalieren lassen. Sie haben ebenso einerseits die zwischenstaatliche Kooperation erleichtert und gestärkt, andererseits diese zugleich jedoch auch behindert und gehemmt. Zudem haben die Instabilitäten und Destabilisierungen Afghanistans auch zur Ausbreitung eines islamischen Fundamentalismus und Zunahme terroristischer Gewalt beigetragen.[115] Vor allem aber haben es die zumeist alten sowjetischen Herrschaftseliten in den zentralasiatischen Staaten bisher versäumt, in ihren neuen unabhängigen Staaten wirklich demokratische Gesellschaftsstrukturen und soziale Marktwirtschaften aufzubauen. Großen Bevölkerungsschichten geht es in vielen zentralasiatischen Staaten heute schlechter als vor 10 Jahren. Dies gilt nicht nur für die allgemeinen Lebensstandards, sondern auch für das Gesundheits- und Bildungswesen sowie viele andere Lebensbereiche.

Dieser strategische Trend und die wiederum zunehmende politische Repression der Herrschaftsapparate in den zentralasiatischen Staaten haben während des letzten Jahrzehnts wiederum radikaleren und extremistischen politischen Gruppierungen zu einem stärkeren Zulauf und größerer Zustimmung insbesondere aus der jüngeren Generation verholfen. Insofern bieten die innenpolitischen Instabilitäten auch zahlreiche Möglichkeiten der Manipulation und Instrumentalisierung von regionalen und innenpolitischen Konflikten durch die Außenmächte. Zugleich sind jedoch sowohl die USA als auch Russland, China und die Anrainerstaaten primär an politischer und sozio-ökonomischer Stabilität interessiert, wenn die teuren Investitionen für die Ausbeutung und den Transport von Erdöl und Erdgas aus dem Kaspischen Raum auf die Weltmärkte realisiert werden sollen.

Während der ersten *Clinton*-Ära war das amerikanische Interesse an Zentralasien und den Energieressourcen des Kaspischen Meeres eher gering und manifestierte sich nur in sehr eingeschränkter politischer Unterstützung amerikanischer Energiefirmen in diesem Raum. Bis 1994 hatte die US-Regierung damit faktisch auch die außenpolitische Doktrin Moskaus eines *„nahen Auslandes“*

---

115 Vgl. hierzu auch Uwe Halbach, 'Islam und islamistische Bewegungen in Zentralasien', in: APuZ B 3-4/2002, S. 24-31.

weitgehend akzeptiert.[116] Dies änderte sich ab etwa 1994, nachdem die amerikanische Energiefirma *Chevron* einen Vertrag mit Kasachstan zur Erschließung des *Tengiz*-Erdölfeldes am Nordostufer des Kaspischen Meeres abgeschlossen hatte und auch Aserbaidschan einen *„Jahrhundertvertrag"* mit elf internationalen Ölfirmen am 20. September 1994 vereinbarte sowie Absichtserklärungen mit Iran proklamierte, die das erschlossene Erdöl über eine Pipeline durch den Iran an den Persischen Golf leiten sollte. Dies aber widersprach der *„doppelten Eindämmungspolitik"* der USA gegenüber dem Iran und Irak. Nach verstärkter diplomatischer Intervention gelang es Washington, Kasachstan davon zu überzeugen, diese nach Süden gehende Pipeline nicht zu bauen und die Entscheidung des Baus einer Hauptpipeline um mehrere Jahre zu verschieben. Doch gewann Russland damit eine Monopolstellung, da Moskau bis zum Hafen *Novorossijsk* am Schwarzen Meer über die einzige existierende Pipeline verfügte. Moskau wusste dieses Monopol außen- und sicherheitspolitisch in den 90er Jahren wiederholt zu instrumentalisieren, musste jedoch in den folgenden Jahren erkennen, dass es bestimmte Entwicklungen nicht auf Dauer verhindern, sondern nur zeitlich blockieren konnte.

Währenddessen gelang es Washington auch, den Bau einer Erdgasleitung von Turkmenistan in den Iran zu verhindern. Statt dessen sollte eine unterirdische, durch das Kaspische Meer verlaufende transkaspische Erdgasleitung gebaut werden. Doch solange der Rechtsstatus des Kaspischen Meeres nicht geregelt ist und Turkmenistan für den Export des eigenen Erdgases über russische Erdgasleitungen optierte, um möglichst schnell über eine Exportmöglichkeit zu verfügen, ging die Erdgasproduktion in den 90er Jahren wegen fehlender Absatzmöglichkeiten von 90 auf 17 Millionen Kubikmetern im Jahr 1997 zurück.[117] In den folgenden Jahren bauten die USA unter *Clinton* ihre politischen, wirtschaftlichen und auch militärischen Beziehungen vor allem zu Georgien und Aserbaidschan aus und sprachen sich wiederholt für den Bau mehrere Pipelines aus, die nicht länger nur über russisches Territorium verlaufen. Dabei stützte sich Washington insbesondere auf seinen NATO-Alliierten Türkei, die aufgrund ihrer geographischen Lage und der alten wirtschaftlichen sowie kulturellen Beziehungen zu Zentralasien selbst versuchte, ihren Einfluss in dieser Region zu Lasten Russlands kontinuierlich auszubauen. Dementsprechend hatte die amerikanische Regierung schon früh den Bau einer 1.730 km langen Erdölpipeline von *Baku* (Aserbaidschan) über Georgien in die Türkei (*Baku-Ceyhan*) favorisiert, obwohl diese die teuerste Pipelineoption bildete,

---

[116] Vgl. Neil MacFarlane, 'Amerikanische Politik in Zentralasien und im Transkaukasus', in: APuZ B 43-44/1998, S. 3-12; Paul Wiberg-Jorgensen, 'America's Freedom to Act in the Caspian Area', in: European Security 4/1999, S. 100-108; Friedemann Müller, 'Zugang und Ressourcensicherung: Die USA und Zentralasien', in: Peter Rudolf/Jürgen Wilzewski (Hrsg), 'Weltmacht ohne Gegner. Amerikanische Außenpolitik zu Beginn des 21. Jahrhunderts', Baden-Baden 2000, S. 197-216 und F. Stephen Larrabee, 'U.S. and European Policy toward Turkey and the Caspian Basin', in: Robert D. Blackwill/Michael Stürmer (Eds.), 'Allies Divided: Transatlantic Policies for the Greater Middle East', New York 1997, S. 143-173.

[117] Vgl. Friedemann Müller, 'Energiepolitische Interessen in Zentralasien', hier S. 28.

technisch schwierig ist sowie durch kurdisches und damit unsicheres türkisches Gebiet laufen sollte.[118] Insgesamt blieb die amerikanische Politik jedoch in vielerlei Hinsicht widersprüchlich, auch wenn Washington nicht nur die politische und wirtschaftliche Stabilität sowie Unabhängigkeit der zentralasiatischen Staaten gegenüber Moskau gewahrt sehen wollte und verstärkt versuchte, die eigene wie die internationale Energieabhängigkeit vom Persischen Golf und dem Mittleren Osten zu verringern sowie die Importe aus anderen Regionen zu diversifizieren.

Diese Widersprüchlichkeit hat auch ein Spannungsverhältnis zwischen den amerikanischen Wirtschaftsakteuren (vor allem der multinationalen Energiekonzernen) in der Region und der amerikanischen Regierungspolitik hervorgerufen, die insbesondere bei den Diskussionen über die Option der *Baku-Ceyhan*-Pipeline deutlich wurde. Dabei ist sowohl auf Seiten der USA als auch Russlands ein Spannungsverhältnis zwischen wirtschaftlich-finanzielle Aspekten und außen- sowie geopolitischen Erwägungen zu beobachten, die zumeist nur schwer in eine kohärente Gesamtstrategie für die Region eingebettet werden können. Im wesentlichen ließ sich Washington jedoch von vier Leitlinien seiner Zentralasienpolitik leiten: (1) Diversifizierung der Energieimporte; (2) Schaffung günstiger Rahmenbedingungen für amerikanische Firmen; (3) Eindämmung des Einflusses Russlands und vor allem des Iran in der Region und (4) Förderung von Unabhängigkeit, Demokratie, Menschenrechten und Entwicklung der *Neuen Unabhängigen Staaten* (*NUS*) in dieser Region. An der Verfolgung dieser vier Ziele der amerikanischen Außenpolitik in diesem Raum sollte sich auch unter der neuen *Bush*-Administration bis zum 11. September 2001 nichts wesentliches ändern.[119]

Demgegenüber ging die russische Außenpolitik nach der Auflösung der UdSSR zunächst davon aus, dass Moskau über die Schaffung der *Gemeinschaft für unabhängige Staaten* (*GUS*) auch die Erschließung der kaspischen Energieressourcen vorantreiben und gleichzeitig die Kontrolle aufrechterhalten könnte.[120] Dabei sollte der Rechtsstatus des Kaspischen Meeres durch ein von Russland dominiertes Kondominium gestaltet werden.[121] Doch die *GUS* war aus Sicht der anderen Nachfolgestaaten der Sowjetunion wenig mehr als eine Abwicklungsgemeinschaft, welche die militärische Eskalation größerer politischer Konflikte verhindern und ein Mindestmaß an wirtschaftlicher sowie politischer

---

[118] Vgl. auch Sherman W. Garnett, 'Die USA und das Kaspische Becken', in: ders./Alexander Rahr/Koji Watanabe, 'Der Kaspische Raum vor den Herausforderungen der Globalisierung', S. 43-64; Kenneth Weisbrode, Central Eurasia', S. 22-26; Michael Lelyveld, 'Caucasus: U.S. Returns to Multiple Pipelines', RFE/RL Analysis, 26.10.1998 und Charles Recknagel, 'Central Asia: U.S. Supports Multiple Pipelines from Caspian Sea', ebda., 13.11.1998.

[119] Vgl. Doug Blum, 'America's Caspian Policy under the Bush-Administration', PONARS-Papers (Harvard-University), March 2001.

[120] Zur Evolution und Desintegration der GUS siehe vor allem Martha Brill Olcott/Anders Aslund/Sherman W. Garnett (Eds.), 'Getting It Wrong. Regional Cooperation and the Commonwealth of Independent States', Washington D.C. 1999.

[121] Vgl. zum Hintergrund auch Clive Schofield/Martin Pratt, 'Claims to the Caspian Sea', in: JIR, February 1996, S. 75-79.

Kooperation aufrechterhalten sollte. An einer wirklichen wirtschaftlichen, politischen und auch militärischen Integration waren vor allem nicht die Ukraine, Aserbaidschan und Georgien interessiert, die eher Anschluss an europäische und transatlantische Organisationen wie die EU und die NATO suchten. Dies galt um so mehr, als Moskau versuchte, sogleich seine hegemoniale Rolle in neu zu schaffenden Gemeinschaftsstrukturen der GUS festzuschreiben.[122]

Beim Zusammenbruch war das rechtliche Regime des Kaspischen Meeres durch zwei Verträge aus den Jahren 1921 und 1940 zwischen der UdSSR und dem Iran geregelt. Allerdings sagten beide Verträge nichts über die mögliche Ausbeutung von Bodenschätzen im Kaspischen Meer aus. Mit der Erweiterung der Anzahl der Anrainerstaaten setzte daher ein dringlicher Verhandlungsbedarf ein. Während anfangs die Russische Föderation, der Iran und zeitweise auch Turkmenistan auf eine gemeinsame Ausbeutung der Meeresressourcen setzten (*Kondominium-Variante*), bestanden Kasachstan und Aserbaidschan auf eine sektorale Aufteilung gemäß dem internationalen Völker- und Seerecht. Nachdem alle Anrainerstaaten inzwischen jedoch Erdöl- und Erdgasvorkommen auch in ihren Offshore-Bereichen entdeckt haben, plädieren diese inzwischen mit Ausnahme Irans alle für eine sektorale Aufteilung. Allerdings blieb der genaue Verlauf der sogenannten Mittellinie durch ihre Sektoren auch unter jenen Anrainerstaaten zumeist noch umstritten, die alle für eine derartige sektorale Aufteilung plädierten.[123]

Aus Sicht zahlreicher russischer Sicherheitspolitiker bildete zudem die Südflanke als *„weicher Unterleib"* Russlands bereits vor dem 11. September 2001 die wohl akuteste sicherheitspolitische Herausforderung, von der im nächsten Jahrzehnt die meisten konkreten Bedrohungen für die Russische Föderation ausgehen. Dies betrifft nicht nur den ungeklärten Fortbestand Tschetscheniens in der Russischen Föderation, sondern auch *Dagestan*.[124] Zudem sah sich Russland bereits in der zweiten Hälfte der 90er Jahre einer größeren sicherheitspolitischen Herausforderung durch islamische Staaten und den sie unterstützenden fundamentalistischen Bewegungen gegenüber stehen[125], die nach dem 11. September 2001 durch die jüngsten Anschlagsserien in Moskau am 23. Oktober 2002 und in Tschetschenien selbst eine gewisse Bestätigung fanden. Darüber

[122] Vgl. hierzu F.Umbach, 'The Role and Influence of the Military Establishment in Russia's Foreign and Security Policies in the Yeltsin-Era', in: The Journal of Slavic Military Studies (JSMS), Nr. 3 (September) 1996, S. 467-500 und ders., 'Großmacht ohne Großmachtressourcen? – Russlands geopolitische und strategische Interessen und das Dilemma mangelnder Ressourcen", in: 'Wesen und Wandel der Strategie seit Clausewitz'. 2. Gemeinsamer Ausbildungsabschnitt (2. GAA) im Lehrgang Generalstabs-/Admiralstabs-dienst 1998 (LGAN 98 – (Strategieseminar), Führungsakademie der Bundeswehr, Hamburg 1999, S. 116-166.

[123] Vgl. auch Helmut Udo Napiontek, 'Erdölpoker am Kaukasus. Sicherheitspolitische Aspekte der Öl- und Gasvorkommen des Kaspischen Meeres', in: Reader Sicherheitspolitik (hrsg. vom Bundesministerium für Verteidigung, Fü S I 4), Bonn 9/1998, S. 18-32 (18 f.).

[124] Vgl. Uwe Halbach, 'Russlands schwächstes Glied. Die Republik Dagestan wird zum Notstandsgebiet', Aktuelle Analysen des BIOst 53/1997.

[125] Vgl. u.a. auch Sergei Kortunov/Sergei Vikulov, 'Military Reform and Foreign Policy', in: International Affairs (Moskau) 6/1997, S.167-177 (171), und Uwe Halbach, Russlands, 'Bedrohungen aus dem Süden'. Teil I: 'Entwicklungen im Nordkaukasus', Aktuelle Analysen des BIOst 36/1998, 4.9.1998, Teil II: 'Entwicklungen in Afghanistan', in: ebda. 37/1998, 4.9.1998.

hinaus spielten traditionelle geostrategische und zunehmend auch geoökonomische Bedingungsfaktoren eine zentrale Rolle in der russischen Außenpolitik gegenüber dieser Region.[126]

Sicherheits- und militärpolitisch sind Russlands Beziehungen bis heute vor allem zu Tadschikistan und Armenien von größter Bedeutung. Demgegenüber dachte nicht nur Georgien, sondern auch Aserbaidschan bereits 1999 offiziell über die Gewährung von Militärstützpunkten für die NATO (eines amerikanischen oder türkischen) auf seinem Territorium nach.[127] Obwohl wiederholt Spekulationen über einen Beitritt Armeniens zu der Union von Russland und Belarus zu konstatieren waren[128], baute auch Armenien seine sicherheitspolitischen Beziehungen zum Westen kontinuierlich bereits vor dem 11. September 2001 aus, wie an der Intensivierung seiner Mitwirkung am NATO-Kooperationsprogramm *„Partnerschaft für den Frieden"* zu beobachten ist. Infolge der zunehmenden Professionalisierung des außenpolitischen Establishments Armeniens wurde in diesen beiden außenpolitischen Optionen der Verstärkung der Beziehungen sowohl mit Russland als auch mit dem Westen kein Widerspruch gesehen.[129] Auch dies spiegelte die Erosion des russischen Einflusses in Zentralasien und insbesondere dem Südkaukasus wider.

Wirtschaftlich hatte diese Region in der Vergangenheit für Russland vor allem als Lieferant von Rohstoffen und als Absatzmarkt für russische Produkte fungiert. Die Bedeutung der Region als Absatzmarkt russischer Erzeugnisse ist jedoch seit 1992 stark zurückgegangen. Von größter Bedeutung sind dagegen allerdings nach wie vor die Transportströme und -wege durch Zentralasien. Die wichtigsten Transportrouten waren jedoch fast alle auf Richtung Moskau ausgerichtet, während es Ost-West-Routen dagegen kaum gab.

Die in dieser Region vermuteten gewaltigen Rohstoffvorkommen an Erdöl und Erdgas sowie die Möglichkeiten ihrer Erschließung sind aus russischer Sicht jedoch ein zweischneidiges Schwert. So sind russische Erdölfirmen wie *LUKoil* zwar an geplanten Erschließungen beteiligt, doch waren diese in den 90er Jahren nicht im kurzfristigen Interesse Russlands, da *LUKoil* primär am Absatz seines geförderten Erdöls aus Sibirien zunächst interessiert war. Sowohl russische Firmen als auch die regionalen Nettoexportstaaten von Erdöl und/oder Erdgas (wie Aserbaidschan, Kasachstan und Turkmenistan) haben dabei vor allem den europäischen Markt im Visier. Eine ähnliche Interessenlage kann bei *Gazprom* konstatiert werden. Hieraus resultierte ein eher *„selektives"* Engagement russischer Firmen des Brennstoff-Energie-Komplexes. Dennoch haben diese Firmen wesentlich für eine kooperativere Politik Russlands in dieser Region seit 1996 beigetragen und sich auch zunehmend für Allianzen mit west-

126 Siehe hierzu auch Herwig Gödeke, 'Transkaukasien nach dem Zusammenbruch der UdSSR. Geopolitische und sicherheitspolitische Aspekte', in: Osteuropa 12/1997, S.1224-1235.

127 Vgl. Jens Hartmann, Die Welt, 4.2.1999, S.8 und Michael Lelyveld, 'Caucasus: U.S. Military Presence in Caspian Appears Inevitable', RFE/RL Analysis, 4.2.1999.

128 Vgl. Liz Fuller/Harry Tamrazian, 'Will Armenia Be First to Join Russian-Belarusian Union?', RFE/RL Analysis, 29.5.1997.

129 Vgl. Liz Fuller, 'One State, Two Foreign Policies?', RFE/RL Analysis, 23.7.1997.

lichen Energiekonzernen ausgesprochen. Dies trifft vor allem für die russische Erdölwirtschaft zu, die an westlichen Investitionen sowie Technologien und so in zunehmenden Maße an marktliberaler Steuerung und internationaler Zusammenarbeit interessiert ist.[130] Während so auf seiten russischer Firmen vermehrt pragmatische Kompromisspolitik betrieben wurde, führte dies wiederholt zu Konflikten bei der Ausrichtung der russischen Außen- und Sicherheitspolitik durch die in Russland traditionell starken Ministerialbürokratien der Außen- und Verteidigungsministerien.

Zudem wurden die geostrategischen Interessen Russlands auch durch Befürchtungen beeinflusst, die durch einen Erdöl- und Erdgasboom ausgelöste wirtschaftliche Belebung und sozio-ökonomische Stabilisierung der kaspischen Regionalstaaten könnten die ohnehin immer stärker werdenden ökonomischen, politischen und militärischen Abkoppelungsversuche dieser Staaten von Moskau noch weiter stärken. Zudem würde ein aus Sicht Moskaus betriebener strategischer Rückzug aus dieser Region und der neue geoökonomische Stellenwert der Region mit seinen strategischen Rohstoffen ein für Außen- und angrenzende Regionalmächte unwiderstehliches politisches Vakuum entstehen lassen und so Russland aus seiner Hegemonialrolle verdrängen.[131]

Auch die bis zum Sommer 1998 spürbare Forcierung der russischen Reformpolitik und einer größeren Moskauer Kooperation mit dem Westen sowie eine auf wirtschaftlichen Erwägungen beruhenden pragmatischen Kooperationspolitik in dieser Region hatten zu einer weniger hegemonialen Außenpolitik Russlands in dieser Region beigetragen. Ein weiterer Grund lag auch in dem Faktum begründet, dass die von Außenminister *Primakov* nach seiner Amtsübernahme im Januar 1996 zunächst auf Moskau orientierte Re-Integrationspolitik schon bald endgültig gescheitert war.[132] Andererseits aber war durch die seit den Präsidentschaftswahlen von 1996 zunehmende Bedeutung der wirtschaftliche Elite an den politischen Entscheidungsprozessen auch ein Zusammenspiel von traditioneller Geopolitik Russlands mit geoökonomischen Interessen der russischen Finanz- und Energieoligarchie zu beobachten, die auch durchaus übereinstimmende Interessenlagen erkennen ließ. Allerdings sollten anhaltende und sich verschärfende Konflikte rivalisierender Clans der Oligarchie im Herrschaftssystems *El'cins* eine kohärente Außen- und Sicherheitspolitik, insbesondere gegenüber dieser Region, unmöglich machen. Insofern konnten für die russische Außenpolitik vor allem nach 1996 sowohl konfrontative als auch kooperative Elemente ausgemacht werden.[133]

---

130 Vgl. hierzu auch Anna Kreikemeyer, 'Konflikt und Kooperation in der Kaspischen Region: Russische Interessenlagen', in: APuZ B 43-44/1998, S.13-25 (15).

131 Vgl. Roland Götz, 'Energiegroßmacht Russland?', in: IP 10/1998, S. 1-6 (2). Auch *Sergej Karaganov* hatte vor einem *„allzu großen politischen und ökonomischen Engagement"* Russlands gewarnt - siehe das Interview in: Die Welt, 15.2.1999.

132 Vgl. Olga Alexandrowa/Heinz Timmermann, 'Russland - Belarus - GUS. Integrationsbestrebungen und Desintegrationstendenzen'. Berichte des BIOst 30/1997 und Heinz Timmermann, 'Desintegrationsprozesse in der GUS', Aktuelle Analysen des BIOst 20/1998.

133 Vgl. auch Anna Kreikemeyer, 'Konflikt und Kooperation in der Kaspischen Region'.

Im Gegensatz zu Russland, das ein strategisches Interesse besitzt, dass auch in der Zukunft alle Pipelines über sein Territorium verlaufen, um so seine Monopolstellung aufrechtzuerhalten, sind alle anderen Regionalstaaten an einer Diversifizierung der Routen von Ölpipelines interessiert. Dies musste daher auch schnell das Interesse weiterer Nachbarstaaten wie der Ukraine, Rumänien, Bulgarien, Indien und Pakistan hervorgerufen, die alle von dem erwarteten Ölboom und den zu bauenden Pipelines in der Region zu profitieren hoffen. Hieraus haben sich neue politische Konstellationen und Allianzen gebildet[134], wie am Beispiel der *GUUAM* (Georgien, Ukraine, Usbekistan, Aserbaidschan und Moldawien)[135] oder an den immer engeren bilateralen Beziehungen zwischen Georgien und Aserbaidschan deutlich wird. Hierbei verbinden sich nicht nur deren sicherheits- mit energiepolitischen Interessen (so sind z.B. im Rahmen der *GUUAM Peacekeeping*-Truppen aufgestellt worden, die den Schutz der Öl- und Gaspipelines auf ihren Territorien zum Ziel haben), sondern diese regionalen bi- und multilateralen Abkommen zwischen den Regionalstaaten waren unübersehbar auch zunehmend gegen Russland gerichtet. Die ökonomische und politische Schwäche Russlands, seine auch in der Endphase *El'cins* durchaus von hegemonialen Zügen beeinflussten Politik des *„divide et impera"*, die strategischen Interessen der USA in diesem Raum und das Ausnutzen der neuen energie- und geopolitischen Konstellationen durch die Anrainerstaaten — die halb Spielball der Großmächte, halb clevere Eigenspieler sind — hatten die Vormachtstellung Russlands in Zentralasien bis Ende der 90er Jahre jedoch erheblich erodieren lassen.[136] Hierzu hatte ab 1997 auch das plötzliche politische Auftreten Chinas als aufsteigende Großmacht mit seinen stetig zunehmenden energie- und sicherheitspolitischen Interessen in Zentralasien und dem Kaspischen Becken erheblich beigetragen. Auch wenn beide Seite sich fortan bemühten, kooperativ bilateral und multilateral wie z.B. in der Shanghaier Kooperationsorganisation zusammenzuarbeiten, so kann eine prinzipielle Interessenkollision nicht geleugnet werden und hat daher in Moskau entsprechende Besorgnis über die langfristigen Strategien Pekings ausgelöst.[137]

Dies wirkte sich unweigerlich auch auf die Energie- und Pipelinepolitik in Zentralasien und dem Kaspischen Meer aus. So bewegte sich Russland seit 1998 verstärkt in Richtung einer sektoralen Aufteilung des Kaspischen Meeres und unterzeichnete ein entsprechendes Abkommen mit Kasachstan zur Festlegung der Offshore-Grenzen in jenem Jahr. Zwar war damit Russland auf die Positi-

---

[134] Vgl. Gregory Gleason, 'Inter-State Cooperation in Central Asia from the CIS to the Shanghai Forum', in: Europe-Asia Studies 7/2001, S. 1077-1095 und Roy Allison, 'Structures and Frameworks for Security Policy Cooperation in Central Asia', in: ders./Lena Jonson, 'Central Asian Security', S. 219-246.

[135] Vgl. hierzu Rainer Freitag-Wirminghaus, 'Die Staatengemeinschaft GUUAM: Neuer Aufbruch oder langsamer Niedergang?', in: Orient 2/2001, S. 267-294.

[136] Siehe hierzu auch die Studie von Stephen J. Blank/Alvin Z. Rubinstein (Eds.), 'Imperial Decline. Russia's Changing Role in Asia', Durham-London 1997 und Abraham S. Becker, 'Russia and Caspian Oil: Moscow Looses Control', in: Post-Soviet Affairs 16/2000, S. 91-132.

[137] Vgl. zu Chinas energie- und außenpolitischen Interessen in dieser Region noch einmal Kap. 3.8.6.3 dieser Studie (S. 139 ff.).

on Aserbaidschans umgeschwenkt, doch weigerte sich nun der Iran, einer Aufteilung des Kaspischen Meeres nach dem Äquidistanzprinzip zuzustimmen. Nun bestand der Iran auf einem Kondominium, das eine Aufteilung zu fünf gleichen Teilen (20%) vorsieht. Dem wiederum konnten aber auch Aserbaidschan und Turkmenistan nicht zustimmen. Die Frage der Aufteilung der Eigentumsverhältnisse und damit auch der Offshore-Ressourcen des Kaspischen Meeres ist bis heute noch immer nicht vollständig gelöst. Statt dessen hat die Versteifung der Positionen inzwischen sogar zu einer Militarisierung des Konfliktes insoweit geführt, da alle Staaten ihre Marine- und Luftstreitkräfte begonnen haben zu modernisieren (vgl. auch *Abbildung 94*).[138] Gleichzeitig werden vermehrt militärische Übungen zum Schutz der potentiellen Eigentumsverhältnisse im Kaspischen Meer abgehalten, die wiederum Misstrauen und Gegenreaktionen der Nachbarstaaten provozieren.

Abbildung 94: Central Asia — Armed Forces Personnel Levels (2001)

Country	Army	Navy	Air Force	Total
Kazakhstan	45,000	3,000*	19,000	67,000
Kyrgystan	6,600	None	2,400	9,000
Tajikistan	6,000	None	200***	6,2000
Turkmenistan	14,500	2,000**	3,000	19,500
Uzbekistan	40,000	None	10-15,000	50-55,000

* Currently being formed: figure based on Maritime Border Guard (baset at Aktau and Atyrau)
** Subordinate to the command of the Border Guard (Base Turkmenbashi)
*** Estimate

Source: IISS-Military Balance 2001-2002, hier nach Alex Vatanka u.a., 'Split Loyalities', in: JDW, 16.10.2002, S. 82-90 (88).

Im Gegensatz zu Russland scheint die EU auf den ersten Blick der ideale Partner für die zentralasiatischen Staaten zu sein, da die Beziehungen vergleichsweise nicht historisch belastet sind und die EU auch keine weitergehenden geopolitischen und geostrategischen Ziele verfolgt. Dies ist jedoch zugleich ihre Stärke wie ihre Schwäche. Zwar sind die Brüsseler Expertise und Finanzmittel stets hoch willkommen. Auch hat die EU eine Reihe von bedeutenden Infrastrukturprogrammen in der Region initiiert. Dies gilt insbesondere für die großen Infrastrukturvorhaben *INOGATE* (*Interstate Oil and Gas Transport to Europe*) und *TRACECA* (*Transport Corridor Europe Caucasus Central Asia*), die auch für die südosteuropäischen Staaten (einschließlich der Ukraine) von großer Bedeutung sind. So wurden allein für *TRACECA* bis 1999 etwa 45 Milliarden Euro zur Stabilisierung Zentralasiens und die infrastrukturelle Anbindung an Europa sowie den Handels- und Warenaustausch mit dem Kauka-

[138] Vgl. Mark Eaton, 'Major Trends in Military Expenditure and Arms Acquisitions by the Caspian Region', in: Gennadi Chufrin, 'The Security of the Caspian Sea Region', S. 83-116.

sus und Mittelasien ausgegeben.[139] Doch sind diese Programme nicht in eine wirklich politisch und wirtschaftlich kohärente Gesamtstrategie eingebettet.

Aus Sicht der zentralasiatischen Staaten, aber auch aus Russlands und der USA wirken diese Programme häufig sehr technokratisch und in gewisser Weise sogar *„apolitisch"*. Vor allem aber hinsichtlich zahlreicher Sicherheitsfragen und insbesondere bei den Interessenkonflikten der zentralasiatischen Staaten mit Russland wird die EU häufig als zahnloser Papiertiger (mit den Ansprüchen einer *„Zivilmacht"*[140]) angesehen, der politische Konflikte mit Moskau scheut und die geopolitische Bedeutung dieser Region noch immer nicht hinreichend erkannt hat.[141] Aus dieser Sicht bieten daher nicht so sehr die EU und die OSZE den zentralasiatischen Staaten wirklich konkrete Sicherheitsgarantien, sondern allein die USA und die NATO. Dies erklärt zugleich die engen Beziehungen insbesondere zwischen den USA und Aserbaidschan sowie Georgiens, die beide in längerfristiger Perspektive die NATO-Mitgliedschaft anstreben.[142] Aus EU-Sicht erscheint eine derartige Sichtweise häufig eher antiquiert und ungerecht, zumal die EU wiederholt auf ihre strategischen, ökonomischen und kulturell-historische Interessen an der Stabilität dieser neuen Schlüsselregion der Weltpolitik artikuliert hat. Auch hat sich Brüssel wiederholt seit dem 18. Mai 1998 für den Aufbau multipler Pipelines ausgesprochen.[143]

Dennoch ist unbestritten, dass die gerade die europäische Politik wiederholt vor einem zu starken Engagement und einer Intervention in die regionalen Konflikte zurückgeschreckt ist, da sie einen Konflikt mit Moskau befürchtete, den *„russischen Hinterhof"* insbesondere vor dem Hintergrund der NATO- und EU-Osterweiterung faktisch akzeptiert hatte und durch die fehlende Ausprägung einer wirklich *Gemeinsamen Außen- und Sicherheitspolitik* (*GASP*) sowie einer *Europäischen Sicherheits- und Verteidigungspolitik* (*ESVP*) strukturell gehemmt ist. Auffallend ist in der Tat auch das Fehlen eines gesamtstrategischen Konzeptes, das diesen Namen wirklich verdient und keineswegs nur mit den strukturellen Hemmnissen einer fehlenden *GASP* und *ESVP* zu erklären ist, auch wenn wiederholt verschiedene *„Stabilitätspläne"* für die Region innerhalb als auch außerhalb der EU erarbeitet worden sind.[144] Bezeichnend für die mangelnde strategische Bedeutung der Region Zentralasiens und des Kaspischen Beckens für Deutschland und die EU ist hierbei auch das zweisei-

---

139 Vgl. Detlef Wolter, 'Die Kaukasus-Politik der Europäischen Union', in: APuZ B 42/1999, S. 32-39.

140 Vgl. hierzu auch Hans-Georg Ehrhardt/Oliver Thränert, 'Die Rolle von NATO, EU und OSZE in der Kaspischen Region', in: APuZ B 43/1998, S. 37-46 (40 ff.) und Alexander Rahr, 'Europa im neuen Zentralasien', in: Sherman W. Garnett/Alexander Rahr/Koji Watanabe, 'Der Kaspische Raum vor den Herausforderungen der Globalisierung', S. 77-96.

141 Dies wurde dem Autor in zahlreichen Gesprächen und Diskussionen wiederholt von Experten aus den zentralasiatischen Staaten, der Ukraine, Russlands und den USA vorgeworfen.

142 Vgl. Jean Christoph Peuch, 'Georgia: Shevardnadze Officially Requests Invitation to Join NATO', RFE/RL Analysis, 22.11.2002.

143 Vgl. Detlef Wolter, 'Die Kaukasus-Politik der Europäischen Union', hier S. 36.

144 Vgl. Alexander Rahr ebda., S. 94 ff. und Centre for European Policy Studies (CEPS), 'A Stability Pact for the Caucasus', CEPS Working Document No. 145, Brussels, May 2000 (http://www.ceps/be/Pubs/Caucasus/NDC/newdeal.htm).

tige (!) Zentralasienkonzept der Bundesregierung vom 18. März 2002. Dieses listet zwar Grundsätze, Prinzipien und Mittel der Politiksteuerung auf, definiert jedoch nicht einmal ansatzweise die strategischen Interessen Deutschlands und der EU in der Region (wie z.B. hinsichtlich der regionalen Energieressourcen) oder verweist auf die neue weltpolitische Bedeutung für die weltweite Energiesicherheit und globale sicherheitspolitische Stabilität nach dem 11. September 2001.[145]

Abbildung 95: Allianz- und Bündnissysteme in Zentralasien

	The Commonwealth of Independent States (CIS)	The Council on Collective Security (CCS)	The Shanghai Cooperation Organisation (SCO)	Eurasian Economic Commonwealth (EuEC)	GUUAM
Armenien	+	+			
Aserbaidschan	+				+
Belarus	+	+		+	
Georgien	+				+
Kasachstan	+	+	+	+	
Kirgistan	+	+	+	+	
Moldawien	+			+*	+
Russland	+	+	+	+	
Tadschikistan	+	+	+	+	
Turkmenistan	+				
Ukraine	+			+*	+
Usbekistan	+		+		(+)
China			+		

* Observers
(+) Usbekistan ist im Juni 2002 aus der *GUUAM* wieder ausgetreten.

Mit den strategischen Veränderungen seit dem 11. September 2001 zwischen den Hauptakteuren — namentlich zwischen den USA und Russlands — sind nun die Voraussetzungen für eine verstärkte Kooperation und bessere Perspektiven für eine größere Stabilität gegeben.[146] Dies sollte auch die EU ermutigen, ihre bisherige Politik zu überdenken und vor allem vor dem Hintergrund ihrer energiepolitischen Herausforderungen und den Diversifizierungsnotwendigkeiten ihre Energiesicherheitsstrategien auch verstärkt auf Zentralasien und den Kaspischen Raum ausrichten. Dies setzt auch eine verstärkte Positionsbeziehung hinsichtlich der in der Diskussion befindlichen Pipelineoptionen voraus. Doch auch sicherheitspolitisch haben die Ereignisse und Entwicklungen in Af-

---

[145] Vgl. 'Zentralasienkonzept der Bundesregierung', Berlin, 18.3.2002 — via Internet, http://www.auswaertiges-amt.de/www/de/infoservice/download/pdf/asien/zentralasien-konzept.pdf.
[146] Vgl. Valery Volkin, Izvestija, 5.12.2002.

ghanistan gezeigt, dass diese auch in vermeintlich geographisch wie psychologisch weit entfernten Gebieten direkt und indirekt auf Europa zurückschlagen können und somit eine *„Festung Europa"* im Zuge der wirtschaftlichen und sicherheitspolitischen Globalisierung immer unrealistischer ist. Zwar sind inzwischen eine Reihe neuer multilateraler Sicherheitsbündnisse und –organisationen aufgebaut worden (siehe *Abbildung 95*), doch ist ihr Integrationsgrad nach wie vor eher gering und allgemein nicht von einer wirklich verinnerlichten Philosophie der *„gemeinsamen Sicherheit"* gekennzeichnet. Gleichwohl zeigt insbesondere das Beispiel der *Shanghai Cooperation Organisation* (*SCO*), dass sich China auch in Zentralasien nicht länger der Einbindung in multilaterale Sicherheitsinstitutionen verweigert, sondern sich zunehmend aktiv beteiligt.[147] Auch dies eröffnet neue regionale und interregionale Kooperationsmöglichkeiten, die auch die EU bei der zukünftigen Ausgestaltung ihrer Zentralasien- und China-Politik berücksichtigen und nutzen sollte.

6.5.3 Die regionalen Entwicklungen nach dem 11. September 2001

Die militärische Intervention in Afghanistan durch die USA und ihre Verbündeten hat die geopolitischen Rahmenbedingungen seit dem 11. September 2001 in vielerlei Hinsicht grundlegend verändert. Dies gilt nicht nur hinsichtlich neuer Machtverhältnisse in Afghanistan, wo die *Taliban* und die Terroristen des *Al-Qaida*-Netzwerkes weitgehend vertrieben, wenn auch nicht vollständig besiegt werden konnten, sondern auch für Zentralasien. Die USA konnten mit Zustimmung Moskaus in mehreren zentralasiatischen Staaten Militärstützpunkte für unbestimmte Zeit errichten, obwohl Russland lange Zeit gegen derartige Intentionen Washingtons opponiert hatte. Tatsächlich hatte der russische Präsident *Putin* bereits ein Jahr zuvor grundlegende Weichen für eine prowestliche Außen- und Sicherheitspolitik gestellt und konnte sich durch die Ereignisse des 11. September 2001 bestätigt fühlen, wonach die eigentlichen Sicherheitsbedrohungen für Russland in kurz- und mittelfristiger Perspektive nicht in der NATO-Osterweiterung oder amerikanischen nuklearen Präventivschlägen, sondern in den Sicherheitsbedrohungen eines islamischen Fundamentalismus und stärker werdenden terroristischen Gruppierungen bestehen, die aus Afghanistan, mit Hilfe arabischer Geldquellen, auch Zentralasien zunehmend destabilisieren.[148]

Gleichzeitig haben die USA auch ihre Finanzhilfen an die zentralasiatischen Staaten aufgestockt sowie die militärische Kooperation und Ausbildung mit

---

[147] Vgl. hierzu auch Gudrun Wacker, 'Die 'Shanghaier Organisation für Zusammenarbeit. Europäische Gemeinschaft oder Papiertiger?', SWP-Studie SS 22, Berlin, August 2001 und Roy Allison, 'Structures and Frameworks for Security Policy Cooperation in Central Asia', S. 234 ff. Zur Politik Chinas siehe noch einmal *Kap. 3.8.6.3* dieser Studie und Guangcheng Xing, 'China and Central Asia', in: Roy Allison/Lena Jonson (Eds.), 'Central Asian Security', S. 152-170.

[148] Vgl. F.Umbach, 'Veränderte Bedrohungsperzeptionen in Russland. Die Normalisierung der strategischen Beziehungen zu den USA', in: IP 10/2002, S. 19-24.

ihnen gestärkt (siehe *Abbildungen 96-97*).[149] Aus Sicht vieler Beobachter hat Washington nun erstmals eine kohärentere Strategie für den Kaukasus und Zentralasien entwickelt. Zum einen haben die USA nun ihre Diversifizierungsanstrengungen für ihren zukünftigen Rohölimport noch verstärkt. Dies kommt sowohl Russland als auch den zentralasiatischen Staaten zugute. Zum anderen will Washington eine weitere Destabilisierung der Region verhindern, weil dies nicht nur die amerikanischen Diversifizierungsanstrengungen zunichte machen würde, sondern auch zunehmend destabilisierende Auswirkungen auf den Gesamtraum des *„Größeren Mittleren Ostens"*, Russland, China und sogar Europa zur Folge haben könnte. Nur an dem früher proklamierten Ziel, dass keine der Pipelines zum oder durch den Iran führen darf (und damit einen Baustein für einen entstehenden *„Ost-West-Energiekorridor"* bilden könnte), wird auf amerikanischer Seite unbeirrbar festgehalten.[150]

Abbildung 96: US Military Aid in Central Asia 2001-2003 ($ million)

Republic	2001 (actual)	2002 (estimate)	2003 (requested)
Kazakhstan	1,896	2,750	3,000
Kyrgistan	1,846	2,000	4,000
Tajikistan	-	700	-
Turkmenistan	699	-	700
Uzbekistan	2,445	207	8,750

Source: US-State Department, hier nach Alex Vatanka u.a., 'Split Loyalities', in: JDW, 16.10.2002, S. 82-90 (89).

Abbildung 97: US Military Training in Central Asia 2001-2003 ($ million)

Republic	2001 (actual)	2002 (estimate)	2003 (requested)
Kazakhstan	583	800	1,000
Kyrgistan	380	600	1,100
Tajikistan	-	250	350
Turkmenistan	258	450	450
Uzbekistan	494	1,000	1,200

Quelle: US-State Department, hier nach Alex Vatanka u.a., 'Split Loyalities', in: JDW, 16.10.2002, S. 82-90 (89).

Gleichzeitig und zumeist unabhängig von diesen strategischen Neuausrichtungen haben sich auch bedeutende Veränderungen bei der Pipelinepolitik ergeben. Entgegen der Skepsis vieler internationaler Energieexperten wurde am

---

149 Vgl. Alex Vatanka u.a., 'Split Loyalities', in: JDW, 16.10.2002, S. 82-90 und Jeffrey Donovan, 'Central Asia: Verdict Still out on U.S. Engagement Policy', RFE/RL Analysis, 22.11.2002.

150 Vgl. Rainer Hermann, FAZ, 2.10.2002, S. 3; David Stern, FT, 17.9.2002, S. 7; Manfred Quiring, Die Welt, 25.9.2002, S. 16.

18. September 2002 der Grundstein für den Bau der 1.750 km langen und drei Milliarden US-Dollar teuren Ölleitung von *Baku* über Georgien zum türkischen Mittelmeerhafen *Ceyhan* gelegt. Nach 30 Monaten Bauzeit soll sie unter Umgehung Russlands und Irans jeden Tag eine Million Fass transportieren, was der derzeitigen Förderquote von Libyen entspricht. Die Grundsteinlegung erfolgte, nachdem der Ölkonzern *BP* als Führer im aserbaidschanischen Förderkonsortium, die Ölvorkommen mit mindestens 4,5 Milliarden Fass für rentabel hält. Inzwischen hat Kasachstan erklärt, dass es sich am Bau und am Transport von Erdöl beteiligen will, da *Astana* weitere Exportmöglichkeiten sucht.[151] Während diese vier Länder alle wirtschaftlich — wenn auch unterschiedlich — vom Bau dieser Pipeline profitieren werden, dürfen Russland, Iran und Armenien als Verlierer gelten. Russland hat sich hierbei zudem selbst durch die Entscheidung der Duma geschwächt, sich mit einem Anteil von *LUKOil* von 7,5 Prozent an dem Konsortium zum Bau der Ölleitung zu beteiligen. Damit ist das Transit- und Pipelinemonopol Russlands gebrochen, auch wenn *Novorrossijsk* als Verladehafen für zentralasiatisches Erdöl weiterhin erhebliche Bedeutung haben wird. So ist seit dem Oktober 2001 auch die *„Caspian Pipeline"* vom kasachischen Ölfeld *Tengiz* nach *Novorrossijsk* in Betrieb, wo amerikanische Ölfirmen nach dem Endausbau jeden Tag bis zu 1,34 Millionen Fass über die russische Pipeline nach *Novorossisjk* pumpen werden. Zudem konnte Russland seine Stellung auf dem europäischen Gasmarkt und in Südosteuropa bzw. dem Balkan mit Zustimmung Washingtons stärken, da die USA ihre Opposition gegenüber einer Ölpipeline von Russland zum kroatischen Mittelmeer- und Tiefseehafen *Omisalj* aufgegeben hat. Von dort können Supertanker zukünftig auch Erdöl in die USA transportieren. Gleichzeitig haben sich mit dem verstärkten US-Engagement auch viele Befürchtungen der zentralasiatischen Staaten gegenüber russischer Hegemonialpolitik weitgehend aufgelöst, so dass das Image Russlands in den zentralasiatischen Staaten (mit gewisser Ausnahme Georgiens und Aserbaidschans) nach einem Jahrzehnt der Auflösung der UdSSR inzwischen wieder etwas positiver geworden ist.[152]

Gleichzeitig wurde im Oktober 2002 die 1.000 km lange, technisch sehr aufwendige und weltweit tiefste Unterwassergaspipeline *„Blue Stream"* von Russland in die Türkei weitgehend fertiggestellt, die 3,2 Milliarden US-Dollar gekostet hat. Sowohl die Türkei als auch der Iran hoffen durch den Bau einer weiteren Gaspipeline von der Türkei nach Griechenland, größere Mengen Erdgas zu exportieren, nachdem Ankara eine geringere Menge an importiertem Erdgas aus Russland mit Moskau verhandelt hat und damit auch der erhoffte größere Erdgasexport Irans in die Türkei um so fraglicher geworden war.[153]

---

[151] Vgl. Michael Lelyfeld, 'Kazakhstan: Astana Plans to Boost Energy Exports to West', in: RFE/RL Analysis, 6.12.2002.

[152] Vgl. Zamira Eshanova, 'Uzbekistan: Russia's Image on the Rise in Central Asia', RFE/RL Analysis, 12.11.2002.

[153] Vgl. Michael Lelyveld, 'Russia: Blue Stream Pipeline a Technological Feat, But an Economic Misadventure', RFE/RL Analysis, 23.10.2002 und ders., 'Turkey: Ankara Says It Halted Gas Imports from Iran', ebda., 11.9.2002.

Ebenso fraglich dürfte angesichts der nach wie vor weitverbreiteten innenpolitischen Unsicherheiten und Instabilitäten auch ein Jahr nach Ende der großen Militäroperationen in Afghanistan die früheren Pläne des Baus von Erdöl- und Erdgaspipelines von Zentralasien und insbesondere Turkmenistans über Afghanistan nach Pakistan sein. Diese gilt zumindest für die kurzfristige Perspektive, auch wenn alle drei Länder weiterhin hieran festhalten, ihre Pläne für den Bau einer 1.460 km langen Erdgaspipeline derzeit konkretisieren und die *Asian Development Bank* das Erdgasprojekt im Juli 2002 offiziell unterstützt hat.

Dennoch beklagen auch weiterhin die westlichen Ölkonzerne die sich zum Teil wieder verschlechternden rechtlichen und wirtschaftlichen Rahmenbedingungen für größere Investitionen. So sind bereits während der letzten Jahre einige vereinbarte Kooperationen zeitlich aufgeschoben worden. Dies gilt gegenwärtig insbesondere für Investitionen in Russland und Kasachstan.[154] Ungeachtet dessen und trotz der vielen innenpolitischen sowie regionalen Instabilitäten halten jedoch die westlichen Energiekonzerne auch weiterhin an großen Investitionen im Kaspischen Raum fest.[155]

Währenddessen ist Tadschikistan am 20. Februar 2002 als letzte der ehemaligen Sowjetrepubliken und als 27. Mitliedsstaat dem NATO-Programm *„Partnerschaft für den Frieden"* beigetreten, während auch Aserbaidschan den USA Zugang zu vier Militär- und Luftwaffenbasen für den Fall eines Krieges mit dem Irak gewährt hat.[156] In Russland hat die pro-westliche Politik von Präsident *Putin* jedoch weiterhin zahlreiche Gegner, die der NATO und den USA seit vielen Jahren feindlich gegenüber stehen und sich nun in ihrem Misstrauen durch die verstärkten westlichen Aktivitäten in Zentralasien bestätigt fühlen. Auch aufgrund innenpolitischer Kritik hat Präsident *Putin* nun die russische Präsenz in Zentralasien wieder militärisch gestärkt, indem Russland einen Luftwaffenstützpunkt in Kirgistan erhalten hat und damit ein vermeintliches Gleichgewicht zu den USA herstellt.[157] Da politische und zuweilen auch militärische Interventionen in den ethnisch-nationalen Konflikten sowie vor allem hinsichtlich des gemeinsamen Kampfes gegen die Ausbreitung eines islamischen Fundamentalismus und Terrorismus auch zukünftig notwendig sind und Russland weder politisch neutral ist noch die notwendigen wirtschaftlichen und militärischen Fähigkeiten für eine erzwungene Pazifizierung allein besitzt, ergeben sich inzwischen völlig neue Kooperationsmöglichkeiten zwischen den USA, Russland, den zentralasiatischen und transkaukasischen Staaten. Zudem

---

154 Vgl. Michael Lelyveld, 'Russia: Foreign Energy Investment Lagging in Ex-Soviet Region, in: ebda., 27.11.2002; ders., 'Kazakhstan: Huge Oil Venture Abruptly Suspends Expansion', ebda., 18.11.2002 und ders., 'Kazakhstan: Various Explanations Emerge for suspension of Oil Project', ebda., 21.11.2002.

155 Vgl. Nikola Krastev, 'Central Asia/Caucasus: Multinationals Pushing Oil Projects Despite Instability', RFE/RL Analysis, 29.3.2002.

156 Vgl. 'Sources: Azerbaijan Offers U.S. Access to Air Bases', Stratfor.Com, 20.11.2002.

157 Vgl. Sanobar Shermatova, Moscow News, 25-31.12.2002 (Online-Version); Steven Lee Myers, IHT, 5.12.2002, S. 5; Ariel Cohen, 'New Russian Deployment Marks Changed Strategy', Eurasianet.org, 17.12.2002; 'Russia: Race for Kyrgyz Base Highlights Rift Between Putin, Military', Stratfor.Com, 4.12.2002.

haben im September 2002 Russland und Aserbaidschan ein bilaterales Abkommen zur Demarkierung ihrer Grenze im Kaspischen Meer geschlossen, so dass die sektorale Aufteilung weiter voranschreitet, Moskau seinen Einfluss in der Region damit wieder etwas stärken konnte und der Iran hierbei vorerst der eigentliche Verlierer ist.

Während so die Ausbeutung der Erdöl- und Erdgasressourcen in Zentralasien sowie dem Kaspischen Raum voranschreiten, liegen die eigentlichen Herausforderungen weiterhin vor allem in den innenpolitischen und regionalen Instabilitäten sowie mangelnden Demokratisierungsprozessen. Sollten die zentralasiatischen Herrschaftseliten auch weiterhin die dringend notwendigen politischen Reformen in Richtung pluralistisch-demokratischer Gesellschaftsordnungen und soziale Marktwirtschaften verweigern und aufschieben, die Mehrheit der Bevölkerungen nicht an den stattlichen Erdöl- und Erdgaseinnahmen partizipieren und diese nur kleinen oligarchischen Herrschaftsschichten zugute kommen sowie diese Eliten nur mit politischer Repression und innenpolitischer Gewaltanwendung reagieren, dann dürften sich die Aussichten für eine politisch-ökonomische Stabilität Zentralasiens und des Kaspischen Raumes schon bald wieder verflüchtigen und Destabilisierungen auch Nachbarstaaten und Regionen erfassen, zu denen auch Europa gehören wird.[158] Der wieder in Afghanistan zugenommene Drogenanbau, der im Jahr 2002 etwa 3.400 Tonnen Opium mit einem Handelswert von 1,2 Milliarden Dollar (ein Fünftel des BIP Afghanistans) ausmachte, kann hierfür als Menetekel gelten, da schon heute etwa 80 Prozent des Heroins und anderer Opiumderivate in Europa aus Afghanistan und Zentralasiens stammen.

Vor diesem Hintergrund ist zukünftig ein verstärktes politisches, wirtschaftliches und notfalls auch militärisches Engagement der EU im Rahmen der UN oder OSZE erforderlich, setzt allerdings die Definierung der eigenen außen-, sicherheitspolitischen sowie wirtschaftlichen Interessen und die Ausarbeitung eines kohärenten strategischen Gesamtkonzeptes, das diesen Namen wirklich verdient, für die Region Zentralasiens und des Kaspischen Raumes voraus. Mit den strategischen Auswirkungen des 11. September 2001, dem nun eingeleiteten Bau der *Baku-Ceyhan-Pipeline*, mit der Washington sein wichtigstes Ziel seiner bisherigen Zentralasienpolitik — die Aufhebung des russischen Pipelinemonopols — erreicht hat, und der Proklamation einer strategischen Energiepartnerschaft zwischen den USA und Russland bestehen nun völlig neue Rahmenbedingungen für regionale wirtschaftliche und politische Kooperationen, die auch von der EU genutzt werden sollten. Dies gilt um so mehr, als das *„Fenster der Gelegenheit"* nicht für alle Zukunft offen stehen wird.

---

158 Vgl. Pauline Jones Luong/Erika Weinthal, 'New Friends, New Fears in Central Asia', in: Foreign Affairs, March-April 2002, S. 61-70.; Tamara Makarenko, 'The Dangers of Playing the Central Asia Game', in: JIR, June 2002, S. 14-17; Stephen J. Lang, 'Konfliktregion Kaukasus', in: Europäische Sicherheit' 12/2002, S. 8-11; Aschot Manutscharjan, 'Sicherheitspolitik im Kaukasus — Perspektiven für das 21. Jahrhundert', in: KAS-Auslandsinformationen 3/2002, S. 33-56 und Marie-Carin von Gumppenberg, 'Neue sicherheitspolitische Konstellationen in Zentralasien nach dem 11. September?', in: ÖMZ 3/2002, S. 302-30.

7. Schlussfolgerungen, Perspektiven und Empfehlungen: Die Rückkehr der Energieversorgungssicherheit auf die Agenda deutscher und europäischer Außen- sowie Sicherheitspolitik

Vor dem Hintergrund einer rapide ansteigenden Energienachfrage vor allem aus Asien (insbesondere China und Indien) in den nächsten Jahrzehnten und der zunehmenden weltweiten Klimaproblematik, die mit diesem Anstieg der Energienachfrage verbunden ist, hat die Aufgabe der Sicherstellung der *Energieversorgungssicherheit* für die deutsche, europäische und internationale Außen- und Sicherheitspolitik auch im Zeitalter einer zunehmenden wirtschaftlichen und politischen Globalisierung keineswegs an Bedeutung verloren, sondern wird eine zentrale Herausforderung für die Weltpolitik sein. Dies gilt für die Zukunft um so mehr, als die Abhängigkeit der EU-Staaten von den beiden Schlüsselregionen der zukünftigen Weltenergieversorgung — der Golf-Region und Zentralasiens – weiter zunehmen dürfte. Beides sind jedoch Weltregionen, die gegenwärtig politisch höchst instabil sind. Zwar werden in den nächsten 20 Jahren keine wirklich globalen Versorgungsengpässe aufgrund begrenzter Verfügbarkeit von Energieressourcen erwartet. Dennoch nehmen die Versorgungsrisiken und Verwundbarkeiten der europäischen Energieversorgungssicherheit aufgrund der zunehmenden Abhängigkeit der Energieversorgung von politisch und ökonomisch instabilen Lieferländern zu. Mehr als 50 Prozent der Weltenergienachfrage wird von Erdöl produzierenden Staaten gedeckt werden, deren innenpolitische Instabilität ein hohes Risiko darstellt. Vor allem als Folge der Eskalation regionaler Konflikte könnte dies zu temporären Lieferausfällen und rapiden Preissteigerungen führen, welche die weltwirtschaftliche und politische Stabilität gefährden können. So stammte im Jahr 1999 mehr als 40 Prozent der weltweiten Rohölproduktion aus Ländern, die nicht die *UN-Menschenrechtskonvention* unterzeichnet hatten und jährlich Gegenstand massiver Kritik des amerikanischen Außenministeriums und internationaler Menschenrechtsorganisationen waren. Dies gilt nicht nur für Iran, Irak, Libyen, Algerien, Venezuela, Nigeria und Angola, wo viele Regionalexperten schon in kurzfristiger Zukunft größere soziale und politische Unruhen, gewalttätige Auseinandersetzungen und blutige Revolutionen nicht ausschließen. Zukünftig werden derartige innenpolitische Instabilitäten auch in Saudi Arabien oder anderen arabischen Staaten für wahrscheinlich gehalten und auch in Russland keineswegs völlig ausgeschlossen, auch wenn dort die gegenwärtige politische und sozio-ökonomische Entwicklung eher positiv zu bewerten ist.

Allen gemeinsam ist diesen Rohölproduzenten zumeist auch die hohe Abhängigkeit ihrer wirtschaftlichen Stabilität und des Staatshaushaltes vom Einkommen der Energieexporte. Zudem ist ihr Reichtum im wesentlichen in den Händen einer kleinen Staatsbürokratie zentralisiert. Faktisch hindert dies aber eher die politischen Führungen ihrer Länder, sich den Anforderungen des sozialen, politischen und wirtschaftlich-technologischen Wandels stellen und wirtschaftliche sowie politische Reformen forcieren zu müssen. Solange sie über ausreichend Ressourcen zur innenpolitischen Pazifierung der Erwartungen ihrer Bevölkerungen verfügen, scheint dies auf den ersten Blick kein großes Problem zu sein. Doch mit einem Absinken des Ölpreises und zunehmenden demographischen Problemen konfrontiert, kann dies vor dem Hintergrund des weitgehenden Scheiterns einer Diversifizierung ihrer Wirtschaften und ökonomischer Reformen völlig neue Dimensionen und Eskalationspotentiale innenpolitischer Instabilitäten annehmen. Dabei dürften zukünftig vermehrt massivere Preisschwankungen als Resultat der Globalisierungsprozesse die Folge sein, die negative Auswirkungen auf die politische Stabilität sowohl der Erdöl produzierenden als auch Erdöl konsumierenden Länder haben können.

Für einen längeren Zeitraum jenseits der nächsten 20-30 Jahre können auch Versorgungsengpässe zumindest bei den Erdölressourcen, die wesentlich begrenzter als Erdgasreserven sind, trotz neuer Such- und Explorationstechniken nicht völlig ausgeschlossen werden. Zwar ist das Potential an erneuerbaren Energien gewaltig; die bis 2020 wirtschaftlich erschließbaren Potentiale werden jedoch nach derzeitigem Kenntnisstand eher bescheiden bleiben. Allerdings sind in den letzten 10 Jahren die Technologieinnovationen von zahlreichen internationalen Energieexperten (insbesondere auch Geologen) häufig unterschätzt worden.

Nach den meisten Szenarien der internationalen Energieexperten und – organisationen steigt die Weltenergienachfrage in den nächsten 25 Jahren vermutlich um mehr als 60 Prozent — wenn auch nach den neuesten Untersuchungen etwas langsamer als früher erwartet. Dabei wird der Zuwachs des Weltenergieverbrauchs zukünftig vor allem auf die industriellen Schwellenländern Asiens (allen voran China und Indien) zurückgehen. Diese Entwicklung kann eine weitere Verschiebung des derzeitigen ökonomischen Gravitationszentrums im internationalen System von den westlichen Industriestaaten hin zu den Ländern des asiatisch-pazifischen Raumes mit weitreichenden geopolitisch-strategischen Auswirkungen zur Folge haben. Dies gilt insbesondere auch hinsichtlich der politisch-wirtschaftlichen Interdependenzen in Asien und dem Mittleren Osten und deren Auswirkungen auf die regionale und globale politische Stabilität im Allgemeinen sowie die Nichtverbreitungspolitik für Massenvernichtungswaffen und militärische Aufrüstung im Besonderen.

Trotz eines stagnierenden pro Kopf-Verbrauchs von Rohöl ist auch die Abhängigkeit der USA aufgrund steigender Rohölimporte als Folge des Bevölkerungszuwachses seit der Ölkrise 1973/74 gestiegen. Während die USA 1973 lediglich 36 Prozent ihres Rohölverbrauchs importieren mussten, waren dies im Jahr 2000 bereits 57 Prozent (mit 11,1 m b/d), wovon 46 Prozent aus den *OPEC*-Staaten – davon wiederum 22 Prozent aus dem Persischen Golf – gedeckt wurden. Diese Abhängigkeit der USA von Rohölimporten könnte auf bis zu 60 Prozent im Jahr 2010 und 65-70 Prozent im Jahr 2020 zunehmen.

Auch wenn gegenwärtig eine politische Erpressung des Westens durch die *OPEC* oder einzelne erdölproduzierende Staaten eher unwahrscheinlich ist, da sie selbst in hohem Maße von den Einnahmen ihrer Erdöl- und Erdgasimporte abhängig sind, so kann dies nicht für alle Zukunft völlig ausgeschlossen werden, zumal eine Reihe der Golf-Staaten beginnen, ihre Wirtschaft verstärkt zu diversifizieren, um zukünftig weniger einseitig vom Energieexport abhängig zu sein. So verfügt der Persische Golf über etwa 65 Prozent der derzeit weltweit nachweisbaren Erdölreserven und etwa 36 Prozent der globalen Erdgasreserven, die ihn nicht nur für die USA, sondern global zu einer Region von größter strategischer Bedeutung für die wirtschaftliche und politische Stabilität macht. Der Anteil der *OPEC* an der weltweiten Rohölproduktion ist zwar seit 1973 von 55 Prozent auf gegenwärtig etwa 35-40 Prozent zurückgegangen. Doch könnte ihr Anteil auf 45 Prozent im Jahr 2010 und etwa 53 Prozent im Jahr 2020 ansteigen, wobei nach derzeitigen Kalkulationen die *OPEC*-Produktion von derzeit rund 30 Millionen Fass auf 103 Millionen Barrel zunehmen wird. Dennoch sieht sich die *OPEC* in der kurz- und mittelfristigen Perspektive eher der Herausforderung gegenüber, weitere Marktanteile und politischen Einfluss durch die Ausweitung der Erdölproduktion in Angola, Nigeria und anderen afrikanischen Staaten sowie im Kaspischen zu verlieren, da damit der weltweite Anteil der Erdölproduktion der *OPEC* weiter zurückgehen dürfte. Kurzfristig droht vor allem ein Preiskrieg der *OPEC* und besonders Saudi Arabiens mit Russland, da Moskau bestrebt ist, nicht nur zum global größten Gas-, sondern auch zum weltweit größten Erdölproduzenten aufzusteigen. Zudem darf nicht übersehen werden, dass durch die Veränderung des Energiemixes in der Welt Rohöl heute eine weitaus geringere Rolle bei der Produktion von elektrischem Strom als Folge der Ausweitung des Erdgas- und Kernenergiesektors spielt als noch in den 70er Jahren. Vor diesem Hintergrund bemühen sich die *OPEC*-Staaten, auch ihren Erdgassektor auszubauen, welches die derzeit eher weiter erodierende Rolle der *OPEC* auf den Weltenergiemarkt im 21. Jahrhundert aufhalten und wenn möglich sogar umkehren soll. So verfügen die *OPEC-Staaten* über 44 Prozent der weltweiten Erdgasreserven, sind jedoch gegenwärtig nur für 15 Prozent der globalen Erdgasproduktion verantwortlich.

Darüber hinaus darf nicht übersehen werden, dass die *OPEC*-Politik vor allem von jener Saudi Arabiens abhängig ist, dessen innenpolitisches Instabilitätspotential in den letzten 15 Jahren kontinuierlich (auch aufgrund der demographischen Trends) zugenommen hat, wie nicht zuletzt die Ereignisse und Folgen des 11. September 2001 unterstrichen haben. Diese weltweite Abhängigkeit von Saudi Arabien erklärt sich nicht nur aus dem Umfang seiner nationalen Erdöl- und Erdgasressourcen, sondern vor allem auch aus der Fähigkeit, dass *Riad* der einzige Erdölproduzent ist, der in Krisen- und Konfliktzeiten seine Produktion kurzfristig um bis zu 2 Millionen Fass pro Tag (theoretisch sogar bis zu 3-3,5 mb/d) erhöhen kann und so Schwankungen der internationalen Rohölproduktion aufgrund politischer Krisen und Konflikte, technischer Unfälle und der weltwirtschaftlichen Entwicklung ausgleichen kann. Dies erklärt wiederum die gegenwärtige amerikanische Außen- und Sicherheitspolitik in der Golf-Region, die sowohl regionalen als auch globalen Stabilitätsfaktoren (einschließlich für die Weltwirtschaft) Rechnung trägt. So betrachten die USA den Persischen Golf bis heute als eine Region von globalstrategischer Bedeutung und halten enge bilaterale sicherheitspolitische Beziehungen mit Saudi Arabien, Kuwait, Qatar, VAE und Oman aufrecht. Die Dislozierung eigener Truppen in dieser Region und die militärischen Vorbereitungen für einen potentiellen militärischen Konflikt kosten den amerikanischen Steuerzahler aber jährlich bis zu 50 Milliarden US-Dollar. Da die Golf-Staaten jedoch auch vor schwierigen innenpolitischen Herausforderungen in den kommenden Jahren und Jahrzehnten stehen, ist die Zukunft der amerikanischen Militärpräsenz und ihrer Basen in dieser Schlüsselregion der Weltpolitik trotz der jüngsten Ereignisse keineswegs gesichert, wie die innenpolitischen Diskussionen sowohl in den USA als auch in Saudi Arabien während der letzten Jahre zeigen. Zudem dürfte sich die energiepolitische Abhängigkeit der USA vom Persischen Golf – im Gegensatz zu Europa – aufgrund verstärkter Diversifizierungsanstrengungen eines größeren Rohölimportes aus der westlichen Hemisphäre und des Atlantischen Beckens (vor allem aus Westafrika, Lateinamerika, dem *Golf von Mexiko* und Kanada, weniger aus Zentralasien und Russland) signifikant verringern. Damit aber könnten militärische Interventionen der USA in dieser Region aufgrund veränderter strategischer Interessenlagen in Krisen- und Konfliktszenarien in der mittel- und langfristigen Zukunft immer weniger wahrscheinlicher werden und auch zu einem verringerten politischen Engagement der USA in dieser Schlüsselregion der Weltpolitik führen. Dies gilt insbesondere dann, wenn sich die europäischen und asiatischen Alliierten der USA weigern sollten, eine größere politische und militärische Verantwortung für diese Weltregion zu übernehmen, die ihrer geographischen Nähe zum und der viel größeren Energieabhängigkeit vom Mittleren Osten entspricht. Somit wird auch für die EU die Stabilität Saudi Arabiens und des Persischen Golfes für die weltweite Rohöl- und Erdgasversorgung eine Schlüsselrolle bei der Ausgestaltung der *GASP* einnehmen müssen. Dies gilt um so mehr, als sich zukünftig auch der Großteil des weltweiten Raffinerienetzwerkes in politisch instabileren Ländern und Regionen befinden wird.

Auch die zunehmend globale Ausrichtung der chinesischen Außen- und Sicherheitspolitik in Richtung des Persischen Golfes, aber auch Afrikas und sogar Lateinamerikas seit Mitte der 90er Jahre erklärt sich keineswegs nur aus dem zunehmenden wirtschaftlichen Gewicht, dem eigenen Prestige und angestrebten Großmachtstatus der VR China, sondern auch zu einem erheblichen Teil aus den unmittelbaren strategischen Auswirkungen und Konsequenzen der eigenen Energienachfrage sowie der rapide steigenden Öl- und Gasimporte aus Ländern außerhalb der asiatisch-pazifischen Region. So stellt die Rohölproduktion des Mittleren Osten gegenwärtig etwa 35-40 Prozent der Welterdölproduktion sicher. Bereits im Jahr 1997 wurde 58 Prozent der Rohölproduktion aus dem Raum des Persischen Golfes in die asiatischen Märkte exportiert, während wiederum 74 Prozent aller Rohölimporte der asiatisch-pazifischen Region aus dem Mittleren Osten kamen. Dies Abhängigkeit Asiens von Rohölimporten aus dem Persischen Golf kann auf bis zu 80-90 Prozent in den nächsten beiden Jahrzehnten ansteigen.

Obwohl China in den 90er Jahren graduelle Fortschritte auf dem Weg einer Liberalisierung seiner Energiepolitik und der Einbindung in die Weltwirtschaft gemacht hat, so ist die weitere marktwirtschaftliche Orientierung der eigenen Energiewirtschaft wiederholt seit 1998 ins Stocken geraten. Noch immer werden größere energiepolitische Entscheidungen in den Energie(staats)konzernen nicht allein nach primär marktwirtschaftlichen Kriterien gefällt, sondern im Pekinger Politbüro, wo häufig nicht allein wirtschaftliche, sondern auch außen- und sicherheitspolitische Kriterien für energiepolitische Entscheidungen eine zentrale Rolle spielen. Dennoch bieten zukünftig weder unilateral-nationale Strategien noch ein Rüstungsaufwuchs zur Sicherung der eigenen Energieimportrouten über Land und vor allem die Meere (Indischer Ozean, *Malakka-Straße* und Südchinesisches Meer) eine Lösung für Chinas zukünftige Energiesicherheit. Gleichwohl wird China kaum der amerikanischen Marine die Sicherung der eigenen Energieimporte über den Seeweg auf absehbare Zeit anvertrauen. Dieses Dilemma scheint gegenwärtig für Peking nicht zuletzt auch aus innenpolitischen Gründen unauflösbar zu sein. Die langfristige Lösung kann jedoch nur in einer weitgehend internationalen Arbeitsteilung liegen, die den zunehmenden Globalisierungstendenzen Rechnung trägt sowie innenpolitisch die Öffnung des Landes nach außen sowie die Deregulierung und Privatisierung des nationalen Energiesektors voraussetzt. Dabei kommt der internationalen Gemeinschaft eine wichtige Hilfestellung zu. Inzwischen hat China erste Schritte in diese Richtung unternommen, denen jedoch viele weitere und weitreichendere folgen müssen. Die Lösung der Probleme der chinesischen Energiesicherheit und auch anderer Ressourcenfragen ist dabei auch im globalen Interesse, wenn weltweite negative Auswirkungen in umwelt- und sicherheitspolitischer Hinsicht vermieden werden sollen. Je sicherer sich China bei der Lösung seiner Energieprobleme fühlt, um so sicherer werden auch seine Nachbarstaaten und der Rest der Welt sein.

Die chinesischen Diversifizierungsanstrengungen des Rohöl- und Erdgasimports haben nach dem 11. September 2001 eher noch weiter zugenommen, was auch außerhalb Chinas zu begrüßen ist. Gleichzeitig zeigen diese Schritte und innenpolitischen Diskussionen aber auch, inwieweit weiterhin strategische und geopolitische Überlegungen noch immer dominieren und nicht allein eine grundsätzlich marktwirtschaftliche Ausrichtung der konkreten Politik Pekings für die nationalen Energiesicherheit Chinas eine determinierende Rolle spielt. Insofern dürfte die chinesische Energiesicherheit in der kurz- und mittelfristigen Zukunft unauflösbar mit der nationalen Außen-, Sicherheits- und Verteidigungspolitik verbunden bleiben.

Während in Europa einige Staaten wie die Bundesrepublik ihren Ausstieg aus der zivilen Nutzung der Kernenergie erklärt haben, andere jedoch eine Neudiskussion (wie Finnland und einige osteuropäische EU-Beitrittskandidaten) fordern, räumen vor allem in Asien – einschließlich der ASEAN –zahlreiche Staaten der zukünftigen Nutzung der Atomkraft einen hohen Stellenwert in ihrer Energieversorgungspolitik ein, wenngleich zuweilen auch dort lokale Widerstände (vor allem in Japan und Taiwan) gegen die Nutzung ziviler Kernkraftwerke auszumachen sind. So befindet sich jedes neue Kernkraftwerk, das seit 1998 weltweit in Bau gegangen ist, in Asien. Auch auf diesem Feld ist China der weltweit größte Wachstumsmarkt, obwohl die Nuklearenergie in der Zukunft nicht mehr als 4-6 Prozent der nationalen Energienachfrage im Jahr 2020 decken wird. Der Ausbau der zivilen Kernenergieprogramme führt jedoch auch zu neuen Herausforderungen für die zukünftige Nichtverbreitungspolitik für Nuklearwaffen. Schon heute ist Asien diejenige Weltregion, die über die meisten Nuklearwaffenstaaten verfügt und wo neben dem Mittleren Osten die nuklearen Ambitionen sowie regionalen Instabilitäten am größten sind. Dies könnte weitere negative Auswirkungen auf die regionalen und globalen Bemühungen zur Eindämmung der Weiterverbreitung von Massenvernichtungswaffen haben, zumal ohnehin seit den Ereignissen von 1998 (indisch-pakistanische Nuklear- und Raketentests, nordkoreanische und iranische Tests von Mittelstreckenraketen) eine globale Krise der Rüstungskontrollpolitik und internationaler Rüstungskontrollregime konstatiert werden muss.

Diese strategischen Herausforderungen der Verflechtung von Energie-, Außen- und Sicherheitspolitik unterstreichen, dass jede ausreichend gesicherte, wirtschafts- und sozialverträgliche Energieversorgung unter zunehmender Berücksichtigung ökologischer Faktoren auch in der Zukunft von nationaler und regionaler politischer Stabilität abhängig sein wird und daher ordnungs- sowie sicherheitspolitische Rahmenbedingungen auch unter Kriterien der Nachhaltigkeit für künftige Generationen stets beachtet werden müssen.

Unter Berücksichtigung der Auswirkungen des 11. September 2001, der Eskalation des israelisch-palästinensischen Konfliktes, der Irak-Frage und des latenten innenpolitischen Instabilitätspotentials der arabischen Staaten aufgrund der demographischen Entwicklung, autoritärer politischer Herrschaftsstrukturen und sozio-ökonomischer Schwierigkeiten als Folge ausbleibender, unzureichender oder auch fehlgeschlagener Wirtschaftsreformen sowie der Nichttrennung von Staat und Religion sollte in Zukunft auch aus *sicherheitspolitischen* Gründen eine größere staatliche Förderung regenerativer Energieträger in Europa, den USA und Asien forciert werden. In Deutschland sind jedoch während der letzten Jahren die außenpolitischen Dimensionen der deutschen und europäischen Energiepolitik — wie z.B. die Frage der Energieversorgungssicherheit — im Gegensatz zu den USA, Frankreichs oder Großbritanniens kaum nachhaltig diskutiert worden. So richtig das prinzipielle Festhalten an einer langfristigen idealistischen Zielbestimmung der zukünftigen europäischen Energiepolitik in primär ökonomischen Dimensionen im Zeitalter der Globalisierung ist, so kurzsichtig ist es für die politische Gegenwart, bewusst oder unbewusst zu unterstellen, dass sich auch alle anderen Staaten von ausschließlich ökonomischen Motiven in ihrer Energiepolitik leiten lassen. So gilt diese oft unbewusst unterstellte Fokussierung auf die ökonomischen Dimensionen der Energiepartnerschaft keineswegs für Russland, wo die außen- und geopolitischen Auswirkungen der eigenen Energiepolitik stets ausgiebig diskutiert werden und sich in den entsprechenden politischen Motiven sowie außenpolitischen Zielsetzungen Moskaus widerspiegeln. Bezeichnenderweise ist bisher in der EU die Frage nicht weiter diskutiert worden, ob sie sich zu mehr als 40 Prozent ihrer Erdöl- und Erdgasimporte allein aus Russland verpflichten sollte, da dies dem Gebot einer Diversifizierung von Energieträgern und –importen im Rahmen der europäischen Versorgungssicherheit widersprechen dürfte. Dabei zeigt sich besonders bei der deutschen Energiepolitik und den wirtschaftlichen Interessen an einer engen Energiekooperation mit Russland, dass diese weder in eine umfassende politische Konzeption eingebunden ist noch die außen- sowie sicherheitspolitischen Dimensionen sowohl für Russland (legitime versus illegitime russische Sicherheitsinteressen) als auch die EU unter Berücksichtigung transatlantischer Sicherheits- und Bündnispolitik adäquat einschließt oder gar integraler Bestandteil einer gesamtstrategisch konzipierten europäischen Energiepolitik ist. Auch wenn die EU sich weitgehend selbst nur von wirtschaftlichen Kriterien in ihrer Energiepolitik leiten lässt, so wird Europa nicht nur von den Entwicklungen auf den Weltenergiemärkten geopolitisch betroffen und beeinflusst werden, sondern auch mit den außen- und sicherheitspolitischen Folgen der Energiepolitik Moskaus bis hin zur möglichen Determinierung der europäischen und eurasischen Sicherheitsarchitektur konfrontiert. Diese sind unter Berücksichtigung der gegenwärtigen außenpolitischen Motive Moskaus nicht unbedingt im langfristigen strategischen Interesse Europas. Dieses erschöpft sich auch keineswegs allein in einer *„strategischen Partnerschaft“* mit Russland im Rahmen einer zukünftigen stabilen europäischen Sicherheitsarchitektur. Dies gilt insbesondere dann, wenn diese auf Kosten der Versorgungssicherheit und außenpolitischen Unabhängigkeit zahlreicher europäischer Nachbarstaaten in Zentraleuropa und im Raum der früheren UdSSR aufgebaut wird. So ist die politische Kontrolle und der politische Einfluss des *Kreml* unter Berücksichtigung unilateraler außen- und sicherheitspolitischer Konzeptionen auf die Energiepolitik der russischen Energiemonopolisten (insbesondere *Gazprom* und *Transneft*) unter Präsident *Putin* nicht geschwächt, sondern signifikant gestärkt worden. Dies aber widerspricht eindeutig den Bekundungen Moskaus zu marktwirtschaftlichen Reformen, zu denen sich Russland verpflichtet hat und damit auch dem *Vertrag zur Europäischen Energiecharta*. Dennoch ist eine langfristige Energiepartnerschaft mit Russland für die EU sowohl aus ökonomischen als auch politischen Gründen notwendig und wünschenswert. Allerdings ist auf europäischer Seite eine Debatte über die Rahmenbedingungen, den Umfang und die Zielrichtung einer solchen Partnerschaft im 21. Jahrhundert eine elementare Voraussetzung und hinsichtlich der zukünftigen Risiken der europäischen Versorgungssicherheit vor dem Hintergrund des 11. September 2001 notwendiger denn je.

So überrascht es auch nicht, dass es der *GASP* der EU bisher nicht gelungen ist, die notwendige Balance zwischen den sich zum Teil offen widersprechenden oder konkurrierenden strategischen Interessen in der eigenen Energie- und Außen- sowie Sicherheitspolitik zu finden. Diese Problematik zeigt sich auch bei den energiepolitischen Problemen und Optionen der EU-Beitrittskandidaten hinsichtlich ihrer Versorgungssicherheit und der Frage der Pipelineoptionen in Zentral- und Südosteuropa, die ebenfalls für die zukünftige Versorgungssicherheit der EU-Staaten von entscheidender Bedeutung sein werden. Dies alles unterstreicht, dass eine nationale Energiepolitik in Europa immer weniger Antworten und Sicherheiten für eine stabile Energieversorgung bietet und nur im EU-Rahmen im 21. Jahrhundert adäquate Lösungen verspricht.

Allerdings ist bereits in den 90er Jahren der Raum Zentralasien und Kaspischen Beckens verstärkt in den Mittelpunkt internationaler Politik gerückt. Auf der einen Seite werden in dieser Region die zweit- oder drittgrößten Energievorräte an Erdöl und Erdgas vermutet, so dass diese Region zur zukünftigen Stabilität der globalen Energieversorgung einen wichtigen Beitrag leisten kann; auf der anderen Seite ist auch diese Region durch ein hohes Instabilitätspotential gekennzeichnet und kann aufgrund dieser Kombination von großen Energieressourcen sowie seiner darauf zurückzuführenden geopolitischen Bedeutung zu einem neuen regionalen Krisenherd im 21. Jahrhundert mutieren. Zusammen mit der Region des Persischen Golfes und des Mittleren Ostens ist diesen beiden Großregionen somit eines gemeinsam: die Energieversorgung vor allem Europas und Asiens — mehr als diejenige der USA —wird in der Zukunft in einem zunehmenden Maß von traditionell instabilen Regionen aus gedeckt werden müssen.

Für Deutschland und die EU haben die hier aufgezeigten strategischen Trends der globalen Energiesicherheit zahlreiche Auswirkungen und Konsequenzen für die zukünftige wirtschaftliche und politische Stabilität:

1. Vor dem oben beschriebenen Hintergrund und den zusätzlichen Herausforderungen durch Globalisierung, Liberalisierung und einer globalen Klimaschutzpolitik, die an Bedeutung für die internationale Energiepolitik weiter zunehmen dürfte (auch unabhängig von der Zukunft des *Kyoto-Protokolls*), müssen daher Strategien der multilateralen Krisenvorsorge und langfristige Konzeptionen zur deutschen, europäischen und globalen Energieversorgungssicherheit neu entwickelt werden. Diese kann in langfristiger Perspektive nur durch Stärkung der internationalen Zusammenarbeit und Abtretung an staatlicher Souveränität gewährleistet werden. Dabei werden multilaterale Institutionen und Organisationen wie die *IEA* u.a. sowie entsprechende multilaterale Instrumente wie der *Vertrag* zur *Europäischen Energiecharta* eine zunehmende Rolle spielen. Darüber hinaus muss *langfristig* den Marktkräften die Schlüsselrolle bei der Umsetzung nachhaltiger Energiekonzepte für das 21. Jahrhundert zukommen. Dabei fällt den Energiepreisen eine entscheidende Rolle zu, mit denen ein sparsamer Energieeinsatz (insbesondere auch in den USA, Rußland,

China und Indien) und die Erschließung neuer regenerativer Energieträger sowie technischer Innovationen selbst in der traditionellen Kohlewirtschaft und der Kernenergienutzung gefördert werden können. Zudem müssen diese Faktoren in eine konsistente energiepolitische Strategie mit einer mittel- und langfristiger Zielperspektive eingebettet werden, auch wenn dies in Demokratien mit ihren zahlreichen inhärenten Zwängen nur schwer umsetzbar ist.

2. Dabei ist zu beachten, dass Energiepolitik stets Langfristpolitik ist. Vor diesem Hintergrund muss die Entwicklung zukunftsfähiger Energietechnologie unter Berücksichtigung der Finanzierbarkeit von Mobilität für die Bürger und Begrenzbarkeit der Klimagefahren nicht nur energiepolitischen, sondern auch ökologischen und sicherheitspolitischen Rahmenbedingungen Rechnung tragen. Der deutschen und auch europäischen Energiepolitik fehlen aber bis heute langfristige kohärente Konzeptionen, die der Verknappung und sich verteuernder Ressourcen sowie den geopolitischen Abhängigkeiten und den Auswirkungen klimaverändernder Energien in mittelfristiger Perspektive (der nächsten 25 Jahre) gerecht werden. Der Beschluss der Bundesregierung, die so gut wie unbegrenzt verfügbare Kernenergie durch fossile und erneuerbare Energieträger zu ersetzen läuft zumindest in der mittelfristigen Perspektive tendenziell den globalen Verpflichtungen und Europas zum *Kyoto-Protokoll* sowie der Notwendigkeit darüber hinausgehender Maßnahmen zur CO_2-Emissionsreduzierung diametral zuwider. Vor allem aber verschärft diese Entscheidung die bisher in der deutschen und europäischen Öffentlichkeit kaum diskutierten geopolitischen Abhängigkeiten von Energielieferungen aus Russland (Öl zu etwa 30 Prozent und Gas zu etwa 34%) und dem Nahen sowie Mittleren Osten (43% bei Erdölimporten).

Diese Problematik könnte sich für die Zeit nach Ausstieg aus der Kernkraft nach 2020 noch weitaus verschärfen, da zu diesem Zeitpunkt gleichzeitig auch die Erdölvorräte in der Nordsee erschöpft sein werden. Zunehmende Energieimporte vor allem aus politisch instabilen Regionen widersprechen jedoch den Lehren, welche die westlichen Regierungen aus der Ölkrise 1973/74 – wie der Diversifizierung von Energieträgern und Importregionen – gezogen haben. Dies gilt um so mehr, als die osteuropäischen EU-Beitrittskandidaten ihre Energiepolitik gerade dahingehend diversifizieren wollen, da sie nach wie vor bis zu 90 Prozent von Energielieferungen aus Russland abhängig sind. Ihre Diversifizierungsstrategien haben sowohl energiepolitische als auch außen- und sicherheitspolitische Gründe. Daher ist ihre Politik nicht zuletzt deshalb verständlich, weil auch die *Putin*-Regierung auf das außenpolitische Instrument der Energiepolitik nicht verzichten will, wie u.a. auch die fehlgeschlagenen und unzureichenden Reformen von *Gazprom* oder die faktische Renationalisierung von Pipelinefirmen (*Transneft*) zeigen.

3. Die energiepolitische Abhängigkeit Deutschlands von Russland und sicherheitspolitisch instabilen Regionen dürfte zukünftig nicht zuletzt auch deshalb erheblich zunehmen, da der Übergang zu erneuerbaren Energieträgern in der *mittelfristigen* Perspektive bis zum Jahr 2020 zum gegenwärtigen Zeit-

punkt aus Sicht der Mehrheit deutscher und internationaler Energieexperten höchst unsicher ist bzw. realistischerweise kaum in dem Umfang gelingen kann, wie dies nach der Ausstiegsentscheidung bei der Kernenergie notwendig ist. In diesem Kontext ist bezeichnend, daß heute in den USA und zum Teil auch anderen NATO-Staaten mehr Diskussionen über die außen- und sicherheitspolitischen Auswirkungen einer solchen verstärkten Abhängigkeit Europas und vor allem Deutschlands als im eigenen Land stattfinden. Zudem zeigt das Beispiel der Diversifizierungsanstrengungen bei der Neuausrichtung der Energiepolitik der osteuropäischen Staaten, dass eine nationale Energiepolitik stets in europäischen Dimensionen gedacht und konzipiert werden muss, da die Nachbarstaaten zumeist von weitreichenden nationalen Energiestrategien direkt oder indirekt betroffen sind. Dies zeigt sich besonders bei den Diskussionen über die russischen Pläne von Umgehungspipelines um die Ukraine.

4. Vor diesem Hintergrund der Zunahme der eigenen geopolitischen Energieabhängigkeit von arabischen Staaten und Russland sollte die EU gleichzeitig versuchen, ihre Importe weiter zu diversifizieren. Vor allem größere Erdöl- und Erdgasimporte aus Afrika (insbesondere Westküste) und besonders Zentralasien bzw. dem Kaspischen Becken gilt es zu forcieren. Damit wird die EU jedoch zugleich auch größere außen- und sicherheitspolitische Verantwortung für die Staaten und Regionen ihrer Energieimporte übernehmen müssen. Die europäische Politik muss dabei sowohl das Spektrum kurzfristiger ordnungspolitischer Maßnahmen im Rahmen der UN oder regionaler Organisationen (*Peacekeeping/Peaceenforcement*-Einsätze nach *Kap. VI* und *VII* der *UN-Charta*) als auch die Anwendung langfristiger Instrumentarien der wirtschaftlichen Zusammenarbeit und Entwicklungshilfe im Sinne der Nachhaltigkeit und Präventivdiplomatie umfassen. Daher dürften trotz aller problematischen innenpolitischen Faktoren der zentralasiatischen Staaten auch die strategischen Interessen Europas an dieser Region weiter zunehmen, zumal die EU und eine Reihe europäischer Energiefirmen bereits in zahlreiche Infrastruktur- und Energieprojekte in dieser neuen Schlüsselregion der Weltpolitik involviert sind. Dieses zunehmende Interesse der EU gilt auch ungeachtet des Faktums, dass die derzeit nachweisbaren Rohöl- und Erdgasreserven eher der Größenordnung der Nordsee als jener des Persischen Golfes entsprechen.

5. Zugleich könnte sich die Abhängigkeit der westlichen Staaten von Energieimporten (insbesondere Rohöl und Erdgas) in mittel- und langfristiger Perspektive dadurch verbessern, dass in etwa 25-30 Jahren eine Reihe zusätzlicher Energieträger (z.B. Wasserstoff, Bioenergieträger) und neue technologische Innovationen (z.B. die Brennstoffzelle, neue Fusionstechnologien) zur Verbesserung der Energieeffizienz zur Verfügung stehen werden. Der Zeithorizont ist dabei gegenwärtig jedoch ebenso unsicher wie die Frage, inwieweit sich derartige neue Energieträger und technologische Innovationen nicht nur regional in den fortgeschrittenen westlichen Industriestaaten, sondern auch *global* vor allem in den Schwellen- und Entwicklungsstaaten auf breiter Front innenpolitisch durchsetzen werden.

6. Es ist insbesondere im Licht des 11. September 2001, des jüngsten Afghanistan-Krieges sowie des aktuellen Irak-Konfliktes und seinen regionalen Folgen alarmierend, dass Deutschland von einem wirklichen innenpolitischen "*Energiekonsens*" weiter entfernt zu sein scheint als jemals zuvor. Der ettiketive Rückzieher auf einen "*Atomkonsens*" der Bundesregierung erscheint in diesem Kontext mehr als nur eine sprachliche Nuancierung. Er impliziert aus der Sicht der Kritiker der derzeitigen deutschen Energiepolitik zu Recht:

> "... nicht die Fortschreibung der von der SPD entwickelten und mit der CDU abgestimmten Energiepolitik der siebziger Jahre; nicht die langfristige Festlegung auf bestimmte Energieträger; nicht das Steuerungsinstrument für einen umwelt- und wirtschaftsverträglichen Umbau der Versorgungsstrukturen; nicht einmal ein glaubwürdiges Konzept für den Umgang mit den atomaren Altlasten – sondern eben nur die Restlaufzeiten für die vorhandenen Kernkraftwerke. Mit der Restlaufzeitenvereinbarung hat die Bundesregierung einen Dreißig-Prozent-Anteil aus der Grundversorgung mit Strom herausgebrochen, ohne für einen ausreichenden Ersatz zu sorgen."[1]

7. Diese Kritik gilt um so mehr, als die deutsche Energiepolitik im Allgemeinen und der Atomausstieg im Besonderen nicht im europäischen Kontext mit den Nachbarstaaten abgestimmt wurde, obwohl die wirtschaftlichen und politischen Folgen der weltweiten Liberalisierung und Globalisierung der Energiepolitik unilaterale bzw. nationale energiepolitische Strategien immer fragwürdiger werden lassen. So ist die ausländische Kritik an dem deutschen Ausstieg der Kernenergienutzung weder von Seiten der *EU-Kommission* noch von Polen oder anderen europäischen Staaten überraschend oder unzutreffend.

8. Zugleich zeichnen sich jedoch vermehrt marktorientierte energiepolitische Strategien der führenden multinationalen Energiekonzerne ab, die auch ökologischen und außen- und sicherheitspolitischen Gesichtspunkten (im Sinne einer globalen politischen Verantwortungsethik) zunehmend Aufmerksamkeit zollen. Das z.B. von *BP* im Jahr 2000 geänderte Logo von "*British Petroleum*" in "*Beyond Petroleum*" ist in diesem Sinne mehr als nur eine Marketingidee, sondern wird als verbindliche Strategie einer Unternehmensstrategie zur Sicherung der zukünftigen Wettbewerbsfähigkeit auf den Weltmärkten angesehen, die mehr in langfristigen Perioden denkt und weniger an 4-5jährige Wahlperioden orientiert ist. Sie sieht dabei in der Vereinbarkeit von wirtschaftlicher Leistungsfähigkeit mit sozialer Gerechtigkeit sowie ökologischer Verantwortung keinen inhärenten Widerspruch mehr.

9. Für die künftige Ausrichtung der deutschen, europäischen und internationalen Energiepolitik unter Berücksichtigung des *Zieldreiecks von globaler Versorgungssicherheit, Wettbewerbsfähigkeit und Umweltverträglichkeit* ist es daher entscheidend, ob es der internationalen Politik gelingen wird, derartige regionale und globale Strategien zur nachhaltigen Energieentwicklung und Reduzierung der Treibhausgase nicht nur konzeptionell zu formulieren und in

---

1 So der Kommentar von Stefan Dietrich, FAZ, 25. September 2000, S. 1.

völkerrechtlich unverbindlichen Abkommen zu deklarieren, sondern sie auch mit verbindlicher Wirkung *global* durchzusetzen. Auch die langfristige Idee einer Weltumweltorganisation mit entsprechenden Sanktionsmechanismen wäre dabei nur in so weit effektiv, wie ihre Mitgliedsstaaten sie hierzu befähigen.

10. Zudem werden auch für die EU zukünftig die sicherheitspolitischen Dimensionen der Energieressourcen (wie z.B. auch Wasser) im Sinne einer zunehmenden Ressourcenkonkurrenz (bis hin zu Ressourcenkonflikten) wieder erheblich zunehmen. Dies gilt insbesondere dann, wenn es nicht mittelfristig gelingt, den Staat und außenpolitische Gesichtspunkte aus einer marktorientierten Energiepolitik *global* weitgehend herauszudrängen. Dies setzt aber – wie auf vielen anderen Politikfeldern – zunächst den Verzicht auf Souveränität voraus, zudem auch viele westliche Staaten auf absehbare Zeit hierzu nicht bereit scheinen – von Staaten wie Russland, China u.a. ganz zu schweigen. Daher dürfen auch für Deutschland und die EU in der *mittelfristigen Perspektive* die außen- und sicherheitspolitischen Dimensionen der globalen Energieressourcenproblematik im Rahmen der Energieversorgungssicherheit in Deutschland und der EU nicht übersehen werden, da diese Dimensionen Auswirkungen auf die wirtschaftliche Stabilität und Sicherheit in ganz Europa haben.

11. Diese Erkenntnis gilt vor allem auch hinsichtlich der gewaltigen Energienachfrage aus China, Indien und ganz Asiens, die weitreichendste Auswirkungen auf die globale Energieversorgung und internationale Energiesicherheit, die weltweite Klimapolitik und die außen- sowie sicherheitspolitischen Beziehungen zwischen Europa, den USA und Asiens haben. Vor allem diese geopolitischen Auswirkungen der Veränderungen der globalen Rahmenbedingungen für die internationale Energiesicherheit sind bisher in Europa kaum beachtet und diskutiert worden, obwohl sie für die angestrebte *Gemeinsame Außen- und Sicherheitspolitik (GASP)* der EU von strategischer Bedeutung sein werden und die europäischen Mitgliedsstaaten zwingen wird, gemeinschaftliche Antworten auf diese Herausforderungen des 21. Jahrhunderts zu finden. Die EU hat mit ihrem „*Grünbuch*" vom November 2000 versucht, diese Fragen der europäischen Energieversorgungssicherheit aufzuwerfen und eine europäische Diskussion anzustoßen. Diese aber hat bisher in den Mitgliedsstaaten kaum begonnen. Insofern sollte niemand überrascht sein, dass Europe auch auf diese strategische Herausforderungen des 21. Jahrhunderts bisher weitgehend unvorbereitet ist, wenn die EU-Staaten weiterhin an nationalen Lösungen festhalten und eine kurzsichtige und sogar gefährliche Nabelschau betreiben, die immer weniger Antworten im Zeitalter der Globalisierung von Wirtschafts- und Sicherheitspolitik geben können. Es ist daher höchste Zeit, dass in Deutschland und den anderen EU-Staaten endlich auch die zahlreichen Fragen der zukünftigen *Energieversorgungssicherheit* diskutiert werden. Diese müssen auch auf die außen- und sicherheitspolitische Agenda zurückkehren und integraler Bestandteil der zukünftigen *Gemeinsamen Außen- und Sicherheitspolitik* (*GASP*), *Europäischen Sicherheits- und Verteidigungspolitik* (*ESVP*) sowie einer *Gemeinsamen Europäischen Energiesicherheitspolitik* (*GEESP*) der EU sein.

www.ingramcontent.com/pod-product-compliance
Lightning Source LLC
LaVergne TN
LVHW010551300926
849162LV00002B/298